자기주도학습 체크리스트

날짜	강의명	확인	날짜	강의명	확인
	강			강	
	강			강	
	강			강	
	강			강	
	강			강	
	강			강	
	강			강	
	강			강	
	강			강	
	강			강	
	강			강	
	강			강	
	강			강	
	강			강	
	강			강	
	강			강	
	강			강	
	강			강	
	강			강	
	강			강	
	강			강	
	강			강	
	강			강	

자기주도학습 체크리스트로 공부의 기쁨이 차곡차곡 쌓일 것입니다.

《 문해력 등급 평가 》

문해력 전 영역 수록

어휘, 쓰기, 독해부터
디지털독해까지 종합 평가

정확한 수준 확인

문해력 수준을 수능과
동일한 9등급제로 확인

평가 결과표 양식 제공

부족한 부분은 스스로 진단하고
친절한 해설로 보충 학습

문해력 본학습 전에 수준을 진단하거나 본학습 후에 평가하는 용도로 활용해 보세요.

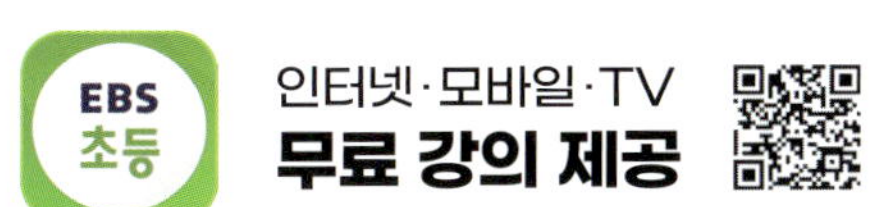

초 | 등 | 부 | 터 EBS

BOOK 1
개념책

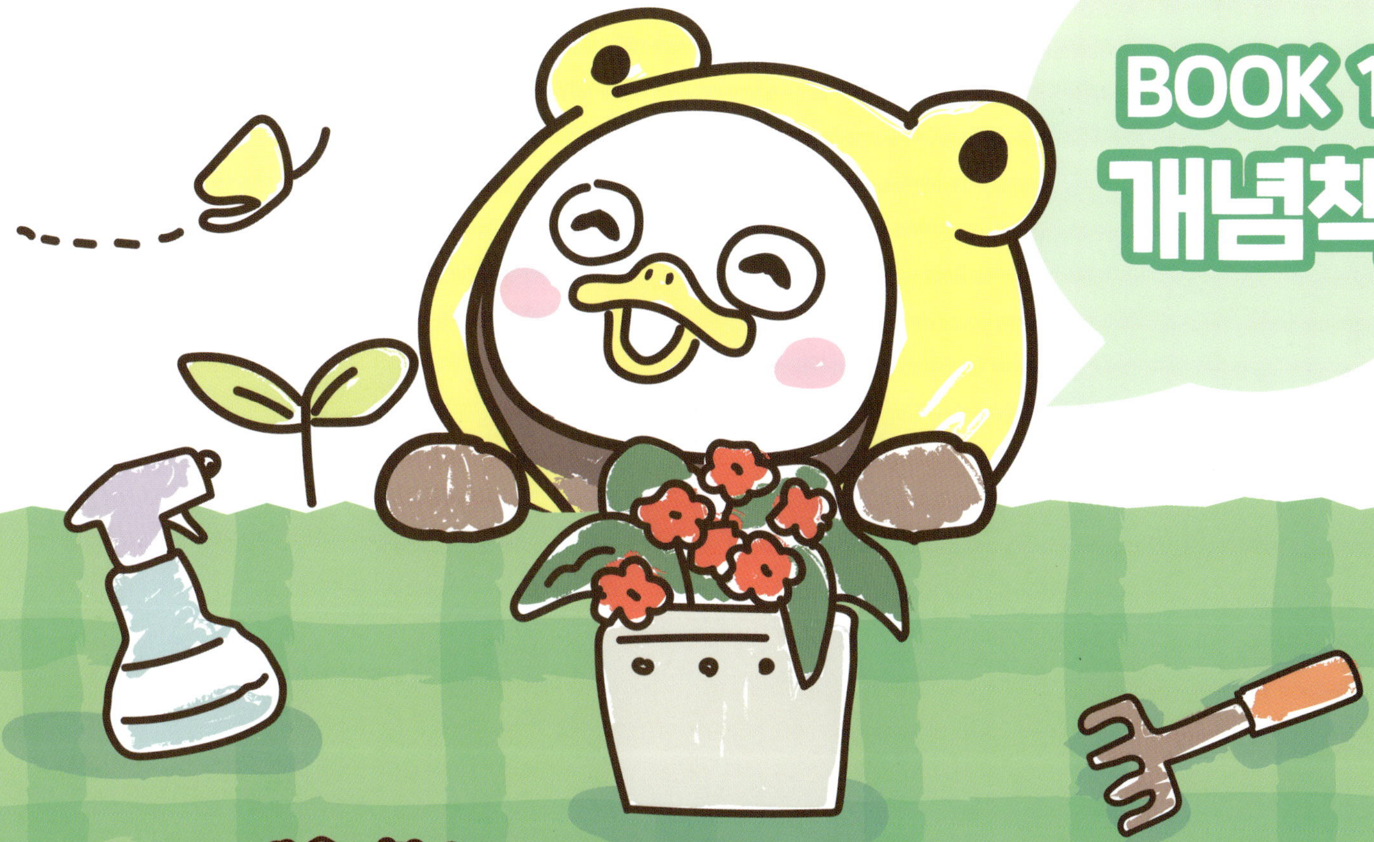

예습·복습·숙제까지
해결되는 교과서 완전 학습서

만점왕

수학 6-1

개념책

BOOK 1 개념책으로
교과서에 담긴 **학습 개념**을
꼼꼼하게 공부하세요!

⬇ 풀이책 PDF 파일은 EBS 초등사이트(primary.ebs.co.kr)에서 내려받으실 수 있습니다.

| 교재내용문의 | 교재 내용 문의는 EBS 초등사이트 (primary.ebs.co.kr)의 교재 Q&A 서비스를 활용하시기 바랍니다. | 교재정오표공지 | 발행 이후 발견된 정오 사항을 EBS 초등사이트 정오표 코너에서 알려 드립니다. 교재 검색 ▶ 교재 선택 ▶ 정오표 | 교재정정신청 | 공지된 정오 내용 외에 발견된 정오 사항이 있다면 EBS 초등사이트를 통해 알려 주세요. 교재 검색 ▶ 교재 선택 ▶ 교재 Q&A |

만점왕

수학 6-1

BOOK 1

개념책

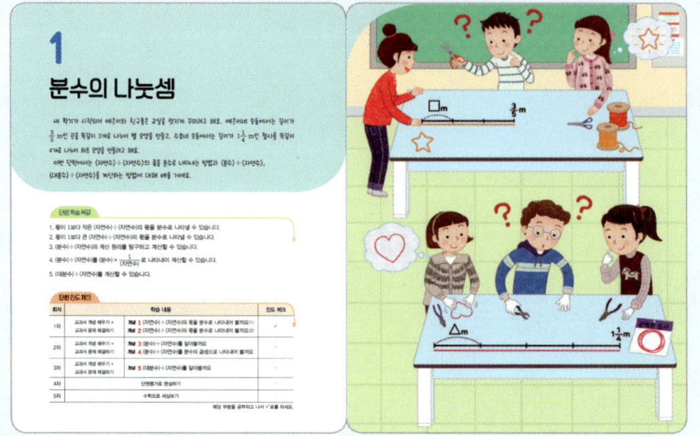

단원 도입

단원을 시작할 때마다 도입 그림을 눈으로 확인하며 안내 글을 읽으면, 공부할 내용에 대해 흥미를 갖게 됩니다.

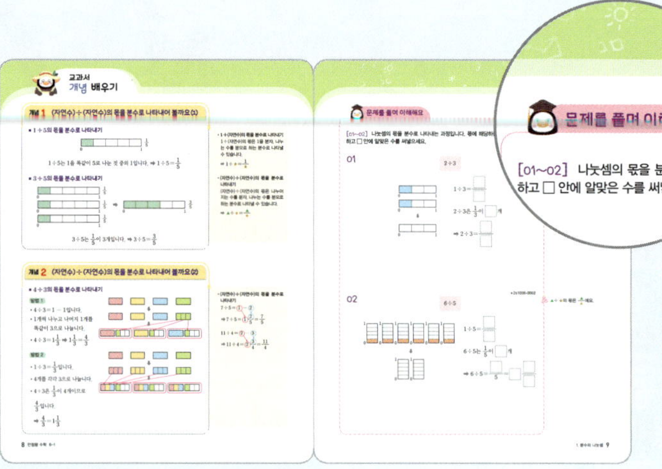

교과서 개념 배우기

본격적인 학습에 돌입하는 단계입니다. 자세한 개념 설명과 그림으로 제시한 예시를 통해 핵심 개념을 분명하게 파악할 수 있습니다.

문제를 풀며 이해해요

핵심 개념을 심층적으로 학습하는 단계입니다. 개념 문제와 그에 대한 출제 의도, 보조 설명을 통해 개념을 보다 깊이 이해할 수 있습니다.

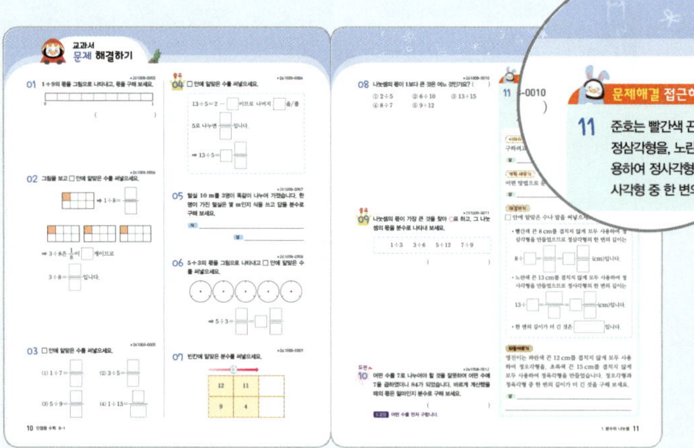

교과서 문제 해결하기

교과서 핵심 집중 탐구로 공부한 내용을 문제를 통해 하나하나 꼼꼼하게 살펴보며 교과서에 담긴 내용을 빈틈없이 학습할 수 있습니다.

문제해결 접근하기

'이해하기–계획 세우기–해결하기–되돌아보기' 4단계의 단계별 질문에 답하며 문제 해결 능력을 기를 수 있습니다.

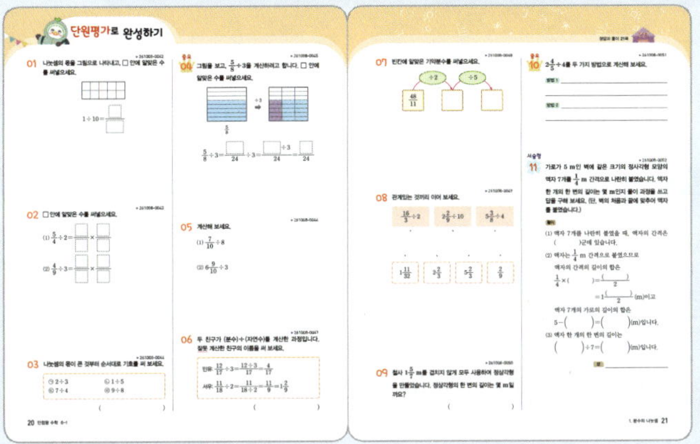

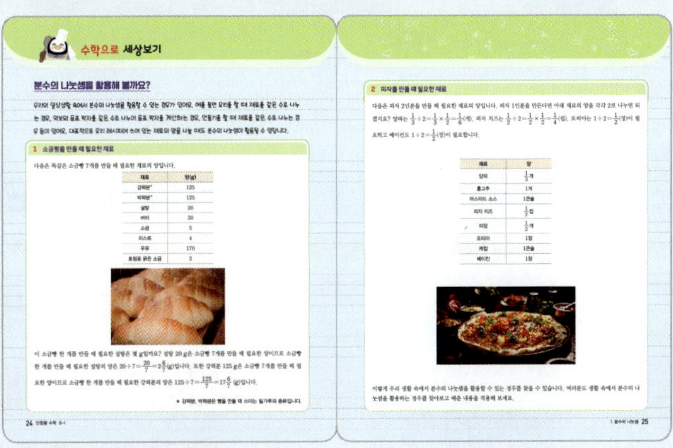

단원평가로 완성하기

평가를 통해 단원 학습을 마무리하고, 자신이 보완해야 할 점을 파악할 수 있습니다.

수학으로 세상보기

실생활 속 수학 이야기와 활동을 통해 단원에서 학습한 개념을 다양한 상황에 적용하고 수학에 대한 흥미를 키울 수 있습니다.

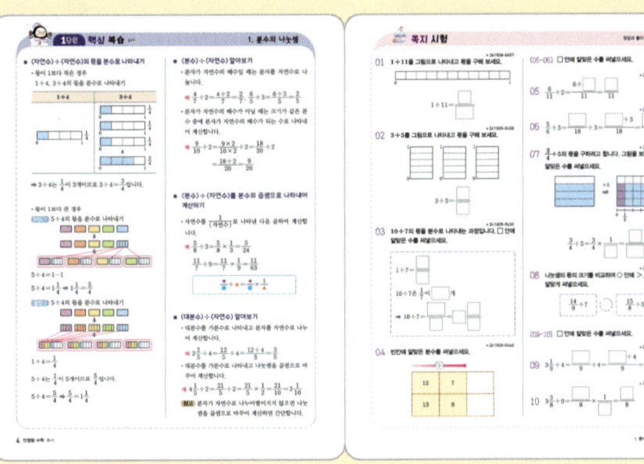

핵심 복습+쪽지 시험

핵심 정리를 통해 학습한 내용을 복습하고, 간단한 쪽지 시험을 통해 자신의 학습 상태를 확인할 수 있습니다.

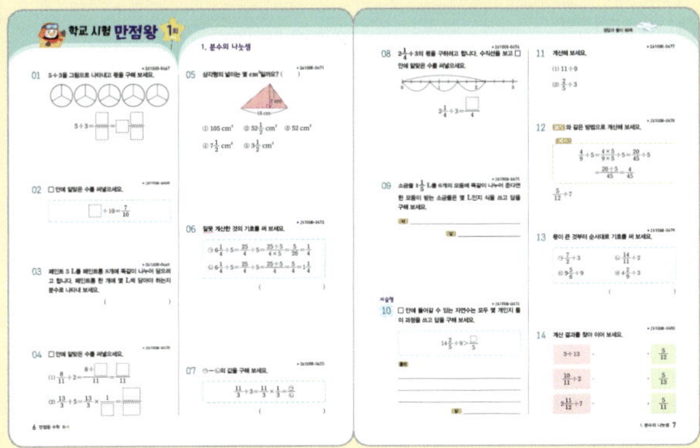

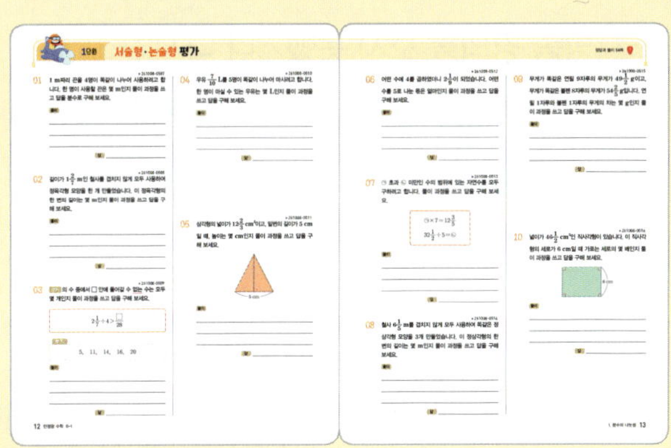

학교 시험 만점왕

앞서 학습한 내용을 바탕으로 보다 다양한 문제를 경험하며 단원별 평가를 대비할 수 있습니다.

서술형·논술형 평가

단원의 주요 개념과 관련된 서술형 문항을 심층적으로 학습하는 단계로, 강화될 서술형 평가에 대비할 수 있습니다.

BOOK 1 개념책

평상 시 진도 공부는

교재(북1 개념책)로 공부하기

만점왕 북1 개념책으로 진도에 따라 공부해 보세요.

개념책에는 학습 개념이 자세히 설명되어 있어요.

따라서 학교 진도에 맞춰 만점왕을 풀어 보면

혼자서도 쉽게 공부할 수 있습니다.

TV(인터넷) 강의로 공부하기

개념책으로 혼자 공부했는데, 잘 모르는 부분이 있나요?

더 알고 싶은 부분도 있다고요?

만점왕 강의가 있으니 걱정 마세요.

만점왕 강의는 TV를 통해 방송됩니다.

방송 강의를 보지 못했거나 다시 듣고 싶은 부분이 있다면

인터넷(EBS 초등사이트)을 이용하면 됩니다.

만점왕 방송 시간: EBS홈페이지 편성표 참조

EBS 초등사이트: primary.ebs.co.kr

시험 대비 공부는 북2 실전책으로! (북2 2쪽 자기주도 활용 방법을 읽어 보세요.)

이 책의 **차례**

BOOK 1

개념책

인공지능 DANCHOQ

푸리봇 문|제|검|색

EBS 초등사이트와 EBS 초등 APP 하단의 **AI 학습도우미 푸리봇**을 통해 문항코드를 검색하면 푸리봇이 해당 문제의 해설 강의를 찾아 줍니다.

문제별 문항코드 확인

[261008 - 0001]

261008 - 0001

문항코드 검색

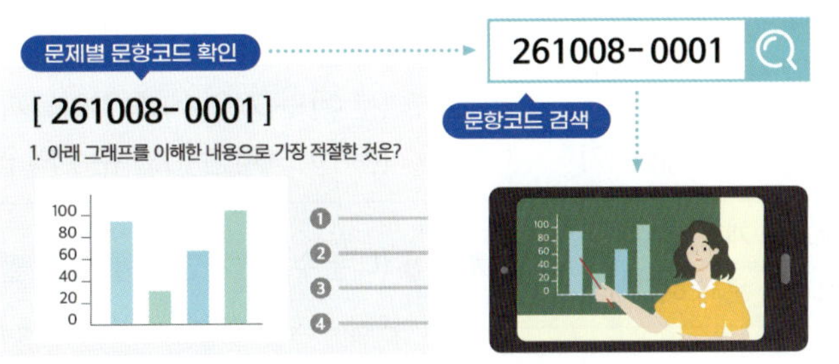

1
분수의 나눗셈

새 학기가 시작되어 예은이와 친구들은 교실을 멋지게 꾸미려고 해요. 예은이네 모둠에서는 길이가 $\frac{3}{5}$ m인 끈을 똑같이 3개로 나누어 별 모양을 만들고, 수호네 모둠에서는 길이가 $1\frac{1}{4}$ m인 철사를 똑같이 4개로 나누어 하트 모양을 만들려고 해요.

이번 단원에서는 (자연수) ÷ (자연수)의 몫을 분수로 나타내는 방법과 (분수) ÷ (자연수), (대분수) ÷ (자연수)를 계산하는 방법에 대해 배울 거예요.

단원 학습 목표

1. 몫이 1보다 작은 (자연수) ÷ (자연수)의 몫을 분수로 나타낼 수 있습니다.
2. 몫이 1보다 큰 (자연수) ÷ (자연수)의 몫을 분수로 나타낼 수 있습니다.
3. (분수) ÷ (자연수)의 계산 원리를 탐구하고 계산할 수 있습니다.
4. (분수) ÷ (자연수)를 (분수) $\times \dfrac{1}{(자연수)}$ 로 나타내어 계산할 수 있습니다.
5. (대분수) ÷ (자연수)를 계산할 수 있습니다.

단원 진도 체크

회차	학습 내용		진도 체크
1차	교과서 개념 배우기 + 교과서 문제 해결하기	**개념 1** (자연수) ÷ (자연수)의 몫을 분수로 나타내어 볼까요⑴ **개념 2** (자연수) ÷ (자연수)의 몫을 분수로 나타내어 볼까요⑵	✓
2차	교과서 개념 배우기 + 교과서 문제 해결하기	**개념 3** (분수) ÷ (자연수)를 알아볼까요 **개념 4** (분수) ÷ (자연수)를 분수의 곱셈으로 나타내어 볼까요	✓
3차	교과서 개념 배우기 + 교과서 문제 해결하기	**개념 5** (대분수) ÷ (자연수)를 알아볼까요	✓
4차	단원평가로 완성하기		✓
5차	수학으로 세상보기		✓

해당 부분을 공부하고 나서 ✓표를 하세요.

□ m
3/5 m
△ m
1 1/4 m
공예용 철사

개념 1 (자연수)÷(자연수)의 몫을 분수로 나타내어 볼까요 (1)

■ $1 \div 5$의 몫을 분수로 나타내기

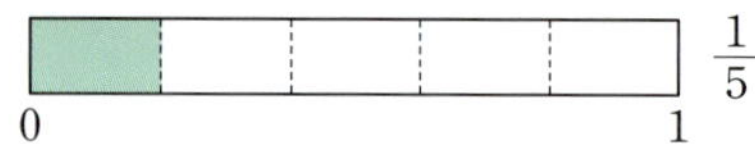

$1 \div 5$는 1을 똑같이 5로 나눈 것 중의 1입니다. ➡ $1 \div 5 = \dfrac{1}{5}$

■ $3 \div 5$의 몫을 분수로 나타내기

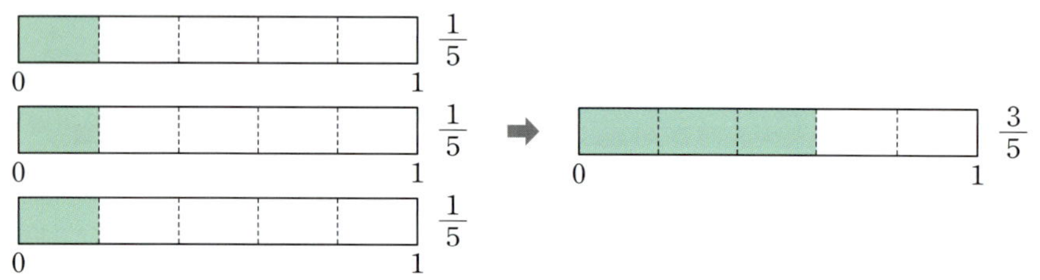

$3 \div 5$는 $\dfrac{1}{5}$이 3개입니다. ➡ $3 \div 5 = \dfrac{3}{5}$

• $1 \div$(자연수)의 몫을 분수로 나타내기
$1 \div$(자연수)의 몫은 1을 분자, 나누는 수를 분모로 하는 분수로 나타낼 수 있습니다.

➡ $1 \div ★ = \dfrac{1}{★}$

• (자연수)÷(자연수)의 몫을 분수로 나타내기
(자연수)÷(자연수)의 몫은 나누어지는 수를 분자, 나누는 수를 분모로 하는 분수로 나타낼 수 있습니다.

➡ $▲ \div ★ = \dfrac{▲}{★}$

개념 2 (자연수)÷(자연수)의 몫을 분수로 나타내어 볼까요 (2)

■ $4 \div 3$의 몫을 분수로 나타내기

방법 1

• $4 \div 3 = 1 \cdots 1$입니다.
• 1개씩 나누고 나머지 1개를 똑같이 3으로 나눕니다.
• $4 \div 3 = 1\dfrac{1}{3}$ ➡ $1\dfrac{1}{3} = \dfrac{4}{3}$

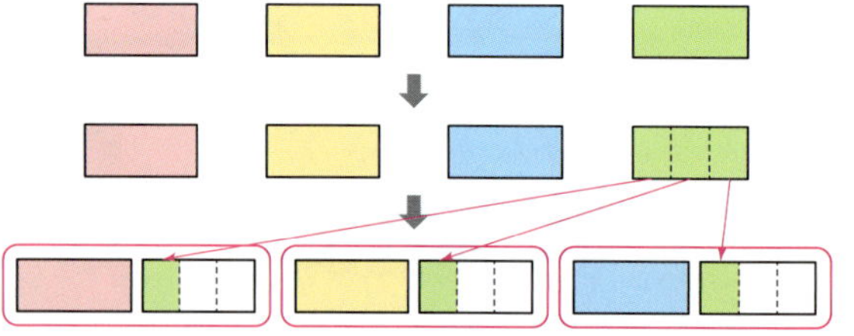

방법 2

• $1 \div 3 = \dfrac{1}{3}$입니다.
• 4개를 각각 3으로 나눕니다.
• $4 \div 3$은 $\dfrac{1}{3}$이 4개이므로

$\dfrac{4}{3}$입니다.

➡ $\dfrac{4}{3} = 1\dfrac{1}{3}$

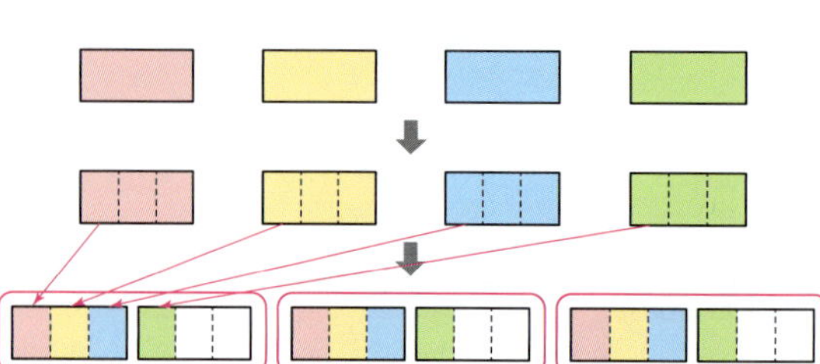

• (자연수)÷(자연수)의 몫을 분수로 나타내기

$7 \div 5 = ① \cdots ②$

➡ $7 \div 5 = ①\dfrac{②}{5} = \dfrac{7}{5}$

$11 \div 4 = ② \cdots ③$

➡ $11 \div 4 = ②\dfrac{③}{4} = \dfrac{11}{4}$

 ## 문제를 풀며 이해해요

[01~02] 나눗셈의 몫을 분수로 나타내는 과정입니다. 몫에 해당하는 칸에 알맞게 색칠하고 □ 안에 알맞은 수를 써넣으세요.

01

▶ 261008-0001

$$2 \div 3$$

$$1 \div 3 = \frac{\square}{\square}$$

$2 \div 3$은 $\frac{1}{3}$이 $\square$ 개

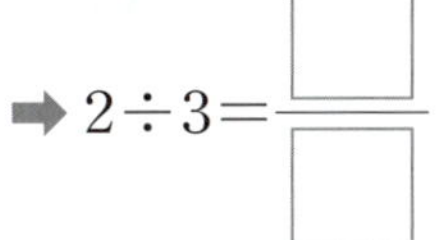

➡ $2 \div 3 = \dfrac{\square}{\square}$

02

▶ 261008-0002

$$6 \div 5$$

$$1 \div 5 = \frac{\square}{\square}$$

$6 \div 5$는 $\frac{1}{5}$이 $\square$ 개

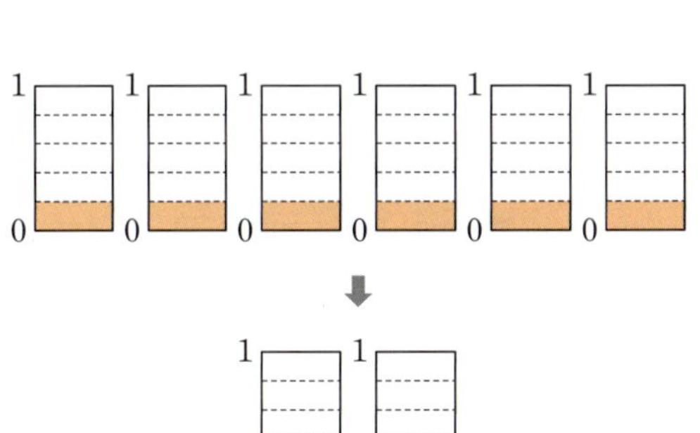

➡ $6 \div 5 = \dfrac{\square}{5} = \square \dfrac{\square}{\square}$

01 ▶ 261008-0003

$1 \div 9$의 몫을 그림으로 나타내고, 몫을 구해 보세요.

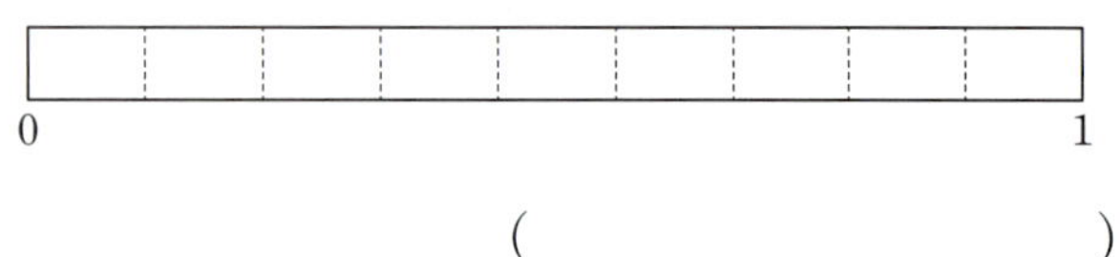

(   )

02 ▶ 261008-0004

그림을 보고 □ 안에 알맞은 수를 써넣으세요.

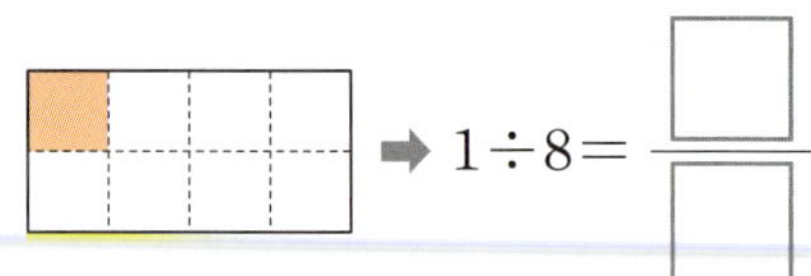 ➡ $1 \div 8 = \dfrac{\square}{\square}$

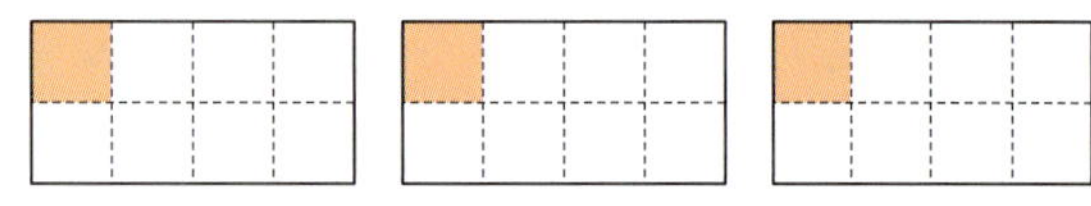

➡ $3 \div 8$은 $\dfrac{1}{8}$이 □ 개이므로

$3 \div 8 = \dfrac{\square}{\square}$입니다.

03 ▶ 261008-0005

□ 안에 알맞은 수를 써넣으세요.

(1) $1 \div 7 = \dfrac{\square}{\square}$ (2) $3 \div 5 = \dfrac{\square}{\square}$

(3) $5 \div 9 = \dfrac{\square}{\square}$ (4) $1 \div 13 = \dfrac{\square}{\square}$

중요
04 ▶ 261008-0006

□ 안에 알맞은 수를 써넣으세요.

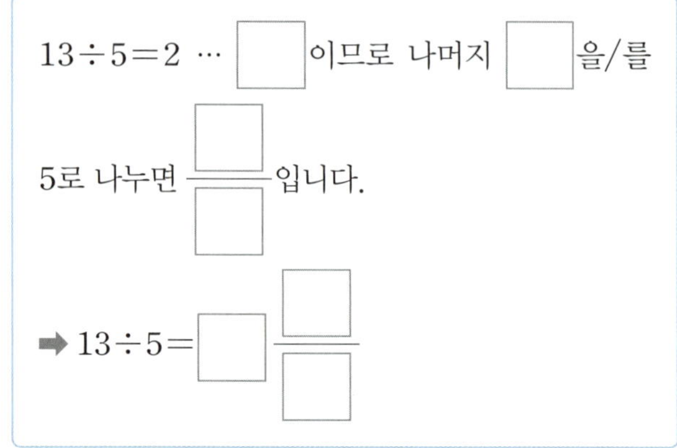

$13 \div 5 = 2 \cdots \square$ 이므로 나머지 $\square$을/를

5로 나누면 $\dfrac{\square}{\square}$입니다.

➡ $13 \div 5 = \square \dfrac{\square}{\square}$

05 ▶ 261008-0007

털실 10 m를 3명이 똑같이 나누어 가졌습니다. 한 명이 가진 털실은 몇 m인지 식을 쓰고 답을 분수로 구해 보세요.

식 ________________________

답 ________________________

06 ▶ 261008-0008

$5 \div 3$의 몫을 그림으로 나타내고 □ 안에 알맞은 수를 써넣으세요.

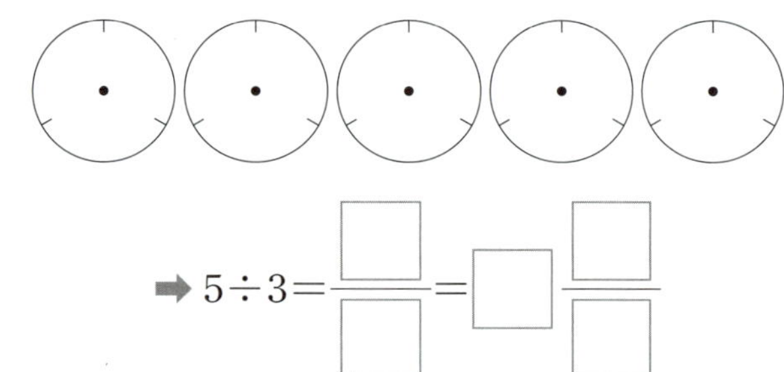

➡ $5 \div 3 = \dfrac{\square}{\square} = \square \dfrac{\square}{\square}$

07 ▶ 261008-0009

빈칸에 알맞은 분수를 써넣으세요.

÷		
12	11	
9	4	

08 ▶ 261008-0010

나눗셈의 몫이 **1**보다 큰 것은 어느 것인가요? (   )

① $2 \div 5$　　② $6 \div 10$　　③ $13 \div 15$
④ $8 \div 7$　　⑤ $9 \div 12$

중요
09 ▶ 261008-0011

나눗셈의 몫이 가장 큰 것을 찾아 ○표 하고, 그 나눗셈의 몫을 분수로 나타내 보세요.

$1 \div 3$　　$3 \div 6$　　$5 \div 12$　　$7 \div 9$

(　　　　　　　)

도전
10 ▶ 261008-0012

어떤 수를 **7**로 나누어야 할 것을 잘못하여 어떤 수에 **7**을 곱하였더니 **84**가 되었습니다. 바르게 계산했을 때의 몫은 얼마인지 분수로 구해 보세요.

(　　　　　　　)

도움말 어떤 수를 먼저 구합니다.

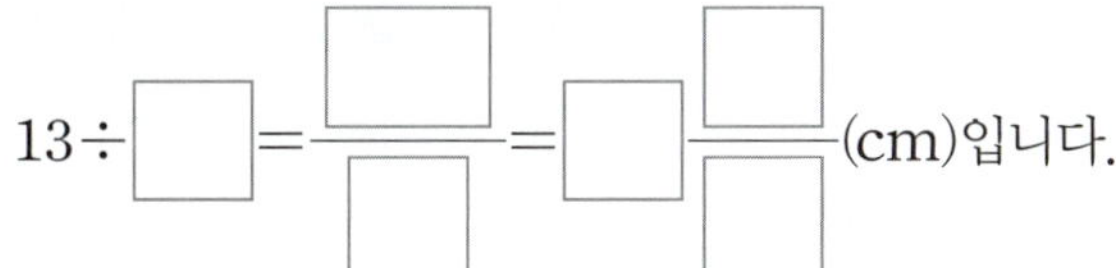

▶ 261008-0013

11 준호는 빨간색 끈 **8 cm**를 겹치지 않게 모두 사용하여 정삼각형을, 노란색 끈 **13 cm**를 겹치지 않게 모두 사용하여 정사각형을 만들었습니다. 만든 정삼각형과 정사각형 중 한 변의 길이가 더 긴 것을 구해 보세요.

이해하기

구하려고 하는 것은 무엇인가요?

답 _______________________

계획 세우기

어떤 방법으로 문제를 해결하면 좋을까요?

답 _______________________

해결하기

☐ 안에 알맞은 수나 말을 써넣으세요.

• 빨간색 끈 **8 cm**를 겹치지 않게 모두 사용하여 정삼각형을 만들었으므로 정삼각형의 한 변의 길이는

$8 \div \boxed{} = \dfrac{\boxed{}}{\boxed{}} = \boxed{}\dfrac{\boxed{}}{\boxed{}}$ (cm)입니다.

• 노란색 끈 **13 cm**를 겹치지 않게 모두 사용하여 정사각형을 만들었으므로 정사각형의 한 변의 길이는

$13 \div \boxed{} = \dfrac{\boxed{}}{\boxed{}} = \boxed{}\dfrac{\boxed{}}{\boxed{}}$ (cm)입니다.

• 한 변의 길이가 더 긴 것은 $\boxed{}$ 입니다.

되돌아보기

영진이는 파란색 끈 **12 cm**를 겹치지 않게 모두 사용하여 정오각형을, 초록색 끈 **15 cm**를 겹치지 않게 모두 사용하여 정육각형을 만들었습니다. 정오각형과 정육각형 중 한 변의 길이가 더 긴 것을 구해 보세요.

답 _______________________

____

개념 **3** (분수)÷(자연수)를 알아볼까요

■ $\dfrac{4}{7}÷2$ **계산하기** – 분자가 자연수의 배수인 (분수)÷(자연수)

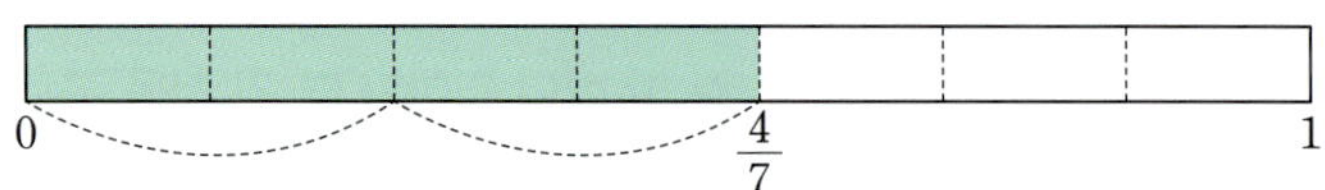

- $\dfrac{4}{7}$ 를 똑같이 둘로 나누면 $\dfrac{2}{7}$ 입니다.

- $\dfrac{4}{7}$ 는 $\dfrac{1}{7}$ 이 4개이고, $4÷2=2$ 이므로 $\dfrac{4}{7}÷2$ 는 $\dfrac{1}{7}$ 이 2개입니다.

➡ $\dfrac{4}{7}÷2=\dfrac{4÷2}{7}=\dfrac{2}{7}$

■ $\dfrac{5}{7}÷2$ **계산하기** – 분자가 자연수의 배수가 아닌 (분수)÷(자연수)

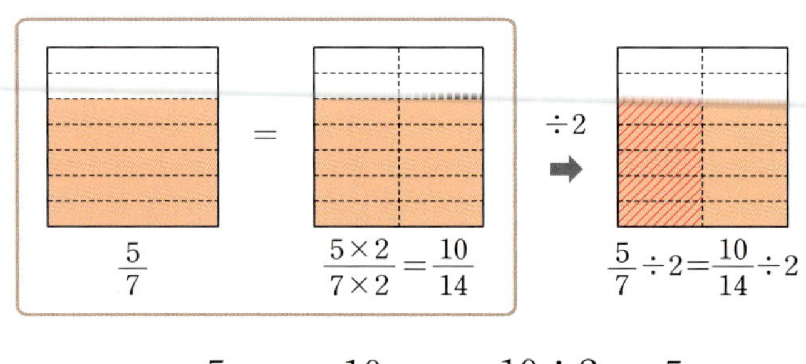

➡ $\dfrac{5}{7}÷2=\dfrac{10}{14}÷2=\dfrac{10÷2}{14}=\dfrac{5}{14}$

• (분수)÷(자연수)를 계산하는 방법
 – 분자가 자연수의 배수일 때는 분자를 자연수로 나눕니다.

➡ $\dfrac{9}{10}÷3=\dfrac{9÷3}{10}=\dfrac{3}{10}$

 – 분자가 자연수의 배수가 이닐 때는 크기가 같은 분수 중에서 분자가 자연수의 배수가 되는 수로 바꾸어 계산합니다.

➡ $\dfrac{9}{10}÷2=\dfrac{9×2}{10×2}÷2$
$=\dfrac{18}{20}÷2$
$=\dfrac{18÷2}{20}$
$=\dfrac{9}{20}$

개념 **4** (분수)÷(자연수)를 분수의 곱셈으로 나타내어 볼까요

■ $\dfrac{5}{6}÷3$ **계산하기**

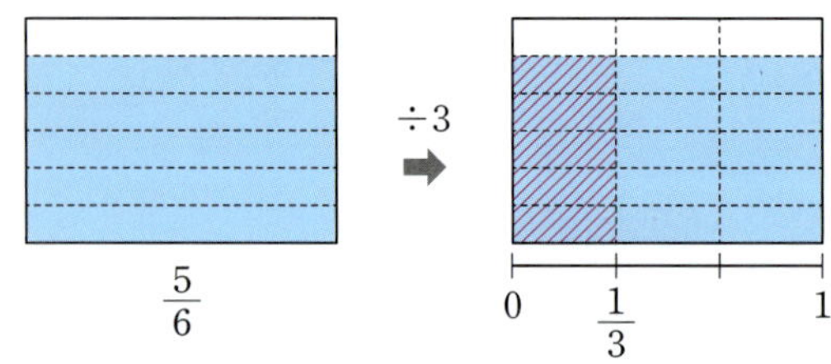

$\dfrac{5}{6}÷3$ 의 몫은 $\dfrac{5}{6}$ 를 3등분한 것 중의 하나입니다.

이것은 $\dfrac{5}{6}$ 의 $\dfrac{1}{3}$ 이므로 $\dfrac{5}{6}×\dfrac{1}{3}$ 입니다.

➡ $\dfrac{5}{6}÷3=\dfrac{5}{6}×\dfrac{1}{3}=\dfrac{5}{18}$

• (분수)÷(자연수)를 분수의 곱셈으로 나타내어 계산하는 방법
 (자연수)를 $\dfrac{1}{(자연수)}$ 로 바꾼 다음 곱하여 계산합니다.

➡ $\dfrac{8}{7}÷5=\dfrac{8}{7}×\dfrac{1}{5}$
$=\dfrac{8}{35}$

$$\dfrac{▲}{■}÷★=\dfrac{▲}{■}×\dfrac{1}{★}$$

문제를 풀며 이해해요

01 $\dfrac{4}{5} \div 2$의 몫을 수직선을 이용해 구해 보세요.

▶ 261008-0014

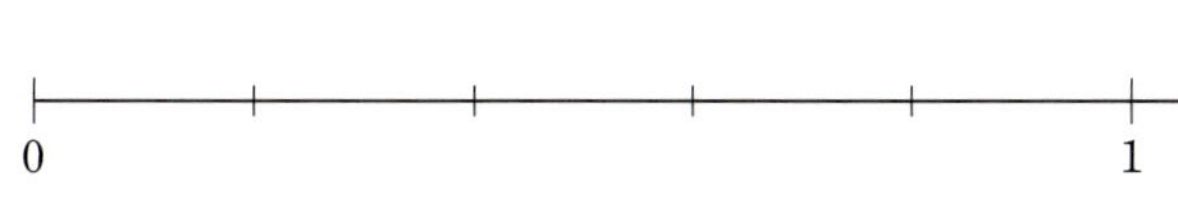

$$\dfrac{4}{5} \div 2 = \dfrac{\square}{\square}$$

02 그림을 보고 ☐ 안에 알맞은 수를 써넣으세요.

▶ 261008-0015

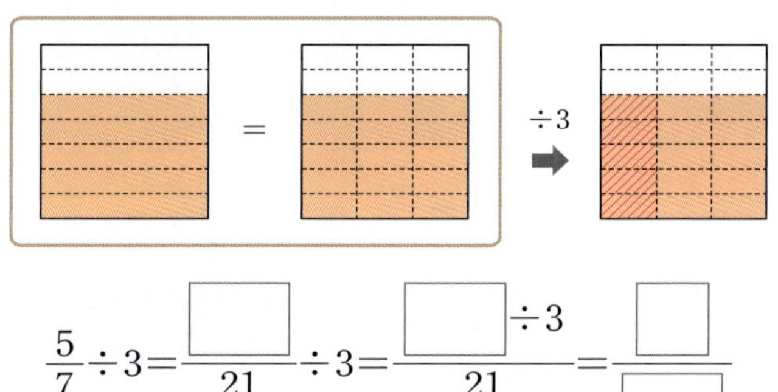

$$\dfrac{5}{7} \div 3 = \dfrac{\square}{21} \div 3 = \dfrac{\square \div 3}{21} = \dfrac{\square}{\square}$$

03 그림을 보고 ☐ 안에 알맞은 수를 써넣으세요.

▶ 261008-0016

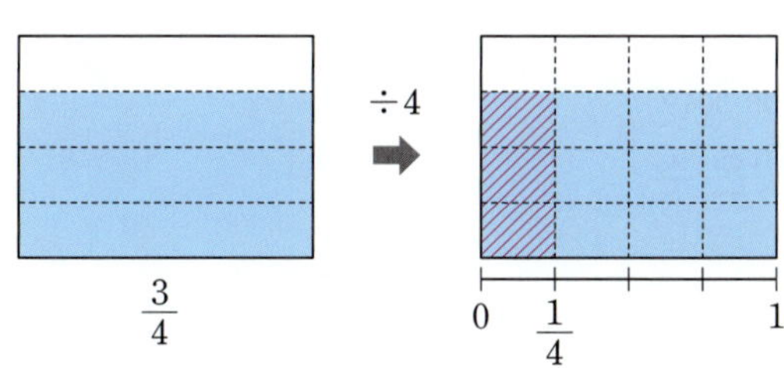

$\dfrac{3}{4}$

$0 \quad \dfrac{1}{4} \qquad\qquad 1$

$\dfrac{3}{4} \div 4$의 몫은 $\dfrac{3}{4}$을 똑같이 4등분한 것 중의 하나입니다.

이것은 $\dfrac{3}{4}$의 $\dfrac{1}{\square}$이므로 $\dfrac{3}{4} \times \dfrac{1}{\square}$입니다.

$$\to \dfrac{3}{4} \div 4 = \dfrac{3}{4} \times \dfrac{1}{\square} = \dfrac{\square}{\square}$$

01 그림을 보고 □ 안에 알맞은 수를 써넣으세요. ▶ 261008-0017

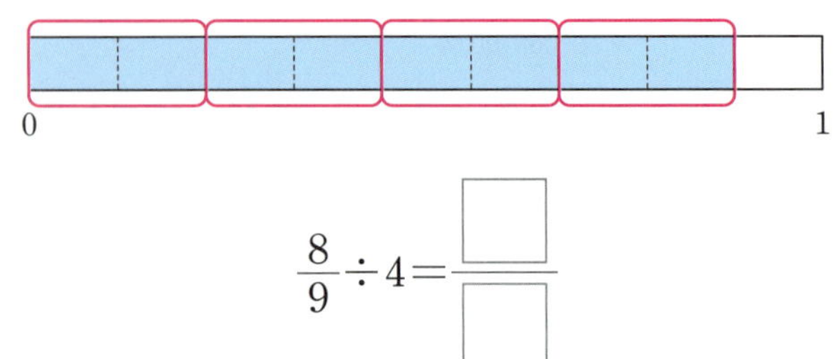

$$\frac{8}{9} \div 4 = \frac{\square}{\square}$$

02 □ 안에 알맞은 수를 써넣으세요. ▶ 261008-0018

(1) $\dfrac{10}{11} \div 5 = \dfrac{10 \div \square}{11} = \dfrac{\square}{11}$

(2) $\dfrac{7}{12} \div 3 = \dfrac{7 \times 3}{12 \times 3} \div 3$

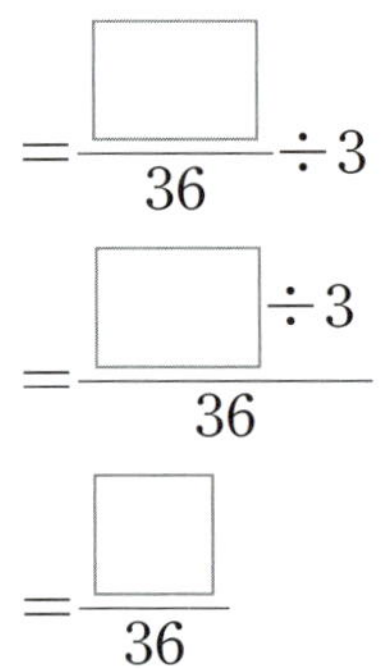

$= \dfrac{\square}{36} \div 3$

$= \dfrac{\square}{36} \div 3$

$= \dfrac{\square}{36}$

중요
03 $\dfrac{11}{12} \div 6$의 몫을 구하려고 합니다. □ 안에 알맞은 수를 써넣으세요. ▶ 261008-0019

$\dfrac{11}{12} \div 6$의 몫은 $\dfrac{11}{12}$을 똑같이 6등분한 것 중의 하나입니다. 이것은 $\dfrac{11}{12}$의 $\dfrac{1}{\square}$이므로

$\dfrac{11}{12} \times \dfrac{1}{\square}$입니다.

$\rightarrow \dfrac{11}{12} \div 6 = \dfrac{11}{12} \times \dfrac{1}{\square} = \dfrac{\square}{\square}$

04 계산해 보세요. ▶ 261008-0020

(1) $\dfrac{10}{13} \div 2$

(2) $\dfrac{3}{8} \div 4$

(3) $\dfrac{7}{12} \div 5$

05 윤서는 우유 $\dfrac{3}{2}$ L를 5일 동안 똑같이 나누어 모두 마셨습니다. 윤서가 하루에 마신 우유는 몇 L인지 식을 쓰고 답을 구해 보세요. ▶ 261008-0021

식 ____________________

답 ____________________

중요
06 잘못 계산하기 시작한 곳을 찾아 ◯표 하고, 바르게 계산해 보세요. ▶ 261008-0022

$$\frac{11}{15} \div 5 = \frac{11}{15 \div 5} = \frac{11}{3} = 3\frac{2}{3}$$

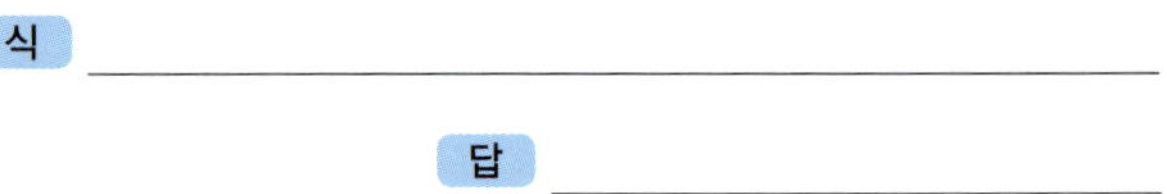

07 ▶261008-0023

몫이 큰 것부터 순서대로 기호를 써 보세요.

$$\bigcirc \ \frac{12}{5} \div 4 \qquad \bigcirc \ \frac{8}{5} \div 6 \qquad \bigcirc \ \frac{14}{15} \div 2$$

( )

08 ▶261008-0024

나눗셈의 몫의 크기를 비교하여 ○ 안에 >, =, < 를 알맞게 써넣으세요.

$$\boxed{\frac{15}{8} \div 9} \quad \bigcirc \quad \boxed{\frac{10}{11} \div 2}$$

09 ▶261008-0025

끈 $\frac{7}{8}$ m를 4명이 똑같이 나누어 가지려고 합니다. 한 명이 가질 수 있는 끈의 길이는 몇 m인지 식을 쓰고 답을 구해 보세요.

식 ____________________

답 ____________________

도전 10 ▶261008-0026

★에 알맞은 자연수는 모두 몇 개인지 구해 보세요.

$$\frac{\bigstar}{14} < \frac{15}{7} \div 6$$

( )

도움말 $\frac{15}{7} \div 6$을 먼저 계산합니다.

문제해결 접근하기 ▶261008-0027

11 무게가 같은 빵 4개가 놓여 있는 쟁반의 무게를 재어 보니 $\frac{11}{10}$ kg이었습니다. 빈 쟁반의 무게가 $\frac{4}{10}$ kg일 때 빵 한 개의 무게를 구해 보세요.

이해하기

구하려고 하는 것은 무엇인가요?

답 ____________________

계획 세우기

어떤 방법으로 문제를 해결하면 좋을까요?

답 ____________________

____

해결하기

□ 안에 알맞은 수를 써넣으세요.

- 빵 4개의 무게는 $\frac{11}{10} - \frac{4}{10} = \dfrac{\boxed{}}{\boxed{}}$ (kg)입니다.

- 빵 한 개의 무게는

$$\frac{\boxed{}}{\boxed{}} \div 4 = \frac{\boxed{}}{\boxed{}} \times \frac{1}{\boxed{}} = \frac{\boxed{}}{\boxed{}} \text{(kg)}$$

입니다.

되돌아보기

무게가 같은 빵 5개가 놓여 있는 쟁반의 무게를 재어 보니 $\frac{7}{4}$ kg이었습니다. 빈 쟁반의 무게가 $\frac{1}{2}$ kg일 때, 빵 한 개의 무게를 구해 보세요.

답 ____________________

____

개념 5 (대분수)÷(자연수)를 알아볼까요

■ $2\dfrac{1}{4}÷3$ 계산하기

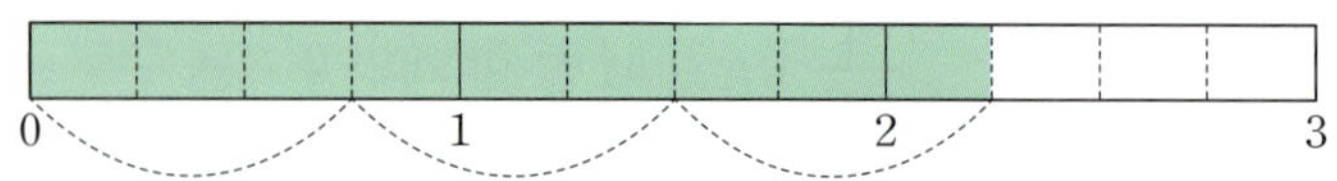

- 색칠한 부분은 $\dfrac{1}{4}$이 9개이므로 $\dfrac{9}{4}$입니다. 이것을 똑같이 3으로 나누면 $\dfrac{1}{4}$이 3개가 됩니다.

➡ $2\dfrac{1}{4}÷3$의 몫은 $\dfrac{3}{4}$입니다.

- $2\dfrac{1}{4}$을 $\dfrac{9}{4}$로 나타내고 $\dfrac{9}{4}$는 $\dfrac{1}{4}$이 9개이므로 9를 3으로 나누어 계산합니다.

➡ $2\dfrac{1}{4}÷3=\dfrac{9}{4}÷3=\dfrac{9÷3}{4}=\dfrac{3}{4}$

■ $2\dfrac{1}{7}÷5$ 계산하기

방법 1 $2\dfrac{1}{7}$을 $\dfrac{15}{7}$로 나타내고 분수의 분자를 자연수로 나누어 계산합니다.

➡ $2\dfrac{1}{7}÷5=\dfrac{15}{7}÷5=\dfrac{15÷5}{7}=\dfrac{3}{7}$

방법 2 $2\dfrac{1}{7}$을 $\dfrac{15}{7}$로 나타내고 나눗셈을 곱셈으로 나타내어 계산합니다.

➡ $2\dfrac{1}{7}÷5=\dfrac{15}{7}÷5=\dfrac{\overset{3}{15}}{7}×\dfrac{1}{\underset{1}{5}}=\dfrac{3}{7}$

■ $2\dfrac{1}{8}÷4$ 계산하기

방법 1 $2\dfrac{1}{8}$을 $\dfrac{17}{8}$로 나타내고 분자 17을 4의 배수로 나타내어 계산합니다.

➡ $2\dfrac{1}{8}÷4=\dfrac{17}{8}÷4=\dfrac{17×4}{8×4}÷4=\dfrac{68}{32}÷4=\dfrac{68÷4}{32}=\dfrac{17}{32}$

방법 2 $2\dfrac{1}{8}$을 $\dfrac{17}{8}$로 나타내고 나눗셈을 곱셈으로 나타내어 계산합니다.

➡ $2\dfrac{1}{8}÷4=\dfrac{17}{8}÷4=\dfrac{17}{8}×\dfrac{1}{4}=\dfrac{17}{32}$

• (대분수)÷(자연수)의 계산 방법
  - 대분수를 가분수로 나타내어 계산합니다.

  - 분자가 자연수로 나누어떨어질 때는 분자를 자연수로 나누어 계산할 수 있습니다.
  ➡ $3\dfrac{1}{3}÷5=\dfrac{10}{3}÷5$
  $=\dfrac{10÷5}{3}$
  $=\dfrac{2}{3}$

  - 분자가 자연수로 나누어떨어지지 않을 때는 크기가 같은 분수 중에서 분자가 자연수로 나누어떨어지는 수로 바꾸어 계산하거나 (자연수)를 $\dfrac{1}{(자연수)}$로 바꾼 다음 곱하여 계산합니다.
  ➡ $2\dfrac{1}{2}÷3=\dfrac{5}{2}÷3$
  $=\dfrac{5×3}{2×3}÷3$
  $=\dfrac{15}{6}÷3=\dfrac{15÷3}{6}$
  $=\dfrac{5}{6}$
  ➡ $3\dfrac{2}{3}÷5=\dfrac{11}{3}÷5$
  $=\dfrac{11}{3}×\dfrac{1}{5}$
  $=\dfrac{11}{15}$

 ## 문제를 풀며 이해해요

▶ 261008-0028

01 $1\frac{5}{6} \div 2$를 그림으로 나타낸 것을 보고 ☐ 안에 알맞은 수를 써넣으세요.

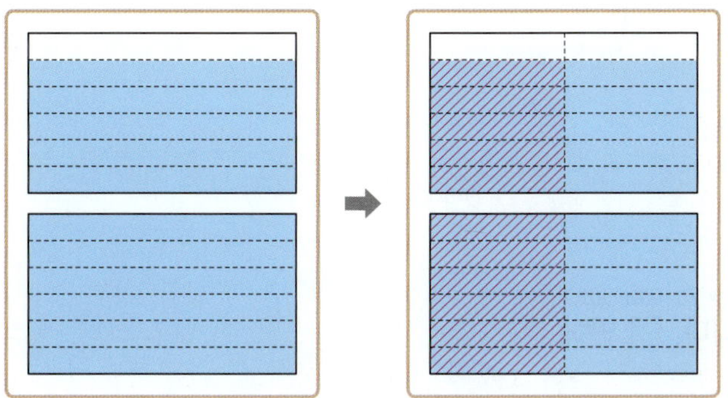

$1\frac{5}{6}$를 가분수로 나타내면 $\dfrac{\boxed{}}{\boxed{}}$입니다. $1\frac{5}{6} \div 2$의 몫은 $\dfrac{11}{6}$을 $\boxed{}$ 등분

한 것 중의 하나입니다. 따라서 몫을 분수로 나타내면 $\dfrac{\boxed{}}{\boxed{}}$입니다.

 (대분수)÷(자연수)를 계산하는 방법을 알고 있는지 묻는 문제예요.

$1\frac{5}{6} = \dfrac{11}{6}$ 이므로 $\dfrac{11}{6}$ 을 2로 나눈 몫을 구해요.

▶ 261008-0029

02 $2\frac{2}{7} \div 4$를 두 가지 방법으로 계산하려고 합니다. ☐ 안에 알맞은 수를 써넣으세요.

방법 1 $2\frac{2}{7} \div 4 = \dfrac{\boxed{}}{7} \div 4 = \dfrac{\boxed{} \div 4}{7} = \dfrac{\boxed{}}{7}$

방법 2 $2\frac{2}{7} \div 4 = \dfrac{\boxed{}}{7} \div 4 = \dfrac{\boxed{}}{7} \times \dfrac{1}{\boxed{}} = \dfrac{\boxed{}}{7}$

분자가 자연수로 나누어떨어질 때는 분자를 자연수로 나누어 계산할 수 있어요.

▶ 261008-0030

03 $1\frac{3}{10} \div 6$을 두 가지 방법으로 계산하려고 합니다. ☐ 안에 알맞은 수를 써넣으세요.

방법 1 $1\frac{3}{10} \div 6 = \dfrac{\boxed{}}{10} \div 6 = \dfrac{\boxed{}}{60} \div 6 = \dfrac{\boxed{} \div 6}{60} = \dfrac{\boxed{}}{60}$

방법 2 $1\frac{3}{10} \div 6 = \dfrac{\boxed{}}{10} \div 6 = \dfrac{\boxed{}}{10} \times \dfrac{1}{\boxed{}} = \dfrac{\boxed{}}{\boxed{}}$

분자가 자연수로 나누어떨어지지 않을 때는 크기가 같은 분수 중에서 분자가 자연수로 나누어떨어지는 수로 바꾸어 계산할 수 있어요.

01 ▸ 261008-0031

$1\frac{1}{5} \div 3$의 몫을 구하려고 합니다. 그림을 보고 □ 안에 알맞은 수를 써넣으세요.

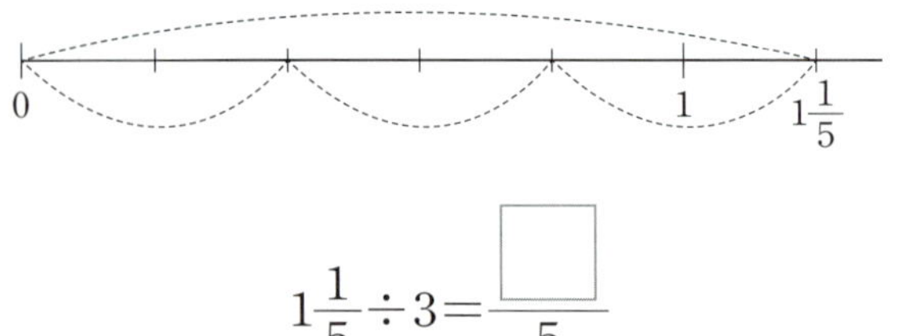

$$1\frac{1}{5} \div 3 = \frac{\square}{5}$$

02 ▸ 261008-0032

보기 와 같은 방법으로 계산하려고 합니다. □ 안에 알맞은 수를 써넣으세요.

보기

$$6\frac{3}{4} \div 9 = \frac{27}{4} \div 9 = \frac{27 \div 9}{4} = \frac{3}{4}$$

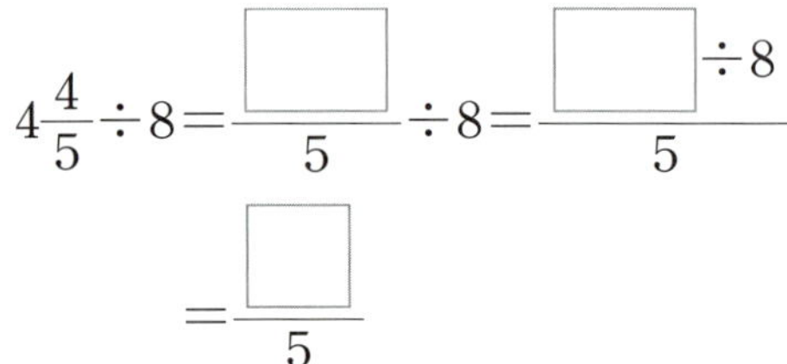

$$4\frac{4}{5} \div 8 = \frac{\square}{5} \div 8 = \frac{\square \div 8}{5}$$

$$= \frac{\square}{5}$$

03 ▸ 261008-0033

빈칸에 알맞은 수를 써넣으세요.

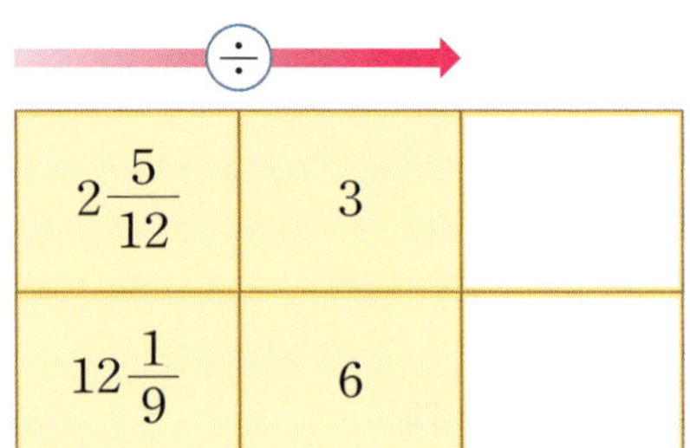

| $2\frac{5}{12}$ | 3 | |
| $12\frac{1}{9}$ | 6 | |

04 ▸ 261008-0034

예나는 주스 $1\frac{2}{5}$ L를 동생 1명과 똑같이 나누어 마셨습니다. 예나가 마신 주스의 양은 몇 L인지 식을 쓰고 답을 구해 보세요.

식 ________________________

답 ________________________

중요
05 ▸ 261008-0035

$6\frac{2}{7} \div 2$를 두 가지 방법으로 계산해 보세요.

방법 1 ________________________

____

방법 2 ________________________

____

06 ▸ 261008-0036

잘못 계산한 식을 바르게 계산해 보세요.

$$12\frac{1}{4} \div 3 = 12\frac{1}{4} \times \frac{1}{3} = 12\frac{1 \times 1}{4 \times 3} = 12\frac{1}{12}$$

07 ▸ 261008-0037

나눗셈의 몫의 크기를 비교하여 ○ 안에 >, =, < 를 알맞게 써넣으세요.

$$4\frac{2}{3} \div 6 \quad \bigcirc \quad 1\frac{5}{6} \div 3$$

▶ 261008-0038

08 계산해 보세요.

(1) $12\dfrac{5}{6} \div 11$

(2) $9\dfrac{1}{6} \div 3$

중요
09 ▶ 261008-0039

□ 안에 들어갈 수 있는 자연수는 모두 몇 개일까요?

$$4\dfrac{1}{12} \div 7 > \dfrac{\square}{12}$$

( )

도전
10 ▶ 261008-0040

수 카드 3장을 한 번씩 모두 사용하여 계산 결과가 가장 작은 나눗셈을 만들고 계산해 보세요.

| 1 | 5 | 8 |

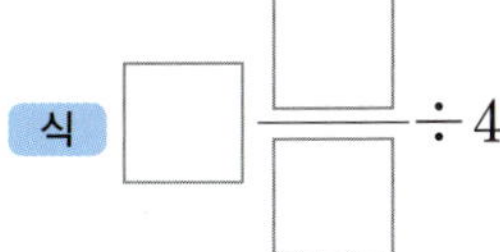

식 $\dfrac{\square}{\square} \div 4$

( )

도움말 계산 결과가 가장 작으려면 나누어지는 수가 가장 작아야 합니다.

문제해결 **접근하기**

▶ 261008-0041

11 어떤 분수를 6으로 나누어야 할 것을 잘못하여 6을 곱했더니 $10\dfrac{1}{2}$이 되었습니다. 바르게 계산했을 때의 몫을 구해 보세요.

이해하기

구하려고 하는 것은 무엇인가요?

답 ______________________

계획 세우기

어떤 방법으로 문제를 해결하면 좋을까요?

답 ______________________

____

해결하기

□ 안에 알맞은 수를 써넣으세요.

• 어떤 분수에 6을 곱해서 $10\dfrac{1}{2}$이 되었으므로 어떤 분수는 $10\dfrac{1}{2} \div \square = \dfrac{\square}{\square}$ 입니다.

• 바르게 계산한 몫은 $\dfrac{\square}{\square} \div 6 = \dfrac{\square}{\square}$ 입니다.

되돌아보기

어떤 분수를 4로 나누어야 할 것을 잘못하여 4를 곱했더니 $2\dfrac{2}{7}$가 되었습니다. 바르게 계산했을 때의 몫을 구해 보세요.

답 ______________________

____

____

01 나눗셈의 몫을 그림으로 나타내고, □ 안에 알맞은 수를 써넣으세요.
▶ 261008-0042

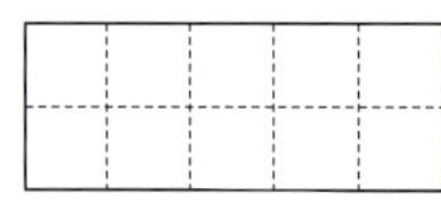

$$1 \div 10 = \dfrac{\square}{\square}$$

02 □ 안에 알맞은 수를 써넣으세요.
▶ 261008-0043

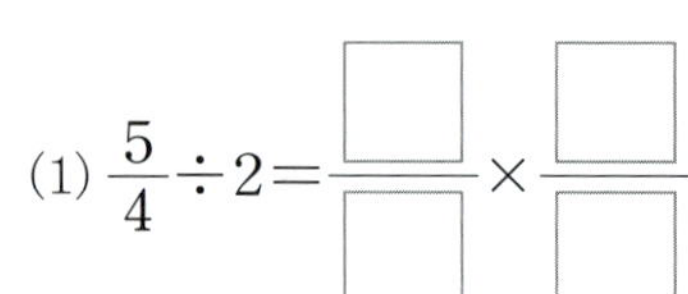

(1) $\dfrac{5}{4} \div 2 = \dfrac{\square}{\square} \times \dfrac{\square}{\square}$

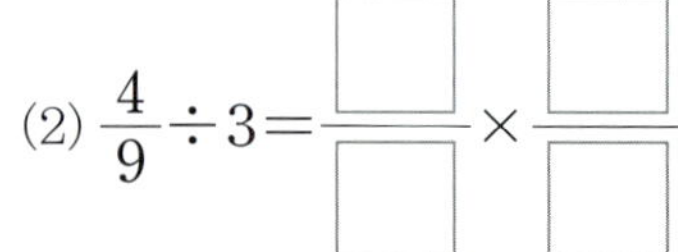

(2) $\dfrac{4}{9} \div 3 = \dfrac{\square}{\square} \times \dfrac{\square}{\square}$

03 나눗셈의 몫이 큰 것부터 순서대로 기호를 써 보세요.
▶ 261008-0044

㉠ $2 \div 3$	㉡ $1 \div 5$
㉢ $7 \div 4$	㉣ $9 \div 8$

(   )

중요
04 그림을 보고, $\dfrac{5}{8} \div 3$ 을 계산하려고 합니다. □ 안에 알맞은 수를 써넣으세요.
▶ 261008-0045

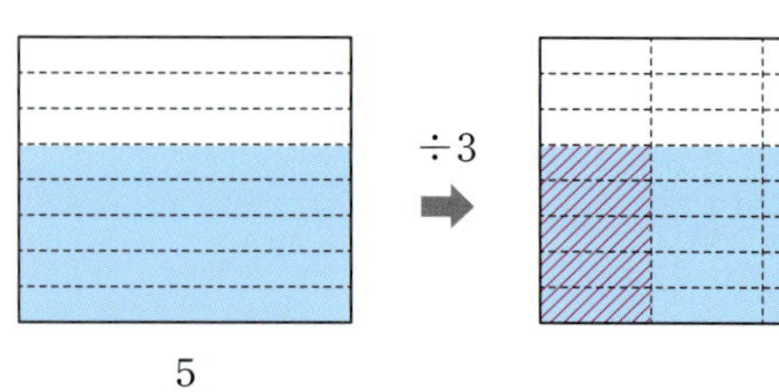

$$\dfrac{5}{8} \div 3 = \dfrac{\square}{24} \div 3 = \dfrac{\square \div 3}{24} = \dfrac{\square}{24}$$

05 계산해 보세요.
▶ 261008-0046

(1) $\dfrac{7}{10} \div 8$

(2) $6\dfrac{9}{10} \div 3$

06 두 친구가 (분수)÷(자연수)를 계산한 과정입니다. <u>잘못</u> 계산한 친구의 이름을 써 보세요.
▶ 261008-0047

민유: $\dfrac{12}{17} \div 3 = \dfrac{12 \div 3}{17} = \dfrac{4}{17}$

서우: $\dfrac{11}{18} \div 2 = \dfrac{11}{18 \div 2} = \dfrac{11}{9} = 1\dfrac{2}{9}$

(   )

07 ▶ 261008-0048

빈칸에 알맞은 기약분수를 써넣으세요.

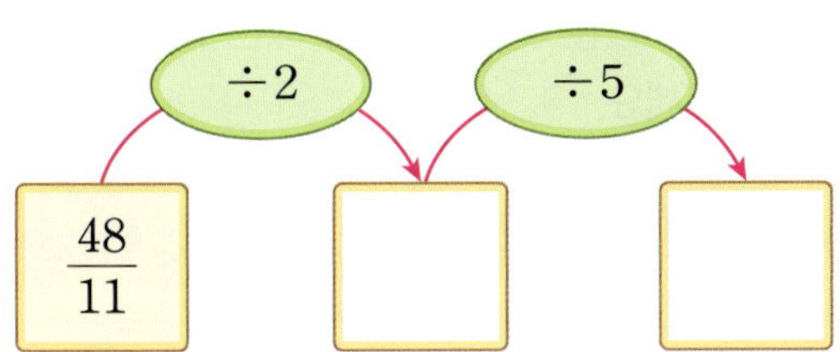

08 ▶ 261008-0049

관계있는 것끼리 이어 보세요.

$\dfrac{16}{3} \div 2$ $\quad$ $2\dfrac{2}{9} \div 10$ $\quad$ $5\dfrac{3}{8} \div 4$

$1\dfrac{11}{32}$ $\quad$ $2\dfrac{2}{3}$ $\quad$ $5\dfrac{2}{3}$ $\quad$ $\dfrac{2}{9}$

09 ▶ 261008-0050

철사 $1\dfrac{5}{7}$ m를 겹치지 않게 모두 사용하여 정삼각형을 만들었습니다. 정삼각형의 한 변의 길이는 몇 m일까요?

(   )

중요 10 ▶ 261008-0051

$2\dfrac{4}{5} \div 4$를 두 가지 방법으로 계산해 보세요.

방법 1 ________________________________

____

방법 2 ________________________________

____

서술형 11 ▶ 261008-0052

가로가 5 m인 벽에 같은 크기의 정사각형 모양의 액자 7개를 $\dfrac{1}{4}$ m 간격으로 나란히 붙였습니다. 액자 한 개의 한 변의 길이는 몇 m인지 풀이 과정을 쓰고 답을 구해 보세요. (단, 벽의 처음과 끝에 맞추어 액자를 붙였습니다.)

풀이

(1) 액자 7개를 나란히 붙였을 때, 액자의 간격은 (   )군데 있습니다.

(2) 액자는 $\dfrac{1}{4}$ m 간격으로 붙였으므로

액자의 간격의 길이의 합은

$\dfrac{1}{4} \times ($ $) = \dfrac{(\qquad)}{2}$

$= 1\dfrac{(\qquad)}{2}$ (m)이고

액자 7개의 가로의 길이의 합은

$5 - \Big($ $\Big) = \Big($ $\Big)$(m)입니다.

(3) 액자 한 개의 한 변의 길이는

$\Big($ $\Big) \div 7 = \Big($ $\Big)$(m)입니다.

답 ________________________________

12 몫이 가장 큰 것은 어느 것인가요? (　　　　)　▶ 261008-0053

① $\dfrac{1}{8} \div 3$　　　　② $3\dfrac{1}{4} \div 13$

③ $\dfrac{35}{48} \div 7$　　　　④ $5\dfrac{2}{3} \div 8$

⑤ $2\dfrac{5}{12} \div 4$

13 계산 결과를 비교하여 ○ 안에 >, =, <를 알맞게 써넣으세요.　▶ 261008-0054

$$\boxed{\dfrac{25}{3} \div 15} \quad \bigcirc \quad \boxed{2\dfrac{5}{11} \div 3}$$

14 어떤 분수에 9를 곱하였더니 $\dfrac{8}{15}$이 되었습니다. 어떤 분수를 4로 나눈 몫은 얼마일까요?　▶ 261008-0055

(　　　　　　　　)

15 수 카드 3장을 모두 한 번씩만 사용하여 가장 작은 대분수를 만들었습니다. 이 대분수를 2로 나눈 몫을 구해 보세요.　▶ 261008-0056

$$\boxed{3} \quad \boxed{2} \quad \boxed{7}$$

(　　　　　　　　)

16 무게가 똑같은 공 4개의 무게가 $\dfrac{37}{20}$ kg일 때 공 한 개의 무게는 몇 kg일까요?　▶ 261008-0057

(　　　　　　　　)

도전
17 ▶ 261008-0058

마름모의 한 대각선의 길이가 **9 cm**이고, 다른 대각선의 길이가 $6\frac{1}{2}$ **cm**일 때, 마름모의 넓이는 몇 **cm**^{2}일까요?

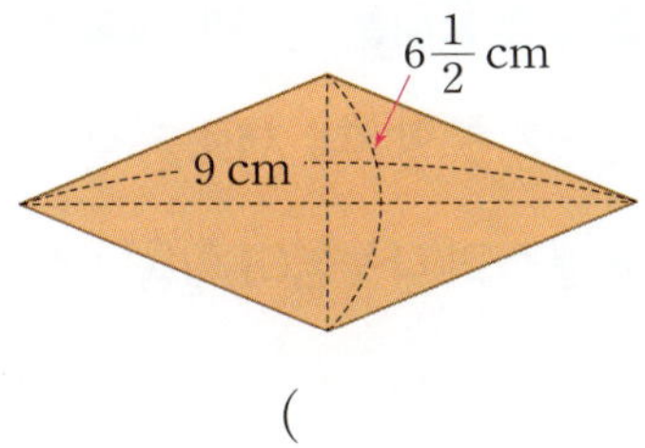

(   )

18 ▶ 261008-0059

㉠－㉡의 값을 구해 보세요.

$$㉠\times 3=3\frac{2}{5} \qquad ㉡=\frac{4}{5}\div 3$$

(   )

19 ▶ 261008-0060

큰 수를 작은 수로 나눈 몫을 빈칸에 써넣으세요.

(1)

4	$5\frac{3}{5}$

(2)

3	$\frac{90}{7}$

20 ▶ 261008-0061

무게가 똑같은 연필 8자루의 무게가 $45\frac{3}{4}$ g이고, 색연필 10자루의 무게가 $53\frac{1}{2}$ g입니다. 연필과 색연필 중에서 한 자루의 무게가 더 무거운 것은 어느 것일까요?

(   )

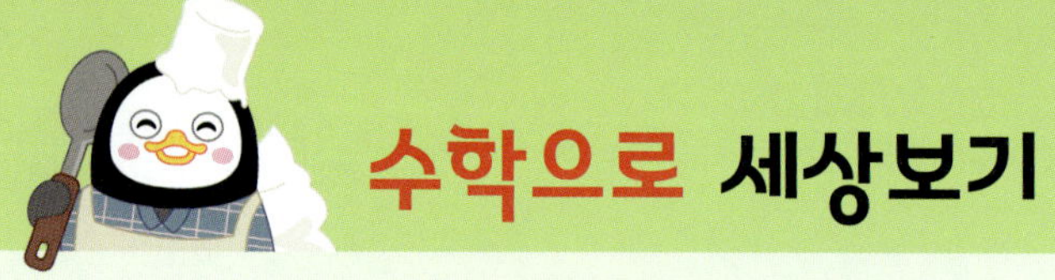

분수의 나눗셈을 활용해 볼까요?

우리의 일상생활 속에서 분수의 나눗셈을 활용할 수 있는 경우가 있어요. 예를 들면 요리를 할 때 재료를 같은 수로 나누는 경우, 악보의 음표 박자를 같은 수로 나누어 음표 박자를 계산하는 경우, 만들기를 할 때 재료를 같은 수로 나누는 경우 등이 있어요. 대표적으로 요리 레시피에 쓰여 있는 재료의 양을 나눌 때도 분수의 나눗셈이 활용될 수 있답니다.

1 소금빵을 만들 때 필요한 재료

다음은 똑같은 소금빵 7개를 만들 때 필요한 재료의 양입니다.

재료	양(g)
강력분*	125
박력분*	125
설탕	20
버터	20
소금	5
이스트	4
우유	170
토핑용 굵은 소금	2

이 소금빵 한 개를 만들 때 필요한 설탕은 몇 g일까요? 설탕 20 g은 소금빵 7개를 만들 때 필요한 양이므로 소금빵 한 개를 만들 때 필요한 설탕의 양은 $20 \div 7 = \dfrac{20}{7} = 2\dfrac{6}{7}$(g)입니다. 또한 강력분 125 g은 소금빵 7개를 만들 때 필요한 양이므로 소금빵 한 개를 만들 때 필요한 강력분의 양은 $125 \div 7 = \dfrac{125}{7} = 17\dfrac{6}{7}$ (g)입니다.

* 강력분, 박력분은 빵을 만들 때 쓰이는 밀가루의 종류입니다.

2 피자를 만들 때 필요한 재료

다음은 피자 2인분을 만들 때 필요한 재료의 양입니다. 피자 1인분을 만든다면 아래 재료의 양을 각각 2로 나누면 되겠지요? 양파는 $\frac{1}{3}\div2=\frac{1}{3}\times\frac{1}{2}=\frac{1}{6}$(개), 피자 치즈는 $\frac{1}{2}\div2=\frac{1}{2}\times\frac{1}{2}=\frac{1}{4}$(컵), 또띠아는 $1\div2=\frac{1}{2}$(장)이 필요하고 베이컨도 $1\div2=\frac{1}{2}$(장)이 필요합니다.

재료	양
양파	$\frac{1}{3}$개
홍고추	1개
머스터드 소스	1큰술
피자 치즈	$\frac{1}{2}$컵
피망	$\frac{1}{2}$개
또띠아	1장
케첩	1큰술
베이컨	1장

이렇게 우리 생활 속에서 분수의 나눗셈을 활용할 수 있는 경우를 찾을 수 있습니다. 여러분도 생활 속에서 분수의 나눗셈을 활용하는 경우를 찾아보고 배운 내용을 적용해 보세요.

2 각기둥과 각뿔

준호는 가족들과 함께 캠핑장에 갔어요. 시원한 바람과 숲의 향기가 몸과 마음을 상쾌하게 해 주었어요. 캠핑장에는 준호네 가족이 쓸 수 있는 뾰족한 뿔 모양의 텐트가 있었고, 준호네 반려견이 쓸 수 있는 기둥 모양의 텐트도 있었어요. 아빠는 기둥 모양의 화로에 불을 피우고, 준호는 기둥 모양의 스피커로 음악을 틀었어요.

이번 단원에서는 각기둥과 각뿔, 각기둥의 전개도에 대해 배워 보고, 각기둥의 전개도를 그려 볼 거예요.

단원 학습 목표

1. 각기둥을 이해하고, 각기둥의 구성 요소와 성질을 탐구하고 설명할 수 있습니다.
2. 각기둥의 전개도를 이해하고 여러 가지 방법으로 그릴 수 있습니다.
3. 각뿔을 이해하고, 각뿔의 구성 요소와 성질을 탐구하고 설명할 수 있습니다.

단원 진도 체크

회차	학습 내용		진도 체크
1차	교과서 개념 배우기 + 교과서 문제 해결하기	**개념 1** 각기둥을 알아볼까요 (1)	✓
2차	교과서 개념 배우기 + 교과서 문제 해결하기	**개념 2** 각기둥을 알아볼까요 (2)	✓
3차	교과서 개념 배우기 + 교과서 문제 해결하기	**개념 3** 각기둥의 전개도를 알아볼까요 **개념 4** 각기둥의 전개도를 그려 볼까요	✓
4차	교과서 개념 배우기 + 교과서 문제 해결하기	**개념 5** 각뿔을 알아볼까요 (1)	✓
5차	교과서 개념 배우기 + 교과서 문제 해결하기	**개념 6** 각뿔을 알아볼까요 (2)	✓
6차	단원평가로 완성하기		✓
7차	수학으로 세상보기		✓

해당 부분을 공부하고 나서 ✓표를 하세요.

개념 1 각기둥을 알아볼까요 (1)

■ 입체도형 알아보기

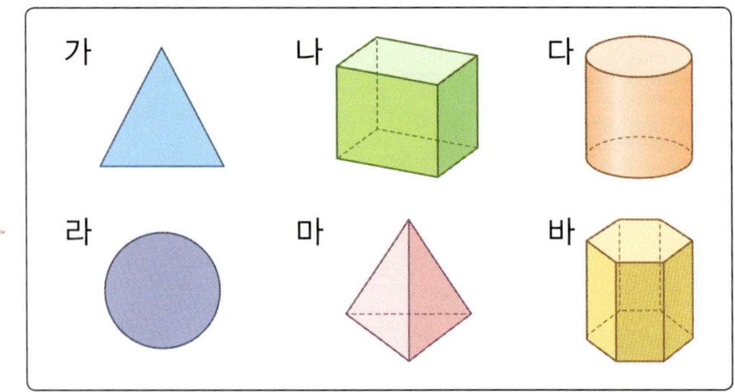

- 평면도형은 가, 라입니다.
- 입체도형은 나, 다, 마, 바입니다.
- 입체도형 중 모든 면이 다각형인 것은 나, 마, 바입니다.
- 입체도형 중 두 면이 서로 평행하고 합동인 다각형으로 이루어진 것은 나, 바입니다.

■ 각기둥 알아보기

- 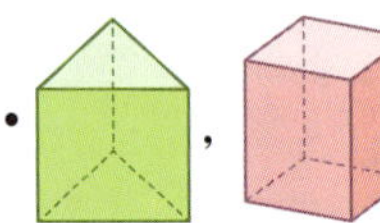, 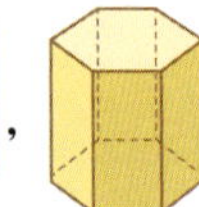, 등과 같이 두 면이 서로 평행하고 합동인 다각형으로 이루어진 기둥 모양의 입체도형을 각기둥이라고 합니다.
- 각기둥은 서로 평행한 두 면이 있고, 이 두 면은 합동인 다각형입니다.

■ 각기둥의 밑면과 옆면 알아보기

- 각기둥에서 서로 평행하고 합동인 두 면을 밑면이라 하고, 두 밑면과 만나는 면을 옆면이라고 합니다.
- 각기둥의 두 밑면은 옆면과 모두 수직으로 만납니다.
- 각기둥의 옆면은 모두 직사각형입니다.
- 밑면: 면 ㄱㄴㄷ, 면 ㄹㅁㅂ
- 옆면: 면 ㄱㄹㅁㄴ, 면 ㄴㅁㅂㄷ, 면 ㄱㄹㅂㄷ

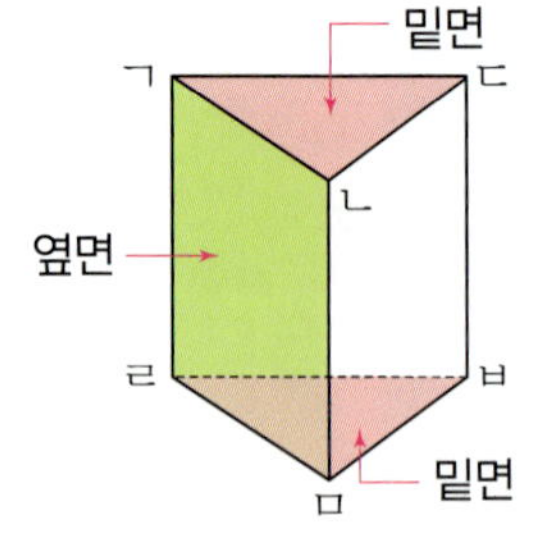

• **각기둥 찾아보기**

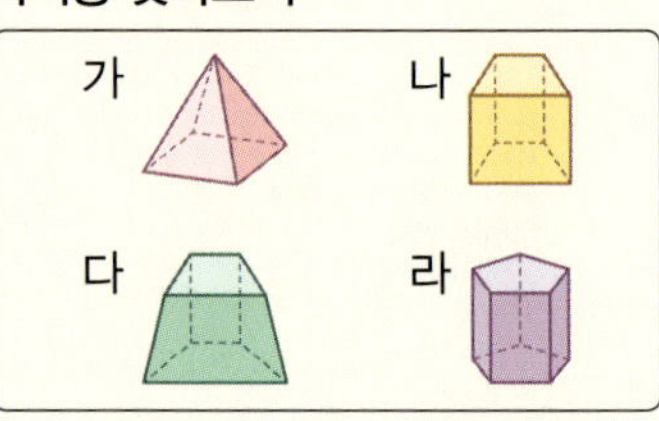

- 모든 면이 다각형인 입체도형: 가, 나, 다, 라
- 두 면이 서로 평행하고 합동인 다각형으로 이루어진 기둥 모양의 입체도형: 나, 라
➡ 각기둥: 나, 라

• **각기둥의 겨냥도 그리기**

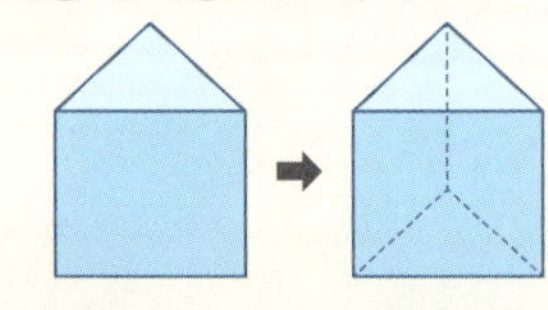

각기둥의 겨냥도를 그릴 때 보이는 모서리는 실선으로, 보이지 않는 모서리는 점선으로 나타냅니다.

• **각기둥의 밑면과 옆면의 수**
(각기둥의 밑면의 수)=2개
(각기둥의 옆면의 수)
 =(한 밑면의 변의 수)

 **문제를 풀며 이해해요**

▶ 261008-0062

01 도형을 보고 ☐ 안에 알맞은 기호나 말을 써넣으세요.

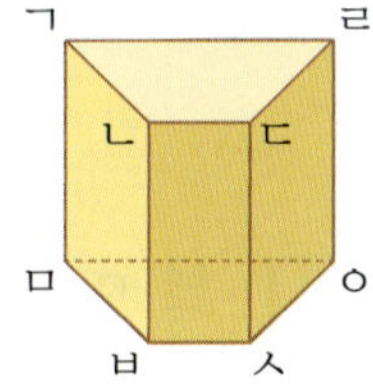

가 　　나　　다
라　　마　　바

(1) 평면도형은 ☐ , ☐ 입니다.

(2) 입체도형은 ☐ , ☐ , ☐ , ☐ 입니다.

(3) 모든 면이 다각형으로 이루어진 입체도형은 ☐ , ☐ , ☐ 입니다.

(4) 두 면이 서로 평행하고 합동인 다각형으로 이루어진 기둥 모양의 입체도형은 ☐ , ☐ 입니다.

(5) 두 면이 서로 평행하고 합동인 다각형으로 이루어진 기둥 모양의 입체도형을 ☐ (이)라고 합니다.

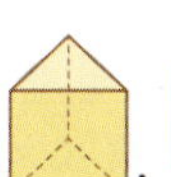
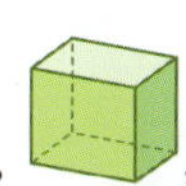
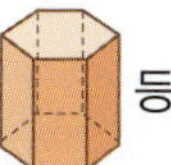

각기둥을 이해하고, 각기둥의 밑면과 옆면을 알고 있는지 묻는 문제예요.

, , 등과 같은 입체도형을 각기둥이라고 해요.

▶ 261008-0063

02 각기둥을 보고 ☐ 안에 알맞은 말을 써넣으세요.

ㄱ　　ㄹ
ㄴ　ㄷ
ㅁ　　ㅇ
ㅂ　ㅅ

(1) 각기둥에서 면 ㄱㄴㄷㄹ, 면 ㅁㅂㅅㅇ과 같이 서로 평행하고 합동인 두 면을 ☐ (이)라고 합니다.

(2) 각기둥에서 면 ㄱㅁㅂㄴ, 면 ㄴㅂㅅㄷ, 면 ㄷㅅㅇㄹ, 면 ㄱㅁㅇㄹ과 같이 두 밑면과 만나는 면을 ☐ (이)라고 합니다.

각기둥에서 서로 평행하고 합동인 두 면을 밑면이라 하고, 두 밑면과 만나는 면을 옆면이라고 해요.

[01~02] 도형을 보고 물음에 답하세요.

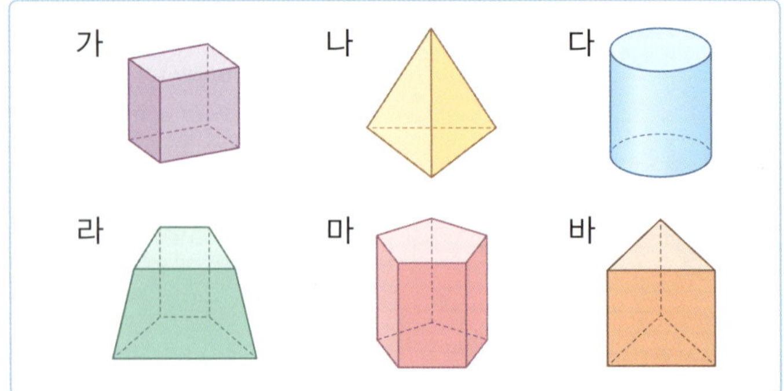

▶ 261008-0064

01 서로 평행한 두 면이 있는 입체도형을 모두 찾아 기호를 써 보세요.

( )

▶ 261008-0065

02 두 면이 서로 평행하고 합동인 다각형으로 이루어진 기둥 모양의 입체도형을 모두 찾아 기호를 써 보세요.

( )

중요
03 각기둥을 모두 고르세요. ( ) ▶ 261008-0066

① 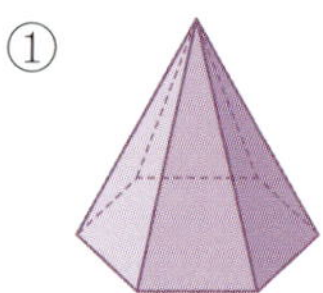   ② 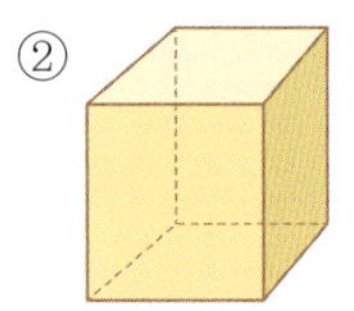

③ 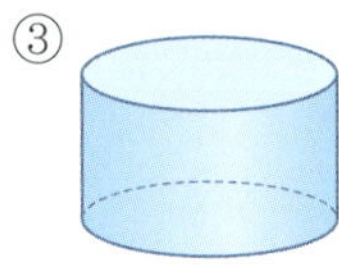   ④ 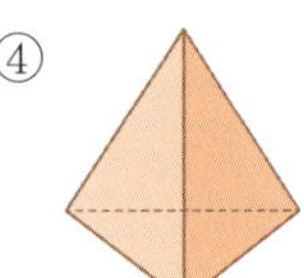

⑤ 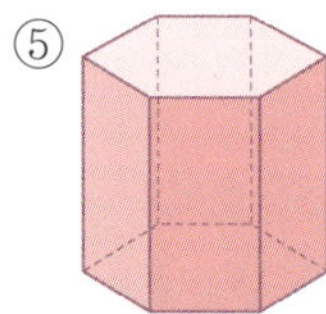

[04~05] 각기둥을 보고 물음에 답하세요.

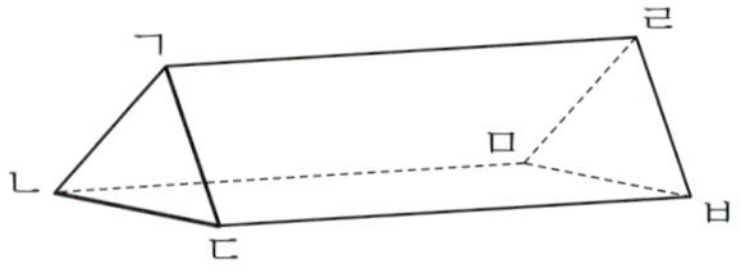

▶ 261008-0067

04 밑면을 모두 찾아 색칠해 보세요.

▶ 261008-0068

05 옆면을 모두 찾아 써 보세요.

____

____

중요
06 다음 중 각기둥에 대해 잘못 설명한 학생의 이름을 써 보세요. ▶ 261008-0069

소율: 각기둥의 옆면은 모두 직사각형이야.
수호: 각기둥의 밑면은 2개야.
민지: 각기둥의 옆면은 서로 수직으로 만나.

( )

▶ 261008-0070

07 면 ㅁㅂㅅㅇ을 밑면이라고 할 때, 다른 밑면은 어느 것인가요? ( )

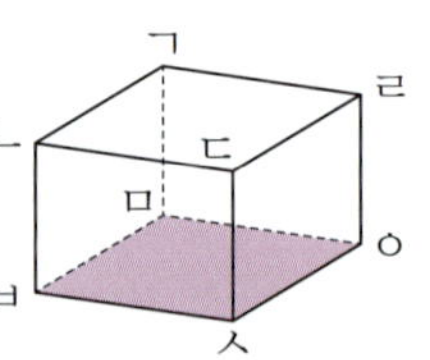

① 면 ㄱㄴㅂㅁ   ② 면 ㄹㄷㅅㅇ
③ 면 ㄱㄴㄷㄹ   ④ 면 ㄱㅁㅇㄹ
⑤ 면 ㄴㅂㅅㄷ

[08~09] 각기둥을 보고 물음에 답하세요.

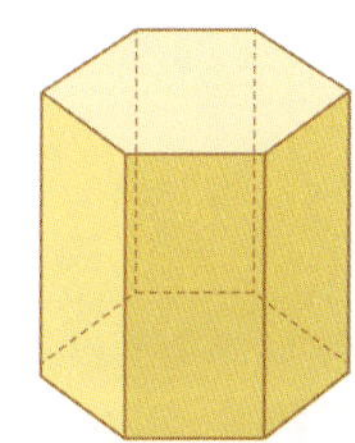

▶ 261008-0071

08 각기둥에서 밑면과 옆면은 각각 몇 개인가요?

밑면 (   )

옆면 (   )

▶ 261008-0072

09 각기둥에서 옆면의 모양은 어떤 도형인가요?

(   )

도전

10 다음 도형이 각기둥이 <u>아닌</u> 이유를 설명해 보세요.

▶ 261008-0073

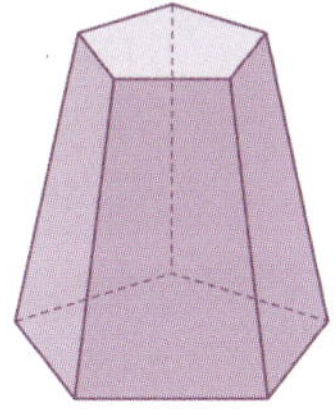

____

____

도움말 각기둥은 두 면이 서로 평행하고 합동인 다각형으로 이루어진 입체도형입니다.

문제해결 접근하기

▶ 261008-0074

11 입체도형 중 각기둥을 모두 찾아 옆면의 수의 합을 구해 보세요.

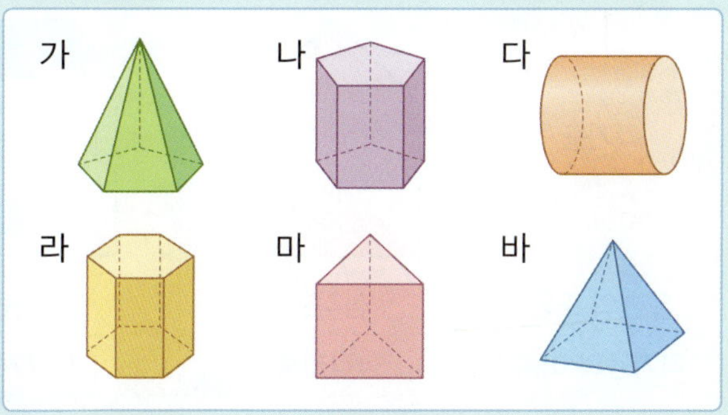

이해하기

구하려고 하는 것은 무엇인가요?

답 ___________________________________

계획 세우기

어떤 방법으로 문제를 해결하면 좋을까요?

답 ___________________________________

해결하기

□ 안에 알맞은 기호나 수를 써넣으세요.

- 주어진 입체도형 중 각기둥은 □, □, □ 입니다.

- 각기둥 □의 옆면은 □개, 각기둥 □의 옆면은 □개, 각기둥 □의 옆면은 □개입니다.

- 각기둥의 옆면의 수의 합은

□ + □ + □ = □ (개)입니다.

되돌아보기

위 입체도형 중 각기둥을 모두 찾아 밑면의 수의 합을 구해 보세요.

답 ___________________________________

개념 2 각기둥을 알아볼까요 (2)

■ 각기둥의 이름 알아보기

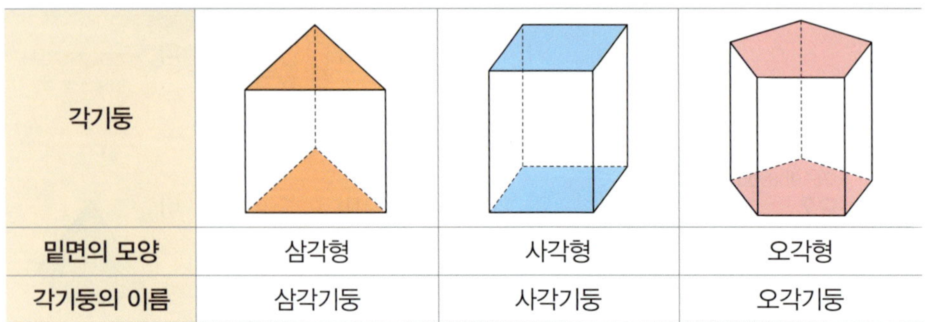

각기둥			
밑면의 모양	삼각형	사각형	오각형
각기둥의 이름	삼각기둥	사각기둥	오각기둥

- 각기둥은 밑면의 모양이 삼각형, 사각형, 오각형, …일 때 삼각기둥, 사각기둥, 오각기둥, …이라고 합니다.
  밑면의 모양이 ▲각형인 각기둥의 이름은 ▲각기둥입니다.

- 각기둥의 이름은 밑면의 모양에 따라 정해집니다.
- 각기둥의 밑면의 모양이 사다리꼴, 평행사변형, 마름모이어도 모두 사각형이므로 사각기둥이라고 할 수 있습니다.

■ 각기둥의 구성 요소 알아보기

- 각기둥에서 면과 면이 만나는 선분을 모서리라 하고, 모서리와 모서리가 만나는 점을 꼭짓점이라고 합니다. 또, 두 밑면 사이의 거리를 높이라고 합니다.

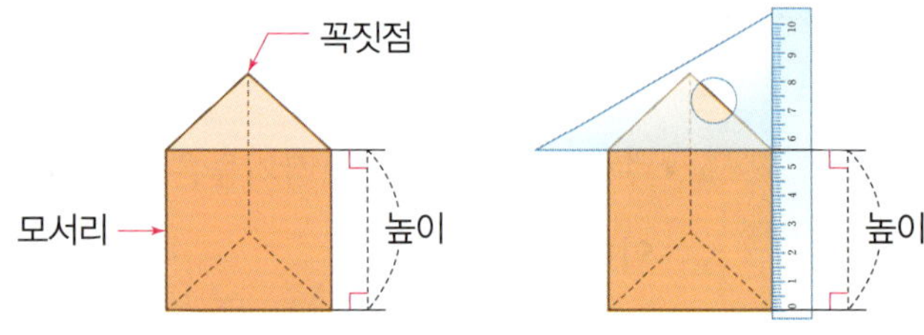

- 각기둥의 높이는 옆면끼리 만나서 생긴 모서리의 길이와 같습니다.
- 각기둥의 높이는 밑면의 한 꼭짓점에서 다른 밑면에 수직으로 그은 선분의 길이와 같습니다.
- 각기둥의 면, 모서리, 꼭짓점의 수
  (각기둥의 면의 수)=(한 밑면의 변의 수)+2
  (각기둥의 모서리의 수)=(한 밑면의 변의 수)×3
  (각기둥의 꼭짓점의 수)=(한 밑면의 변의 수)×2

- 각기둥의 모서리와 꼭짓점

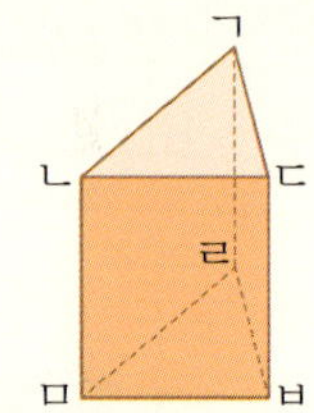

[모서리]
모서리 ㄱㄴ, 모서리 ㄴㄷ,
모서리 ㄷㄱ, 모서리 ㄴㅁ,
모서리 ㄷㅂ, 모서리 ㄱㄹ,
모서리 ㄹㅁ, 모서리 ㅁㅂ,
모서리 ㅂㄹ
[꼭짓점]
꼭짓점 ㄱ, 꼭짓점 ㄴ, 꼭짓점 ㄷ,
꼭짓점 ㄹ, 꼭짓점 ㅁ, 꼭짓점 ㅂ

 **문제를 풀며 이해해요**

01 각기둥을 보고 빈칸에 알맞은 말을 써넣으세요.

▶ 261008-0075

각기둥			
밑면의 모양			
옆면의 모양			
각기둥의 이름			

각기둥의 이름과 구성 요소를 알고 있는지 묻는 문제예요.

밑면의 모양이 ▲각형인 각기둥의 이름은 ▲각기둥이에요. 각기둥의 옆면의 모양은 모두 직사각형이에요.

02 [보기]에서 알맞은 말을 골라 ☐ 안에 써넣으세요.

▶ 261008-0076

보기

높이   꼭짓점   모서리   면

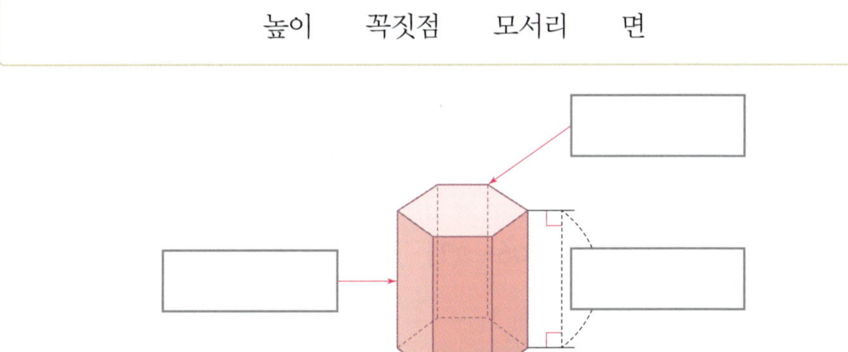

각기둥에서 면과 면이 만나는 선분을 모서리라 하고, 모서리와 모서리가 만나는 점을 꼭짓점이라고 해요. 또 두 밑면 사이의 거리를 높이라고 해요.

03 각기둥의 이름을 써 보세요.

▶ 261008-0077

밑면의 모양을 알아보아요.

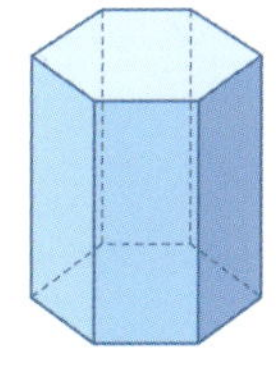

(   )

01 각기둥의 밑면의 모양은 어떤 도형인지 써 보세요.
▶ 261008-0078

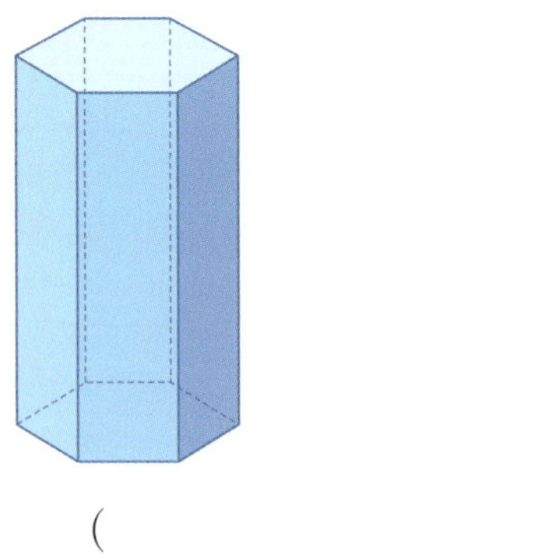

( )

중요
02 각기둥의 모서리와 꼭짓점을 찾아 기호를 써 보세요.
▶ 261008-0079

모서리 ( )

꼭짓점 ( )

03 밑면의 모양이 다음과 같은 각기둥의 이름을 써 보세요.
▶ 261008-0080

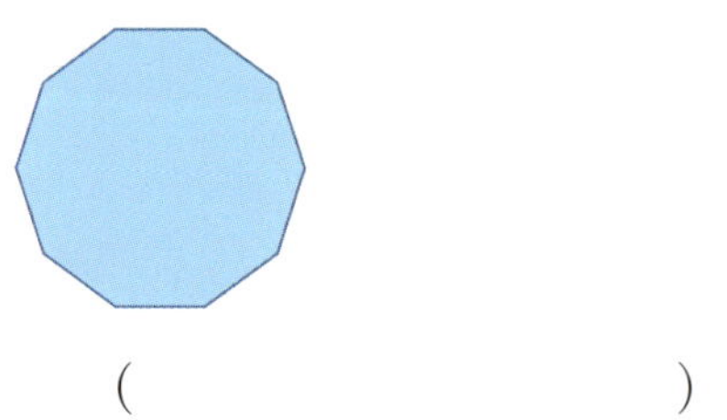

( )

04 각기둥의 높이는 몇 cm인지 자로 재어 보세요.
▶ 261008-0081

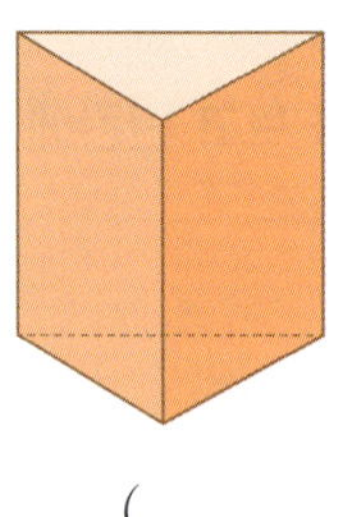

( )

05 각기둥의 모서리가 <u>아닌</u> 것은 어느 것인가요? ( )
▶ 261008-0082

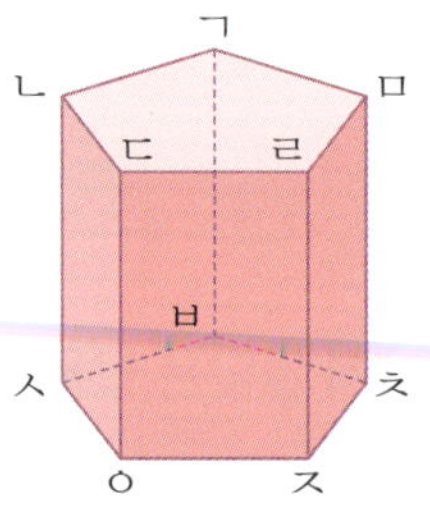

① 모서리 ㄱㄴ ② 모서리 ㄷㄹ ③ 모서리 ㅂㅅ
④ 모서리 ㅁㅊ ⑤ 모서리 ㅅㅈ

[06~07] 각기둥을 보고 물음에 답하세요.

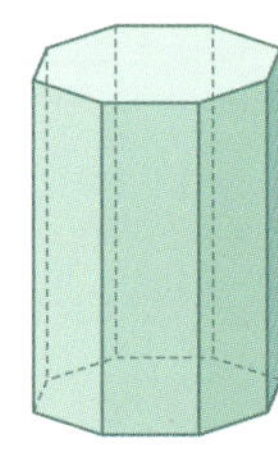

06 각기둥에서 꼭짓점은 몇 개인가요?
▶ 261008-0083

( )

07 각기둥에서 모서리는 몇 개인가요?
▶ 261008-0084

( )

▶261008-0085

중요
08 각기둥을 보고 표를 완성해 보세요.

가　　　　나　　　　다

도형	가	나	다
한 밑면의 변의 수(개)			
면의 수(개)			
모서리의 수(개)			
꼭짓점의 수(개)			

▶261008-0086

09 각기둥에 대한 설명으로 옳은 것에 ○표, 옳지 않은 것에 ×표 하세요.

(1) 팔각기둥의 면은 10개입니다. 　　(　　)
(2) 구각기둥의 꼭짓점은 27개입니다. 　　(　　)
(3) 십이각기둥의 모서리는 24개입니다. (　　)

도전
▶261008-0087

10 각기둥에서 밑면의 모양이 정오각형일 때 모든 모서리의 길이의 합은 몇 **cm**인지 구해 보세요.

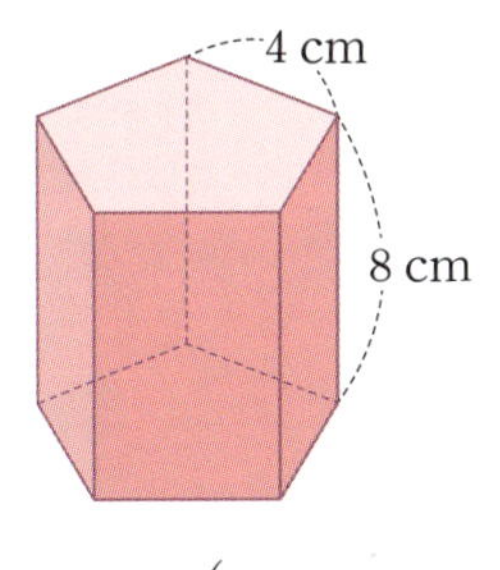

(　　　　　　　　)

도움말 (한 밑면의 둘레)×2와 (높이)×5를 더하면 모든 모서리의 길이의 합이 됩니다.

문제해결 접근하기

▶261008-0088

11 면이 11개인 각기둥의 모서리의 수와 꼭짓점의 수의 합은 몇 개인지 구해 보세요.

이해하기

구하려고 하는 것은 무엇인가요?

답 ________________________________

계획 세우기

어떤 방법으로 문제를 해결하면 좋을까요?

답 ________________________________

____

해결하기

□ 안에 알맞은 말이나 수를 써넣으세요.

- 면이 11개인 각기둥은 [　　　　] 입니다.
- 이 각기둥의 모서리는 [　]×[　]=[　] (개),
  꼭짓점은 [　]×[　]=[　] (개)입니다.
- 모서리의 수와 꼭짓점의 수의 합은
  [　]+[　]=[　] (개)입니다.

되돌아보기

꼭짓점이 14개인 각기둥의 면의 수와 모서리의 수의 합은 몇 개인지 구해 보세요.

답 ________________________________

____

개념 **3** 각기둥의 전개도를 알아볼까요

■ 각기둥의 전개도 알아보기

- 각기둥의 모서리를 잘라서 펼쳐 놓은 그림을 각기둥의 전개도라고 합니다.
- 삼각기둥의 전개도

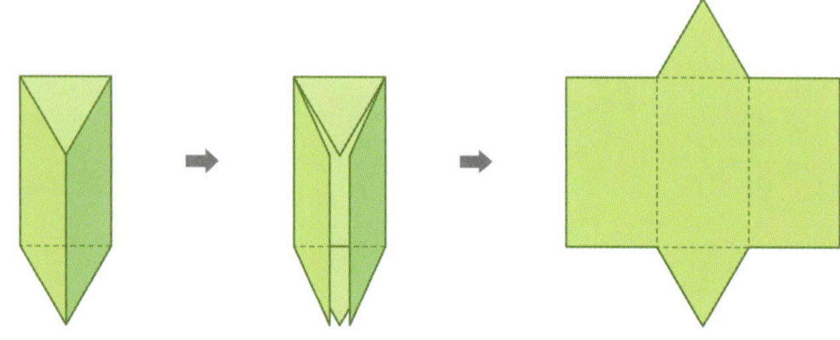

> 참고 각기둥의 전개도를 접을 때 맞닿는 선분의 길이는 같습니다.

• 각기둥의 전개도는 어느 모서리를 자르는가에 따라 여러 가지 모양이 나올 수 있습니다.

개념 **4** 각기둥의 전개도를 그려 볼까요

■ 각기둥의 전개도 그리기

각기둥에서 어느 모서리를 잘라서 펼치는가에 따라 각기둥의 전개도를 다양하게 그릴 수 있습니다.

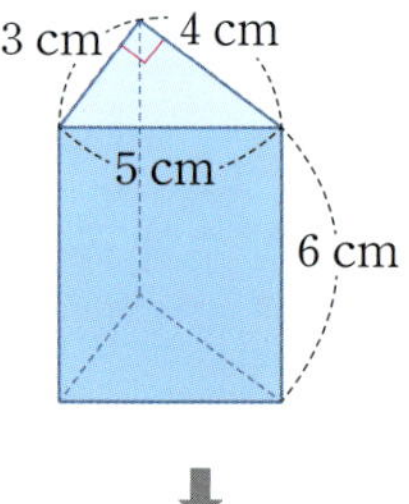

방법 1

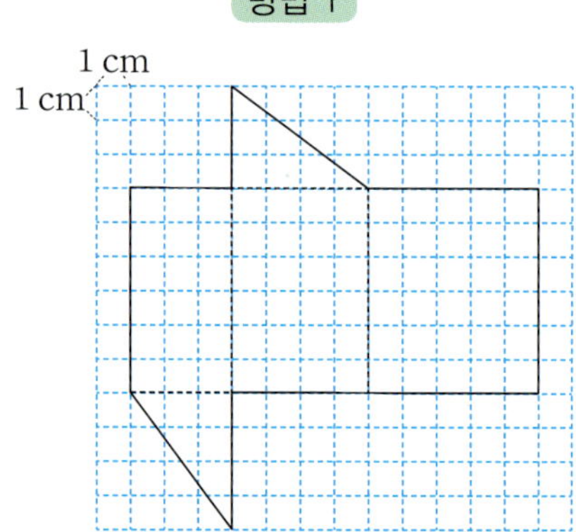

방법 2

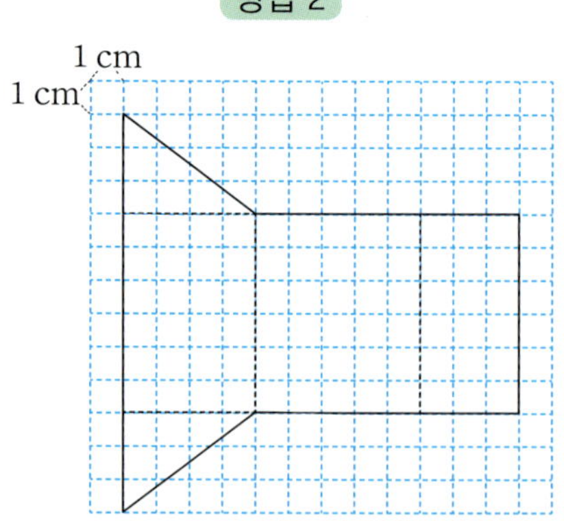

• 각기둥의 전개도를 그리는 방법
  - 잘린 모서리는 실선으로, 잘리지 않은 모서리는 점선으로 그립니다.
  - 전개도를 접었을 때 맞닿는 선분의 길이는 같게 그립니다.
  - 전개도를 접었을 때 서로 겹치는 면이 없게 그립니다.
  - 두 밑면은 합동이 되도록 그립니다.
  - 옆면은 직사각형 모양으로 그립니다.

 **문제를 풀며 이해해요**

01 그림을 보고 □ 안에 알맞은 말이나 기호를 써넣으세요.

▶ 261008-0089

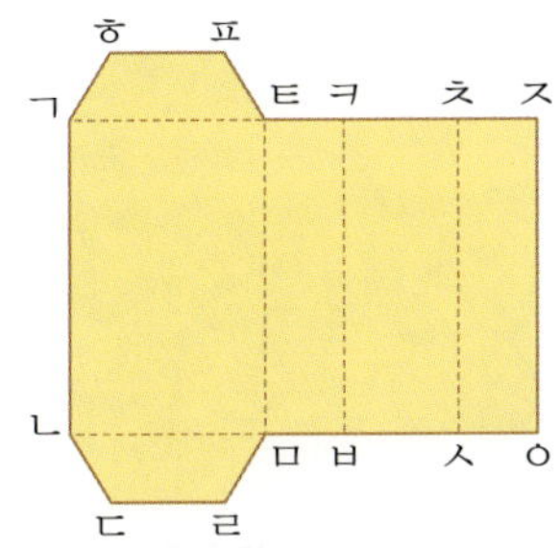

각기둥의 전개도에서 밑면의 모양을 살펴보면 각기둥의 이름을 알 수 있어요.

(1) 위와 같이 각기둥의 모서리를 잘라서 펼쳐 놓은 그림을

　　각기둥의 [　　　] (이)라고 합니다.

(2) 전개도를 접었을 때 만들어지는 각기둥의 이름은 [　　　] 입니다.

(3) 전개도를 접었을 때 선분 ㄹㅁ과 맞닿는 선분은 선분 [　　] 입니다.

(4) 전개도를 접었을 때 선분 ㄱㄴ과 맞닿는 선분은 선분 [　　] 입니다.

02 삼각기둥의 전개도를 완성해 보세요.

▶ 261008-0090

삼각기둥은 밑면이 2개, 직사각형 모양인 옆면이 3개인 것을 생각하며 전개도를 그려 보아요.

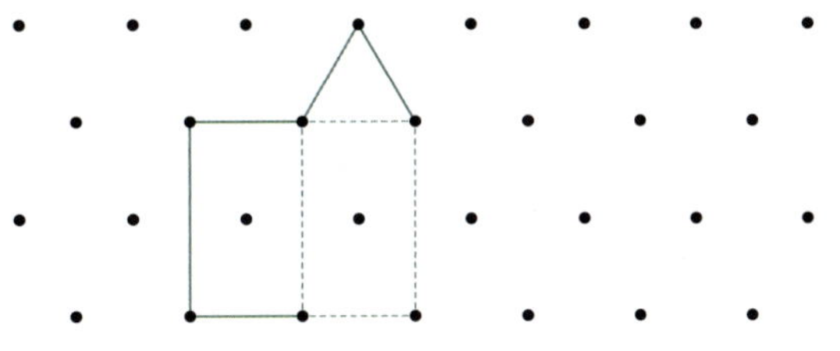

[01~02] 각기둥의 전개도를 보고 물음에 답하세요.

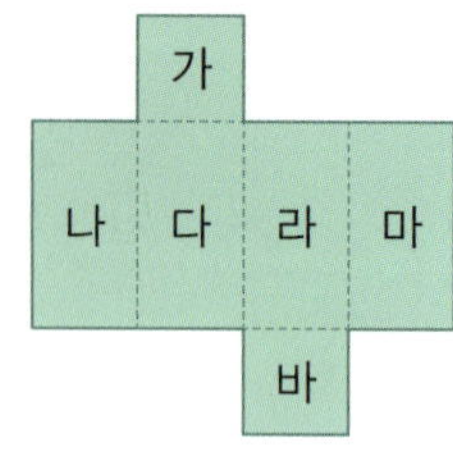

▶ 261008-0091

01 전개도를 접었을 때 면 가와 만나는 면을 모두 찾아 써 보세요.

____

▶ 261008-0092

02 전개도를 접었을 때 만들어지는 각기둥의 이름을 써 보세요.

(   )

중요
03 다음 중 사각기둥의 전개도가 될 수 <u>없는</u> 것은 어느 것인가요? (   )

▶ 261008-0093

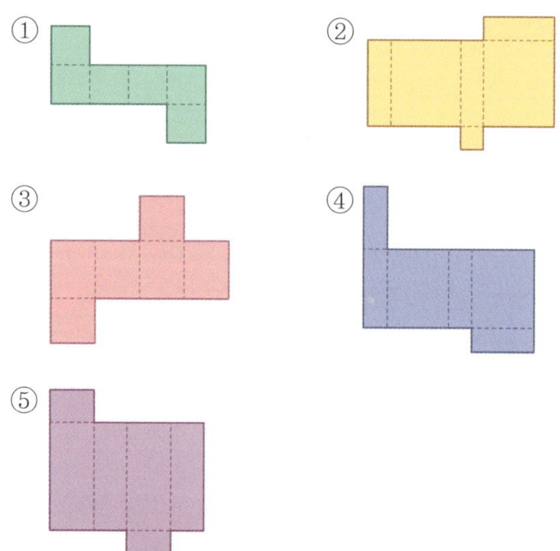

①   ②
③   ④
⑤

[04~06] 각기둥의 전개도를 보고 물음에 답하세요.

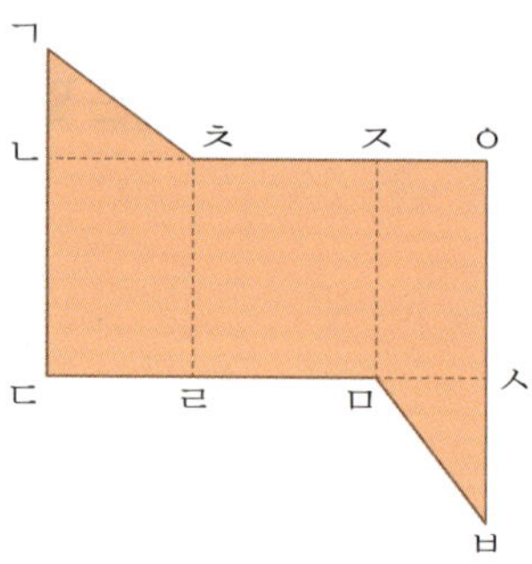

▶ 261008-0094

04 전개도를 접었을 때 선분 ㄱㄴ과 맞닿는 선분을 찾아 써 보세요.

(   )

▶ 261008-0095

05 전개도를 접었을 때 면 ㄱㄴㅊ과 마주 보는 면을 찾아 써 보세요.

(   )

▶ 261008-0096

06 전개도를 접었을 때 면 ㅅㅁㅂ과 만나는 면을 모두 찾아 써 보세요.

____

____

도전
07 전개도를 접어서 각기둥을 만들었습니다. □ 안에 알맞은 수를 써넣으세요.

▶ 261008-0097

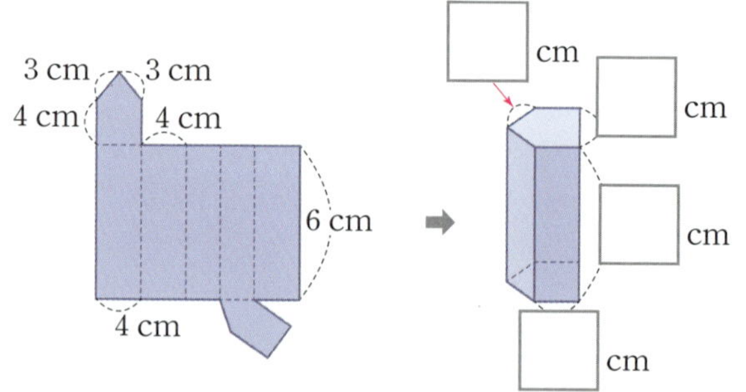

도움말 전개도를 접었을 때 서로 맞닿는 선분의 길이는 같아야 합니다.

08 사각기둥의 전개도를 그려 보세요.

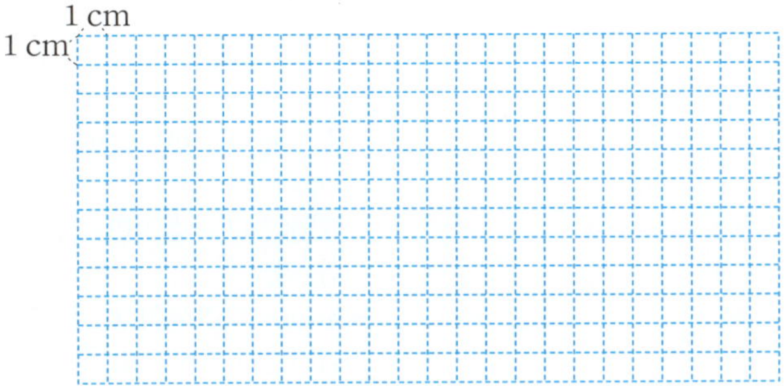

▶ 261008-0098

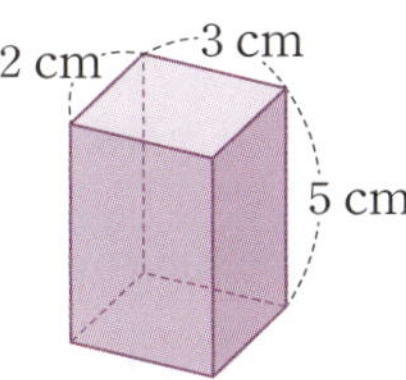

2 cm 3 cm 5 cm

1 cm
1 cm

09 전개도를 접었을 때 만들어지는 입체도형의 이름을 써 보세요.

▶ 261008-0099

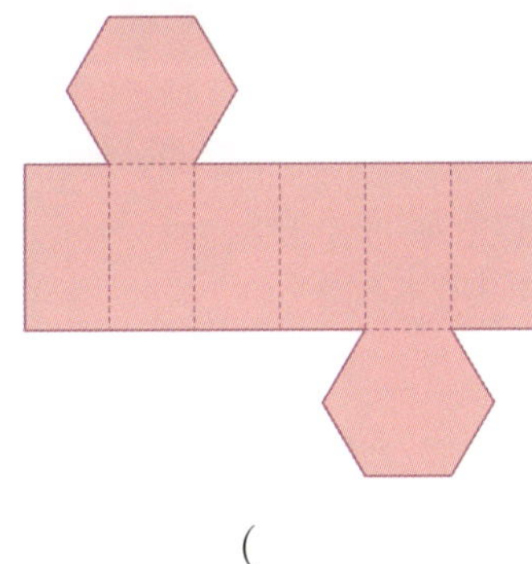

(   )

중요
10 각기둥의 전개도에 대해 <u>잘못</u> 설명한 학생의 이름을 써 보세요.

▶ 261008-0100

> 예은: 각기둥의 옆면은 모두 직사각형 모양으로
>   그리면 돼.
> 윤서: 전개도를 접었을 때 맞닿는 선분의 길이는
>   같게 그려야 해.
> 민유: 전개도를 접었을 때 서로 겹치는 면이 있어
>   야 해.

(   )

문제해결 접근하기

▶ 261008-0101

11 오른쪽은 밑면이 정오각형인 각기둥의 전개도입니다. 이 전개도를 접어서 만든 각기둥의 모든 모서리의 길이의 합이 **100 cm**일 때, 밑면인 정오각형의 한 변의 길이를 구해 보세요.

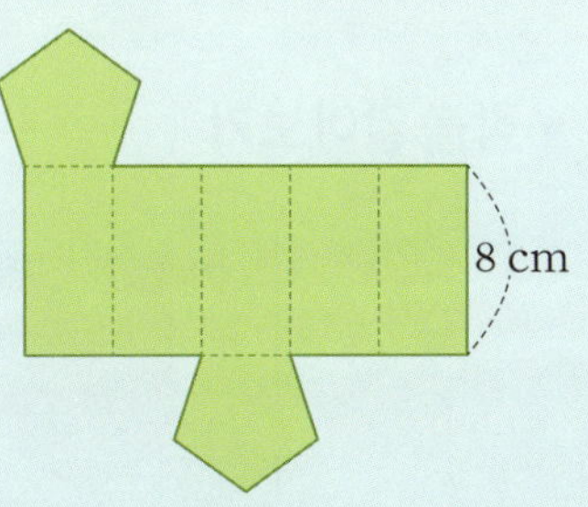

8 cm

이해하기

구하려고 하는 것은 무엇인가요?

답 ______________________

계획 세우기

어떤 방법으로 문제를 해결하면 좋을까요?

답 ______________________

해결하기

□ 안에 알맞은 수를 써넣으세요.

> • (모든 모서리의 길이의 합)
>   = (정오각형의 둘레) × 2 + □ × 5
> • 모든 모서리의 길이의 합이 100 cm이므로
>   (정오각형의 둘레) × 2 = □ (cm)입니다.
> • 정오각형 한 변의 길이는 □ cm입니다.

되돌아보기

밑면이 정육각형인 육각기둥의 전개도의 옆면만 그린 것입니다. 이 전개도를 완성한 후 접어서 만든 각기둥의 모든 모서리의 길이의 합이 102 cm일 때, 밑면인 정육각형의 한 변의 길이를 구해 보세요.

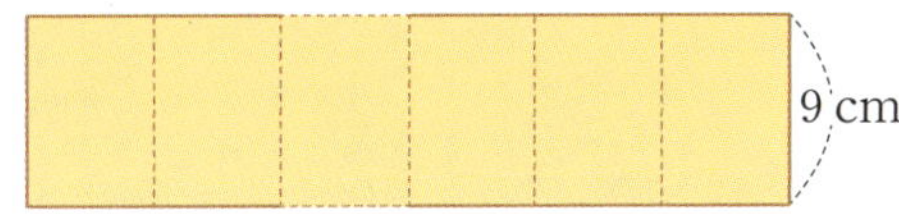

9 cm

답 ______________________

개념 **5** 각뿔을 알아볼까요(1)

■ 각뿔 알아보기

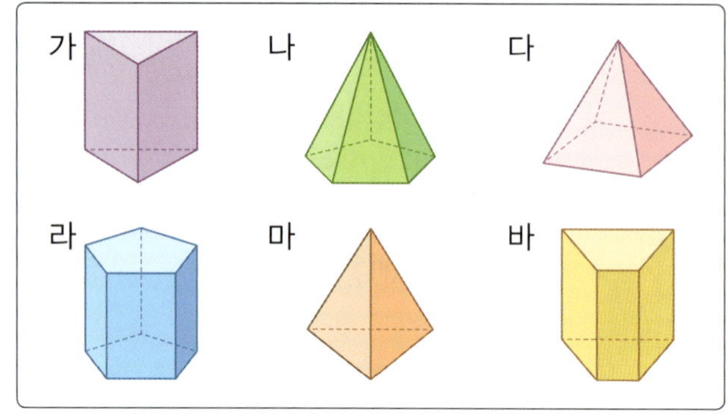

- 각기둥은 가, 라, 바입니다.
- 각기둥이 아닌 입체도형은 나, 다, 마입니다.
- 각기둥이 아닌 입체도형은 뿔 모양이고, 옆으로 둘러싼 면이 모두 삼각형입니다.

- 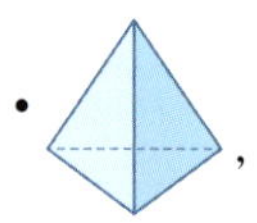, 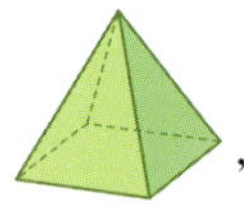, 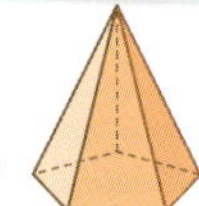 등과 같이 한 면이 다각형이고 다른 면이 모두 삼각형인 입체도형을 각뿔이라고 합니다.

- 각뿔은 옆으로 둘러싼 면이 모두 삼각형이고 한 점에서 만납니다.

■ 각뿔의 밑면과 옆면 알아보기

- 각뿔에서 면 ㄴㄷㄹㅁ과 같은 면을 밑면이라 하고, 밑면과 만나는 면을 옆면이라고 합니다.
- 각뿔의 옆면은 모두 삼각형입니다.
- 밑면: 면 ㄴㄷㄹㅁ
- 옆면: 면 ㄱㄴㄷ, 면 ㄱㄷㄹ, 면 ㄱㅁㄹ, 면 ㄱㄴㅁ

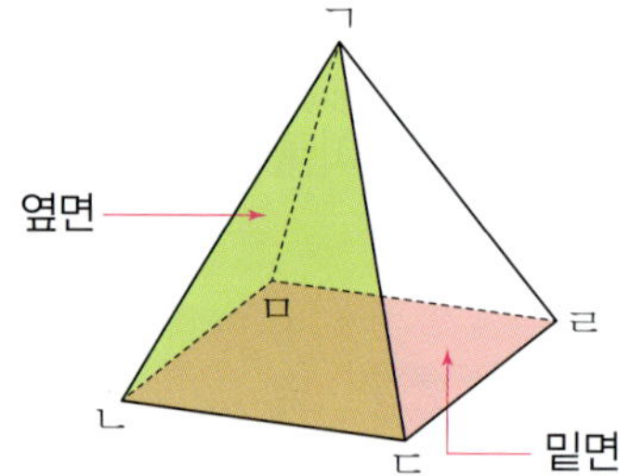

• **각뿔 찾아보기**

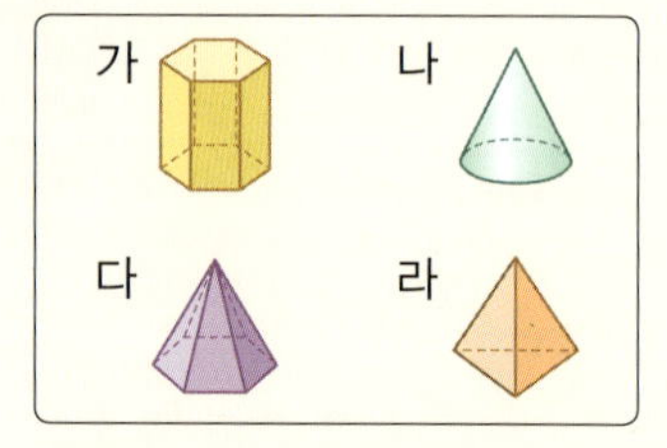

- 밑면이 다각형인 입체도형: 가, 다, 라
- 옆면이 모두 삼각형인 입체도형: 다, 라
- 밑면이 다각형이고 옆면이 모두 삼각형인 입체도형: 다, 라
➡ 각뿔: 다, 라

• **각뿔의 밑면과 옆면의 수**
 (각뿔의 밑면의 수)＝1개
 (각뿔의 옆면의 수)＝(밑면의 변의 수)

문제를 풀며 이해해요

01 도형을 보고 □ 안에 알맞은 기호나 말을 써넣으세요.

▶ 261008-0102

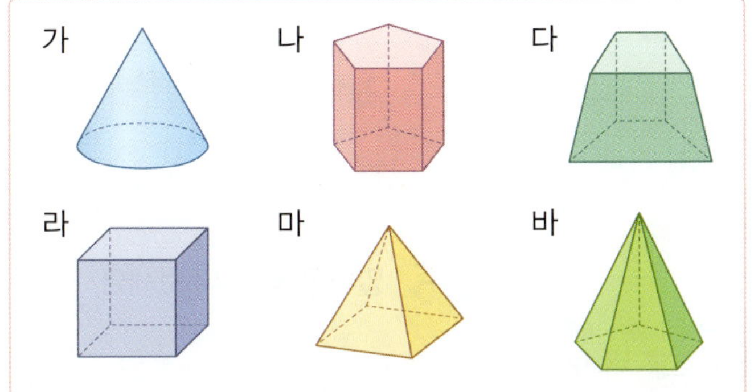

(1) 모든 면이 다각형인 입체도형은 □ , □ , □ , □ , □ 입니다.

(2) 옆으로 둘러싼 면이 모두 삼각형인 입체도형은 □ , □ 입니다.

(3) 한 면이 다각형이고 다른 면이 모두 삼각형인 입체도형은 □ , □ 입니다.

(4) 한 면이 다각형이고 다른 면이 모두 삼각형인 입체도형을 □ (이)라고 합니다.

각뿔을 이해하고, 각뿔의 밑면과 옆면을 알고 있는지 묻는 문제예요.

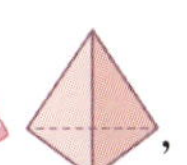 , 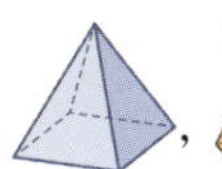 ,  등과

같은 입체도형을 각뿔이라고 해요.

02 각뿔을 보고 □ 안에 알맞은 말을 써넣으세요.

▶ 261008-0103

각뿔에서 밑면과 만나는 면을 옆면이라고 해요.

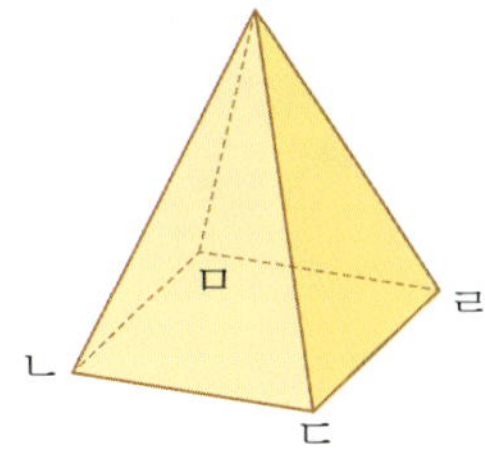

(1) 각뿔에서 면 ㄴㄷㄹㅁ을 □ (이)라고 합니다.

(2) 각뿔에서 면 ㄱㄴㄷ, 면 ㄱㄷㄹ, 면 ㄱㅁㄹ, 면 ㄱㄴㅁ을 □ (이)라고 합니다.

[01~03] 도형을 보고 물음에 답하세요.

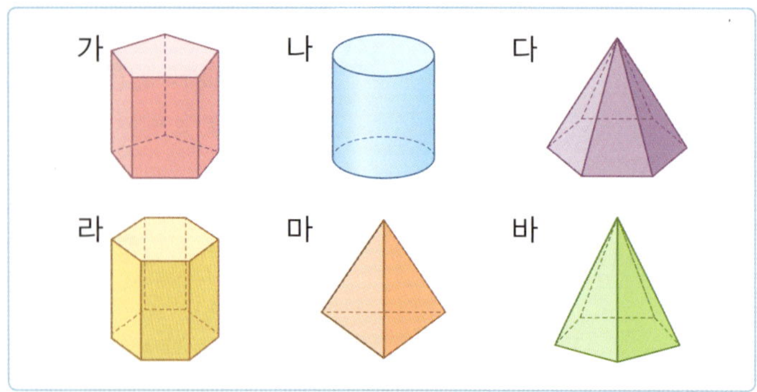

▶ 261008-0104

01 밑면이 다각형인 입체도형을 모두 찾아 기호를 써 보세요.

(   )

중요
▶ 261008-0105

02 한 면이 다각형이고 다른 면이 모두 삼각형인 입체도형을 모두 찾아 기호를 써 보세요.

(   )

▶ 261008-0106

03 02와 같이 한 면이 다각형이고 다른 면이 모두 삼각형인 입체도형을 무엇이라고 하나요?

(   )

▶ 261008-0107

04 각뿔의 밑면을 찾아 색칠해 보세요.

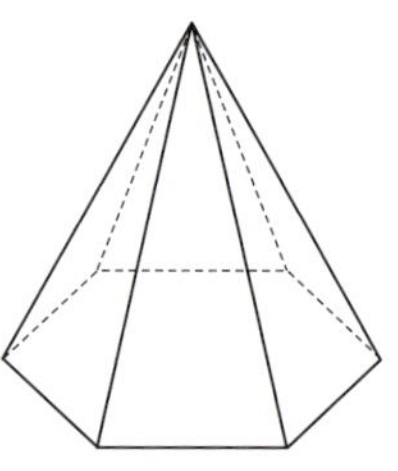

[05~07] 각뿔을 보고 물음에 답하세요.

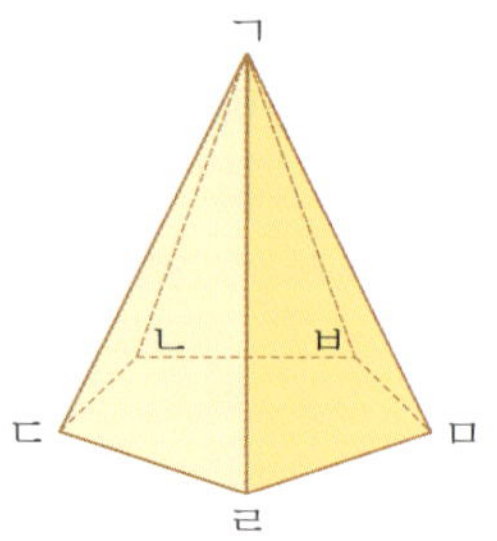

▶ 261008-0108

05 밑면을 찾아 써 보세요.

(   )

▶ 261008-0109

06 밑면과 만나는 면은 모두 몇 개인가요?

(   )

▶ 261008-0110

07 옆면을 모두 찾아 써 보세요.

____

____

도전 08 입체도형에 대한 설명으로 옳지 <u>않은</u> 것을 모두 고르세요. (   )

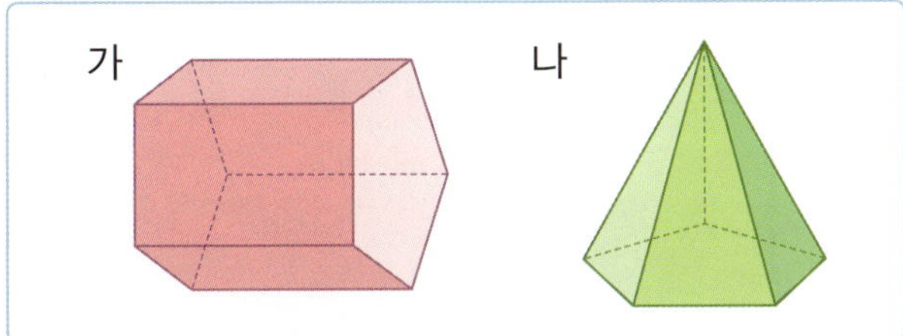

가   나

① 가의 밑면의 모양은 사각형입니다.
② 나의 밑면의 모양은 오각형입니다.
③ 나의 옆면의 모양은 삼각형입니다.
④ 나는 가보다 밑면의 수가 더 많습니다.
⑤ 가의 옆면의 수와 나의 옆면의 수는 같습니다.

도움말 각기둥은 밑면이 다각형이고 옆면이 모두 직사각형입니다. 각뿔은 밑면이 다각형이고 옆면이 모두 삼각형입니다.

중요 09 각뿔에서 밑면과 옆면은 각각 몇 개인가요?

▶ 261008-0112

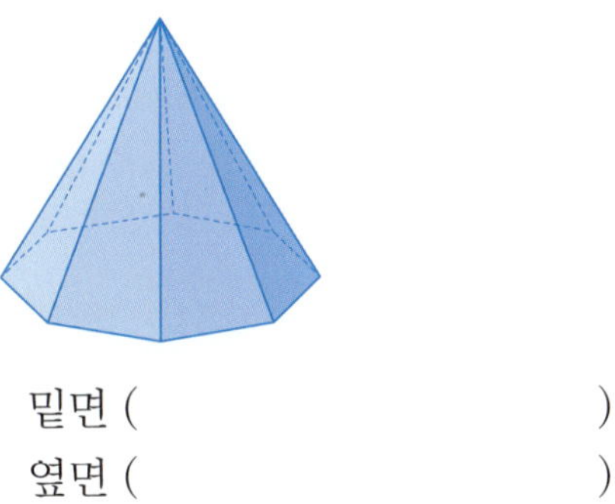

밑면 (   )
옆면 (   )

10 면의 수가 가장 적은 각뿔의 밑면의 모양은 어떤 도형일까요?

▶ 261008-0113

(   )

▶ 261008-0114

11 입체도형 중 각뿔은 모두 몇 개인지 구해 보세요.

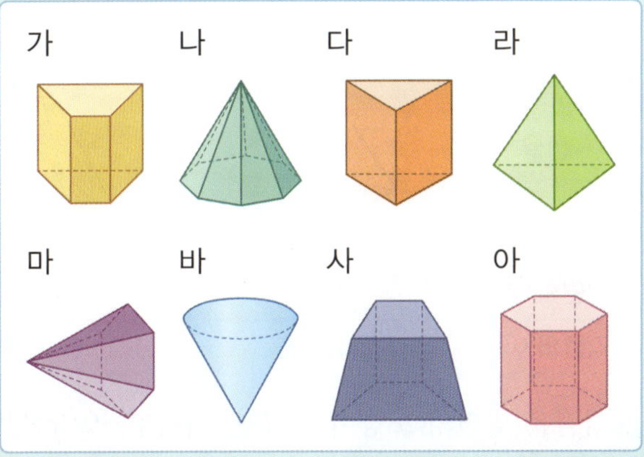

가   나   다   라

마   바   사   아

이해하기

구하려고 하는 것은 무엇인가요?

답 ______________________

계획 세우기

어떤 방법으로 문제를 해결하면 좋을까요?

답 ______________________
____

해결하기

□ 안에 알맞은 말이나 수를 써넣으세요.

- 각뿔은 한 면이 [   ] (이)고 다른 면이 모두 [   ] 인 입체도형입니다.

- 입체도형 중 각뿔은 [ ], [ ], [ ] 로 모두 [ ] 개입니다.

되돌아보기

위 입체도형 중 모든 각뿔의 옆면의 수의 합은 몇 개인지 구해 보세요.

답 ______________________

개념 **6** 각뿔을 알아볼까요 (2)

■ 각뿔의 이름 알아보기

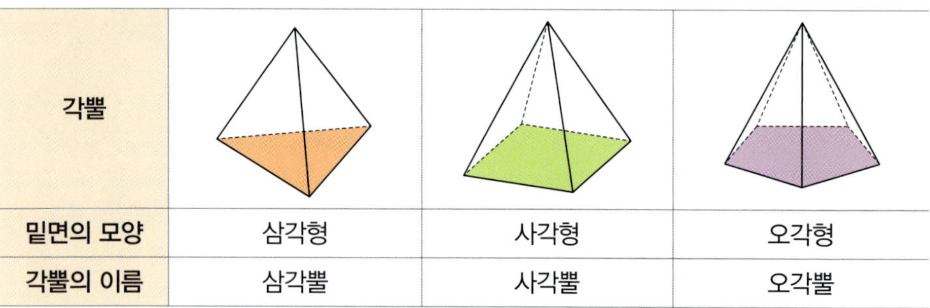

각뿔			
밑면의 모양	삼각형	사각형	오각형
각뿔의 이름	삼각뿔	사각뿔	오각뿔

• 각뿔은 밑면의 모양이 삼각형, 사각형, 오각형, …일 때 삼각뿔, 사각뿔, 오각뿔, …이라고 합니다.

　➡ 밑면의 모양이 ▲각형인 각뿔의 이름은 ▲각뿔입니다.

• 각뿔의 이름은 밑면의 모양에 따라 정해집니다.

■ 각뿔의 구성 요소 알아보기

• 각뿔에서 면과 면이 만나는 선분을 모서리라 하고, 모서리와 모서리가 만나는 점을 꼭짓점이라고 합니다. 꼭짓점 중에서 옆면이 모두 만나는 점을 각뿔의 꼭짓점이라 하고, 각뿔의 꼭짓점에서 밑면에 수직으로 그은 선분의 길이를 높이라고 합니다.

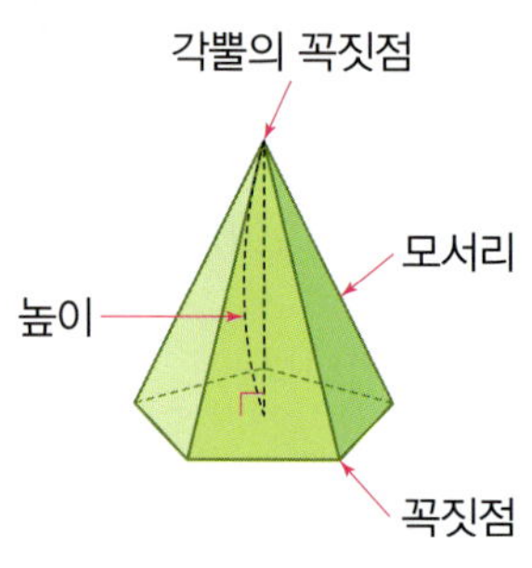

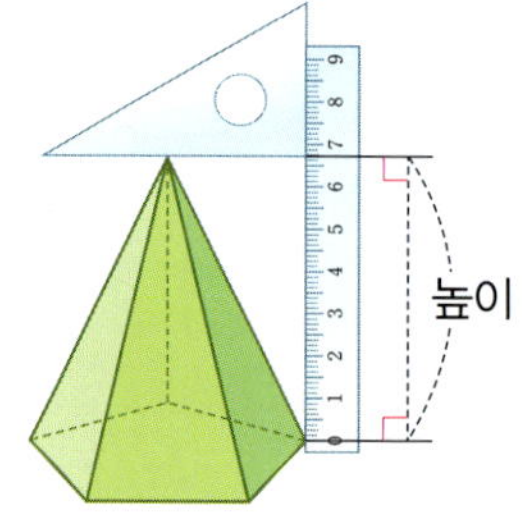

• 각뿔의 높이를 잴 때 자와 삼각자의 직각을 이용하면 정확하고 쉽게 잴 수 있습니다.

• 각뿔의 면, 모서리, 꼭짓점의 수

　(각뿔의 면의 수)＝(밑면의 변의 수)＋1

　(각뿔의 모서리의 수)＝(밑면의 변의 수)×2

　(각뿔의 꼭짓점의 수)＝(밑면의 변의 수)＋1

문제를 풀며 이해해요

01 각뿔을 보고 빈칸에 알맞은 말을 써넣으세요.

▶ 261008-0115

각뿔			
밑면의 모양			
옆면의 모양			
각뿔의 이름			

각뿔의 이름과 구성 요소를 알고 있는지 묻는 문제예요.

밑면의 모양이 ▲각형인 각뿔의 이름은 ▲각뿔이에요.

02 보기 에서 알맞은 말을 골라 □ 안에 써넣으세요.

▶ 261008-0116

보기

각뿔의 꼭짓점   모서리   높이   꼭짓점

각뿔에서 면과 면이 만나는 선분을 모서리라 하고, 모서리와 모서리가 만나는 점을 꼭짓점이라고 해요. 꼭짓점 중에서 옆면이 모두 만나는 점을 각뿔의 꼭짓점이라 하고, 각뿔의 꼭짓점에서 밑면에 수직으로 그은 선분의 길이를 높이라고 해요.

01 각뿔의 이름을 써 보세요. ▶ 261008-0117

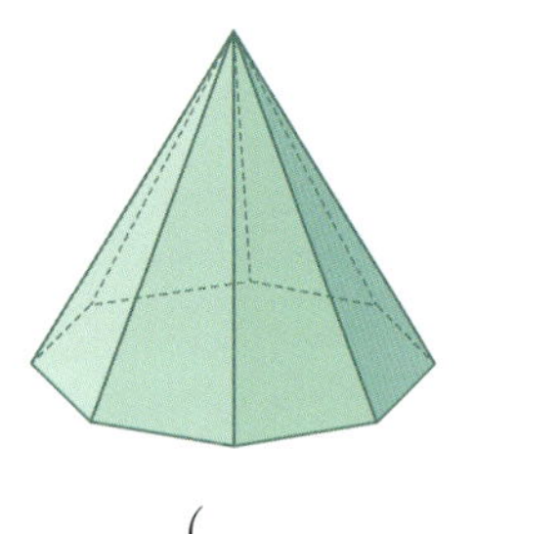

(   )

02 밑면의 모양이 다음과 같은 각뿔의 이름을 써 보세요. ▶ 261008-0118

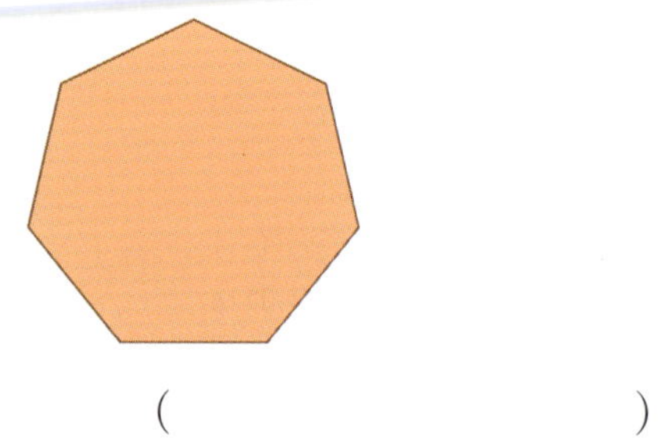

(   )

03 두 도형에서 같은 것을 모두 찾아 기호를 써 보세요. ▶ 261008-0119

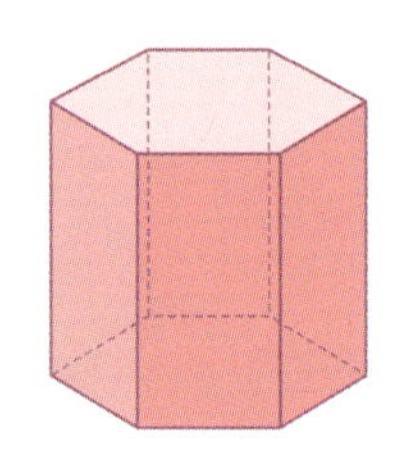 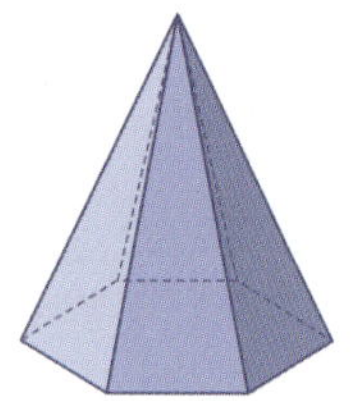

㉠ 밑면의 모양	㉡ 옆면의 모양
㉢ 밑면의 수	㉣ 옆면의 수

(   )

[04~06] 각뿔을 보고 물음에 답하세요.

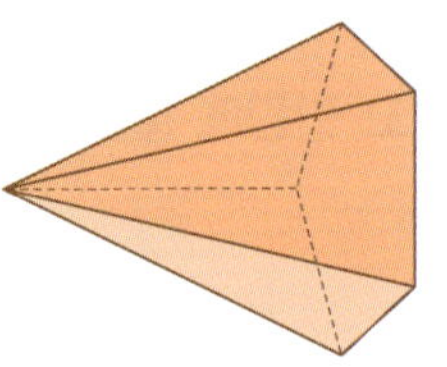

04 각뿔에서 면은 몇 개인가요? ▶ 261008-0120

(   )

05 각뿔에서 모서리는 몇 개인가요? ▶ 261008-0121

(   )

06 각뿔에서 꼭짓점은 몇 개인가요? ▶ 261008-0122

(   )

중요

07 각뿔에 대한 설명으로 옳지 <u>않은</u> 것은 어느 것인가요? ▶ 261008-0123

(   )

① 각뿔의 밑면의 수는 1개입니다.
② 각뿔의 옆면의 수는 밑면의 변의 수와 같습니다.
③ 각뿔의 옆면은 모두 삼각형입니다.
④ 각뿔의 모서리의 수는 밑면의 변의 수의 3배와 같습니다.
⑤ 각뿔의 면의 수는 밑면의 변의 수보다 1개 더 많습니다.

▶ 261008-0124

중요
08 각뿔을 보고 표를 완성해 보세요.

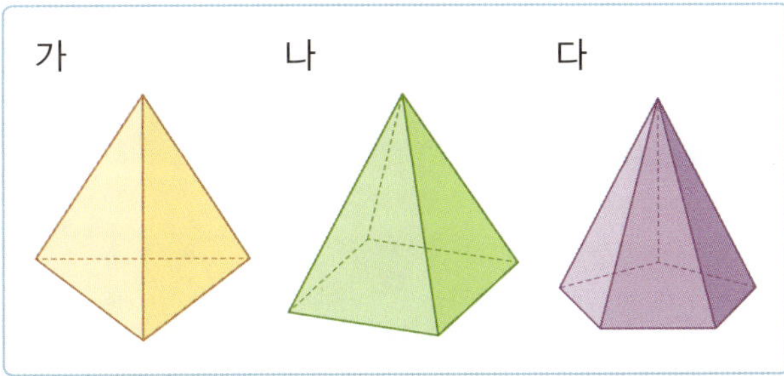

도형	가	나	다
밑면의 변의 수(개)			
면의 수(개)			
모서리의 수(개)			
꼭짓점의 수(개)			

▶ 261008-0125

09 각뿔의 높이는 몇 cm인가요?

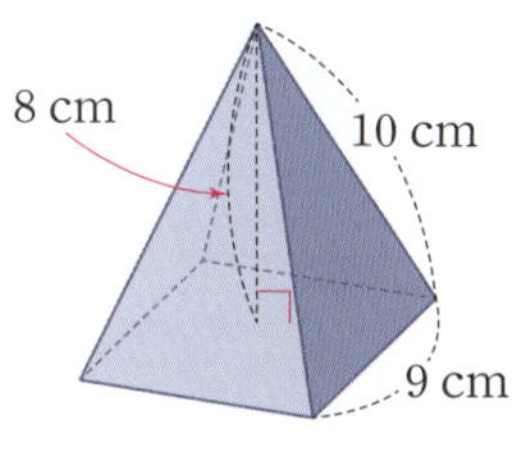

(   )

도전
10 설명에 알맞은 각뿔의 이름을 써 보세요.

▶ 261008-0126

• 면이 9개입니다.
• 모서리는 16개입니다.

(   )

도움말 각뿔의 면의 수는 밑면의 변의 수보다 1만큼 크고, 모서리의 수는 밑면의 변의 수의 2배입니다.

문제해결 접근하기

▶ 261008-0127

11 밑면이 정사각형이고 옆면이 모두 이등변삼각형인 각뿔의 모든 모서리의 길이의 합은 몇 **cm**인지 구해 보세요.

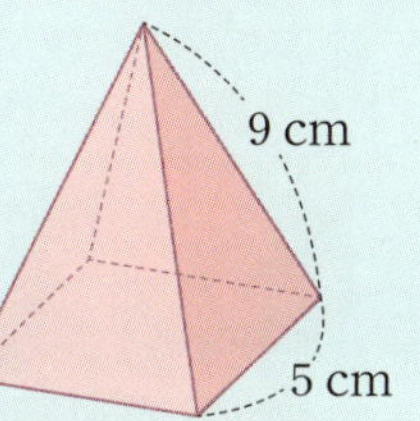

이해하기

구하려고 하는 것은 무엇인가요?

답 _______________________________

계획 세우기

어떤 방법으로 문제를 해결하면 좋을까요?

답 _______________________________
____

해결하기

□ 안에 알맞은 수를 써넣으세요.

• 밑면인 정사각형의 둘레는

  □ × 4 = □ (cm)입니다.

• 옆면인 이등변삼각형에서 9 cm인 모서리가 모두 4개이므로 9 cm인 모서리의 길이의 합은

  □ × 4 = □ (cm)입니다.

• 모든 모서리의 길이의 합은

  □ + □ = □ (cm)입니다.

되돌아보기

오른쪽은 밑면이 정삼각형이고 옆면이 모두 이등변삼각형인 각뿔입니다. 이 각뿔의 모든 모서리의 길이의 합은 몇 cm인지 구해 보세요.

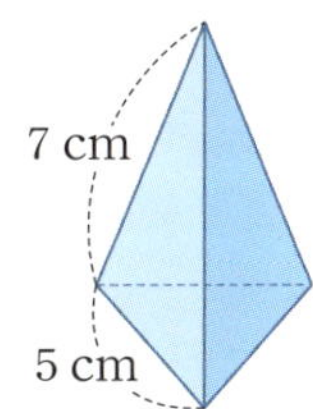

답 _______________________________
____

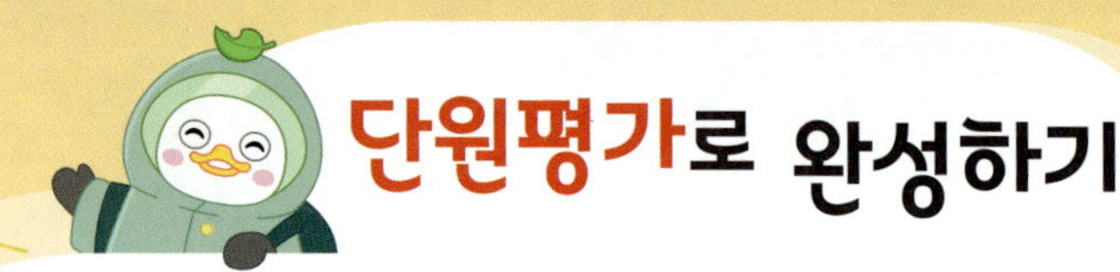

단원평가로 완성하기

[01~02] 도형을 보고 물음에 답하세요.

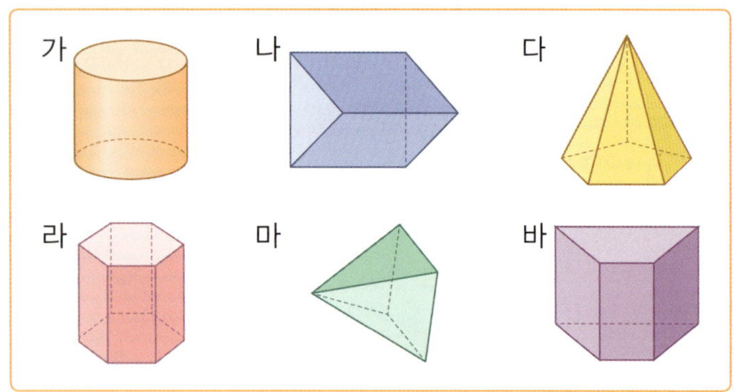

01 각기둥을 모두 찾아 기호를 써 보세요.

▶ 261008-0128

(   )

02 각뿔을 모두 찾아 기호를 써 보세요.

▶ 261008-0129

(   )

[03~04] 입체도형의 이름을 써 보세요.

03

▶ 261008-0130

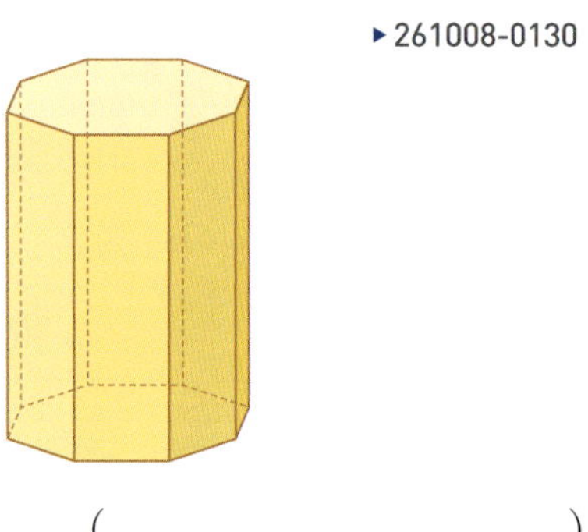

(   )

04

▶ 261008-0131

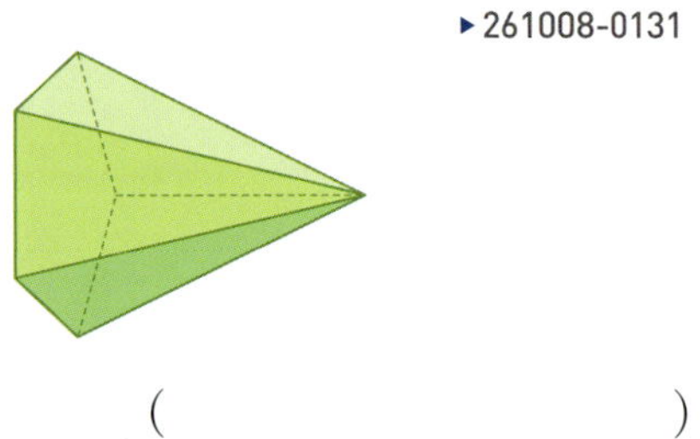

(   )

[05~06] 각기둥을 보고 물음에 답하세요.

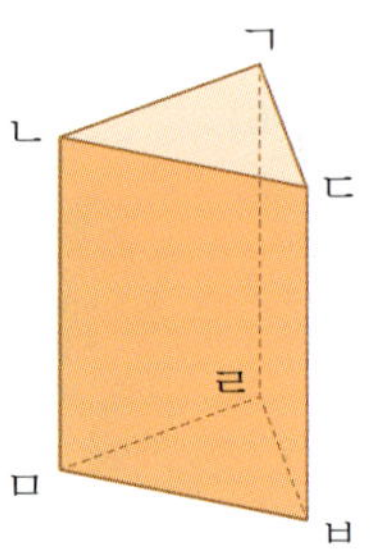

05 밑면을 모두 찾아 써 보세요.

▶ 261008-0132

____

06 옆면을 모두 찾아 써 보세요.

▶ 261008-0133

____

____

07 각기둥의 밑면에 모두 색칠해 보세요.

▶ 261008-0134

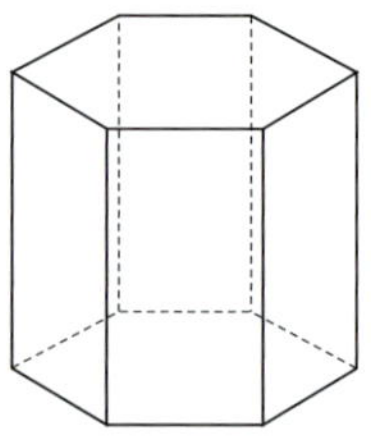

[08~09] 각기둥의 전개도를 보고 물음에 답하세요.

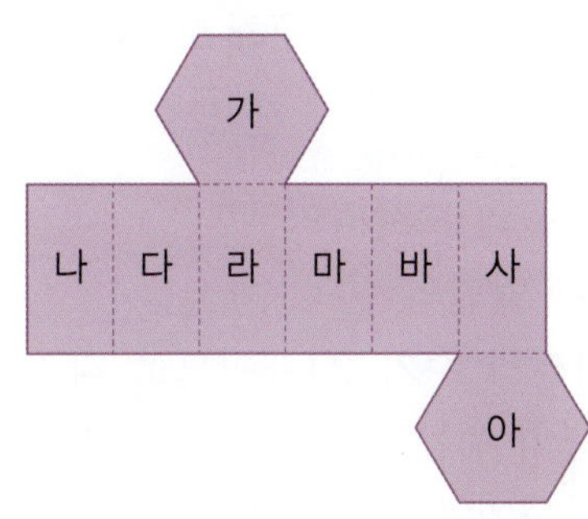

08 전개도를 접었을 때 면 가와 만나는 면을 모두 찾아 써 보세요.

▶261008-0135

____

____

09 전개도를 접었을 때, 밑면이 되는 면을 모두 찾아 써 보세요.

▶261008-0136

____

10 각기둥의 높이는 몇 **cm**인가요?

▶261008-0137

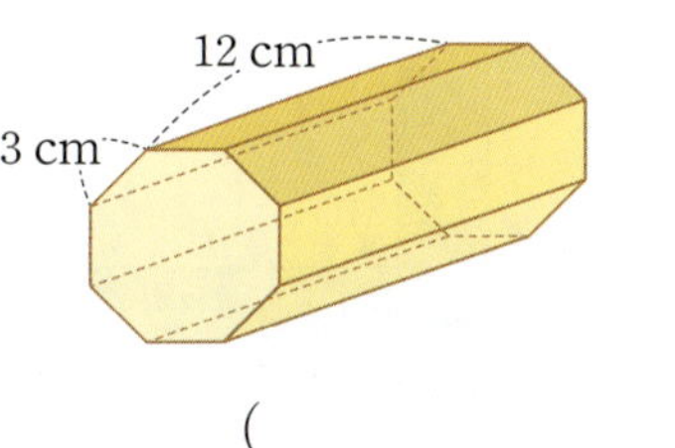

(   )

11 밑면에 수직인 면이 7개인 각기둥의 이름을 써 보세요.

▶261008-0138

(   )

[12~13] 각기둥의 전개도를 보고 물음에 답하세요.

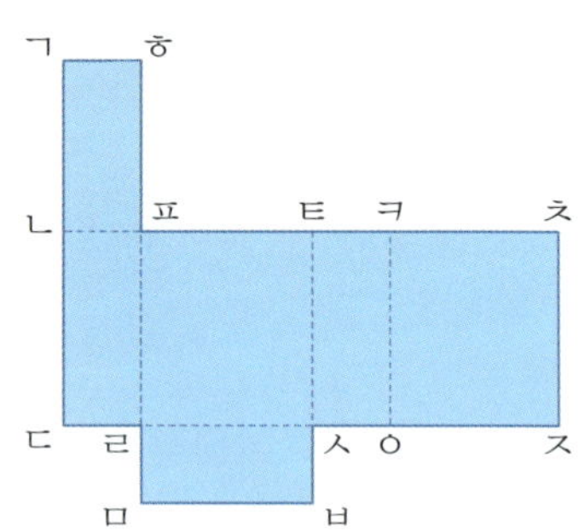

12 ▶261008-0139
전개도를 접었을 때 면 ㄹㅁㅂㅅ과 평행한 면을 찾아 써 보세요.

(   )

13 ▶261008-0140
전개도를 접었을 때 선분 ㅌㅋ과 맞닿는 선분을 찾아 써 보세요.

(   )

14 ▶261008-0141
삼각기둥의 전개도는 어느 것인가요? (   )

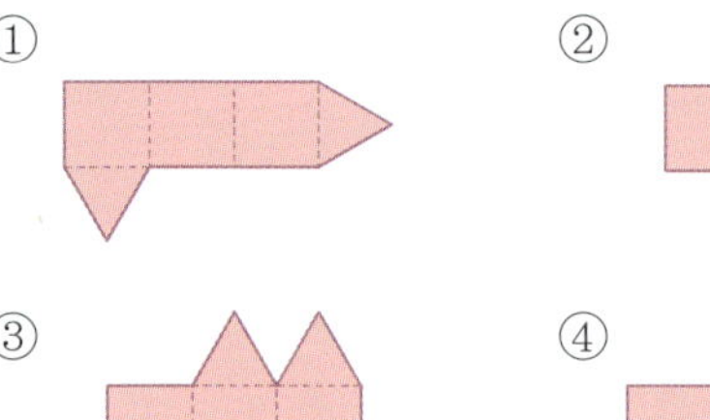

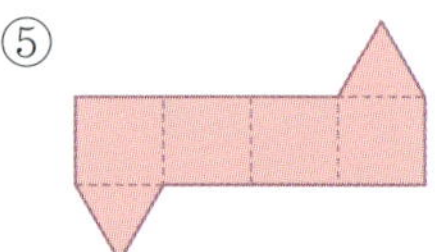

---

15 ▶261008-0142
모서리가 24개인 각기둥의 꼭짓점의 수는 몇 개인지 풀이 과정을 쓰고 답을 구해 보세요.

풀이

(1) (각기둥의 모서리의 수)
  =(한 밑면의 변의 수)×(   )이고
  모서리의 수가 24개이므로 각기둥의 한 밑면의 변의 수는 (   )개입니다.

(2) (각기둥의 꼭짓점의 수)
  =(한 밑면의 변의 수)×(   )이므로
  이 각기둥의 꼭짓점의 수는
  (   )×(   )=(   )(개)입니다.

답

16 ▶261008-0143
□ 안에 알맞은 말을 써넣으세요.

중요
17 ▶ 261008-0144
밑면의 모양이 다음과 같은 각뿔에 대한 설명으로 옳지 <u>않은</u> 것은 어느 것인가요? (   )

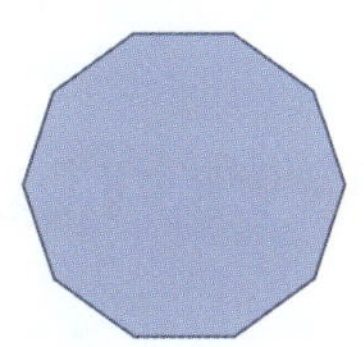

① 밑면이 1개입니다.
② 옆면이 10개입니다.
③ 꼭짓점이 20개입니다.
④ 모서리가 20개입니다.
⑤ 밑면의 변이 10개입니다.

18 ▶ 261008-0145
구각뿔에서 다음을 계산한 값은 몇 개인지 구해 보세요.

> (면의 수)＋(꼭짓점의 수)－(모서리의 수)

(   )

중요
19 ▶ 261008-0146
오각기둥과 오각뿔에 대한 설명으로 옳지 <u>않은</u> 것을 모두 고르세요. (   )

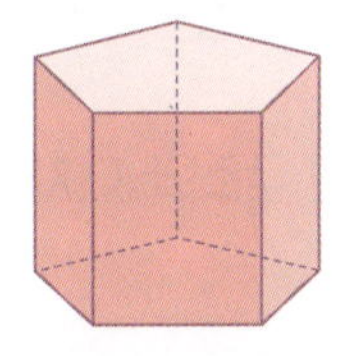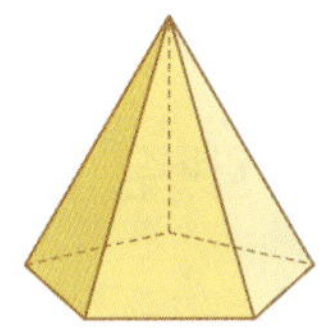

① 밑면의 모양이 같습니다.
② 오각기둥의 밑면의 수와 오각뿔의 밑면의 수의 차는 1개입니다.
③ 오각기둥의 옆면의 수는 오각뿔의 옆면의 수의 2배와 같습니다.
④ 오각기둥의 모서리의 수보다 오각뿔의 모서리의 수가 10개 더 많습니다.
⑤ 오각뿔의 꼭짓점의 수가 오각기둥의 꼭짓점의 수보다 4개 더 적습니다.

도전
20 ▶ 261008-0147
수가 많은 것부터 순서대로 기호를 써 보세요.

> ㉠ 육각기둥의 모서리의 수
> ㉡ 칠각뿔의 면의 수
> ㉢ 팔각기둥의 꼭짓점의 수
> ㉣ 십각뿔의 모서리의 수

(   )

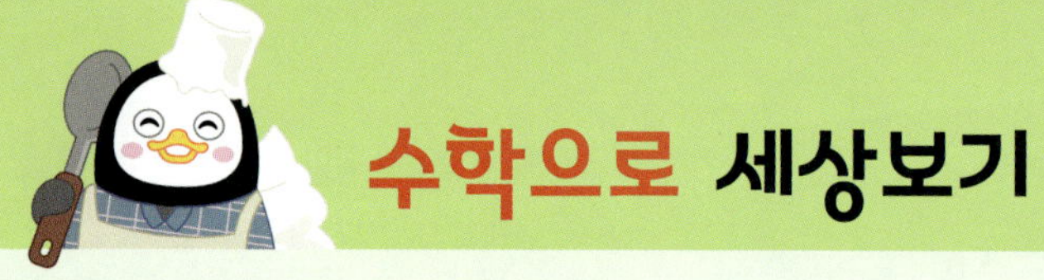

일상 생활에서 각기둥과 각뿔을 찾아볼까요?

각기둥과 각뿔은 안정적인 구조와 디자인으로 인해 실생활의 여러 건축물이나 물건을 만들 때 활용됩니다.

1 각기둥을 찾아볼까요?

건물을 짓기 위해서는 바닥을 단단하게 다지고 기초를 튼튼히 해야 합니다. 그리고 바닥에 수직인 기둥을 세우면 무게를 잘 버틸 수 있다고 합니다. 기둥 모양 중에서도 각기둥은 두 면이 서로 평행하고 합동이므로 바닥에 수직으로 세우기 좋습니다. 그래서 아래 그림과 같이 지하철역에서도 사각기둥을 볼 수 있습니다.

〈지하철역 사각기둥〉

지하철역뿐만 아니라 강을 건너는 큰 다리에서도 사각기둥을 볼 수 있습니다. 다리 위로 지나는 무게를 견디기 위해서 사각기둥 모양을 활용한 것을 알 수 있습니다.

〈다리의 사각기둥〉

각뿔 역시 안정적인 구조와 아름다운 디자인으로 건축물이나 생활용품을 만드는 데 활용되기도 합니다. 프랑스 파리에 있는 루브르 박물관 앞에는 거대한 유리 피라미드가 있습니다. 이 유리 피라미드는 아름다운 디자인으로 인해 많은 사람들의 사랑을 받고 있습니다.

〈루브르 박물관의 유리 피라미드〉

각뿔 모양은 각뿔의 꼭짓점에서 힘을 주면 밑면의 꼭짓점으로 힘이 분산되기 때문에 튼튼한 구조를 유지할 수 있습니다. 그래서 여러 물건을 디자인 할 때에도 활용이 되는데 조명, 텐트, 수납장 등 다양한 용도로 활용됩니다.

〈각뿔 모양 조명〉

〈각뿔 모양 텐트〉

여러분도 일상 생활 속에서 각기둥과 각뿔 모양을 찾아보세요.

3 소수의 나눗셈

유은이네 가족은 돈가스 가게를 운영하고 있어요. 아버지는 돼지고기 5.4 kg을 9개의 상자에 똑같이 나누어 담고, 유은이는 엄마와 함께 샐러드 소스 1.8 L를 6개의 병에 똑같이 나누어 담아 냉장고에 보관하려고 해요.

이번 단원에서는 '(소수)÷(자연수)'의 계산 방법을 익히고, 계산 결과의 어림을 활용해서 다양한 실생활 문제를 해결해 볼 거예요.

단원 학습 목표

1. 자연수의 나눗셈을 이용하여 (소수)÷(자연수)의 계산을 할 수 있습니다.
2. 각 자리에서 나누어떨어지지 않는 (소수)÷(자연수)의 계산을 할 수 있습니다.
3. 몫이 1보다 작은 소수인 (소수)÷(자연수)의 계산을 할 수 있습니다.
4. 소수점 아래 0을 내려 계산해야 하는 (소수)÷(자연수)의 계산을 할 수 있습니다.
5. 몫의 소수 첫째 자리에 0이 있는 (소수)÷(자연수)의 계산을 할 수 있습니다.
6. (자연수)÷(자연수)의 몫을 소수로 나타낼 수 있습니다.
7. 나눗셈의 몫을 어림하여 몫의 소수점 위치를 확인할 수 있습니다.

단원 진도 체크

회차		학습 내용	진도 체크
1차	교과서 개념 배우기 + 문제 해결하기	개념 **1** (소수)÷(자연수)를 알아볼까요(1)	✓
2차	교과서 개념 배우기 + 문제 해결하기	개념 **2** (소수)÷(자연수)를 알아볼까요(2)	✓
3차	교과서 개념 배우기 + 문제 해결하기	개념 **3** (소수)÷(자연수)를 알아볼까요(3)	✓
4차	교과서 개념 배우기 + 문제 해결하기	개념 **4** (소수)÷(자연수)를 알아볼까요(4) 개념 **5** (소수)÷(자연수)를 알아볼까요(5)	✓
5차	교과서 개념 배우기 + 문제 해결하기	개념 **6** (자연수)÷(자연수)의 몫을 소수로 나타내어 볼까요 개념 **7** 몫의 소수점 위치를 확인해 볼까요	✓
6차		단원평가로 완성하기	✓
7차		수학으로 세상보기	✓

해당 부분을 공부하고 나서 ✓표를 하세요.

샐러드
소스
1.8 L
샐러드
소스
1.8 L
샐러드
소스
L
돼지고기
5.4 kg

개념 1 (소수)÷(자연수)를 알아볼까요(1) — 몫이 1보다 크고 내림이 없는 경우

■ 그림을 그려서 2.6÷2 계산하기

2.6을 똑같이 2묶음으로 묶어 몫을 구합니다.

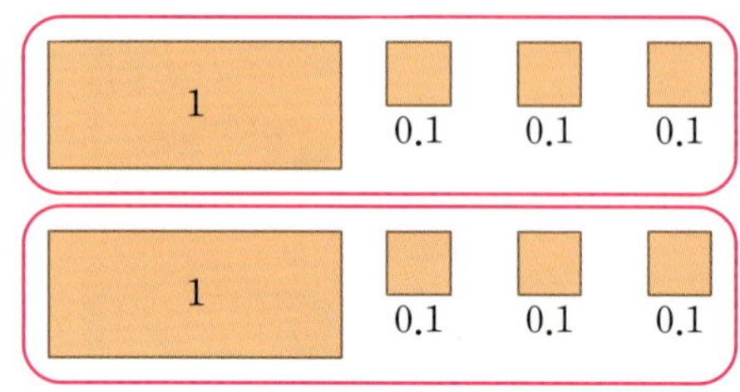

➡ $2.6÷2=1.3$

• 2는 1씩 2묶음으로 나누었고, 0.6은 0.3씩 2묶음으로 나누었습니다.

■ 단위를 변환하여 4.8÷2 계산하기

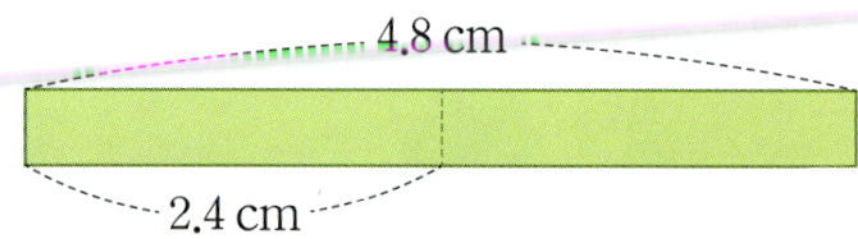

색 테이프 4.8 cm를 길이가 똑같은 두 조각으로 나누려고 합니다.

1 cm는 10 mm이므로 4.8 cm=48 mm입니다.

48÷2=24이므로 색 테이프 한 조각의 길이는 24 mm=2.4 cm입니다.

➡ $4.8÷2=2.4$

• 1 cm는 10 mm입니다.

■ 자연수의 나눗셈을 이용하여 24.6÷2와 2.46÷2 계산하기

246÷2를 이용하여 24.6÷2와 2.46÷2를 계산할 수 있습니다.

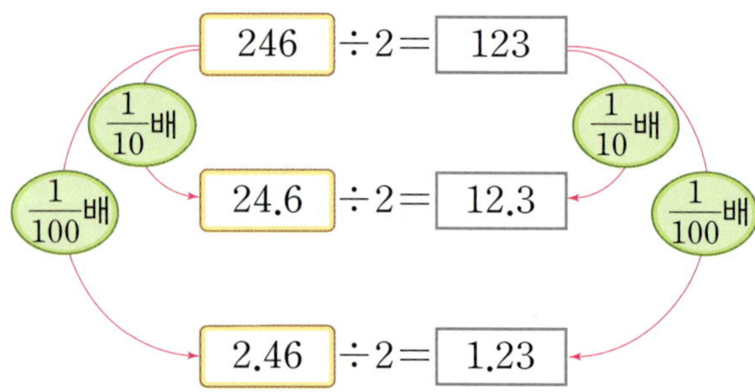

• 나누는 수가 같을 때, 나누어지는 수가 $\frac{1}{10}$배가 되면 몫도 $\frac{1}{10}$배가 되므로 소수점을 왼쪽으로 한 칸 이동합니다.

• 나누는 수가 같을 때, 나누어지는 수가 $\frac{1}{100}$배가 되면 몫도 $\frac{1}{100}$배가 되므로 소수점을 왼쪽으로 두 칸 이동합니다.

　　2 4 6 ÷2＝1 2 3

　　2 4.6 ÷2＝1 2.3

　　2.4 6 ÷2＝1.2 3

 **문제를 풀며 이해해요**

01 4.4를 똑같이 2묶음으로 묶고 ☐ 안에 알맞은 수를 써넣으세요.

▶ 261008-0148

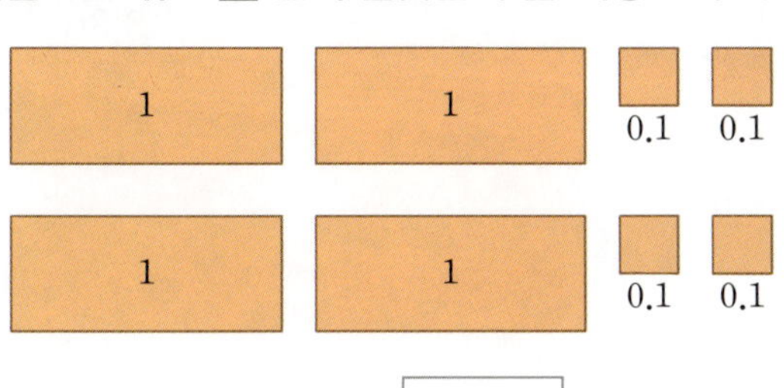

$$4.4 \div 2 = \boxed{}$$

1이 4개, 0.1이 4개 있으므로 각각 2개씩 2묶음으로 묶을 수 있어요.

02 단위를 변환하여 (소수)÷(자연수)를 계산하려고 합니다. ☐ 안에 알맞은 수를 써넣으세요.

▶ 261008-0149

> 끈 2.42 m를 2명에게 똑같은 길이로 나누어 주려고 합니다.
>
> 1 m는 100 cm이므로 2.42 m는 242 cm입니다.
>
> ➡ $242 \div 2 = \boxed{}$
>
> 따라서 한 명이 갖게 될 끈은 $\boxed{}$ cm입니다.
>
> $\boxed{}$ cm는 $\boxed{}$ m입니다.

$$2.42 \div 2 = \boxed{}$$

나누는 수가 같을 때, 나누어지는 수가 $\frac{1}{100}$ 배가 되면 몫도 $\frac{1}{100}$ 배가 돼요.

03 자연수의 나눗셈을 이용하여 (소수)÷(자연수)를 계산하려고 합니다. ☐ 안에 알맞은 수를 써넣으세요.

▶ 261008-0150

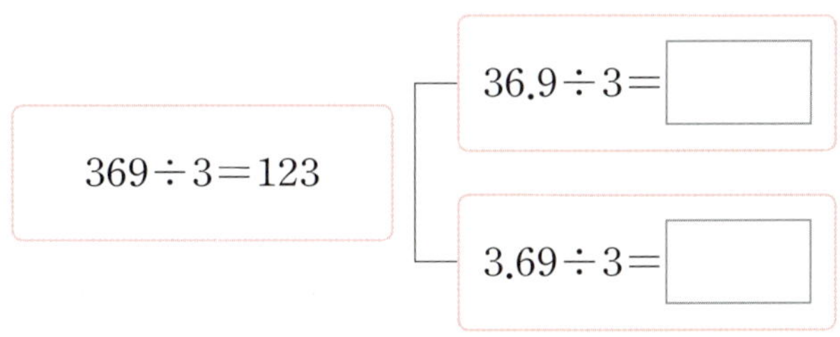

$$369 \div 3 = 123$$

$$36.9 \div 3 = \boxed{}$$

$$3.69 \div 3 = \boxed{}$$

몫이 $\frac{1}{10}$ 배가 되면 소수점을 왼쪽으로 한 칸 이동하고, 몫이 $\frac{1}{100}$ 배가 되면 소수점을 왼쪽으로 두 칸 이동해요.

교과서 문제 해결하기

▶ 261008-0151

01 6.2를 똑같이 2묶음으로 묶고 □ 안에 알맞은 수를 써넣으세요.

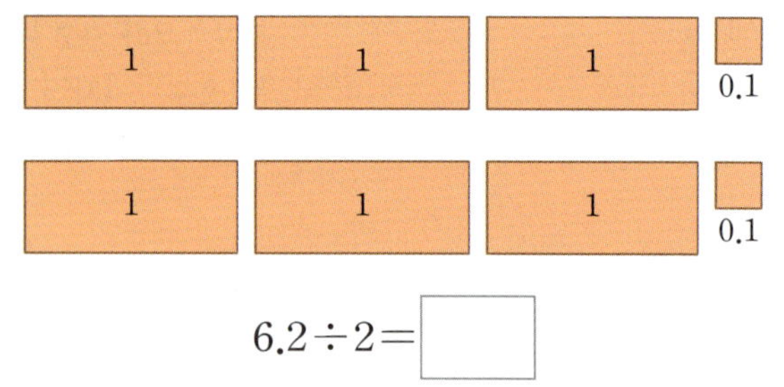

$$6.2 \div 2 = \boxed{}$$

▶ 261008-0152

02 수직선을 보고 □ 안에 알맞은 수를 써넣으세요.

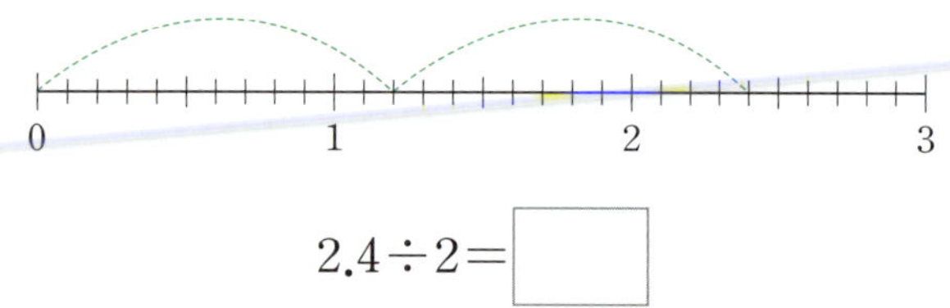

$$2.4 \div 2 = \boxed{}$$

▶ 261008-0153

03 끈 8.8 cm를 똑같이 둘로 나누면 한 조각은 몇 cm 인지 □ 안에 알맞은 수를 써넣으세요.

$$88 \div 2 = 44 (\text{mm})$$
$$8.8 \div 2 = \boxed{} (\text{cm})$$

[04~06] 빈 곳에 알맞은 수를 써넣으세요.

▶ 261008-0154

04

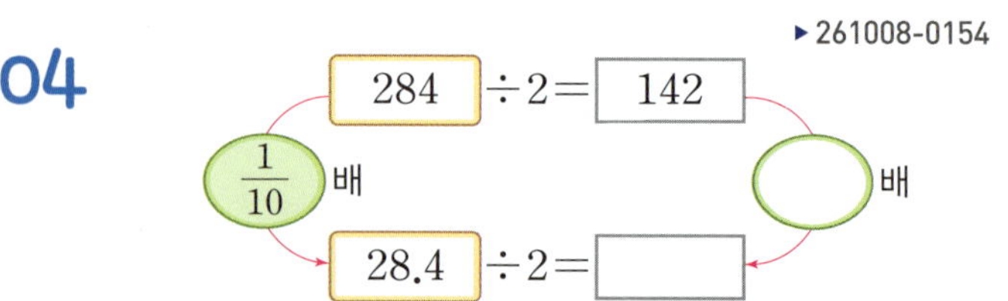

▶ 261008-0155

05

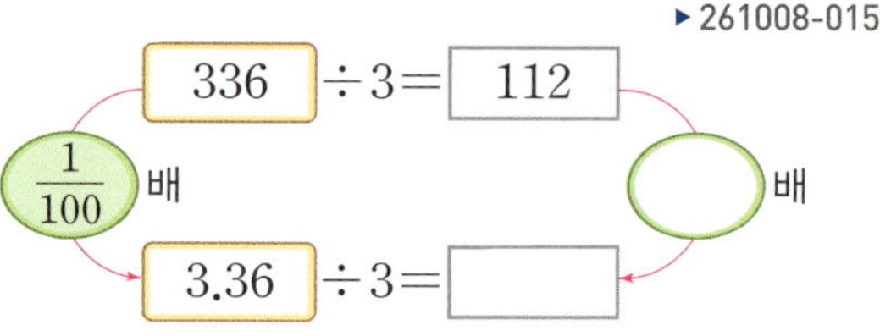

중요 06

▶ 261008-0156

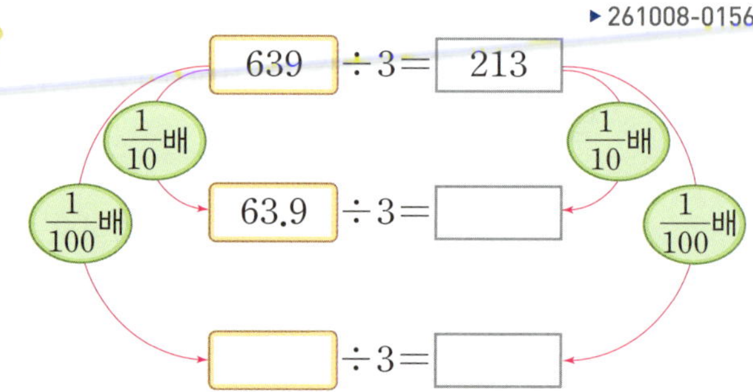

중요 07

▶ 261008-0157

자연수의 나눗셈을 이용하여 알맞은 위치에 몫의 소수점을 찍어 보세요.

$$426 \div 2 = 213$$

(1) $42.6 \div 2 = 2\ 1\ 3$

(2) $4.26 \div 2 = 2\ 1\ 3$

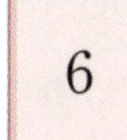

08 ▸261008-0158

□ 안에 알맞은 수를 써넣으세요.

$$693 \div 3 = \boxed{}$$

$$69.3 \div 3 = \boxed{}$$

$$6.93 \div 3 = \boxed{}$$

09 ▸261008-0159

계산식과 몫을 알맞게 이어 보세요.

26.2 ÷ 2	·	·	12.2
36.3 ÷ 3	·	·	13.1
48.8 ÷ 4	·	·	12.1

도전
10 ▸261008-0160

그림과 같이 큰 정사각형을 25개의 작은 정사각형으로 나누고 일부분을 색칠하였습니다. 색칠한 부분의 넓이가 $8.88 \ cm^2$일 때 작은 정사각형 한 개의 넓이는 몇 cm^2인지 구해 보세요.

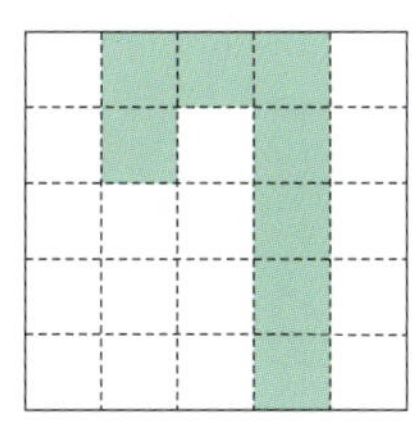

(   )

도움말 색칠한 부분의 넓이를 얼마로 나누어야 할지 생각해 봅니다.

문제해결 접근하기 ▸261008-0161

11

다음과 같이 네 장의 수 카드가 있습니다. 이 중 세 장을 골라서 가장 큰 소수 두 자리 수를 만들고, 남은 수 카드의 수로 나눈 몫을 구해 보세요.

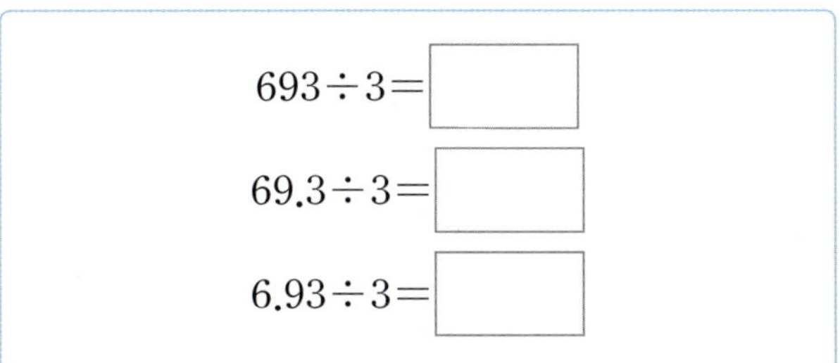

이해하기

구하려고 하는 것은 무엇인가요?

답 ________________________________

계획 세우기

어떤 방법으로 문제를 해결하면 좋을까요?

답 ________________________________

____

해결하기

□ 안에 알맞은 수를 써넣으세요.

- 수 카드 세 장을 골라서 가장 큰 소수 두 자리 수를 만들면 $\boxed{}$ 입니다.

- 남은 수 카드의 수는 $\boxed{}$ 입니다.

- $\boxed{} \div \boxed{}$ 을/를 계산한 몫은 $\boxed{}$ 입니다.

되돌아보기

위 문제에서 나눗셈을 바르게 계산했는지 □ 안에 알맞은 수를 써넣어 확인해 보세요.

몫　　나누는 수　나누어지는 수

$\boxed{} \times \boxed{} = \boxed{}$

개념 **2** (소수)÷(자연수)를 알아볼까요(2) — 몫이 1보다 크고 내림이 있는 경우

■ 2.36÷2 계산하기

[방법 1] 분수의 나눗셈으로 계산하기

$$2.36 \div 2 = \frac{236}{100} \div 2 = \frac{236 \div 2}{100} = \frac{118}{100} = 1.18$$

[방법 2] 자연수의 나눗셈을 이용하여 계산하기

$$\frac{1}{100}\text{배}$$

$$236 \div 2 = \boxed{118} \implies 2.36 \div 2 = \boxed{1.18}$$

$$\frac{1}{100}\text{배}$$

- 두 나눗셈식은 나누는 수가 2로 같습니다.

- 나누어지는 수 2.36은 236의 $\frac{1}{100}$ 배입니다.

- 2.36÷2의 몫은 236÷2의 몫인 118의 $\frac{1}{100}$ 배입니다.

[방법 3] 세로셈으로 계산하기

- 소수 한 자리 수는 분모가 10인 분수로 바꿀 수 있습니다.

$$\blacksquare.\blacktriangle = \frac{\blacksquare\blacktriangle}{10}$$

- 소수 두 자리 수는 분모가 100인 분수로 바꿀 수 있습니다.

$$\blacksquare.\blacktriangle\blacklozenge = \frac{\blacksquare\blacktriangle\blacklozenge}{100}$$

- 나누는 수가 같을 때, 나누어지는 수가 $\frac{1}{100}$ 배가 되면 몫도 $\frac{1}{100}$ 배가 됩니다.

- 몫의 소수점은 나누어지는 수의 소수점의 위치에 맞추어 올려 찍습니다.

 문제를 풀며 이해해요

[01~03] ☐ 안에 알맞은 수를 써넣으세요.

▶ 261008-0162

01 $13.2 \div 2 = \dfrac{\boxed{}}{10} \div 2 = \dfrac{\boxed{} \div 2}{10} = \dfrac{\boxed{}}{10} = \boxed{}$

몫이 1보다 크고 내림이 있는 (소수)÷(자연수)를 계산할 수 있는지 묻는 문제예요.

소수를 분수로 바꾼 다음 분자를 자연수로 나누어 계산해요.

▶ 261008-0163

02

$$\overset{\frac{1}{100}배}{423 \div 3 = \boxed{} \Rightarrow 4.23 \div 3 = \boxed{}}$$

$\dfrac{1}{100}$배

나누는 수가 같을 때, 나누어지는 수가 $\dfrac{1}{100}$배가 되면 몫도 $\dfrac{1}{100}$배가 되므로 소수점을 왼쪽으로 두 칸 이동해요.

▶ 261008-0164

03

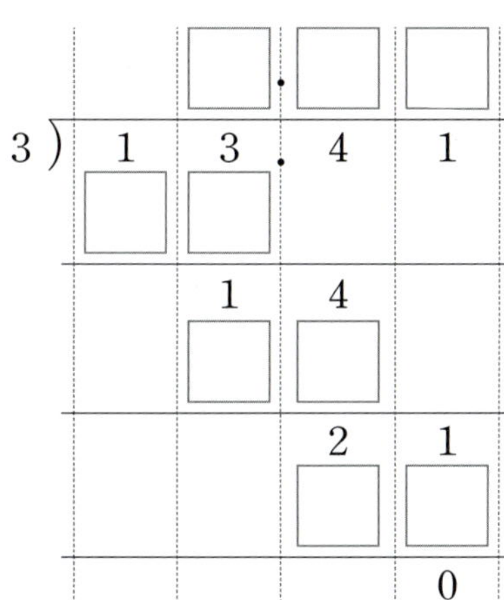

1341÷3을 계산한 다음 몫의 소수점은 나누어지는 수의 소수점의 위치에 맞추어 올려 찍어요.

[01~02] □ 안에 알맞은 수를 써넣으세요.

▶ 261008-0165

01 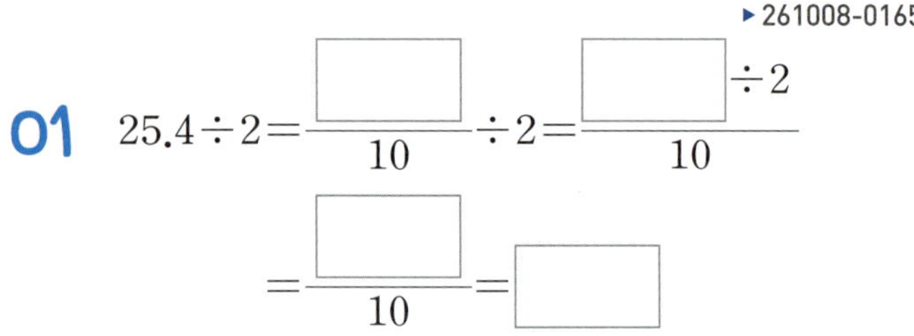

$$25.4 \div 2 = \frac{\square}{10} \div 2 = \frac{\square \div 2}{10}$$

$$= \frac{\square}{10} = \square$$

▶ 261008-0166

02

$$4.32 \div 3 = \frac{\square}{100} \div 3 = \frac{\square \div 3}{100}$$

$$= \frac{\square}{100} = \square$$

▶ 261008-0167

03 자연수의 나눗셈을 이용하여 몫을 구해 보세요.

$$454 \div 2 = 227$$

(1) $45.4 \div 2$

(2) $4.54 \div 2$

▶ 261008-0168

04 몫의 소수점을 알맞은 위치에 찍어 보세요.

```
        1 □ 7 □ 4
   3 ) 5 . 2   2
        3
      ─────────
        2   2
        2   1
      ─────────
            1   2
            1   2
      ─────────
                0
```

▶ 261008-0169

05 빈칸에 알맞은 수를 써넣으세요.

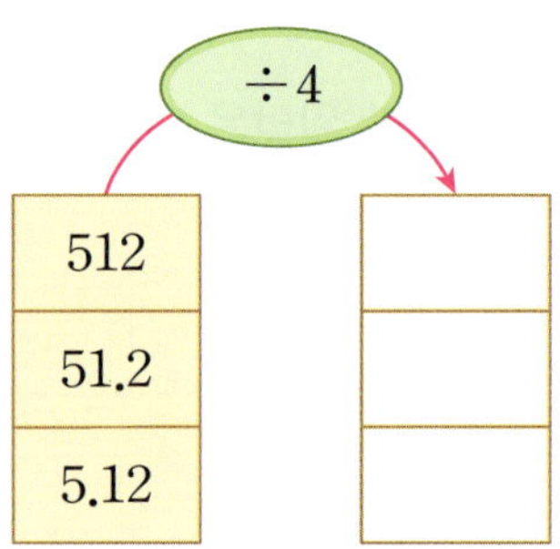

▶ 261008-0170

06 계산해 보세요.

(1)
```
3 ) 4 . 4 7
```

(2)
```
4 ) 2 7 . 5 6
```

▶ 261008-0171

07 떡볶이를 만들기 위해 가래떡 **38.15 cm**를 5조각으로 똑같이 잘랐습니다. 가래떡 한 조각은 몇 **cm**인지 구해 보세요.

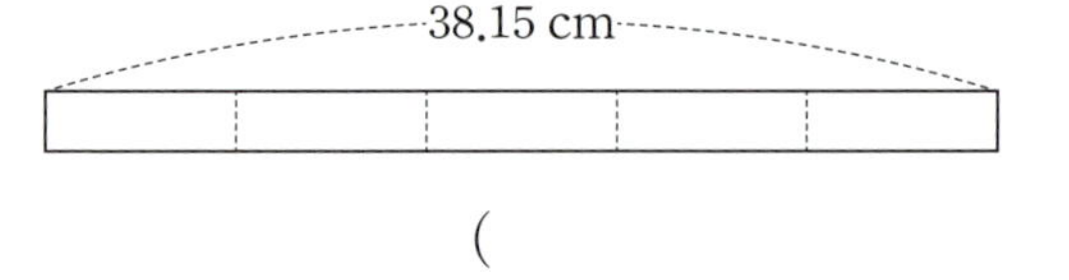

(   )

08 ▸261008-0172

계산 결과를 비교하여 ○ 안에 >, =, <를 알맞게 써넣으세요.

$31.6 \div 4$ ○ $43.32 \div 6$

09 중요 ▸261008-0173

몫이 3 이하인 계산식을 모두 찾아 기호를 써 보세요.

㉠ $7.35 \div 3$
㉡ $13.2 \div 4$
㉢ $14.25 \div 5$

(   )

10 도전 ▸261008-0174

□ 안에 들어갈 수 있는 한 자리 자연수는 모두 몇 개인지 구해 보세요.

$9.24 \div 6$ < $1.\square 4$

(   )

도움말 먼저 나눗셈을 계산한 다음 소수 첫째 자리 수의 크기를 비교합니다.

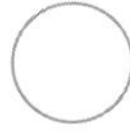 **문제해결 접근하기**

11 ▸261008-0175

다음 삼각형의 넓이는 4.48 cm^2입니다. 4 cm인 선분을 밑변으로 할 때, 높이는 몇 **cm**인지 구해 보세요.

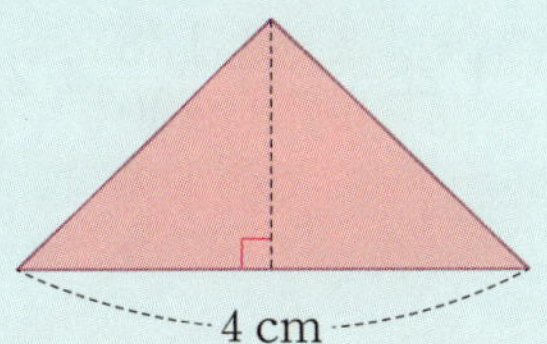

이해하기

구하려고 하는 것은 무엇인가요?

답 ________________________________

계획 세우기

어떤 방법으로 문제를 해결하면 좋을까요?

답 ________________________________

____

해결하기

□ 안에 알맞은 수를 써넣으세요.

• 삼각형의 넓이의 2배는

[   ] $\times 2 =$ [   ] 입니다.

• 밑변이 4 cm일 때 높이는

[   ] $\div 4 =$ [   ] (cm)입니다.

되돌아보기

위 문제에서 높이를 바르게 계산했는지 삼각형의 넓이를 구하는 식의 □ 안에 알맞은 수를 써넣어 확인해 보세요.

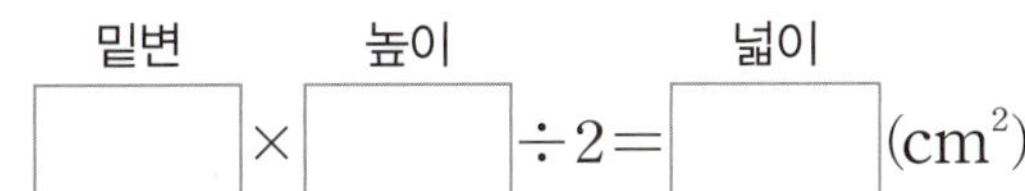

개념 3 (소수)÷(자연수)를 알아볼까요(3) — 몫이 1보다 작은 경우

■ 1.28÷2 계산하기

방법 1 분수의 나눗셈으로 계산하기

$$1.28 \div 2 = \frac{128}{100} \div 2 = \frac{128 \div 2}{100} = \frac{64}{100} = 0.64$$

방법 2 자연수의 나눗셈을 이용하여 계산하기

$$\frac{1}{100}\text{배}$$

$$128 \div 2 = \boxed{64} \implies 1.28 \div 2 = \boxed{0.64}$$

$$\frac{1}{100}\text{배}$$

• 두 나눗셈식은 나누는 수가 2로 같습니다.

• 나누어지는 수 1.28은 128의 $\frac{1}{100}$ 배입니다.

• 1.28÷2의 몫은 128÷2의 몫인 64의 $\frac{1}{100}$ 배입니다.

방법 3 세로셈으로 계산하기

$$
2\,)\overline{\begin{array}{ccc} & 6 & 4 \\ 1 & 2 & 8 \\ 1 & 2 & \\ \hline & & 8 \\ & & 8 \\ \hline & & 0 \end{array}}
\implies
2\,)\overline{\begin{array}{cccc} 0. & 6 & 4 \\ 1 & 2 & 8 \\ 1 & 2 & \\ \hline & & 8 \\ & & 8 \\ \hline & & 0 \end{array}}
$$

• $\frac{\blacktriangle\blacksquare}{100}$ 를 소수로 바꾸면 0.▲■가 됩니다.

• (소수)÷(자연수)에서 나누어지는 수인 (소수)가 나누는 수인 (자연수) 보다 작으면 몫이 1보다 작습니다.

• 나누는 수가 같을 때, 나누어지는 수가 $\frac{1}{100}$ 배가 되면 몫도 $\frac{1}{100}$ 배 가 됩니다.

• 나누어지는 수가 나누는 수보다 작으면 몫의 자연수 자리에 0을 씁니다.

 **문제를 풀며 이해해요**

[01~03] □ 안에 알맞은 수를 써넣으세요.

▶ 261008-0176

01 $1.78 \div 2 = \dfrac{\boxed{}}{100} \div 2 = \dfrac{\boxed{} \div 2}{100} = \dfrac{\boxed{}}{100} = \boxed{}$

몫이 1보다 작은
(소수)÷(자연수)를 계산할
수 있는지 묻는 문제예요.

소수를 분수로 바꾼 다음 분자를
자연수로 나누어 계산해요.

▶ 261008-0177

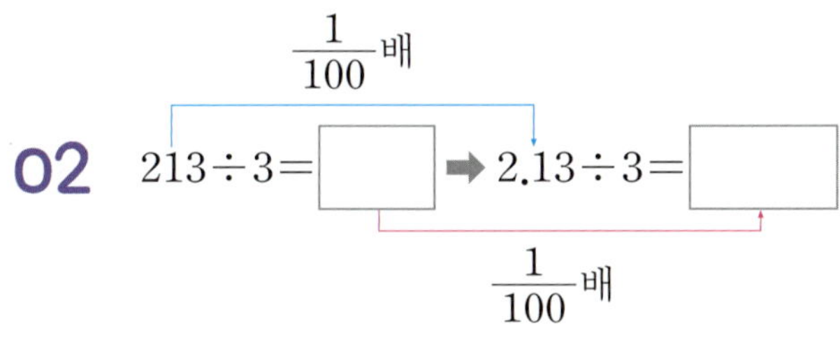

02 $213 \div 3 = \boxed{} \implies 2.13 \div 3 = \boxed{}$

나누는 수가 같을 때, 나누어지는
수가 $\dfrac{1}{100}$배가 되면 몫도 $\dfrac{1}{100}$
배가 되므로 소수점을 왼쪽으로
두 칸 이동해요.

▶ 261008-0178

03 (1)

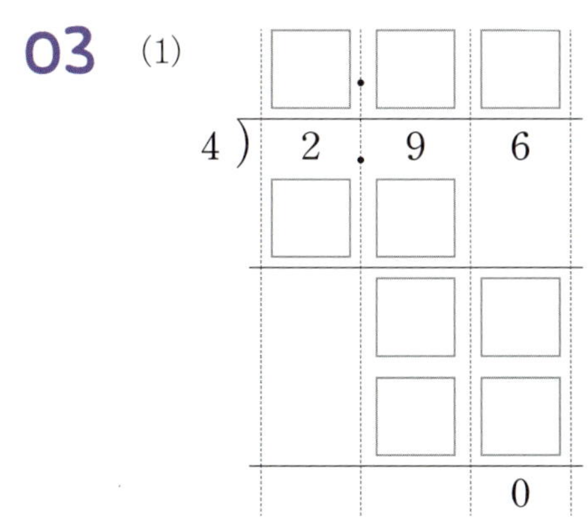

(2)

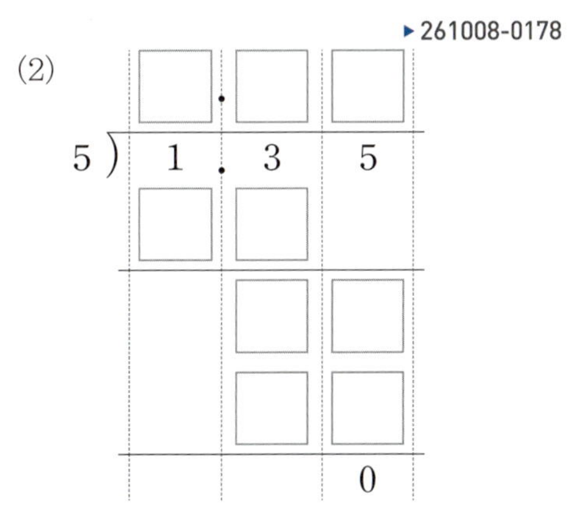

나누어지는 수가 나누는 수보다
작으므로 몫의 자연수 자리에 0
을 써요.

[01~04] □ 안에 알맞은 수를 써넣으세요.

▶ 261008-0179

01 $2.52 \div 3 = \dfrac{\boxed{}}{100} \div 3 = \dfrac{\boxed{} \div 3}{100}$

$= \dfrac{\boxed{}}{100} = \boxed{}$

▶ 261008-0180

02 $1.56 \div 4 = \dfrac{\boxed{}}{100} \div 4 = \dfrac{\boxed{} \div 4}{100}$

$= \dfrac{\boxed{}}{100} = \boxed{}$

▶ 261008-0181

03

$$276 \div 6 = 46$$
$$\boxed{} \div 6 = 0.46$$

▶ 261008-0182

04

$$265 \div 5 = \boxed{}$$
$$2.65 \div 5 = \boxed{}$$

▶ 261008-0183

05 잘못 계산한 곳을 찾아 바르게 계산해 보세요.

잘못된 계산	바른 계산
$\begin{array}{r} 2\,.\,2 \\ 7\,\overline{)\,1\,.\,5\,4} \\ 1\,4 \\ \overline{1\,4} \\ 1\,4 \\ \overline{0} \end{array}$	$7\,\overline{)\,1\,.\,5\,4}$

▶ 261008-0184

06 계산해 보세요.

(1) $\quad 3\,\overline{)\,2\,.\,7}$

(2) $\quad 8\,\overline{)\,1\,.\,2\,8}$

▶ 261008-0185

중요
07 어떤 수를 6으로 나누어야 할 것을 잘못하여 어떤 수에 6을 곱했더니 8.28이 되었습니다. 바르게 계산한 값을 구해 보세요.

(   )

08 ▶ 261008-0186

몫이 작은 것부터 순서대로 기호를 써 보세요.

> ㉠ 2.28÷4 ㉡ 3.43÷7 ㉢ 3.84÷6

(   )

중요
09 ▶ 261008-0187

무게가 똑같은 화분 8개의 무게를 재어 보니 **3.12 kg**이었습니다. 화분 한 개의 무게는 몇 **kg**인지 구해 보세요.

(   )

도전
10 ▶ 261008-0188

넓이가 **2.88 cm²**인 정삼각형을 그림과 같이 똑같이 셋으로 나누었습니다. 색칠한 부분의 넓이는 몇 **cm²**인지 구해 보세요.

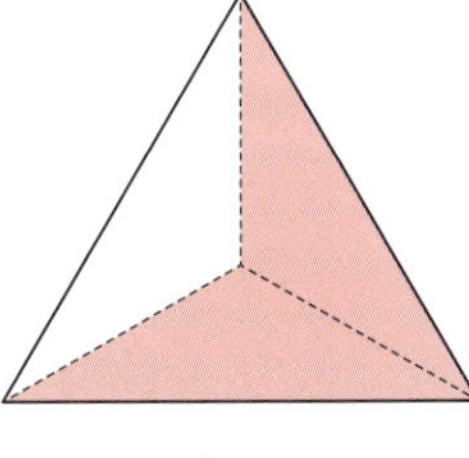

(   )

도움말 나누어진 한 부분의 넓이를 구한 다음 색칠한 부분의 수만큼 곱하여 구합니다.

문제해결 접근하기 ▶ 261008-0189

11 한 변의 길이가 같은 정사각형과 정삼각형으로 다음과 같은 그림을 그렸습니다. 정삼각형의 둘레가 **1.92 m**일 때, 빨간색으로 표시한 부분의 전체 길이를 구해 보세요.

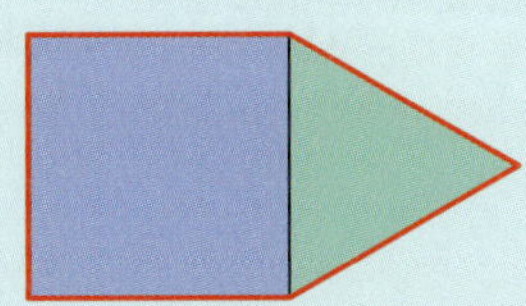

이해하기

구하려고 하는 것은 무엇인가요?

답 ________________________________

계획 세우기

어떤 방법으로 문제를 해결하면 좋을까요?

답 ________________________________

____

해결하기

□ 안에 알맞은 수를 써넣으세요.

- 정삼각형의 한 변의 길이는

  1.92÷□=□ (m)입니다.

- 빨간색으로 표시한 부분은 정삼각형의 한 변의 길이의 □ 배입니다.

- 빨간색으로 표시한 부분의 전체 길이는

  □×□=□ (m)입니다.

되돌아보기

위 그림에서 정삼각형의 둘레가 2.46 m일 때, 빨간색으로 표시한 부분의 전체 길이를 구해 보세요.

답 ________________________________

개념 **4** (소수)÷(자연수)를 알아볼까요(4) — 소수점 아래 0을 내리는 경우

■ 1.3÷2 계산하기

방법 1 분수의 나눗셈으로 계산하기

$$1.3 \div 2 = \frac{13}{10} \div 2 = \frac{130}{100} \div 2 = \frac{130 \div 2}{100} = \frac{65}{100} = 0.65$$

• $\frac{13}{10} \div 2$를 계산할 때 $13 \div 2$는 나누어떨어지지 않으므로 $\frac{13}{10}$을 $\frac{130}{100}$으로 바꾸어 $\frac{130}{100} \div 2$로 계산합니다.

방법 2 자연수의 나눗셈을 이용하여 계산하기

$$\frac{1}{100}배$$

$$130 \div 2 = \boxed{65} \implies 1.3 \div 2 = \boxed{0.65}$$

$$\frac{1}{100}배$$

• 나누는 수가 같을 때 나누어지는 수가 $\frac{1}{100}$배가 되면 몫도 $\frac{1}{100}$배가 됩니다.

방법 3 세로셈으로 계산하기

$$
\begin{array}{r}
6\ 5 \\
2\,\overline{)1\ 3\ 0} \\
1\ 2 \\
\hline
1\ 0 \\
1\ 0 \\
\hline
0
\end{array}
\implies
\begin{array}{r}
0.6\ 5 \\
2\,\overline{)1\ 3\ 0} \\
1\ 2 \\
\hline
1\ 0 \\
1\ 0 \\
\hline
0
\end{array}
$$

• 소수의 오른쪽 끝에 0이 계속 있는 것으로 생각할 수 있습니다. 필요할 경우 0을 내려 계산합니다.

개념 **5** (소수)÷(자연수)를 알아볼까요(5) — 몫의 소수 첫째 자리에 0이 있는 경우

■ 3.15÷3 계산하기

$$
\begin{array}{r}
1\ 0\ 5 \\
3\,\overline{)3\ 1\ 5} \\
3 \\
\hline
1\ 5 \\
1\ 5 \\
\hline
0
\end{array}
\implies
\begin{array}{r}
1.0\ 5 \\
3\,\overline{)3\ 1\ 5} \\
3 \\
\hline
1\ 5 \\
1\ 5 \\
\hline
0
\end{array}
$$

• 계산하면서 수를 하나 내려도 나누어야 할 수가 나누는 수보다 작은 경우에는 몫의 해당하는 자리에 0을 쓰고 수를 하나 더 내려 계산합니다.

 **문제를 풀며 이해해요**

[01~03] □ 안에 알맞은 수를 써넣으세요.

▶ 261008-0190

01
(1) $1.8 \div 4 = \dfrac{\boxed{}}{10} \div 4 = \dfrac{\boxed{}}{100} \div 4$

$= \dfrac{\boxed{} \div 4}{100} = \dfrac{\boxed{}}{100} = \boxed{}$

(2) $6.1 \div 2 = \dfrac{\boxed{}}{10} \div 2 = \dfrac{\boxed{}}{100} \div 2$

$= \dfrac{\boxed{} \div 2}{100} = \dfrac{\boxed{}}{100} = \boxed{}$

소수점 아래 0을 내려 계산해야 하는 (소수)÷(자연수)와 몫의 소수 첫째 자리에 0이 있는 (소수)÷(자연수)를 계산할 수 있는지 묻는 문제예요.

분모가 10인 분수의 분자가 자연수로 나누어떨어지지 않으면 분모가 100인 분수로 바꾸어 계산해요.

▶ 261008-0191

02
(1) $140 \div 5 = \boxed{}$ ➡ $1.4 \div 5 = \boxed{}$

(2) $630 \div 6 = \boxed{}$ ➡ $6.3 \div 6 = \boxed{}$

나누는 수가 같을 때, 나누어지는 수가 $\dfrac{1}{100}$배가 되면 몫도 $\dfrac{1}{100}$배가 돼요.

▶ 261008-0192

03
(1)

$4 \overline{)\ 3\ .\ 8}$

(2)

$7 \overline{)\ 7\ .\ 1\ 4}$

(1) 나누어지는 수의 오른쪽 끝자리에서 0을 내려 계산할 수 있어요.

(2) 수를 하나 내려도 나누어야 할 수가 나누는 수보다 작은 경우에는 몫의 해당하는 자리에 0을 쓰고 수를 하나 더 내려 계산해요.

[01~04] □ 안에 알맞은 수를 써넣으세요.

▶ 261008-0193

01
$$5.7 \div 2 = \frac{\boxed{}}{10} \div 2$$
$$= \frac{\boxed{}}{100} \div 2 = \frac{\boxed{} \div 2}{100}$$
$$= \frac{\boxed{}}{100} = \boxed{}$$

▶ 261008-0194

02
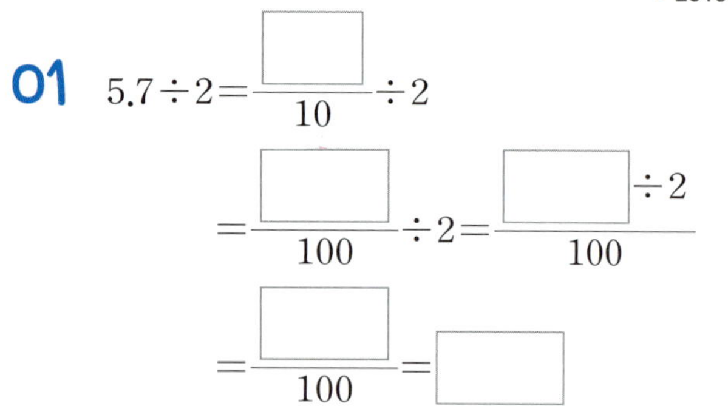
$$327 \div 3 = 109$$
$$3.27 \div 3 = \boxed{}$$

▶ 261008-0195

03
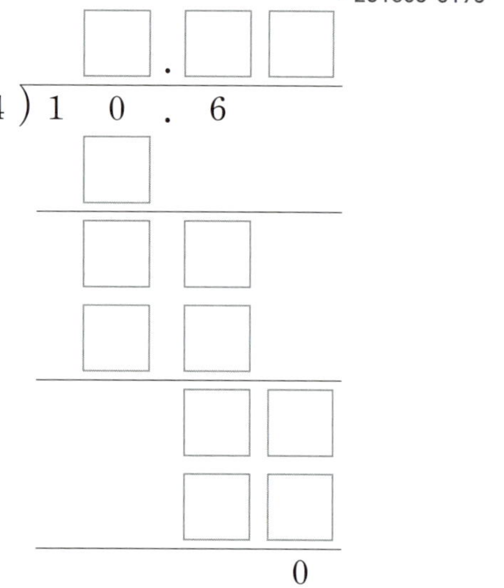

▶ 261008-0196

04
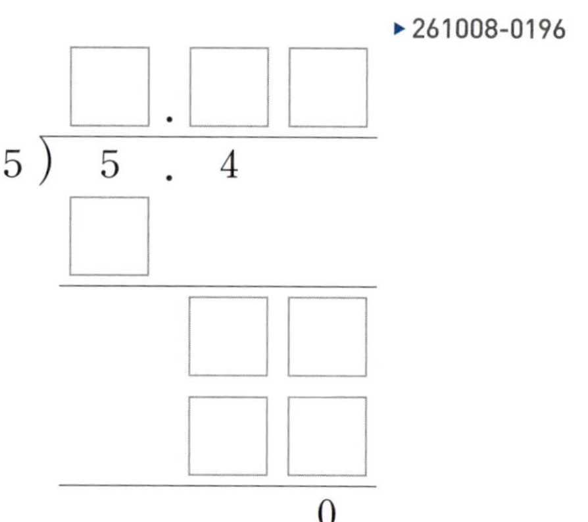

▶ 261008-0197

05 계산해 보세요.

(1)
$$5\,)\,\overline{2.6}$$

(2)
$$7\,)\,\overline{7.35}$$

▶ 261008-0198

06 빈칸에 알맞은 수를 써넣으세요.
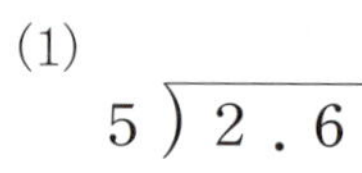

(1)
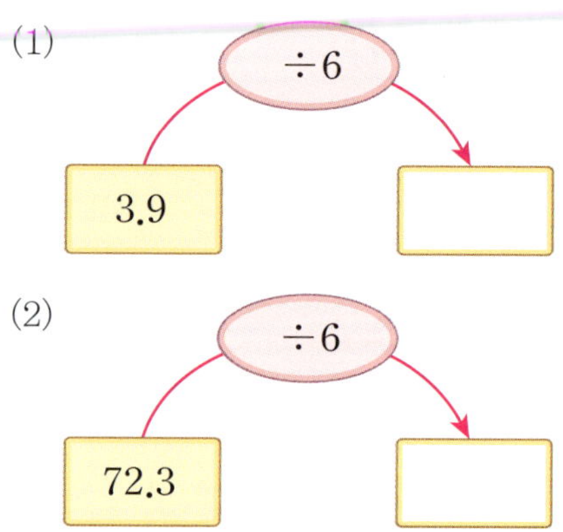

(2)

▶ 261008-0199

07 ㉠과 ㉡의 몫의 합을 구해 보세요.

| ㉠ $7.5 \div 6$ | ㉡ $7.63 \div 7$ |

(   )

▶ 261008-0200

08 몫이 더 작은 계산식을 찾아 ◯표 하세요.

$24.3 \div 6$	$12.12 \div 3$
( )	( )

09 ▶ 261008-0201

수박 한 개의 무게가 멜론 한 개의 무게의 **4**배라고 합니다. 수박 한 개의 무게가 **9.4 kg**일 때, 멜론 한 개의 무게를 구해 보세요.

( )

10 ▶ 261008-0202

예지가 바르게 계산했을 때, 예지가 고른 계산식의 기호를 써 보세요.

㉠ $5.8 \div 4$	㉡ $2.3 \div 5$	㉢ $9.81 \div 9$

( )

도움말 각 계산식의 몫을 구한 다음 소수 첫째 자리 숫자와 소수 둘째 자리 숫자를 더한 값을 살펴봅니다.

문제해결 접근하기

▶ 261008-0203

11 수호는 **95.2 cm**짜리 막대를 똑같이 두 개로 나누어 동생과 하나씩 가졌습니다. 수호가 자신이 가진 막대를 똑같은 길이로 남김없이 잘라서 그림과 같은 사각뿔을 만들었을 때 수호가 만든 사각뿔의 한 모서리의 길이를 구해 보세요.

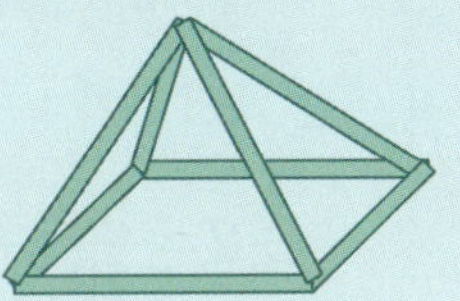

이해하기

구하려고 하는 것은 무엇인가요?

답 ______________________

계획 세우기

어떤 방법으로 문제를 해결하면 좋을까요?

답 ______________________

____

해결하기

□ 안에 알맞은 수를 써넣으세요.

• 수호가 가진 막대의 길이는

$95.2 \div$ ☐ $=$ ☐ (cm)입니다.

• 사각뿔의 모서리의 개수는 ☐ 개입니다.

• 사각뿔의 한 모서리의 길이는

☐ $\div$ ☐ $=$ ☐ (cm)입니다.

되돌아보기

위 문제에서 동생과 나누어 가지기 전 막대의 길이가 **98.4 cm**일 때 수호가 만든 사각뿔의 한 모서리의 길이는 몇 cm인지 구해 보세요.

답 ______________________

개념 6 (자연수)÷(자연수)의 몫을 소수로 나타내어 볼까요

■ 5÷2 계산하기

방법 1 분수로 나타내어 계산하기

(1) 몫을 분수로 나타내어 계산하기

$$5 \div 2 = \frac{5}{2} = \frac{5 \times 5}{2 \times 5} = \frac{25}{10} = 2.5$$

(2) 분수의 나눗셈으로 계산하기

$$5 \div 2 = \frac{50}{10} \div 2 = \frac{50 \div 2}{10} = \frac{25}{10} = 2.5$$

방법 2 자연수의 나눗셈을 이용하여 계산하기

$$\frac{1}{10}배$$

$$50 \div 2 = \boxed{25} \implies 5 \div 2 = \boxed{2.5}$$

$$\frac{1}{10}배$$

방법 3 세로셈으로 계산하기

$$2 \overline{)\,5\;0\,} = 2.5$$

• $\blacktriangle \div \blacksquare = \dfrac{\blacktriangle}{\blacksquare}$

• $\dfrac{\blacktriangle\blacksquare}{10} = \blacktriangle.\blacksquare$

• 몫의 소수점은 나누어지는 수인 자연수 바로 뒤에 올려 찍습니다.

• 자연수 뒤에 소수점이 있다고 생각하고 0을 내려 계산합니다.

개념 7 몫의 소수점 위치를 확인해 볼까요

■ 40.4÷2를 어림하여 계산하기

40.4를 반올림하여 일의 자리까지 나타내면 약 40입니다.

(어림하기) 40÷2 ➡ 약 20

■ 40.4÷2의 몫을 어림하여 소수점 위치 찍기

어림	40÷2 ➡ 약 20
몫	2 ☐ 0 ☐. 2

• 나누어지는 소수를 간단한 자연수로 반올림하여 몫을 어림합니다.

• 몫을 어림한 결과와 비교하여 알맞은 소수점의 위치를 확인합니다.

 **문제를 풀며 이해해요**

[01~03] ☐ 안에 알맞은 수를 써넣으세요.

▶ 261008-0204

01 (1) $9 \div 2 = \dfrac{\boxed{}}{2} = \dfrac{\boxed{} \times 5}{2 \times 5} = \dfrac{\boxed{}}{10} = \boxed{}$

(2) $3 \div 4 = \dfrac{\boxed{}}{100} \div 4 = \dfrac{\boxed{} \div 4}{100} = \dfrac{\boxed{}}{100} = \boxed{}$

(2) $3 = \dfrac{30}{10} = \dfrac{300}{100}$

나누는 수가 같을 때, 나누어지는 수가 $\dfrac{1}{10}$배가 되면 몫도 $\dfrac{1}{10}$배가 돼요.

▶ 261008-0205

02 (1) $130 \div 2 = \boxed{}$ ➡ $13 \div 2 = \boxed{}$

(2) $140 \div 5 = \boxed{}$ ➡ $14 \div 5 = \boxed{}$

▶ 261008-0206

몫의 소수점은 자연수 바로 뒤에서 올려 찍고, 나누어떨어지지 않으면 0을 내려 계산해요.

03

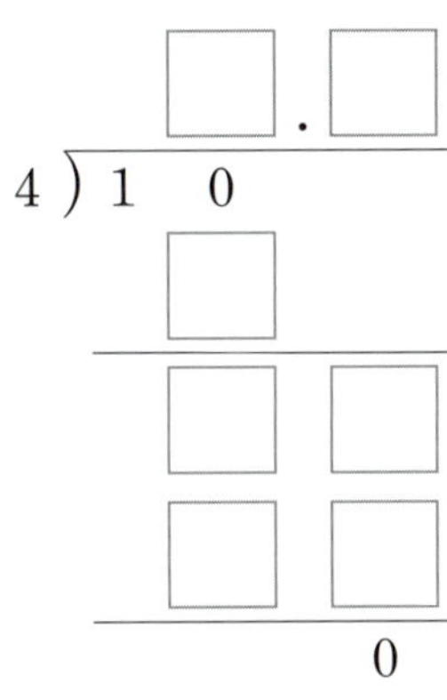

▶ 261008-0207

04 나누어지는 수를 반올림하여 일의 자리까지 나타내고 어림하여 몫의 알맞은 위치에 소수점을 찍어 보세요.

6.24를 반올림하여 일의 자리까지 나타내어 어림할 수 있어요. 어림한 값이 2에 가까운지, 20에 가까운지 살펴보고 소수점을 찍어요.

나눗셈식	$6.24 \div 3$
어림	약 $\boxed{} \div 3$ ➡ 약 $\boxed{}$
몫	$2 \boxed{} 0 \boxed{} 8$

[01~03] □ 안에 알맞은 수를 써넣으세요.

▶ 261008-0208

01 $17 \div 2 = \dfrac{\boxed{}}{2} = \dfrac{\boxed{} \times 5}{2 \times 5}$

$= \dfrac{\boxed{}}{10} = \boxed{}$

▶ 261008-0209

02

$$700 \div 4 = 175$$

$$7 \div 4 = \boxed{}$$

▶ 261008-0210

03

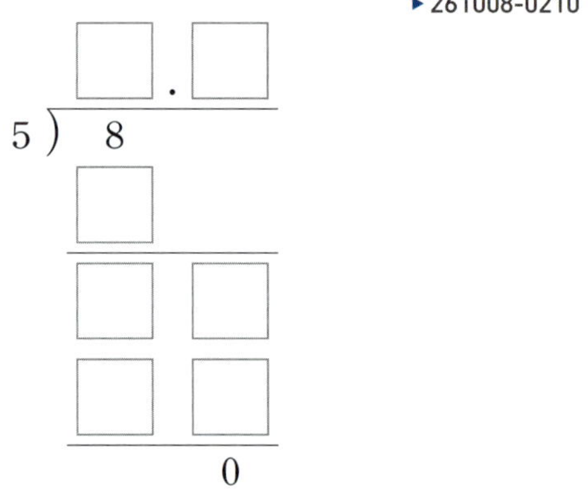

▶ 261008-0211

04 계산해 보세요.

(1) 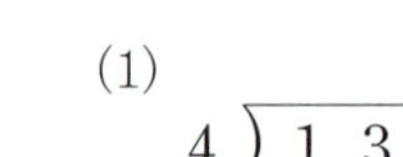 $4\,)\,\overline{1\ 3}$

(2) $5\,)\,\overline{1\ 8}$

▶ 261008-0212

05 나누어지는 수를 반올림하여 일의 자리까지 나타내고 어림하여 몫의 알맞은 위치에 소수점을 찍어 보세요.

나눗셈식	$23.52 \div 3$
어림	약 $\boxed{} \div 3 \Rightarrow$ 약 $\boxed{}$
몫	$7 \,\square\, 8 \,\square\, 4$

▶ 261008-0213

06 나눗셈의 몫을 어림하여 알맞게 이어 보세요.

		· 828
$33.12 \div 4$ ·		· 8.28
		· 82.8

▶ 261008-0214

07 몫을 어림해 보고 몫이 **6**보다 큰 계산식을 모두 찾아 기호를 써 보세요.

㉠ $23.6 \div 4$	㉡ $24.4 \div 4$
㉢ $32.4 \div 6$	㉣ $38.4 \div 6$

(   )

중요
08 어떤 수에 4를 곱했더니 15가 되었습니다. 어떤 수를 찾아 기호를 써 보세요.

> ㉠ 3.25　　㉡ 3.5　　㉢ 3.75

(　　　　　　　　)

▶ 261008-0216

09 나눗셈을 계산하고 사다리를 타고 내려가서 알맞은 칸에 몫을 써 보세요.

5÷4	7÷2	17÷5

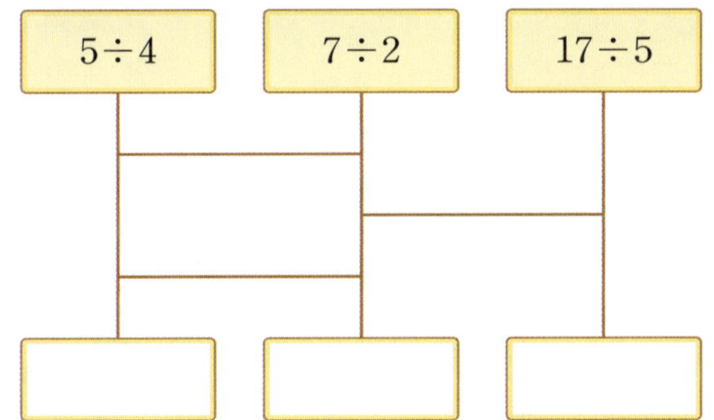

▶ 261008-0217

도전
10 크기가 같은 원 3개가 그림과 같이 직사각형 안에 그려져 있습니다. 직사각형의 가로가 3 cm일 때 원 한 개의 반지름은 몇 cm인지 소수로 구해 보세요.

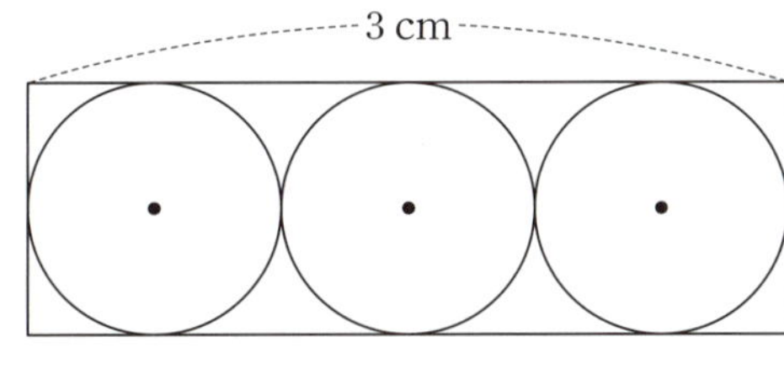

(　　　　　　　　)

도움말 직사각형의 가로의 길이는 원 세 개의 지름을 더한 값과 같습니다.

문제해결 접근하기

▶ 261008-0218

11 가로가 192 cm인 게시판에 가로가 각각 23.4 cm인 사진 5장을 같은 간격으로 전시하였습니다. 게시판의 양쪽 끝 부분에서 사진까지의 간격과 사진 사이의 간격이 같다면 사진 사이의 간격은 몇 cm인지 구해 보세요.

이해하기
구하려고 하는 것은 무엇인가요?

답 ________________________

계획 세우기
어떤 방법으로 문제를 해결하면 좋을까요?

답 ________________________

해결하기
□ 안에 알맞은 수를 써넣으세요.

- 사진 5장의 가로의 합은

  □ ×5= □ (cm)입니다.

- 게시판의 가로에서 사진 5장의 가로의 합을 빼면

  □ − □ = □ (cm)입니다.

- 간격이 모두 □ 군데 있으므로 사진 사이의 간격은

  □ ÷ □ = □ (cm)입니다.

되돌아보기
위 문제에서 게시판의 가로가 204 cm일 때 사진 사이의 간격은 몇 cm인지 구해 보세요.

답 ________________________

01 ▶ 261008-0219

자연수의 나눗셈을 이용하여 소수의 나눗셈을 계산해 보세요.

$$824 \div 2 = \boxed{}$$

$$82.4 \div 2 = \boxed{}$$

$$8.24 \div 2 = \boxed{}$$

[02~03] □ 안에 알맞은 수를 써넣으세요.

02 ▶ 261008-0220

$$9.87 \div 3 = \dfrac{\boxed{}}{100} \div 3 = \dfrac{\boxed{} \div 3}{100}$$

$$= \dfrac{\boxed{}}{100} = \boxed{}$$

03 ▶ 261008-0221

$$7 \,)\, \overline{2 \,.\, 5 \quad 9}$$

04 ▶ 261008-0222

계산해 보세요.

(1)

$$2 \,)\, \overline{4 \,.\, 7}$$

(2)

$$4 \,)\, \overline{8 \,.\, 1 \quad 2}$$

05 ▶ 261008-0223

작은 수를 큰 수로 나눈 몫을 빈칸에 써넣으세요.

(1)

4.5	5

(2)

6	5.82

06 빈칸에 알맞은 수를 써넣으세요. ▶ 261008-0224

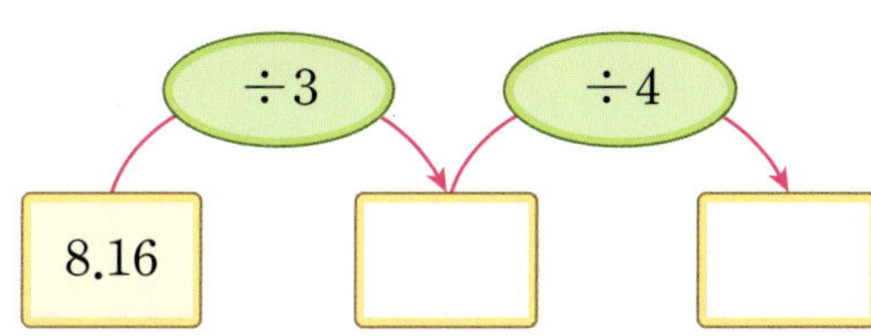

07 몫의 소수 첫째 자리 숫자가 0인 계산식을 모두 찾아 색칠해 보세요. ▶ 261008-0225

$16.18 \div 2$	$15.24 \div 3$
$2.6 \div 4$	$4.35 \div 5$
$18.3 \div 6$	$17.5 \div 7$

08 다음 두 장의 수 카드를 한 번씩 사용하여 만든 (자연수)÷(자연수)를 계산한 몫이 0.8이었습니다. ☐ 안에 알맞은 수를 써넣으세요. ▶ 261008-0226

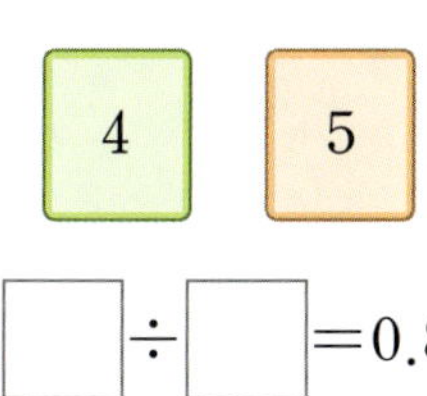

$$\boxed{} \div \boxed{} = 0.8$$

09 직사각형 모양의 텔레비전 화면의 넓이가 $1.5 \ \mathrm{m}^2$입니다. 텔레비전 화면의 가로가 $2 \ \mathrm{m}$일 때, 세로는 몇 m인지 구해 보세요. ▶ 261008-0227

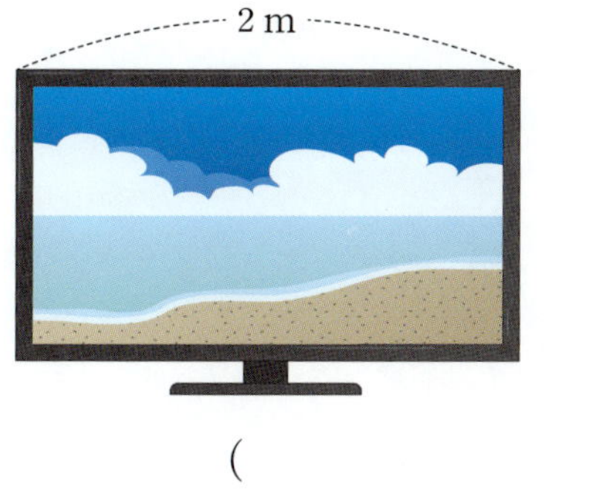

(   )

중요
10 ㉠의 몫보다 크고 ㉡의 몫보다 작은 자연수를 모두 구해 보세요. ▶ 261008-0228

㉠ $2.84 \div 2$	㉡ $9.39 \div 3$

(   )

11 ▶ 261008-0229

몫을 어림하여 몫의 자연수 부분이 한 자리 수인 계산식을 찾아 ◯표 하세요.

$39.4 \div 4$	$41.4 \div 4$

(　　　)　　　　(　　　)

12 ▶ 261008-0230

㉠과 ㉡의 몫의 차를 구해 보세요.

㉠ $19 \div 5$　　　㉡ $75.2 \div 4$

(　　　　　　　　)

13 ▶ 261008-0231

둘레가 35.3 cm인 정오각형의 한 변의 길이는 몇 cm일까요?

(　　　　　　　　)

14 ▶ 261008-0232

□ 안에 알맞은 수를 써넣으세요.

15 중요 ▶ 261008-0233

다음 평행사변형의 넓이는 한 변의 길이가 **4 cm**인 정사각형의 넓이와 같습니다. 선분 ㄴㄷ을 밑변으로 할 때, 평행사변형의 높이는 몇 **cm**인지 소수로 구해 보세요.

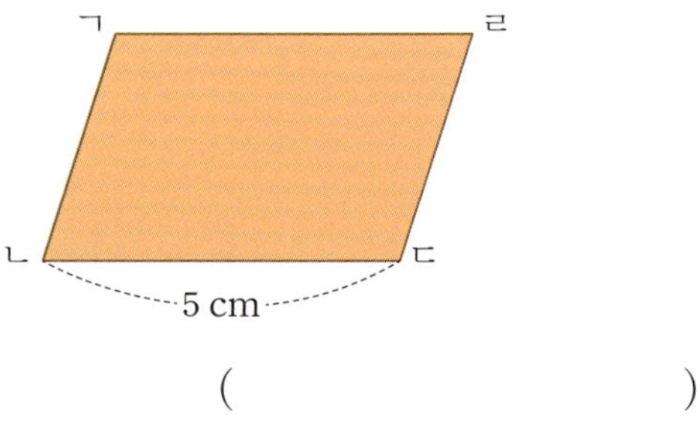

(　　　　　　　　)

16 ▸261008-0234

다음 표를 보고 연료 **1 L**로 가장 먼 거리를 달린 자동차를 찾아 기호를 써 보세요.

자동차	사용한 연료의 양(L)	이동한 거리(km)
가	4 L	92.6
나	5 L	92.5
다	8 L	152.4

( )

17 ▸261008-0235

몫이 <u>다른</u> 계산식을 찾아 기호를 써 보세요.

> ㉠ 3÷12 ㉡ 5÷20
> ㉢ 6÷25 ㉣ 7÷28

( )

도전
18 ▸261008-0236

다음 수 카드 중 세 장을 골라 두 번째로 큰 소수 두 자리 수를 만들었습니다. 만든 소수를 남은 수 카드의 수로 나눈 몫을 구해 보세요.

1	2	4	8

( )

19 ▸261008-0237

나누어지는 수를 반올림하여 일의 자리까지 나타내고 어림하여 몫의 알맞은 위치에 소수점을 찍어 보세요.

나눗셈식	36.3÷6
어림	약 ▢ ÷6 ➡ 약 ▢
몫	6 ▢ 0 ▢ 5

서술형
20 ▸261008-0238

무게가 같은 우유가 각 반에 마시는 학생 수만큼 바구니에 담겨 옵니다. 다음 표를 보고 우유 한 개의 무게는 몇 **kg**인지 구해 보세요. (단, 바구니의 무게는 같습니다.)

반	우유를 마시는 학생 수(명)	우유가 모두 담긴 바구니의 무게(kg)
1반	22	10.5
2반	26	11.9

풀이

(1) 1반과 2반의 우유가 모두 담긴 바구니의 무게의 차를 구하면 ( ) kg입니다.

(2) 1반과 2반의 우유가 모두 담긴 바구니의 무게의 차는 우유

26－( )＝( )(개)의 무게와 같습니다.

(3) 우유 한 개의 무게는

( )÷( )＝( )(kg)입니다.

답 ______________________

예술과 체육 분야에서도 소수의 나눗셈이 이용될까요?

소수의 나눗셈은 실생활에서 아주 많이 이용되고 있어요.
예를 들어 어떤 물건을 똑같은 무게로 나눌 때나 요리를 하면서 재료를 정확하게 나눌 때에도 소수의 나눗셈이 이용돼요. 그렇다면 예술과 체육 분야에서도 소수의 나눗셈이 많이 이용될까요? 지금부터 함께 다양한 사례를 살펴보아요.

1 박의 길이를 구해 볼까요?

'박'은 음악에서 소리를 일정하게 나누는 단위예요. '박자'는 이런 박이 모여서 만들어지는 리듬의 규칙을 말해요. 예를 들어 4분의 4박자는 한 마디에 네 번의 박이 들어가고, 각 박마다 4분음표가 하나씩 들어가는 박자예요. 즉, 한 마디를 쿵, 짝, 쿵, 짝처럼 네 번 숫자를 세면서 연주하거나 노래할 수 있어요. 그렇다면 4분음표(♩)가 1박일 때 점 4분음표(♩.)는 몇 박일까요? 점음표는 원래 음표의 1.5배 길이이기 때문에 1.5박이라고 할 수 있어요.

이제 1박과 1.5박이 몇 초인지 구해 볼까요? 예를 들어 1분에 120박을 연주하는 곡에서는 다음과 같이 구할 수 있어요.

구분	계산식	연주 시간
1박	$60÷120$	0.5초
1.5박	$1.5×0.5$	0.75초

이와 같이 소수의 나눗셈과 곱셈을 이용하면 박의 길이와 연주 시간 등을 계산할 수 있어요.

2 칸을 똑같이 나누어 그림을 그려 볼까요?

캔버스에 멋진 그림을 그리는 예술가들은 종종 수학적 기법을 활용하기도 해요. 예를 들어 캔버스의 영역을 나누어 그림을 그릴 수 있습니다. 만약 캔버스의 넓이가 73.2 cm²이고, 이것을 6등분한다면 73.2÷6＝12.2(cm²)가 돼요. 이처럼 소수의 나눗셈을 이용하면 한 칸의 넓이를 같게 나눌 수 있어요.

3 투수는 공을 얼마나 빠르게 던질까요?

야구를 좋아하는 친구라면 '투수의 평균 구속'이라는 말을 들어본 적이 있을 거예요. 야구에서는 투수가 얼마나 빠르고 정확하게 공을 던질 수 있는지가 경기의 승패를 좌우하는 중요한 요소가 되지요. 평균 구속은 투수가 던진 모든 공의 속력을 더한 후 던진 횟수로 나누어서 구해요.

어떤 투수가 던진 공의 속력

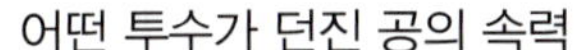

구분	1구	2구	3구	4구
속력	시속 142.5 km	시속 144.1 km	시속 143.2 km	시속 145.0 km

예를 들어 어떤 투수가 위의 표처럼 네 번의 공을 던졌다면 평균 구속은 속력의 합을 4로 나누어 시속 574.8÷4＝143.7(km)라고 구할 수 있어요. 이처럼 투수의 평균 구속을 계산할 때에도 소수의 나눗셈을 이용한답니다.

4 비와 비율

카페에서 사과와 당근을 2 : 1의 비로 섞어 맛있는 사과 당근 주스를 만들고 있어요. 원래 3000원에 판매하던 이 주스를 20 % 할인하여 2400원에 판매하자 많은 손님들이 주문하려고 줄을 서기 시작했어요. 게다가 구입 금액의 10 %를 적립해 준다는 소식을 듣고 더 많은 사람들이 카페를 찾고 있답니다.

이번 단원에서는 비, 비율, 그리고 백분율에 대해서 배우고 다양한 실생활 문제들을 탐구해 볼 거예요.

단원 학습 목표

1. 두 양의 크기를 뺄셈과 나눗셈으로 비교할 수 있습니다.
2. 비의 뜻을 알고, 비의 기호를 사용하여 나타낼 수 있습니다.
3. 비율의 뜻을 알고, 비율을 분수와 소수로 나타낼 수 있습니다.
4. 실생활에서 비율이 사용되는 경우를 알고 문제를 해결할 수 있습니다.
5. 백분율의 뜻을 알고, 비율을 백분율로 나타낼 수 있습니다.
6. 실생활에서 백분율이 사용되는 경우를 알고 문제를 해결할 수 있습니다.

단원 진도 체크

회차	학습 내용	개념	진도 체크
1차	교과서 개념 배우기 + 문제 해결하기	**개념 1** 두 수를 비교해 볼까요 **개념 2** 비를 알아볼까요	✓
2차	교과서 개념 배우기 + 문제 해결하기	**개념 3** 비율을 알아볼까요 **개념 4** 비율이 사용되는 경우를 알아볼까요	✓
3차	교과서 개념 배우기 + 문제 해결하기	**개념 5** 백분율을 알아볼까요	✓
4차	교과서 개념 배우기 + 문제 해결하기	**개념 6** 백분율이 사용되는 경우를 알아볼까요	✓
5차	단원평가로 완성하기		✓
6차	수학으로 세상보기		✓

해당 부분을 공부하고 나서 ✓표를 하세요.

메뉴판
오렌지 주스   4000원
사과 당근 주스 3000원
유자차   4000원
구입 금액의 10% 적립
사과 당근 주스
20% 할인

개념 1 두 수를 비교해 볼까요

■ 두 수 비교하기

사과가 2개, 배가 4개 있을 때 사과의 수와 배의 수 비교하기

• 뺄셈으로 비교하기

$$4-2=2$$ ➡ 배가 사과보다 2개 더 많습니다.

• 나눗셈으로 비교하기

$$4\div2=2$$ ➡ 배의 수는 사과의 수의 2배입니다.

■ 변하는 두 양의 관계 비교하기

바구니마다 사과 2개, 배 4개가 들어 있습니다.

바구니의 수에 따른 사과와 배의 수

바구니의 수(개)	1	2	3	4	…
사과의 수(개)	2	4	6	8	…
배의 수(개)	4	8	12	16	…

• 뺄셈으로 비교하기

> 바구니의 수에 따라 배의 수는 사과의 수보다 각각 2개, 4개, 6개, 8개, … 더 많습니다.

➡ 뺄셈으로 비교한 경우에는 사과의 수와 배의 수의 관계가 변합니다.

• 나눗셈으로 비교하기

> 바구니의 수에 따른 배의 수는 사과의 수의 2배입니다.

➡ 나눗셈으로 비교한 경우에는 사과의 수와 배의 수의 관계가 변하지 않습니다.

• 사과는 배보다 2개 더 적습니다.

• 사과의 수는 배의 수의 $\frac{1}{2}$배입니다.

• 나눗셈을 이용하여 두 양의 크기를 비교하면 하나의 양을 기준으로 다른 양이 몇 배가 되는지를 나타낼 수 있습니다.

개념 2 비를 알아볼까요

■ 비 알아보기

• 두 양을 비교할 때 한 양을 기준으로 다른 양이 몇 배가 되는지를 기호 :를 사용하여 나타낸 것을 비라고 합니다.

• 두 수 2와 5를 비교할 때 2 : 5라 쓰고 2 대 5라고 읽습니다.

• 2 : 5는 2와 5의 비, 2의 5에 대한 비, 5에 대한 2의 비라고도 읽습니다.

• 비 2 : 5에서 기호 :의 오른쪽에 있는 5는 기준량이고, 왼쪽에 있는 2는 비교하는 양입니다.

2 : 5
비교하는 양 ┘　└ 기준량

• 기준량이 ■, 비교하는 양이 ▲일 때 ▲ : ■를 읽는 방법
  – ▲ 대 ■
  – ▲와 ■의 비
  – ▲의 ■에 대한 비
  – ■에 대한 ▲의 비

 문제를 풀며 이해해요

[01~02] 그림을 보고 □ 안에 알맞은 수를 써넣으세요.

▶ 261008-0239

01 빵의 수와 우유의 수를 뺄셈을 이용하여 비교해 보세요.

우유는 빵보다 □ − □ = □ (개) 더 많습니다.

두 수를 비교할 때는 뺄셈이나 나눗셈을 이용할 수 있어요.

▶ 261008-0240

02 빵의 수와 우유의 수를 나눗셈을 이용하여 비교해 보세요.

□ ÷ □ = □ 이므로 우유의 수는 빵의 수의 □ 배입니다.

▶ 261008-0241

03 접시에 빵과 쿠키를 담고 있습니다. 표를 보고 □ 안에 알맞은 수를 써넣으세요.

접시의 수에 따른 빵과 쿠키의 수

접시의 수(개)	1	2	3	4	⋯
빵의 수(개)	1	2	3	4	⋯
쿠키의 수(개)	2	4	6	8	⋯

(1) 빵의 수와 쿠키의 수의 비는 □ : □ 입니다.

(2) 쿠키의 수에 대한 빵의 수의 비는 □ : □ 입니다.

(3) 빵의 수에 대한 쿠키의 수의 비는 □ : □ 입니다.

(1) 빵의 수와 쿠키의 수의 비에서 기준량은 쿠키의 수예요.
(2) 쿠키의 수에 대한 빵의 수의 비에서 기준량은 쿠키의 수예요.
(3) 빵의 수에 대한 쿠키의 수의 비에서 기준량은 빵의 수예요.

01 ▶ 261008-0242

텃밭에 방울토마토 모종을 4개, 고추 모종을 8개 심었습니다. □ 안에 알맞은 수를 써넣으세요.

(1) 고추 모종은 방울토마토 모종보다 ☐ 개 더 많습니다.

(2) 고추 모종의 수는 방울토마토 모종의 수의 ☐ 배입니다.

02 ▶ 261008-0243

□ 안에 알맞은 수를 써넣으세요.

(1)
4와 6의 비

☐ : ☐

(2)
6의 8에 대한 비

☐ : ☐

03 ▶ 261008-0244

전체에 대한 색칠한 부분의 비가 3 : 8이 되도록 알맞게 색칠해 보세요.

04 ▶ 261008-0245

칫솔 5개와 치약 7개가 있습니다. 치약의 수에 대한 칫솔의 수의 비는 얼마인지 □ 안에 알맞은 수를 써넣으세요.

☐ : ☐

05 ▶ 261008-0246

필통마다 볼펜 1자루와 연필 3자루가 들어 있습니다. 표를 완성하고 □ 안에 알맞은 수를 써넣으세요.

필통의 수(개)	1	2	3	4
볼펜의 수(자루)	1	2	3	4
연필의 수(자루)	3			12

➡ 연필의 수는 볼펜의 수의 ☐ 배입니다.

06 ▶ 261008-0247

주어진 비를 바르게 읽은 것을 찾아 ◯표 하세요.

7 : 9

7에 대한 9의 비	9에 대한 7의 비
( )	( )

중요
07 ▶ 261008-0248

의미가 같은 것끼리 이어 보세요.

2와 3의 비 · · 2 : 3

2에 대한 3의 비 · · 3 : 2

중요
08 비교하는 양과 기준량을 찾아 빈칸에 알맞은 수를 써넣으세요.

▶ 261008-0249

비	비교하는 양	기준량
1 대 7		
2의 9에 대한 비		
4에 대한 5의 비		

09 전체에 대한 색칠한 부분의 비를 써 보세요.

▶ 261008-0250

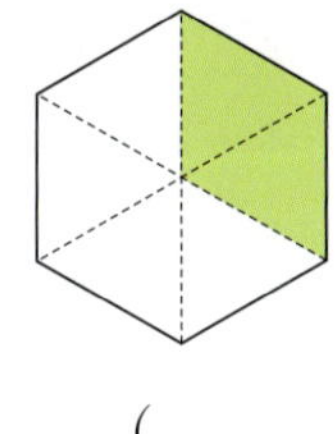

(   )

도전
10 기준량이 10인 것을 모두 찾아 기호를 써 보세요.

▶ 261008-0251

> ㉠ 3 : 10
> ㉡ 5에 대한 10의 비
> ㉢ 10의 12에 대한 비
> ㉣ 6과 10의 비

(   )

도움말 ■에 대한 ▲의 비에서 ■가 기준량입니다.

문제해결 접근하기

▶ 261008-0252

11 저녁 식사 전 서연이네 냉장고에는 탄산음료가 7개, 이온음료가 10개 있었습니다. 저녁 식사 중에 탄산음료 2개와 이온음료 1개를 꺼내 마셨다면 식사 후 냉장고에 남아 있는 탄산음료의 수와 이온음료의 수의 비는 얼마인지 구해 보세요.

이해하기

구하려고 하는 것은 무엇인가요?

답 _______________________________

계획 세우기

어떤 방법으로 문제를 해결하면 좋을까요?

답 _______________________________
____

해결하기

□ 안에 알맞은 수를 써넣으세요.

- 남아 있는 탄산음료의 수는 □ 개입니다.
- 남아 있는 이온음료의 수는 □ 개입니다.
- 남아 있는 탄산음료의 수와 이온음료의 수의 비는 □ : □ 입니다.

되돌아보기

위 문제에서 비를 바르게 나타내었는지 □ 안에 알맞은 말을 써넣어 확인해 보세요.

(1) 비교하는 양인 □ 음료의 수를 기호 : 앞에 썼습니다.

(2) 기준량인 □ 음료의 수를 기호 : 뒤에 썼습니다.

개념 **3** 비율을 알아볼까요

■ 비율 알아보기

기준량에 대한 비교하는 양의 크기를 비율이라고 합니다.

$$(비율) = (비교하는 양) \div (기준량) = \frac{(비교하는 양)}{(기준량)}$$

■ 비 1 : 4를 비율로 나타내기

비율은 분수나 소수로 나타낼 수 있습니다.

비교하는 양: 1
기준량: 4 ➡ 1 : 4의 비율 ┌ 분수 $\frac{1}{4}$
└ 소수 0.25

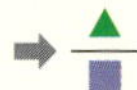

- ▲ : ■의 비율
➡ $\dfrac{▲}{■}$

- 비율은 1보다 작거나 클 수 있습니다.

- 비교하는 양과 기준량이 같으면 비율이 1입니다.

개념 **4** 비율이 사용되는 경우를 알아볼까요

■ 개수에 대한 가격의 비율

> 어느 회사에서 만드는 공책 10권의 가격이 8000원입니다.

(1) 기준량: 공책의 수(10), 비교하는 양: 가격(8000)

(2) 비율: $\dfrac{(가격)}{(공책의 수)} = \dfrac{8000}{10} = 800$ ➡ 공책 한 권의 가격: 800원

■ 걸린 시간에 대한 이동 거리의 비율

> 자전거를 타고 일정한 빠르기로 2시간 동안 20 km를 이동했습니다.

(1) 기준량: 걸린 시간(2), 비교하는 양: 이동 거리(20)

(2) 비율: $\dfrac{(이동 거리)}{(걸린 시간)} = \dfrac{20}{2} = 10$ ➡ 1시간에 10 km를 이동

■ 넓이에 대한 인구수의 비율

> 어느 마을의 넓이는 4 km^{2}이고 2000명이 살고 있습니다.

(1) 기준량: 넓이(4), 비교하는 양: 인구수(2000)

(2) 비율: $\dfrac{(인구수)}{(넓이)} = \dfrac{2000}{4} = 500$ ➡ 1 km^2 당 500명이 거주

- 야구 선수의 타율, 지도의 축척, 요리할 때 재료를 넣는 비율 등 실생활에서 비율을 사용하는 경우는 매우 다양합니다.

- 1시간 동안 이동한 거리를 비교하면 어느 쪽이 더 빠르게 이동했는지 알 수 있습니다.

- 넓이에 대한 인구수의 비율이 높을수록 인구가 더 밀집한 곳입니다.

문제를 풀며 이해해요

▶ 261008-0253

01 그림을 보고 □ 안에 알맞은 수를 써넣으세요.

(1) 전체에 대한 색칠한 부분의 비는 □ : □ 입니다.

(2) 전체에 대한 색칠한 부분의 비율을 분수로 나타내면 $\dfrac{□}{□}$ 입니다.

(3) 전체에 대한 색칠한 부분의 비율을 소수로 나타내면 □ 입니다.

> 비율을 분수나 소수로 나타 내고 실생활 문제를 해결할 수 있는지 묻는 문제예요.

> 비율은 비교하는 양을 기준량으로 나누어 구해요.
> ▲ : ■의 비율 ➡ $\dfrac{▲}{■}$

▶ 261008-0254

02 다음을 읽고 □ 안에 알맞은 수나 말을 써넣으세요.

> 승호는 자전거로 8 km를 가는 데 20분이 걸렸고, 지수는 자전거로 12 km를 가는 데 24분이 걸렸습니다.

(1) 걸린 시간(분)에 대한 이동 거리(km)의 비율을 소수로 구하면 승호는 □ 이고, 지수는 □ 입니다.

(2) 자전거로 같은 거리를 더 빠르게 이동한 사람은 □ 입니다.

> 비교하는 양이 이동 거리이고 기준량이 걸린 시간이므로 비율은 $\dfrac{(이동\ 거리)}{(걸린\ 시간)}$ 예요.

▶ 261008-0255

03 성윤이네 반 학생은 20명입니다. 성윤이네 반 전체 학생 수에 대한 여학생 수의 비율이 $\dfrac{3}{5}$일 때, 여학생은 몇 명일까요?

( )

> 기준량과 비율을 알 때, 비교하는 양은 기준량과 비율을 곱하여 구할 수 있어요.

01 주어진 비의 비율을 분수와 소수로 각각 구해 보세요.
▶ 261008-0256

$$7 : 10$$

분수 (   )

소수 (   )

02 비와 비율을 알맞게 이어 보세요.
▶ 261008-0257

$1 : 5$　　　　　0.2

4의 10에 대한 비　　　　　$\dfrac{3}{4}$

4에 대한 3의 비　　　　　0.4

03 11에 대한 9의 비율로 알맞은 것을 찾아 기호를 써 보세요.
▶ 261008-0258

$$㉠\ \dfrac{11}{9} \qquad ㉡\ \dfrac{9}{11}$$

(   )

04 비율이 가장 작은 것을 찾아 기호를 써 보세요.
▶ 261008-0259

$$㉠\ 2 : 8 \qquad ㉡\ 2 : 1 \qquad ㉢\ 8 : 10$$

(   )

05 ㉠과 ㉡에 해당하는 수의 크기를 비교하여 ○ 안에 >, =, <를 알맞게 써넣으세요.
▶ 261008-0260

8 : 5의 비율은 ㉠이고 10 : 15의 비율은 ㉡입니다.

㉠　○　㉡

06 주어진 비에 대해 <u>잘못</u> 말한 사람을 찾아 이름을 써 보세요.
▶ 261008-0261

$$4 : 5$$

하준: 5에 대한 4의 비야.

다연: 비율을 분수로 나타내면 $\dfrac{4}{5}$야.

민준: 비율을 소수로 나타내면 0.4야.

(   )

중요
07 표를 보고 학급 수에 대한 학생 수의 비율을 비교하여 한 학급의 학생 수가 더 많은 초등학교는 어디인지 구해 보세요.
▶ 261008-0262

학교	우리초등학교	나라초등학교
학생 수(명)	110	120
학급 수(개)	5	6

(   )

08 ▶ 261008-0263

다음 비의 비율이 **0.1**일 때, ☐ 안에 알맞은 수를 써넣으세요.

$$1 : \boxed{}$$

중요
09 ▶ 261008-0264

우유에 초코시럽을 넣어 초코우유를 만들었습니다. 초코 맛이 더 진한 초코우유를 찾아 기호를 써 보세요.

초코우유	초코시럽의 양	우유의 양
가	50 mL	200 mL
나	90 mL	300 mL

( )

도전
10 ▶ 261008-0265

나윤이는 **120**쪽짜리 책을 읽고 있습니다. 전체 쪽수에 대한 읽은 쪽수의 비율이 $\frac{5}{6}$일 때, 나윤이가 읽은 쪽수를 구해 보세요.

( )

도움말 비교하는 양은 기준량과 비율을 곱하여 구할 수 있습니다.

문제해결 접근하기 ▶ 261008-0266

11 유나와 소미는 농구 연습을 하며 같은 거리에서 여러 차례 슛을 시도하고, 그 결과를 표로 기록했습니다. 표를 보고 이번 연습에서 슛을 성공한 비율이 더 높은 사람이 누구인지 구해 보세요.

이름	유나	소미
슛을 시도한 횟수(회)	40	50
슛을 성공한 횟수(회)	32	35

이해하기

구하려고 하는 것은 무엇인가요?

답 ___________________________

계획 세우기

어떤 방법으로 문제를 해결하면 좋을까요?

답 ___________________________

____

해결하기

☐ 안에 알맞은 소수나 말을 써넣으세요.

- 유나의 슛 시도 횟수에 대한 슛 성공 횟수의 비율을 소수로 나타내면 ☐ 입니다.
- 소미의 슛 시도 횟수에 대한 슛 성공 횟수의 비율을 소수로 나타내면 ☐ 입니다.
- 이번 연습에서 슛을 성공한 비율이 더 높은 사람은 ☐ 입니다.

되돌아보기

위 문제에서 슛을 성공한 비율을 분수로 나타내어 크기를 비교해 보세요.

답 ___________________________

개념 5 백분율을 알아볼까요

■ 백분율 알아보기

- 기준량을 100으로 할 때의 비율을 백분율이라고 합니다.
- 백분율은 기호 %를 사용하여 나타냅니다.
- 비율 $\dfrac{70}{100}$을 70 %라 쓰고 70 퍼센트라고 읽습니다.

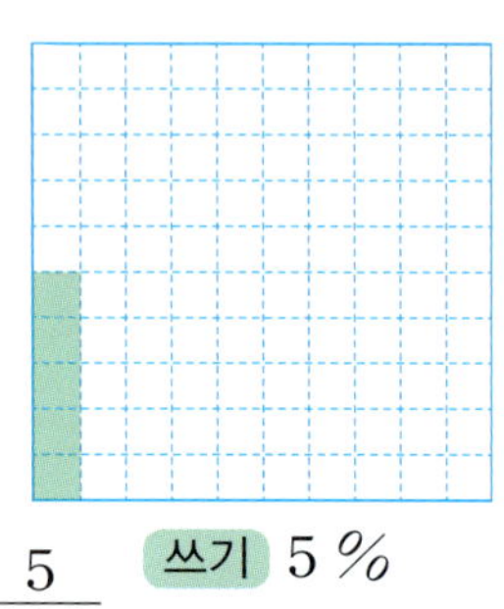

$$\dfrac{5}{100}$$
쓰기 5 %
읽기 5 퍼센트

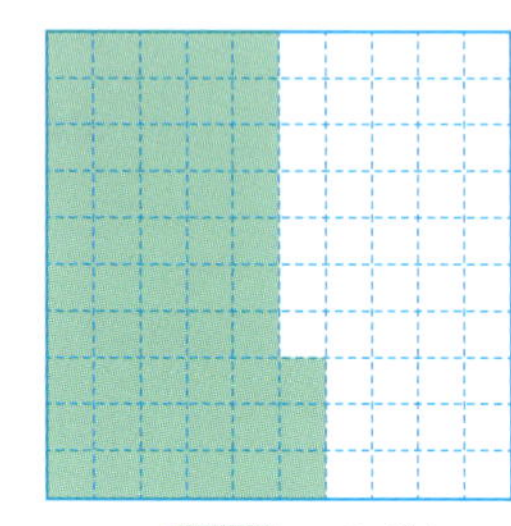

$$\dfrac{53}{100}$$
쓰기 53 %
읽기 53 퍼센트

- 비율 $\dfrac{\blacktriangle}{100}$는 $\blacktriangle$ %와 같습니다.
- 비율을 백분율로 나타내면 기준량이 같아지기 때문에 자료를 비교할 때 편리합니다.

■ 비율을 백분율로 나타내기

> 수학 문제 25개 중에서 20개를 맞혔습니다.
> 전체 문제 수에 대한 맞힌 문제 수의 비율을 백분율로 나타내 보세요.

방법 1 기준량을 100으로 하는 비율로 바꾸어 % 붙이기

$$\dfrac{20}{25}=\dfrac{80}{100}=80\ \%$$

방법 2 비율에 100을 곱한 값에 % 기호 붙이기

$$\dfrac{20}{25}\times 100=80 \Rightarrow 80\ \%$$

- $\blacktriangle$ %는 비율 $\dfrac{\blacktriangle}{100}$와 같으므로 백분율을 비율로 나타낼 때는 기호 %를 떼고 100으로 나누면 됩니다.

 **문제를 풀며 이해해요**

▶ 261008-0267

01 주어진 백분율을 읽거나 써 보세요.

(1)
11 %

(   )

(2)
27 %

(   )

(3)
49 퍼센트

(   )

(4)
67 퍼센트

(   )

백분율의 의미를 알고 비율을 백분율로 나타낼 수 있는지 묻는 문제예요.

 백분율의 기호 %는 퍼센트라고 읽어요.

▶ 261008-0268

02 그림을 보고 전체에 대한 색칠한 부분의 비율을 백분율로 나타내 보세요.

(1)
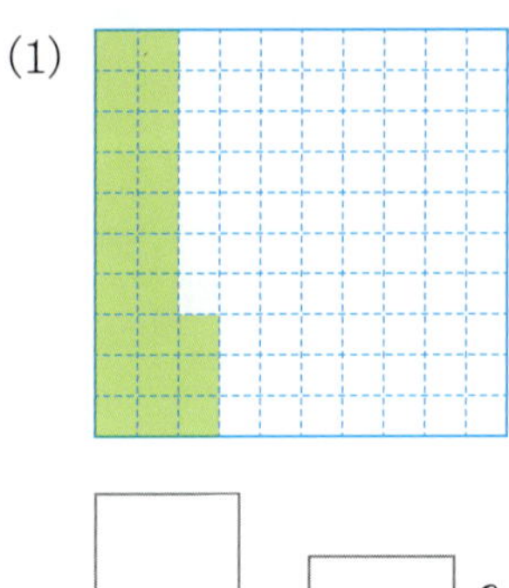

$$\frac{\quad}{100} = \boxed{\quad} \%$$

(2)

$$\frac{\quad}{100} = \boxed{\quad} \%$$

$\dfrac{\blacktriangle}{100}$ 는 $\blacktriangle$ %와 같아요.

▶ 261008-0269

03 비율을 백분율로 나타내려고 합니다. □ 안에 알맞은 수를 써넣으세요.

(1) $\dfrac{1}{4}$ ➡ $\dfrac{1}{4} \times \boxed{\quad} = \boxed{\quad}$ ➡ $\boxed{\quad}$ %

(2) 0.19 ➡ $0.19 \times \boxed{\quad} = \boxed{\quad}$ ➡ $\boxed{\quad}$ %

비율에 100을 곱하여 백분율로 나타낼 수 있어요.

[01~03] 국어 문제 20개 중에서 16개를 맞혔습니다. □ 안에 알맞은 수를 써넣으세요.

01 ▶261008-0270
전체 문제 수에 대한 맞힌 문제 수의 비율을 분수로 구하여 백분율로 나타내 보세요.

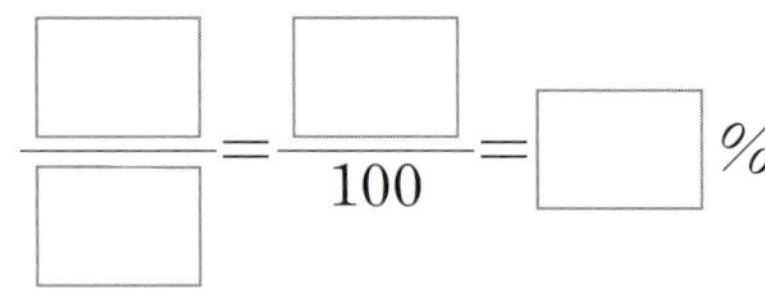

02 ▶261008-0271
전체 문제 수 중 맞힌 문제 수의 비율에 **100**을 곱하여 백분율로 나타내 보세요.

03 ▶261008-0272
수직선을 이용하여 백분율을 구해 보세요.

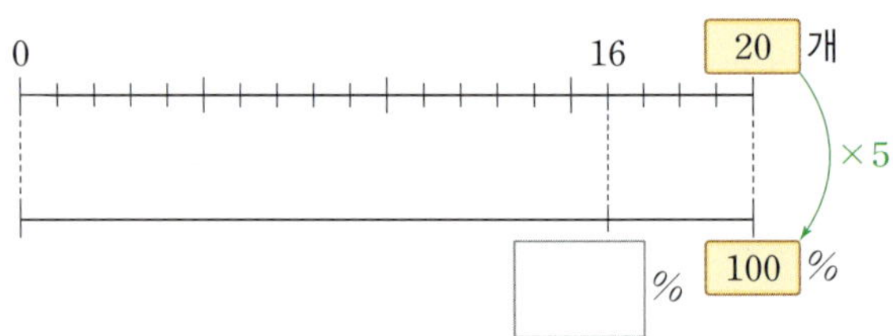

04 ▶261008-0273
비율이 <u>다른</u> 하나를 찾아 기호를 써 보세요.

$$ ㉠ 2:10 \quad ㉡ 20\,\% \quad ㉢ 0.1 $$

(   )

05 ▶261008-0274
주어진 백분율만큼 색칠해 보세요.

(1) 70 % 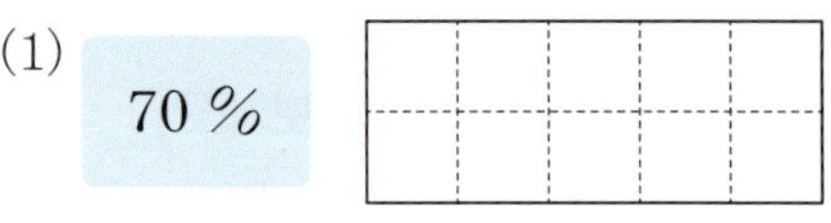

(2) 44 % 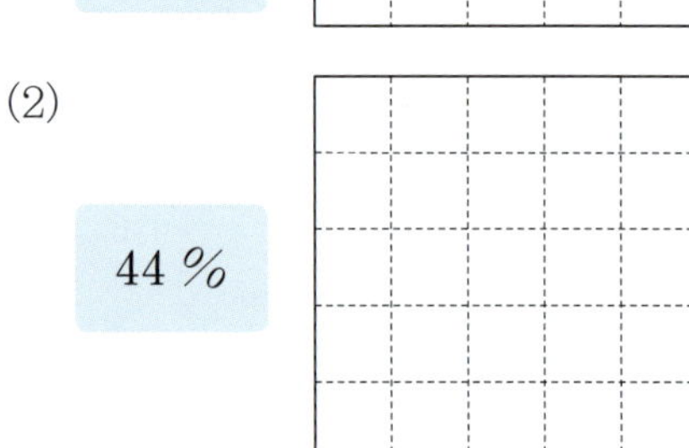

06 ▶261008-0275
전체에 대한 색칠한 부분의 비율을 백분율로 나타내 보세요.

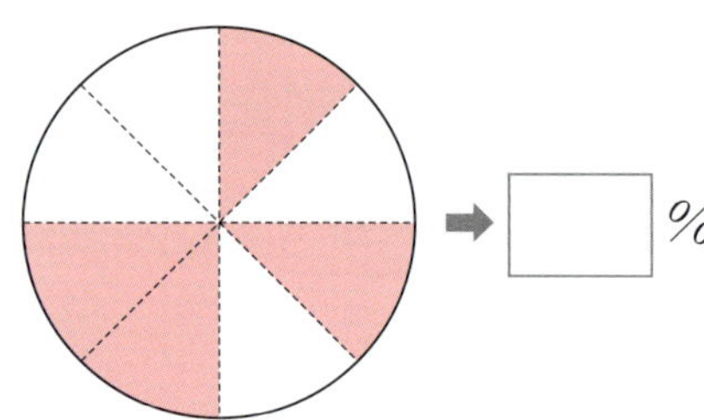

중요
07 ▶261008-0276
빈칸에 알맞은 수를 써넣으세요.

(1)

비	비율(소수)	백분율(%)
3 : 12		

(2)

비	비율(소수)	백분율(%)
6 : 8		

08 ▶261008-0277

비율을 백분율로 나타내고 사다리를 타고 내려가서 알맞은 칸에 백분율을 써 보세요.

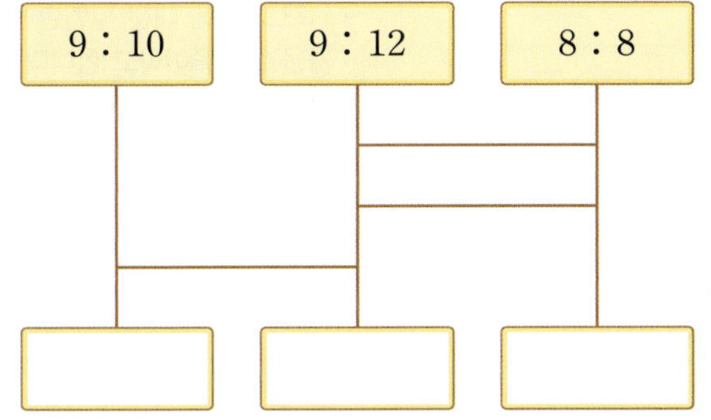

11 ▶261008-0280

그림과 같이 정사각형과 직각삼각형을 한 변이 맞닿게 그렸습니다. 정사각형의 둘레가 **20 cm**일 때, 정사각형의 넓이에 대한 직각삼각형의 넓이의 비율은 몇 %인지 구해 보세요.

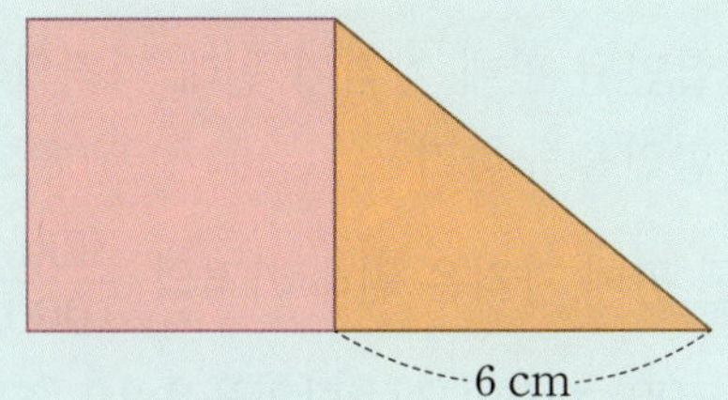

이해하기

구하려고 하는 것은 무엇인가요?

답 ________________________

계획 세우기

어떤 방법으로 문제를 해결하면 좋을까요?

답 ________________________

해결하기

☐ 안에 알맞은 수를 써넣으세요.

- 정사각형의 한 변의 길이는 ☐ cm이고,

  정사각형의 넓이는 ☐ cm²입니다.

- 직각삼각형의 넓이는

  $6 \times \boxed{} \div 2 = \boxed{}$ (cm²)입니다.

- 정사각형의 넓이에 대한 직각삼각형의 넓이의

  백분율은 $\dfrac{\boxed{}}{\boxed{}} = \dfrac{\boxed{}}{100} = \boxed{}$ %입니다.

되돌아보기

다른 방법으로 백분율을 계산하여 비교해 보세요.

답 ________________________

중요
09 ▶261008-0278

노래 부르기 대회 지역 예선에서 독창 부문에 참가한 **15**명의 학생 중 **3**명이 전국 대회 본선에 진출하였습니다. 지역 예선의 독창 부문 참가자 수에 대한 전국 대회 본선 진출 학생 수의 비율은 몇 %일까요?

(   )

도전
10 ▶261008-0279

영수의 책장에는 동화책이 **9**권, 역사책이 **27**권, 소설책이 **14**권 있습니다. ☐ 안에 알맞은 말이나 수를 써넣으세요.

전체 책의 수에 대한 ☐ 책의 수의 비율이

☐ %로 가장 높습니다.

도움말 전체 책의 수는 동화책, 역사책, 소설책의 수를 합하여 구합니다.

개념 6 백분율이 사용되는 경우를 알아볼까요

■ 공책의 할인율 구하기

> 원래 가격이 1000원이고, 할인된 판매 가격이 900원인 경우

방법 1 할인된 판매 가격이 원래 가격의 몇 %인지 구하고, 100 %에서 빼서 할인율 구하기

① 할인된 판매 가격은 원래 가격의 $\dfrac{900}{1000} = \dfrac{90}{100} = 90$ %입니다.

② $100 - 90 = 10$이므로 할인율은 10 %입니다.

방법 2 할인한 금액이 원래 가격의 몇 %인지 구하기

① 할인한 금액은 $1000 - 900 = 100$(원)입니다.

② 할인율은 $\dfrac{100}{1000} = \dfrac{10}{100} = 10$ %입니다.

• 원래 가격에 대한 할인한 금액의 비율을 할인율이라고 합니다.

■ 은행의 이자율 구하기

> 은행에 100000원을 예금하고 1년이 지나 원금과 이자를 받았더니 104000원이 된 경우

① 이자 구하기: $104000 - 100000 = 4000$(원)

② 예금한 금액에 대한 이자의 비율 구하기: $\dfrac{4000}{100000}$

③ 이자율 구하기: $\dfrac{4000}{100000} \times 100 = 4$ ➡ 4 %

• 이자율은 예금한 금액에 대한 이자의 비율입니다.

■ 소금물의 진하기 구하기

> 소금 30 g을 녹여서 소금물 150 g을 만든 경우

① 소금물의 양에 대한 소금의 양의 비율 구하기: $\dfrac{30}{150}$

② 소금물의 진하기를 백분율로 나타내기: $\dfrac{30}{150} \times 100 = 20$ ➡ 20 %

• 소금물의 진하기는 소금물의 양에 대한 소금의 양의 비율입니다.
• 소금물 속에 녹아 있는 소금의 비율이 높을수록 소금물이 진합니다.

 **문제를 풀며 이해해요**

01 할인율을 구하여 빈칸에 알맞은 수를 써넣으세요.

▶ 261008-0281

물건	공책	가방
원래 가격(원)	1000	25000
판매 가격(원)	860	22000
할인율(%)		

백분율을 사용하여 실생활 문제를 해결할 수 있는지 묻는 문제예요.

원래 가격에서 판매 가격을 빼면 할인한 금액을 알 수 있어요.

02 은행에 150000원을 예금하고 1년이 지나 원금과 이자를 받았더니 154500원이 되었습니다. □ 안에 알맞은 수를 써넣어 이자율이 몇 %인지 구해 보세요.

▶ 261008-0282

(1) 이자: ☐ − ☐ = ☐ (원)

(2) 예금한 금액에 대한 이자의 비율: $\dfrac{\boxed{}}{\boxed{}}$

(3) 이자율: ☐ %

비율을 분모가 100인 분수로 나타내거나 비율에 100을 곱하여 백분율을 구할 수 있어요.

03 설탕 14 g을 녹여서 설탕물 140 g을 만들었습니다. 설탕물의 양에 대한 녹인 설탕의 양의 비율을 구하여 □ 안에 알맞은 수를 써넣으세요.

▶ 261008-0283

기준량을 설탕물의 양으로 하고, 비교하는 양을 녹인 설탕의 양으로 하여 백분율을 구할 수 있어요.

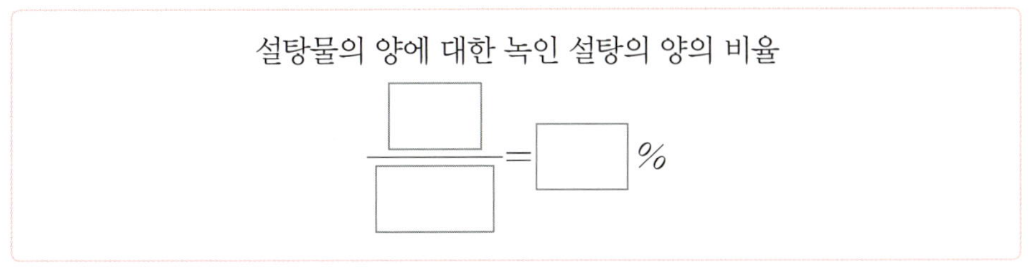

01 ▶261008-0284
근영이네 학교 6학년 학생 200명 중에 42명이 안경을 쓰고 있습니다. □ 안에 알맞은 수를 써넣어 이 학교 6학년 학생 중 안경을 쓰고 있는 학생 수의 비율은 몇 %인지 구해 보세요.

$$\dfrac{\boxed{}}{200} \times 100 = \boxed{} \ \Rightarrow\ \boxed{}\ \%$$

02 ▶261008-0285
우진이가 은행에 200000원을 예금한 뒤 1년이 지나 원금과 이자를 받았더니 207000원입니다. □ 안에 알맞은 수를 써넣으세요.

(1) 1년 뒤 받은 이자: $\boxed{}$ 원

(2) 예금한 금액에 대한 이자의 비율:

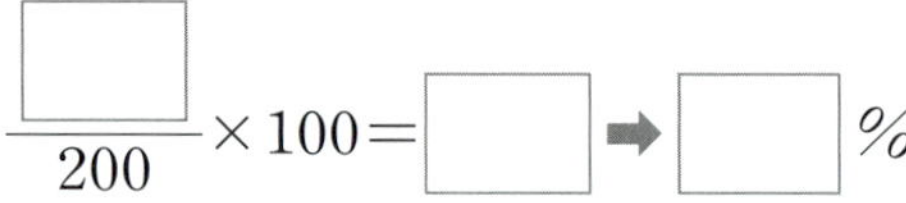
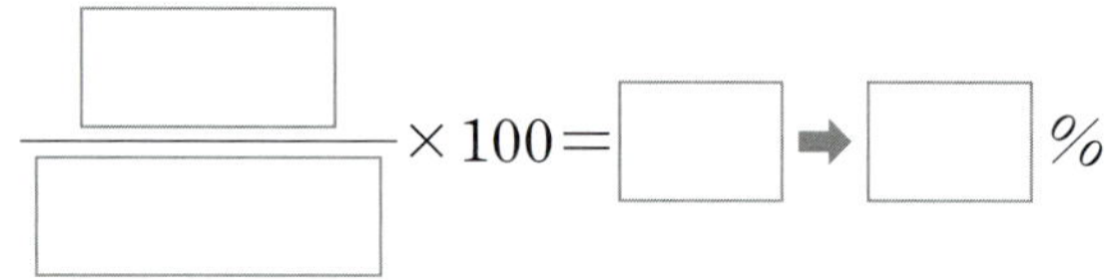

$$\dfrac{\boxed{}}{\boxed{}} \times 100 = \boxed{} \ \Rightarrow\ \boxed{}\ \%$$

03 ▶261008-0286
카페에서 3000원짜리 음료 한 잔을 구입했더니 구입 금액의 5 %를 적립금으로 받았습니다. 적립금으로 받은 금액은 얼마일까요?

(   )

04 ▶261008-0287
하늘이는 여름방학 32일 중 24일 동안 수학 방송을 시청하였습니다. 여름방학 전체 기간 중 하늘이가 수학 방송을 시청한 날수의 백분율로 알맞은 것을 찾아 기호를 써 보세요.

| ㉠ 50 % | ㉡ 75 % | ㉢ 90 % |

(   )

05 ▶261008-0288
생존 수영 체험 수업을 신청한 24명의 학생 중 3명이 참여하지 않았습니다. 24명 중 생존 수영 체험 수업에 참여한 학생 수의 비율은 몇 %일까요?

(   )

06 ▶261008-0289
마을버스의 성인 요금은 1200원인데 오전 6시 30분 전에 이용하면 20 % 할인된 금액으로 탈 수 있다고 합니다. 성현이의 어머니께서 오전 6시에 이 마을버스를 탄다면 내야 할 요금은 얼마인지 구해 보세요.

(   )

중요
07 ▶261008-0290
영민이네 초등학교 6학년 학생의 45 %가 여학생입니다. 6학년 여학생이 108명일 때, 6학년 전체 학생은 몇 명일까요?

(   )

08 ▶ 261008-0291

세아가 우리말 퀴즈 대회에 참가하여 정답을 맞힌 비율이 **85 %**라고 합니다. 전체 문제 수가 **40**개였다면 세아가 정답을 맞힌 문제는 몇 개일까요?

(   )

중요
09 ▶ 261008-0292

전교 학생회장 선거에 **3**명의 후보가 나왔습니다. 총 **300**명이 투표했고, 무효표와 기권표가 없었을 때 □ 안에 알맞은 말이나 수를 써넣으세요.

후보	황석찬	김나래	임규서
득표수(표)	123	72	105

□□□□ 후보가 □ %의 득표율을 기록하며 전교 학생회장에 당선되었습니다.

도전
10 ▶ 261008-0293

어느 식당에서 파는 음식들의 원래 가격과 판매 가격을 표로 정리하였습니다. 할인율이 가장 큰 음식은 무엇일까요?

음식	원래 가격(원)	판매 가격(원)
김밥	2500	1800
라면	3000	2400
떡볶이	4000	3000

(   )

도움말 원래 가격에 대한 할인한 금액의 비율을 각각 구하여 비교합니다.

문제해결 접근하기 ▶ 261008-0294

11 다음 직사각형의 모든 변의 길이를 **120 %**로 확대하여 만든 새로운 직사각형의 넓이는 몇 cm^2인지 구해 보세요.

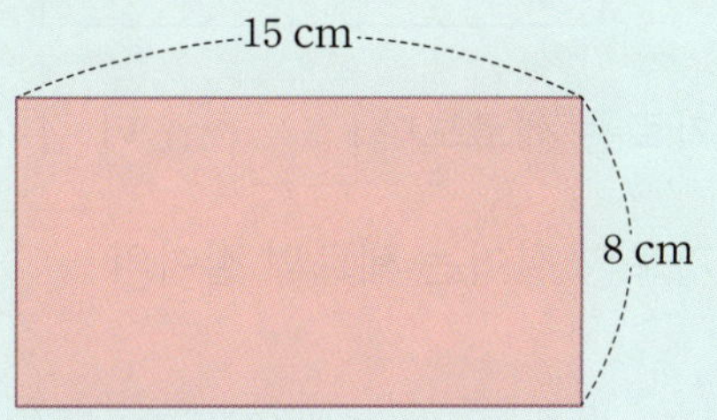

이해하기

구하려고 하는 것은 무엇인가요?

답 ______________________

계획 세우기

어떤 방법으로 문제를 해결하면 좋을까요?

답 ______________________
____

해결하기

□ 안에 알맞은 수를 써넣으세요.

- 가로 15 cm를 120 %로 확대하면
  $\boxed{} \times \dfrac{120}{100} = \boxed{}$ (cm)입니다.
- 세로 8 cm를 120 %로 확대하면
  $\boxed{} \times \dfrac{120}{100} = \boxed{}$ (cm)입니다.
- 새로운 직사각형의 넓이는
  $\boxed{} \times \boxed{} = \boxed{}$ (cm^2)입니다.

되돌아보기

처음 직사각형의 모든 변의 길이를 80 %로 축소하여 만든 새로운 직사각형의 넓이는 몇 cm^2인지 구해 보세요.

답 ______________________
____

01 ▶ 261008-0295

직사각형을 보고 □ 안에 알맞은 수를 써넣으세요.

9 cm

3 cm

(1) 가로는 세로보다 □ cm 더 깁니다.

(2) 가로의 길이는 세로의 길이의 □ 배입니다.

02 ▶ 261008-0296

표를 보고 □ 안에 알맞은 수를 써넣으세요.

치즈의 수(개)	1	2	3	4
빵의 수(개)	2	4	6	8

빵의 수는 치즈의 수의 □ 배입니다.

03 ▶ 261008-0297

□ 안에 알맞은 말을 찾아 기호를 써넣으세요.

㉠ 비율   ㉡ 기준량   ㉢ 비교하는 양

(1) 5 : 8에서 5는 □ 이고 8은 □ 입니다.

(2) 기준량에 대한 비교하는 양의 크기를 □ 이라고 합니다.

04 ▶ 261008-0298

□ 안에 알맞은 수를 써넣으세요.

(1) 1의 8에 대한 비 ➡ □ : □

(2) 3과 9의 비 ➡ □ : □

(3) 7에 대한 2의 비 ➡ □ : □

05 ▶ 261008-0299

주어진 비를 읽은 것으로 바르지 <u>않은</u> 것을 찾아 기호를 써 보세요.

4 : 9

㉠ 4 대 9
㉡ 4와 9의 비
㉢ 4의 9에 대한 비
㉣ 4에 대한 9의 비

(   )

06 ▶ 261008-0300

비와 비율을 알맞게 이어 보세요.

0.5	·	5 : 10	·	$\dfrac{5}{2}$
2.5	·	2 : 5	·	$\dfrac{2}{5}$
0.4	·	5 : 2	·	$\dfrac{1}{2}$

07 ▶ 261008-0301

그림에서 전체에 대한 색칠한 부분의 비율을 분수로 나타내 보세요.

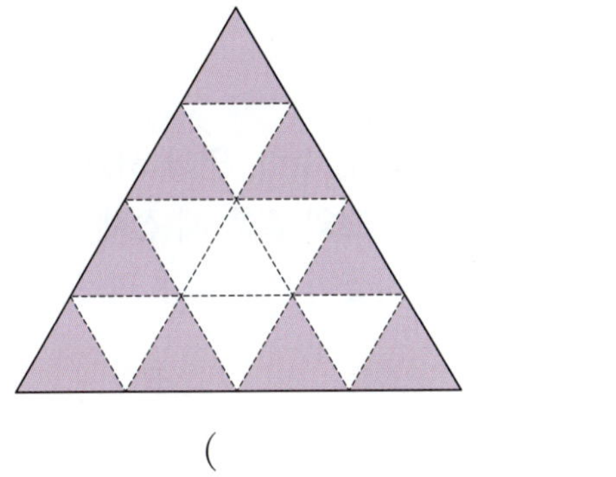

( )

08 ▶ 261008-0302

비율의 크기를 비교하여 ○ 안에 >, =, <를 알맞게 써넣으세요.

(1) 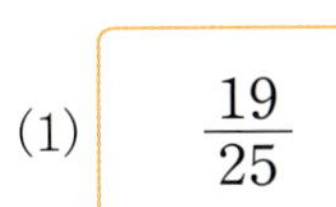 $\dfrac{19}{25}$ ◯ 80 %

(2) 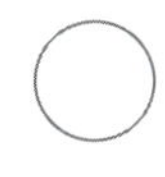 $\dfrac{43}{50}$ ◯ 85 %

09 ▶ 261008-0303

두 지역의 넓이와 인구수를 조사한 표입니다. ☐ 안에 알맞은 수나 기호를 써넣으세요.

지역	가 지역	나 지역
넓이(km^2)	20	16
인구수(명)	25000	23200

(1) 가 지역의 넓이에 대한 인구수의 비율

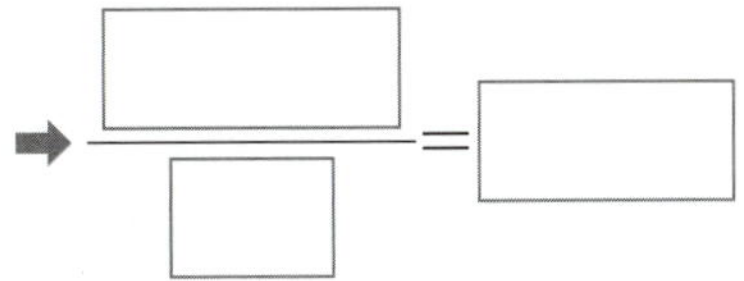

(2) 나 지역의 넓이에 대한 인구수의 비율

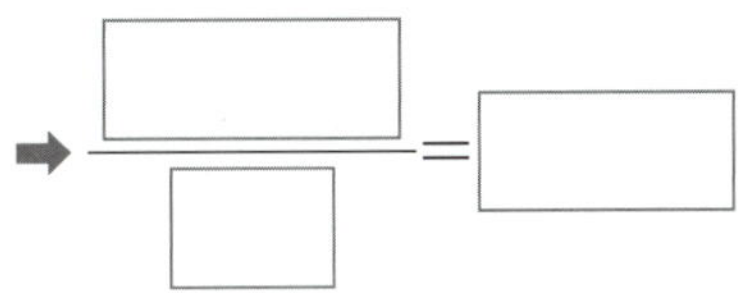

(3) ☐ 지역이 ☐ 지역보다 같은 넓이에 사는 인구수가 더 많습니다.

10 ▶ 261008-0304

지우는 **4 km**를 32분 동안 달렸고, 성주는 **3 km**를 30분 동안 달렸습니다. 각각 걸린 시간(분)에 대한 이동 거리(km)의 비율을 기약분수로 나타내고, 두 사람 중 누가 더 빠르게 달렸는지 구해 보세요.

(1) 걸린 시간(분)에 대한 이동 거리(km)의 비율

지우	성주

(2) 같은 거리를 더 빠르게 달린 사람은 ☐ 입니다.

11 ▶ 261008-0305

민재는 원래 가격이 12500원인 인형을 8500원에 샀습니다. 할인율은 몇 %인지 □ 안에 알맞은 수를 써넣으세요.

$$\frac{\boxed{}}{\boxed{}} \times 100 = \boxed{} \;\Rightarrow\; \boxed{}\,\%$$

12 ▶ 261008-0306

은행에 500000원을 예금하고 1년 뒤에 원금과 이자를 받았더니 518000원이 되었습니다. □ 안에 알맞은 수를 써넣으세요.

예금한 금액에 대한 이자의 비율

$$\frac{\boxed{}}{\boxed{}} \times 100 = \boxed{} \;\Rightarrow\; \boxed{}\,\%$$

13 ▶ 261008-0307

사회 시간에 24명의 학생들이 고구려, 백제, 신라 중에서 한 나라를 선택해 각자 조사 활동을 하였습니다. 이 중 신라를 조사한 학생이 9명일 때, 전체 학생 수에 대한 신라를 조사한 학생 수의 백분율을 구해 보세요.

( )

14 ▶ 261008-0308

타수는 야구에서 타자가 타석에 들어서 타격을 완료한 횟수를 말합니다. 두 선수의 기록을 보고 전체 타수에 대한 안타 수의 비율이 더 높은 선수는 누구인지 구해 보세요.

선수	김바다	이하늘
전체 타수	12	18
안타 수	3	5

( )

중요
15 ▶ 261008-0309

은채는 국어, 수학, 영어 시험을 보았습니다. 시험 결과가 다음 표와 같을 때 전체 문제 수에 대한 맞힌 문제 수의 비율이 가장 높은 과목은 무엇인지 써 보세요.

과목	국어	수학	영어
전체 문제 수(개)	25	20	30
맞힌 문제 수(개)	21	18	24

( )

중요
16 ▶ 261008-0310

훈련을 위해 모인 국가대표 선수 200명이 식당에서 김치찌개, 돈가스, 비빔밥 중 하나를 선택해 모두 점심을 먹었습니다. 이 중 김치찌개를 먹은 선수는 78명이고, 돈가스를 먹은 선수는 전체의 32 %입니다. 비빔밥을 먹은 선수는 몇 명일까요?

( )

17 ▶ 261008-0311

두 사람이 자몽청을 물에 타서 자몽 주스를 만들었습니다. 대화를 보고 누가 더 진한 자몽 주스를 만들었는지 구해 보세요.

> 주원: 물에 자몽청 150 mL를 넣어서 자몽 주스 500 mL를 만들었어.
> 윤서: 물에 자몽청 105 mL를 넣어서 자몽 주스 300 mL를 만들었어.

( )

도전
18 ▶ 261008-0312

500명의 학생들을 대상으로 좋아하는 가수를 조사한 결과를 표로 나타내었습니다. 기권표와 무효표가 없었을 때 빈칸에 알맞은 수를 써넣어 표를 완성해 보세요.

가수	가	나	다	라
득표수(표)	170		185	
득표율(%)		17		12

19 ▶ 261008-0313

어떤 공장에서 로봇 700대를 생산하였습니다. 이 중에서 5 %가 불량품이라고 할 때 불량품은 몇 대일까요?

( )

서술형
20 ▶ 261008-0314

바둑기사 성주는 2024년 1월부터 6월까지 총 20경기에 출전해 12경기에서 승리했습니다. 이어서 7월부터 12월까지 25경기에 추가로 출전했으며 2024년 한 해 동안의 전체 승률을 계산해 보니 1월부터 6월까지의 승률과 같았습니다. 성주가 2024년에 승리한 경기 수는 몇 경기인지 풀이 과정을 쓰고 답을 구해 보세요. (단, 무승부는 없었습니다.)

풀이

(1) (2024년 1월부터 12월까지의 전체 승률)
$$= (2024년 1월부터 (\quad)월까지의 승률)$$
$$= \frac{(\quad)}{20} \times 100 = (\quad)$$
➡ ( ) %

(2) 2024년의 모든 경기 수는
20+( ) = ( )(경기)입니다.

(3) 성주가 2024년에 승리한 경기 수는
45×( ) = ( )(경기)입니다.

답 ___________________

교실에서 찾아보는 비와 비율 이야기

여러분은 '비'와 '비율' 하면 우리 주변에서 어떤 것들이 떠오르나요? 사실 비와 비율은 우리 주변에 아주 많이 활용되고 있어요. 여러분이 매일 학교에서 생활하는 교실에서도 비와 비율을 쉽게 찾아볼 수 있답니다.

1 종이에 숨은 비율 이야기

미술 시간에 자주 사용하는 8절지와 4절지 종이부터 살펴볼까요? 절지를 나누는 과정엔 항상 같은 비율로 나누기가 숨어 있습니다. 예를 들어 가장 큰 전지를 2등분하면 2절지, 다시 2등분하면 4절지, 또 한 번 2등분하면 8절지가 돼요. 즉, 각 절지는 바로 위 단계의 절지의 '절반 크기'입니다.

우리가 흔히 사용하는 전지 크기(80 cm × 110 cm)를 기준으로 2절지, 4절지, 8절지, 16절지의 가로와 세로의 길이를 정리하고, 비와 비율을 살펴보면 다음과 같습니다.

절지 이름	가로(cm)	세로(cm)
전지	80	110
2절지	55	80
4절지	40	55
8절지	27.5	40
16절지	20	27.5

- 전지의 가로는 4절지의 가로의 2배입니다.
- 전지의 가로와 2절지의 세로의 비는 1 : 1입니다.
- 2절지의 세로에 대한 4절지의 가로의 비율은 $\frac{1}{2}$입니다.
- 8절지의 넓이는 4절지의 넓이의 50 %입니다.

이번에는 우리가 더 자주 사용하는 A4 용지를 살펴볼까요? 우리가 흔히 사용하는 A4 용지는 21 cm × 29.7 cm 크기예요. 그런데 이 용지에도 특별한 비율이 숨어 있다는 것을 알고 있나요? A4 용지의 가로와 세로의 비는 약 1 : 1.414입니다. 이 비율로 종이를 만들면 반으로 자를 때마다 항상 가로와 세로의 비율이 똑같이 유지되어 모양이 변하지 않습니다. 이같은 종이를 사용하면 복사하거나 인쇄할 때 내용이 찌그러지거나 모양이 변하지 않아 정말 편리하답니다. 이 종이 규격은 독일에서 처음 시작되어 지금은 전 세계적으로 널리 쓰이고 있습니다.

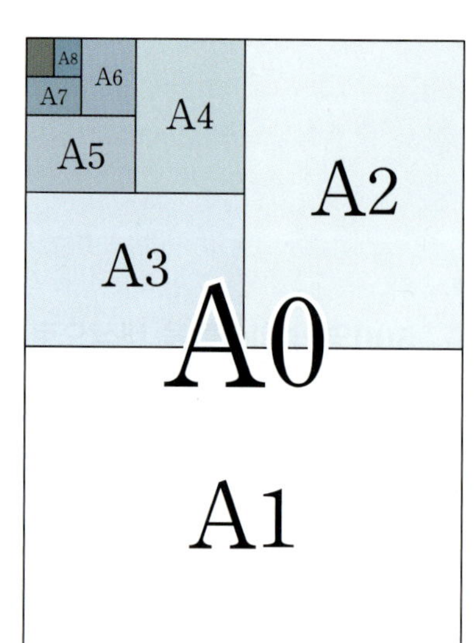

다양한 모양을 창의적으로 만들 수 있는 칠교는 정사각형을 7개의 도형(삼각형 5개, 정사각형 1개, 평행사변형 1개)으로 잘라 만든 퍼즐입니다. 이 조각들 속에 숨어 있는 '비와 비율' 이야기를 살펴볼까요? 전체 정사각형의 넓이를 1(100 %)로 했을 때 칠교 조각의 넓이와 비율을 살펴보면 다음과 같습니다.

칠교 조각	개수	한 조각의 넓이	한 조각의 전체에 대한 백분율
㉠	2	$\dfrac{1}{4}$	25 %
㉡	1	$\dfrac{1}{8}$	12.5 %
㉢	2	$\dfrac{1}{16}$	6.25 %
㉣	1	$\dfrac{1}{8}$	12.5 %
㉤	1	$\dfrac{1}{8}$	12.5 %

3 화면의 비에 숨은 이야기

우리가 TV, 컴퓨터, 스마트기기 등을 사용할 때, 화면의 '가로'와 '세로'의 길이의 비를 화면 비라고 해요. 예전 TV나 오래된 컴퓨터 모니터는 가로와 세로의 비가 대부분 4 : 3으로 만들어졌어요. 이 비는 가로와 세로의 차이가 크지 않아 그림을 그리거나 문서를 작성할 때 편리했죠. 하지만 요즘에는 여러 문서를 넓게 펼쳐놓고 작업하거나 영상을 더욱 시원하게 감상할 수 있는 16 : 9의 화면 비가 더 많이 사용되고 있어요. 또, 파워포인트로 발표 자료를 만들 때도 화면 비를 내가 원하는 대로 바꿀 수 있다는 사실을 알고 있나요? 슬라이드의 크기를 표준(4 : 3)과 와이드스크린(16 : 9), 때로는 내가 생각하는 적당한 비로 자유롭게 선택할 수 있답니다.

5

여러 가지 그래프

시우는 친구들과 함께 학교 도서관 게시판에서 여러 가지 그래프를 발견했어요. 학년별 도서관 이용자 수는 막대그래프, 월별 도서관 이용자 수는 꺾은선그래프로 나타나 있어요. 그런데 게시판에 처음 보는 띠 모양의 그래프와 원 모양의 그래프가 있어요. 이 그래프는 어떻게 해석할 수 있을까요?

이번 단원에서는 띠그래프와 원그래프가 무엇인지 알아보고, 자료를 띠그래프와 원그래프로 나타내는 방법을 배울 거예요. 또, 그동안 배웠던 여러 가지 그래프를 비교해 볼 거예요.

단원 학습 목표

1. 띠그래프를 알고, 자료를 수집하여 띠그래프로 나타낼 수 있습니다.
2. 원그래프를 알고, 자료를 수집하여 원그래프로 나타낼 수 있습니다.
3. 띠그래프나 원그래프를 보고 해석하여 알 수 있는 내용을 이야기할 수 있습니다.
4. 탐구 문제를 설정하고, 그에 맞는 자료를 수집, 정리하여 적절한 그래프로 나타내고 해석할 수 있습니다.

단원 진도 체크

회차	학습 내용		진도 체크
1차	교과서 개념 배우기 + 문제 해결하기	**개념 1** 띠그래프를 알아볼까요 **개념 2** 띠그래프로 나타내어 볼까요	✓
2차	교과서 개념 배우기 + 문제 해결하기	**개념 3** 원그래프를 알아볼까요 **개념 4** 원그래프로 나타내어 볼까요	✓
3차	교과서 개념 배우기 + 문제 해결하기	**개념 5** 띠그래프와 원그래프를 해석해 볼까요 **개념 6** 여러 가지 그래프를 비교해 볼까요	✓
4차	단원평가로 완성하기		✓
5차	수학으로 세상보기		✓

해당 부분을 공부하고 나서 ✓표를 하세요.

○○ 초등학교 도서관 게시판
학년별 도서관 이용자 수
(명)
200
150
100
50
0
이용자 수
학년
1학년
2학년
3학년
4학년
5학년
6학년
월별 도서관 이용자 수
(명)
450
400
350
300
250
200
420
460
380
340
280
이용자 수
월
3
4
5
6
7
(월)
학생들이 도서관을 방문한 시간별 비율
0 10 20 30 40 50 60 70 80 90 100(%)
아침 시간 (15 %)
쉬는 시간 (25 %)
점심 시간 (40 %)
방과 후 (20 %)
학생들이 빌린 책의 종류별 비율
기타 (5 %)
0
학습 만화 (15 %)
동화책 (35 %)
75
과학책 (25 %)
25
역사책 (20 %)
50

개념 1 띠그래프를 알아볼까요

■ 띠그래프 알아보기

• 띠그래프: 전체에 대한 각 부분의 비율을 띠 모양에 나타낸 그래프

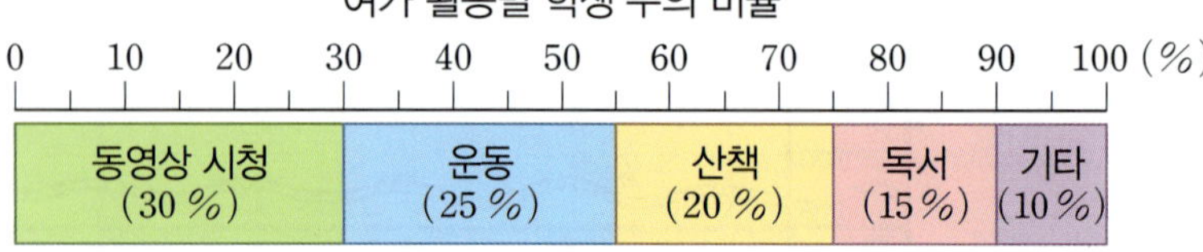

• 띠그래프의 특징

  – 전체에 대한 각 부분의 비율을 한눈에 알 수 있습니다.

  – 각 항목끼리의 비율을 쉽게 비교할 수 있습니다.

• 기타는 다른 항목에 비해 수가 적은 자료를 모아 나타낼 때 사용합니다.

개념 2 띠그래프로 나타내어 볼까요

■ 띠그래프로 나타내기

점심시간에 하는 활동별 학생 수의 비율

활동	보드게임	독서	운동	기타	합계
학생 수(명)	64	56	32	8	160
백분율(%)	40	35	20	5	100

① 자료를 보고 각 항목의 백분율을 구합니다.

  • 보드게임: $\dfrac{64}{160} \times 100 = 40$ ➡ 40 %　　• 독서: $\dfrac{56}{160} \times 100 = 35$ ➡ 35 %

  • 운동: $\dfrac{32}{160} \times 100 = 20$ ➡ 20 %　　• 기타: $\dfrac{8}{160} \times 100 = 5$ ➡ 5 %

② 각 항목의 백분율의 합계가 100 %가 되는지 확인합니다.

  $40 + 35 + 20 + 5 = 100$ ➡ 100 %

③ 각 항목의 백분율의 크기만큼 선을 그어 띠를 나눕니다.

④ 나눈 부분에 각 항목의 내용과 백분율을 씁니다.

⑤ 띠그래프의 제목을 씁니다. (제목을 가장 먼저 쓸 수도 있습니다.)

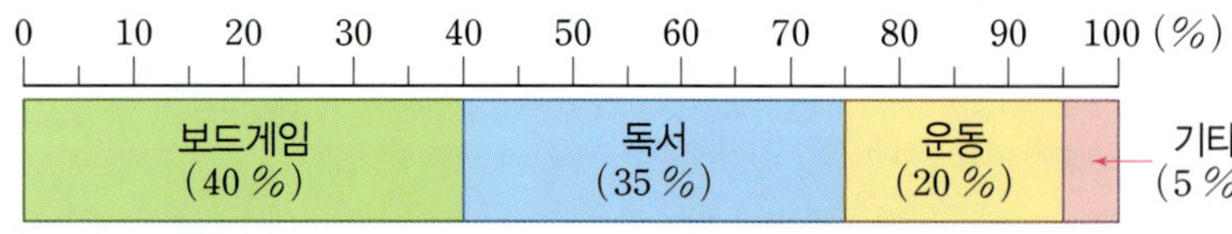

• 백분율의 합계가 100 %가 아닌 경우 각 항목의 백분율을 다시 구합니다.

• 띠그래프의 작은 눈금 한 칸의 크기를 확인합니다.

문제를 풀며 이해해요

[01~03] 서아네 학교 6학년 학생들이 좋아하는 과일을 조사하여 나타낸 그래프입니다. 물음에 답하세요.

좋아하는 과일별 학생 수의 비율

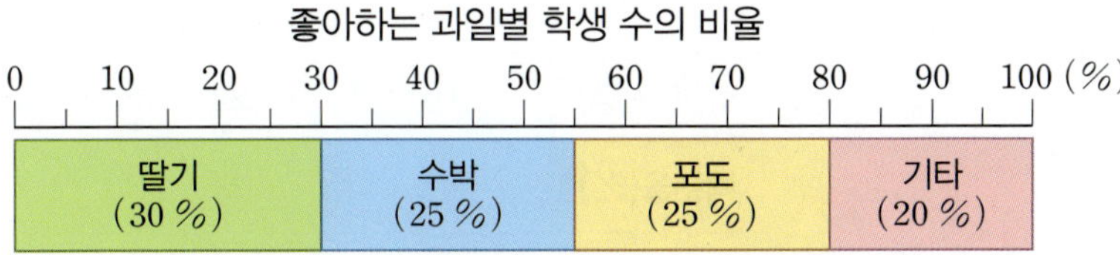

▶ 261008-0315

01 위와 같이 전체에 대한 각 부분의 비율을 띠 모양에 나타낸 그래프를 무엇이라고 하는지 써 보세요.

(   )

▶ 261008-0316

02 가장 많은 학생이 좋아하는 과일은 무엇인가요?

(   )

각 항목의 비율을 비교해요.

▶ 261008-0317

03 포도를 좋아하는 학생은 전체의 몇 %인가요?

(   )

[04~05] 준수네 학교 6학년 학생들이 가족과 대화하는 시간을 조사하여 나타낸 표입니다. 물음에 답하세요.

가족과 대화하는 시간별 학생 수의 비율

시간	30분 미만	30분 이상 60분 미만	60분 이상 90분 미만	90분 이상	합계
학생 수(명)	70	50	40	40	200
백분율(%)	35				

▶ 261008-0318

04 백분율을 구하여 표를 완성해 보세요.

백분율은
$$\frac{(각\ 시간대별\ 학생\ 수)}{(전체\ 학생\ 수)} \times 100$$
으로 구해요.

▶ 261008-0319

05 표를 보고 띠그래프를 완성해 보세요.

가족과 대화하는 시간별 학생 수의 비율

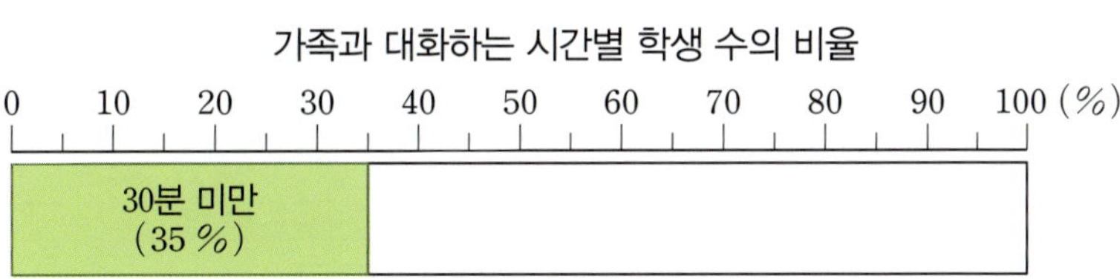

각 항목의 백분율의 크기만큼 띠를 나눈 후 각각의 칸에 해당하는 항목과 백분율을 써요.

[01~03] 재영이네 학교 6학년 학생들이 환경을 보존하기 위해 하는 노력을 조사하여 나타낸 띠그래프입니다. 물음에 답하세요.

환경을 보존하기 위해 하는 노력별 학생 수의 비율

0 10 20 30 40 50 60 70 80 90 100 (%)

분리배출 (35 %)	일회용품 줄이기 (30 %)	음식물 쓰레기 줄이기 (20 %)	물 절약 (15 %)

▶ 261008-0320

01 가장 많은 학생이 하는 노력은 무엇인가요?

( )

▶ 261008-0321

02 전체 학생 수의 20 %를 차지하는 노력은 무엇인가요?

( )

▶ 261008-0322

03 일회용품 줄이기 노력을 하는 학생 수는 물 절약 노력을 하는 학생 수의 몇 배일까요?

( )

중요
▶ 261008-0323

04 띠그래프에 대한 설명 중 옳은 것을 찾아 기호를 써 보세요.

> ㉠ 각 항목의 정확한 수량을 알 수 있습니다.
> ㉡ 전체 자료의 수를 확인할 수 있습니다.
> ㉢ 전체에 대한 각 항목의 비율을 한눈에 알 수 있습니다.

( )

[05~07] 준서네 학교 6학년 학생들의 독서 시간을 조사하여 나타낸 표입니다. 물음에 답하세요.

독서 시간별 학생 수의 비율

독서 시간	1시간 미만	1시간 이상 2시간 미만	2시간 이상	합계
학생 수(명)	16	24	40	
백분율(%)				100

▶ 261008-0324

05 조사한 학생은 모두 몇 명일까요?

( )

▶ 261008-0325

06 전체 학생 수에 대한 독서 시간별 학생 수의 백분율을 구하여 표를 완성해 보세요.

▶ 261008-0326

07 표를 보고 띠그래프로 나타낸 것입니다. ☐ 안에 알맞은 수를 써넣으세요.

독서 시간별 학생 수의 비율

0 10 20 30 40 50 60 70 80 90 100 (%)

1시간 미만	1시간 이상 2시간 미만 (☐ %)	2시간 이상 (☐ %)

(☐ %)

[08~10] 채아네 학교 학생들이 좋아하는 운동을 조사하여 백분율로 나타낸 표입니다. 줄넘기를 좋아하는 학생 수는 축구를 좋아하는 학생 수의 3배일 때 물음에 답하세요.

좋아하는 운동별 학생 수의 비율

운동	줄넘기	달리기	축구	기타	합계
백분율(%)	㉠		15	5	100

▶ 261008-0327

08 ㉠에 알맞은 수를 구해 보세요.

( )

중요
09 표를 보고 띠그래프를 완성해 보세요.

▶ 261008-0328

좋아하는 운동별 학생 수의 비율

0　10　20　30　40　50　60　70　80　90　100 (%)

축구
(15 %)　　기타
(5 %)

도전
10 조사한 학생이 240명일 때 축구를 좋아하는 학생은 몇 명인지 구해 보세요.

▶ 261008-0329

( )

도움말 축구를 좋아하는 학생 수의 비율은 15 %입니다.

문제해결 접근하기　　　▶ 261008-0330

11 선호네 학교 6학년 학생들이 지난 주말에 한 활동을 조사하여 나타낸 띠그래프입니다. 6학년 학생이 150명일 때, 캠핑을 한 학생 수를 구해 보세요.

주말에 한 활동별 학생 수의 비율

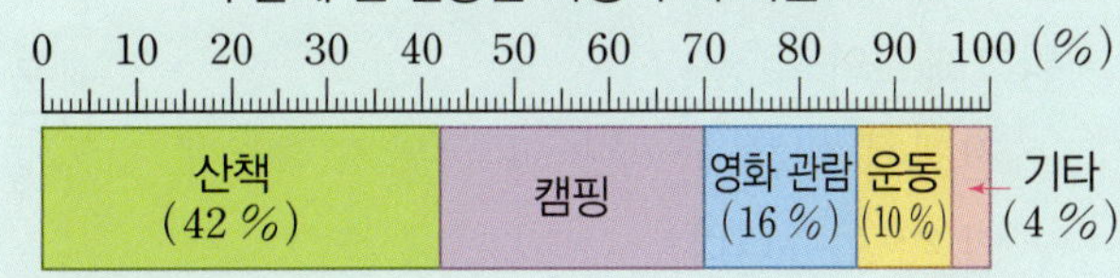

이해하기

구하려고 하는 것은 무엇인가요?

답 ______________________________

____

계획 세우기

어떤 방법으로 문제를 해결하면 좋을까요?

답 ______________________________

____

해결하기

□ 안에 알맞은 수를 써넣으세요.

- 캠핑을 한 학생은 전체의

$100-(42+16+$ □ $+4)=$ □ $(\%)$입니다.

- 캠핑을 한 학생은

$150 \times \dfrac{□}{100} =$ □ $(명)$입니다.

되돌아보기

위 띠그래프에서 가장 많은 학생이 한 활동은 무엇이고, 그 활동을 한 학생은 몇 명인지 구해 보세요.

답 ______________________________

____

개념 3 원그래프를 알아볼까요

■ 원그래프 알아보기

- **원그래프**: 전체에 대한 각 부분의 비율을 원 모양에 나타낸 그래프
- 원그래프의 특징
  - 전체에 대한 각 부분의 비율을 한눈에 알 수 있습니다.
  - 각 항목끼리의 비율을 쉽게 비교할 수 있습니다.

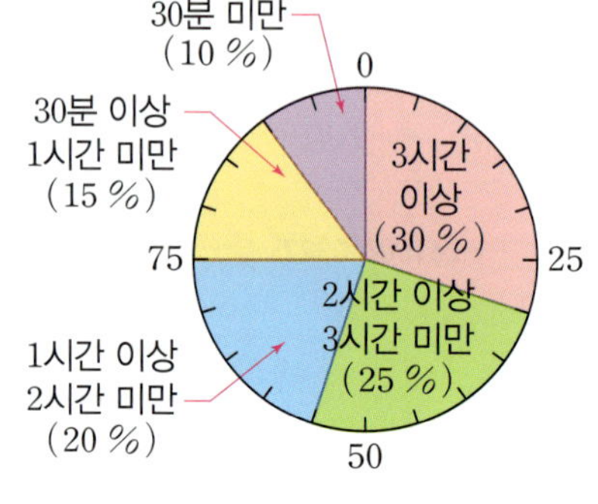

휴대 전화 사용 시간별 학생 수의 비율

- **띠그래프와 원그래프의 공통점과 차이점**
  - 공통점: 전체를 100 %로 하여 전체에 대한 각 부분의 비율을 한눈에 알아보기 편리합니다.
  - 차이점: 띠그래프는 띠의 가로를 나누어 띠 모양으로 그래프를 나타내고, 원그래프는 원의 중심을 따라 나누어 원 모양으로 그래프를 나타냅니다.

개념 4 원그래프로 나타내어 볼까요

■ 원그래프로 나타내기

방과 후 활동별 학생 수의 비율

활동	마술	과학 실험	춤	컴퓨터	합계
학생 수(명)	63	54	45	18	180
백분율(%)	35	30	25	10	100

① 자료를 보고 각 항목의 백분율을 구합니다.

- 마술: $\dfrac{63}{180} \times 100 = 35 \Rightarrow 35\,\%$
- 과학 실험: $\dfrac{54}{180} \times 100 = 30 \Rightarrow 30\,\%$
- 춤: $\dfrac{45}{180} \times 100 = 25 \Rightarrow 25\,\%$
- 컴퓨터: $\dfrac{18}{180} \times 100 = 10 \Rightarrow 10\,\%$

② 각 항목의 백분율의 합계가 100 %가 되는지 확인합니다.

$$35 + 30 + 25 + 10 = 100 \Rightarrow 100\,\%$$

③ 각 항목의 백분율의 크기만큼 선을 그어 원을 나눕니다.

④ 나눈 부분에 각 항목의 내용과 백분율을 씁니다.

⑤ 원그래프의 제목을 씁니다.

　(제목을 가장 먼저 쓸 수도 있습니다.)

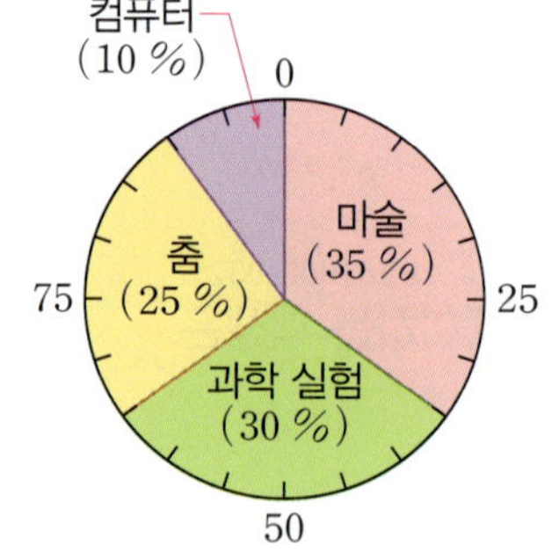

방과 후 활동별 학생 수의 비율

- 원그래프는 원의 중심에서 눈금까지 선으로 이어 그립니다.

 **문제를 풀며 이해해요**

[01~02] 민서가 한 달 동안 사용한 용돈의 쓰임새를 조사하여 나타낸 원그래프입니다. 물음에 답하세요.

쓰임새별 용돈의 비율

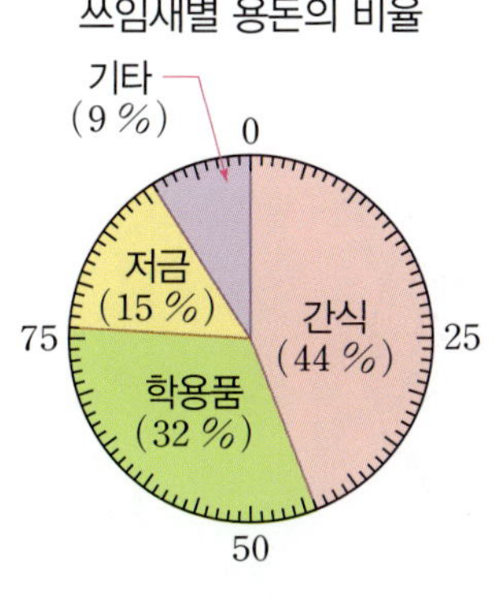

▶ 261008-0331

01 용돈의 쓰임새 중 가장 많은 것은 무엇인가요?

( )

▶ 261008-0332

02 저금을 한 금액은 전체 용돈의 몇 %인가요?

( )

[03~04] 슬기네 학교 6학년 학생들이 생일에 받고 싶은 선물을 조사하여 나타낸 표입니다. 물음에 답하세요.

생일에 받고 싶은 선물별 학생 수의 비율

선물	휴대전화	운동화	장난감	기타	합계
학생 수(명)	60	45	30	15	150
백분율(%)				10	

▶ 261008-0333

03 백분율을 구하여 표를 완성해 보세요.

▶ 261008-0334

04 표를 보고 원그래프를 완성해 보세요.

생일에 받고 싶은 선물별 학생 수의 비율

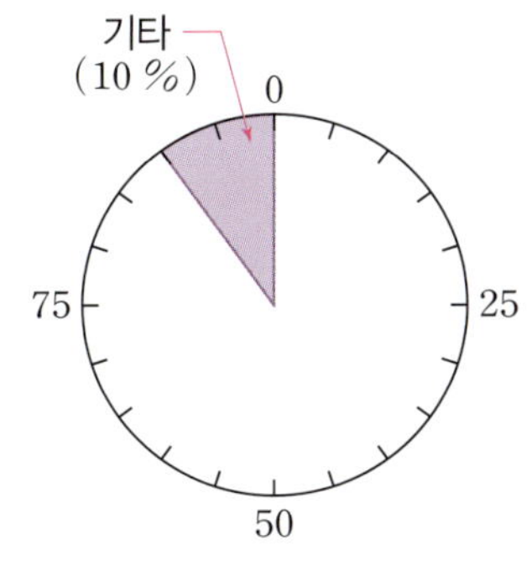

원그래프를 알고, 원그래프로 나타낼 수 있는지 묻는 문제예요.

각 항목의 비율을 비교해요.

백분율은
$\dfrac{(각\ 항목별\ 학생\ 수)}{(전체\ 학생\ 수)} \times 100$으로 구해요.

각 항목의 백분율의 크기만큼 원을 나눈 후 각각의 칸에 해당하는 항목과 백분율을 써요.

[01~03] 예준이네 학교 학생들의 혈액형을 조사하여 나타낸 원그래프입니다. 물음에 답하세요.

혈액형별 학생 수의 비율

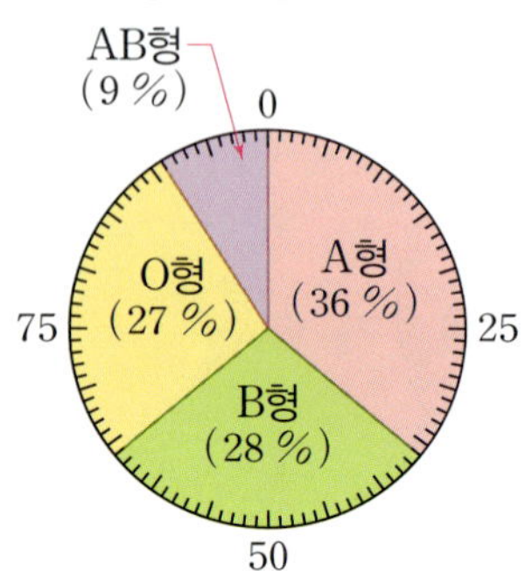

01 가장 많은 학생의 혈액형은 무엇인가요?   ▶ 261008-0335

(   )

02 전체 학생 수의 28 %를 차지하는 혈액형은 무엇인가요?   ▶ 261008-0336

(   )

03 O형인 학생 수는 AB형인 학생 수의 몇 배일까요?   ▶ 261008-0337

(   )

04 원그래프를 나타내는 순서대로 기호를 써 보세요.   ▶ 261008-0338

중요

> ㉠ 각 항목의 백분율의 합계가 100 %가 되는지 확인합니다.
> ㉡ 각 항목의 백분율의 크기만큼 선을 그어 원을 나눕니다.
> ㉢ 자료를 보고 각 항목의 백분율을 구합니다.
> ㉣ 나눈 부분에 각 항목의 내용과 백분율을 씁니다.
> ㉤ 원그래프의 제목을 씁니다.

(   )-(   )-(   )-(   )-㉤

[05~07] 은서네 학교 전교 회장 투표 결과를 조사하여 나타낸 표입니다. 물음에 답하세요.

후보별 득표수의 비율

후보	기호 1번	기호 2번	기호 3번	합계
득표수(표)	162	108	90	
백분율(%)				100

05 투표에 참여한 학생은 모두 몇 명일까요?   ▶ 261008-0339

(   )

06 전체 득표수에 대한 각 후보별 득표수의 백분율을 구하여 표를 완성해 보세요.   ▶ 261008-0340

07 표를 보고 원그래프로 나타낸 것입니다. ☐ 안에 알맞은 수를 써넣으세요.   ▶ 261008-0341

후보별 득표수의 비율

[08~10] 수아네 학교 학생들이 존경하는 인물을 조사하여 백분율로 나타낸 표입니다. 세종대왕을 존경하는 학생 수는 이순신을 존경하는 학생 수의 2배일 때 물음에 답하세요.

존경하는 인물별 학생 수의 비율

인물	세종대왕	유관순	이순신	기타	합계
백분율 (%)	40		㉠	15	100

▶ 261008-0342

08 ㉠에 알맞은 수를 구해 보세요.

(   )

중요
09 표를 보고 원그래프를 완성해 보세요.

▶ 261008-0343

존경하는 인물별 학생 수의 비율

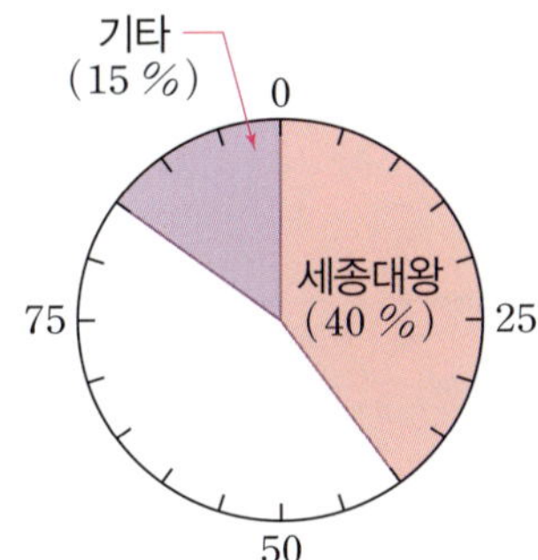

도전
10 조사한 학생이 160명일 때 유관순을 존경하는 학생은 몇 명인지 구해 보세요.

▶ 261008-0344

(   )

도움말 유관순을 존경하는 학생 수의 비율을 먼저 확인합니다.

문제해결 접근하기

▶ 261008-0345

11 오른쪽은 선호네 학교 학생들이 자주 보는 동영상 종류를 조사하여 나타낸 원그래프입니다. 만화를 보는 학생이 50명일 때, 조사에 참여한 전체 학생 수를 구해 보세요.

자주 보는 동영상 종류별 학생 수의 비율

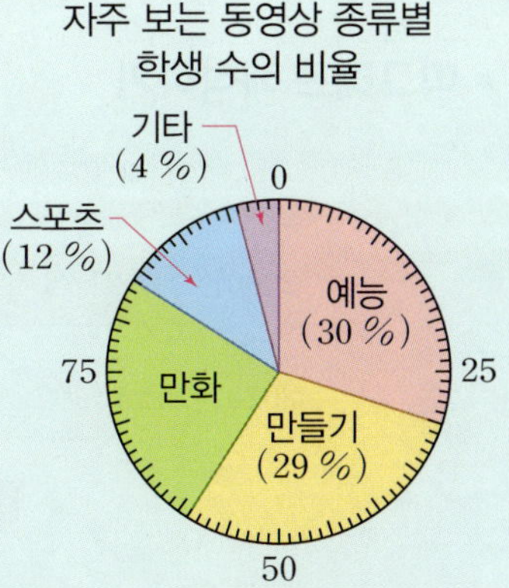

이해하기

구하려고 하는 것은 무엇인가요?

답 ______________________________

계획 세우기

어떤 방법으로 문제를 해결하면 좋을까요?

답 ______________________________

해결하기

□ 안에 알맞은 수를 써넣으세요.

• 만화를 자주 보는 학생은 전체의 □ %입니다.

• 100 %는 만화를 자주 보는 학생 수의 백분율인 □ %의 □ 배입니다. 따라서 만화를 자주 보는 학생이 50명일 때, 조사에 참여한 학생 수는

50 × □ = □ (명)입니다.

되돌아보기

위 문제에서 가장 많은 학생이 자주 보는 동영상 종류는 무엇이고, 학생 수는 몇 명인지 구해 보세요.

답 ______________________________

____

개념 5 띠그래프와 원그래프를 해석해 볼까요

■ 띠그래프 해석하기

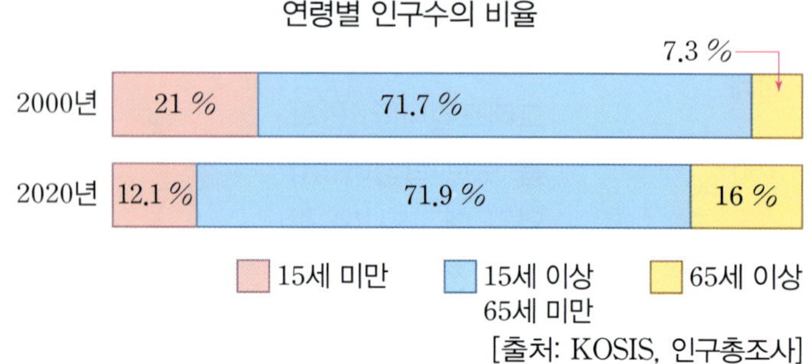

■ 원그래프 해석하기

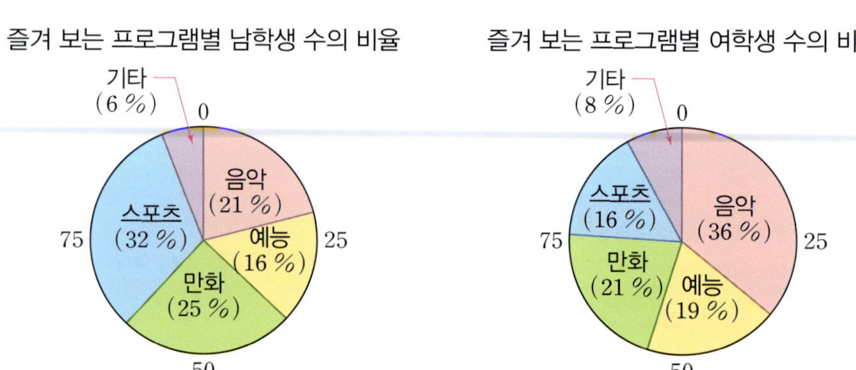

- 여러 개의 띠그래프를 사용하여 비율의 변화를 나타낼 수 있습니다.

- **왼쪽 띠그래프에서**
  – 2020년에는 2000년보다 15세 미만 인구수의 비율이 줄었습니다.
  – 2020년에는 2000년보다 65세 이상 인구수의 비율이 약 2배로 늘었습니다.

- 두 원그래프를 보고 항목의 비율을 비교할 수 있습니다.

- **왼쪽 원그래프에서**
  – 남학생이 가장 즐겨 보는 프로그램은 스포츠이고, 여학생이 가장 즐겨 보는 프로그램은 음악입니다.
  – 스포츠 프로그램을 즐겨보는 남학생 수의 비율이 여학생 수의 비율의 2배입니다.

개념 6 여러 가지 그래프를 비교해 볼까요

■ 여러 가지 그래프의 특징

- 그림그래프
  그림의 크기와 개수로 수량의 많고 적음을 알 수 있습니다.
- 막대그래프
  막대의 길이로 수량의 많고 적음을 한눈에 비교하기 쉽습니다.
- 꺾은선그래프
  시간에 따라 연속적으로 변화하는 양을 나타내는 데 편리합니다.
- 띠그래프, 원그래프
  – 전체에 대한 각 부분의 비율을 한눈에 알아보기 쉽습니다.
  – 각 항목끼리의 비율을 쉽게 비교할 수 있습니다.
  – 여러 개의 띠그래프를 사용하여 비율의 변화 상황을 나타내는 데 편리합니다.
  – 원그래프는 작은 비율까지도 비교적 쉽게 나타낼 수 있습니다.

- **자료를 나타내기에 알맞은 그래프**

자료	그래프
월별 키의 변화	꺾은선그래프
권역별 쌀 수확량	그림그래프 막대그래프
6학년 학생들의 혈액형의 비율	띠그래프 원그래프

 **문제를 풀며 이해해요**

[01~04]   2020년과 2025년 우진이네 학교 학생들이 좋아하는 급식 메뉴를 조사하여 나타낸 띠그래프입니다. 물음에 답하세요.

좋아하는 급식 메뉴별 학생 수의 비율

기타(8 %)

2020년	돈가스 (32 %)	불고기 (30 %)	떡볶이 (20 %)	닭강정 (10 %)	

2025년	돈가스 (25 %)	불고기 (20 %)	떡볶이 (15 %)	닭강정 (30 %)	기타 (10 %)

띠그래프에서 각 항목과 비율을 확인하여 문제를 해결해요.

▶ 261008-0346

01 2020년과 2025년에 불고기를 좋아하는 학생 수의 비율은 각각 전체의 몇 %인지 써 보세요.

2020년 (   ), 2025년 (   )

▶ 261008-0347

02 2020년과 2025년에 가장 많은 학생이 좋아하는 급식 메뉴는 각각 무엇인지 써 보세요.

2020년 (   ), 2025년 (   )

▶ 261008-0348

03 2020년에 불고기를 좋아하는 학생 수는 닭강정을 좋아하는 학생 수의 몇 배일까요?

(   )

▶ 261008-0349

04 2025년에 2020년보다 전체 학생 수에 대한 좋아하는 급식 메뉴별 학생 수의 비율이 줄어든 것은 무엇인지 모두 써 보세요.

(   )

▶ 261008-0350

05 자료를 나타내기에 알맞은 그래프를 이어 보세요.

지역별 사과 생산량	•		•	원그래프

안전사고 종류별 발생 비율	•		•	그림그래프

원그래프와 그림그래프의 특징을 생각하여 자료의 내용을 가장 알맞게 나타낼 수 있는 그래프를 찾아보아요.

[01~03] 작년과 올해의 텃밭의 채소별 재배 넓이를 조사하여 나타낸 띠그래프입니다. 물음에 답하세요.

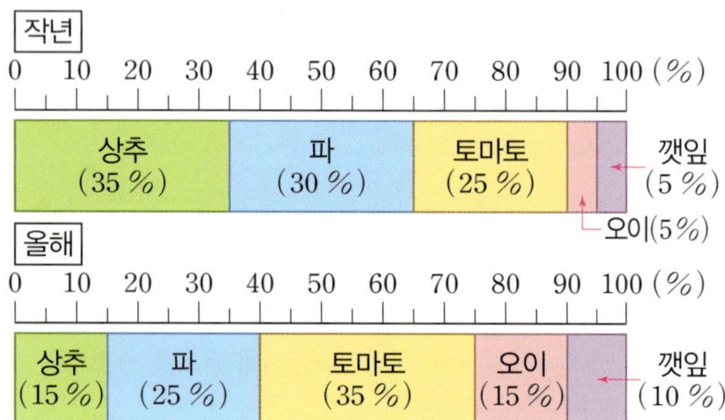

텃밭의 채소별 재배 넓이의 비율

작년
상추(35 %) 파(30 %) 토마토(25 %) 오이(5 %) 깻잎(5 %)

올해
상추(15 %) 파(25 %) 토마토(35 %) 오이(15 %) 깻잎(10 %)

01 작년과 올해 텃밭의 재배 넓이의 비율이 가장 높은 채소는 각각 무엇인가요?

▶ 261008-0351

작년 (　　　　　　　　　)

올해 (　　　　　　　　　)

02 작년에 비해 올해 텃밭의 재배 넓이의 비율이 높아진 채소를 모두 찾아 써 보세요.

▶ 261008-0352

(　　　　　　　　　)

03 작년에 비해 올해 텃밭의 재배 넓이의 비율이 낮아진 채소를 모두 찾아 써 보세요.

▶ 261008-0353

(　　　　　　　　　)

[04~07] 5학년, 6학년 학생들이 좋아하는 과목을 조사하여 나타낸 원그래프입니다. 물음에 답하세요.

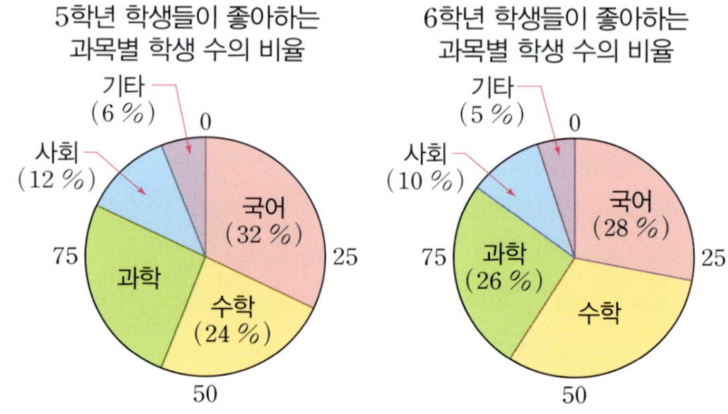

04 5학년 학생 중 과학을 좋아하는 학생은 전체의 몇 % 일까요?

▶ 261008-0354

(　　　　　　　　　)

05 6학년 학생 중 수학을 좋아하는 학생은 전체의 몇 % 일까요?

▶ 261008-0355

(　　　　　　　　　)

06 5학년 학생보다 6학년 학생이 좋아하는 비율이 더 높은 과목은 무엇인가요?

▶ 261008-0356

(　　　　　　　　　)

도전
07 사회를 좋아하는 5학년 학생이 36명일 때 수학을 좋아하는 5학년 학생은 몇 명인지 구해 보세요.

▶ 261008-0357

(　　　　　　　　　)

도움말 사회를 좋아하는 학생 수의 비율과 수학을 좋아하는 학생 수의 비율을 비교해 봅니다.

[08~09] 서율이네 학교 6학년 학생들의 휴대전화 사용 시간을 조사하여 나타낸 그림그래프입니다. 물음에 답하세요.

휴대전화 사용 시간별 학생 수

사용 시간	학생 수
1시간 미만	😊😊😊😊😊
1시간 이상 2시간 미만	😊😊😊😊😊 😊😊😊😊😊
2시간 이상 3시간 미만	😊😊😊😊😊 😊😊😊😊😊
3시간 이상	😊😊😊

😊 10명 😊 1명

▶ 261008-0358

08 표를 완성해 보세요.

휴대전화 사용 시간별 학생 수의 비율

사용 시간	1시간 미만	1시간 이상 2시간 미만	2시간 이상 3시간 미만	3시간 이상	합계
학생 수 (명)	14				140
백분율 (%)	10				100

▶ 261008-0359

중요
09 띠그래프로 나타내 보세요.

휴대전화 사용 시간별 학생 수의 비율

1시간 미만 (10 %)

▶ 261008-0360

중요
10 월별 달리기 기록의 변화를 나타내기에 알맞은 그래프를 찾아 기호를 써 보세요.

ㄱ 띠그래프 ㄴ 그림그래프 ㄷ 꺾은선그래프

(   )

문제해결 접근하기 ▶ 261008-0361

11 연아네 학교 학생들이 일주일 동안 운동한 시간을 조사하여 나타낸 원그래프입니다. 이 원그래프를 길이가 40 cm인 띠그래프로 나타낼 때, 4시간 이상 운동하는 학생은 몇 cm로 나타내야 하는지 구해 보세요.

운동하는 시간별 학생 수의 비율

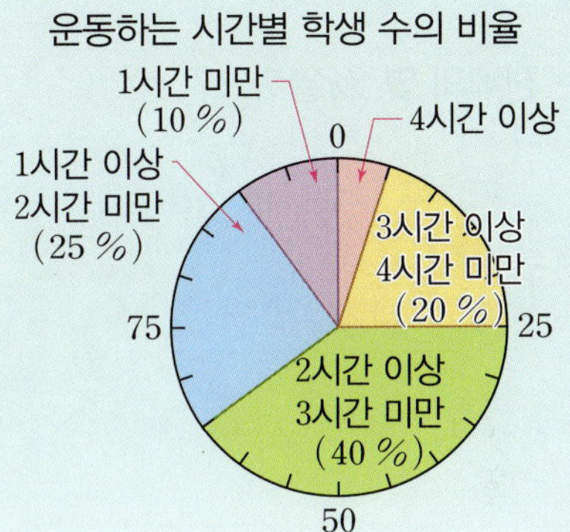

이해하기

구하려고 하는 것은 무엇인가요?

답 ___________________

계획 세우기

어떤 방법으로 문제를 해결하면 좋을까요?

답 ___________________

해결하기

☐ 안에 알맞은 수를 써넣으세요.

- 4시간 이상 운동하는 학생은 전체의 ☐ %입니다.

- 길이가 40 cm인 띠그래프로 나타낼 때 4시간 이상 운동한 학생은 $40 \times \dfrac{\square}{100} = \square$ (cm)로 나타내야 합니다.

되돌아보기

위 문제에서 2시간 이상 3시간 미만 운동한 학생은 몇 cm로 나타내야 하는지 구해 보세요.

답 ___________________

[01~04] 도윤이네 농장에서 기르는 동물을 조사하여 나타낸 띠그래프입니다. 물음에 답하세요.

농장에서 기르는 동물의 수의 비율

0 10 20 30 40 50 60 70 80 90 100 (%)

돼지 (40 %)	소	오리 (15 %)	닭 (10 %)

▶ 261008-0362

01 소는 전체의 몇 %일까요?

(　　　　　　　　)

▶ 261008-0363

02 가장 많이 기르는 동물은 무엇일까요?

(　　　　　　　　)

▶ 261008-0364

03 돼지의 수는 닭의 수의 몇 배일까요?

(　　　　　　　　)

▶ 261008-0365

04 전체 동물이 720마리일 때 오리는 몇 마리일까요?

(　　　　　　　　)

▶ 261008-0366

05 띠그래프를 나타내는 순서대로 기호를 써 보세요.

> ㉠ 나눈 부분에 각 항목의 내용과 백분율을 쓰고 띠그래프의 제목을 씁니다.
> ㉡ 각 항목의 백분율의 크기만큼 선을 그어 띠를 나눕니다.
> ㉢ 자료를 보고 각 항목의 백분율을 구합니다.
> ㉣ 각 항목의 백분율의 합계가 100 %가 되는지 확인합니다.

(　　　)-(　　　)-(　　　)-(　　　)

[06~08] 나은이네 학교 6학년 학생들이 좋아하는 빵을 조사하여 나타낸 표입니다. 물음에 답하세요.

좋아하는 빵별 학생 수의 비율

빵	크림빵	단팥빵	피자빵	기타	합계
학생 수(명)	42	36	30	12	
백분율(%)	35		25		100

▶ 261008-0367

06 조사에 참여한 학생은 모두 몇 명일까요?

( )

▶ 261008-0368

07 단팥빵을 좋아하는 학생 수와 기타에 해당하는 학생 수의 백분율은 각각 몇 %일까요?

단팥빵 ( )

기타 ( )

▶ 261008-0369

08 표를 보고 띠그래프를 완성해 보세요.

좋아하는 빵별 학생 수의 비율

0 10 20 30 40 50 60 70 80 90 100 (%)

크림빵
(35 %)

[09~10] 지유네 학교 학생 360명을 대상으로 즐겨 읽는 책의 종류를 조사하여 나타낸 원그래프입니다. 물음에 답하세요.

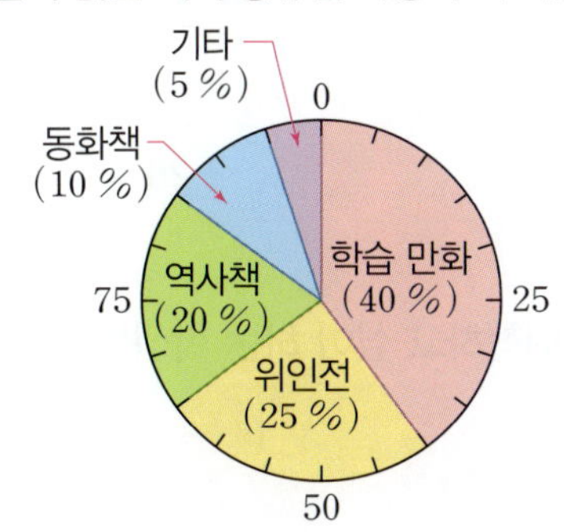

▶ 261008-0370

09 역사책을 즐겨 읽는 학생 수는 동화책을 즐겨 읽는 학생 수의 몇 배일까요?

( )

중요
10 ▶ 261008-0371

학습 만화를 즐겨 읽는 학생 수와 위인전을 즐겨 읽는 학생 수의 차는 몇 명일까요?

( )

[11~13] 민수네 학교 학생들이 여행하고 싶어 하는 나라를 조사하여 나타낸 표입니다. 물음에 답하세요.

여행하고 싶어 하는 나라별 학생 수의 비율

나라	미국	중국	호주	기타	합계
학생 수(명)	104			39	260
백분율(%)	40		20	15	100

▶ 261008-0372

11 호주를 여행하고 싶어 하는 학생은 몇 명일까요?

( )

▶ 261008-0373

12 중국을 여행하고 싶어 하는 학생은 몇 명이고, 전체의 몇 %인지 각각 구해 보세요.

학생 수 ( )
백분율 ( )

중요

13 표를 보고 원그래프를 완성해 보세요.

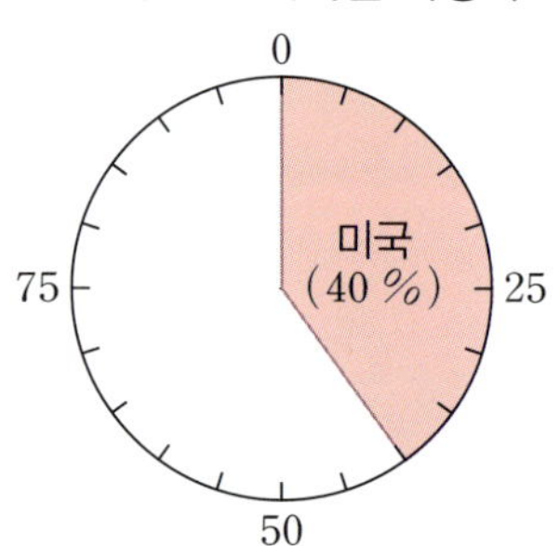

여행하고 싶어 하는 나라별 학생 수의 비율

▶ 261008-0374

[14~15] 2020년과 2025년 어느 회사의 라면 생산량을 조사하여 각각 띠그래프로 나타낸 것입니다. 물음에 답하세요.

종류별 라면 생산량의 비율

▶ 261008-0375

14 2020년과 2025년 B 라면 생산량의 백분율을 각각 구해 보세요.

2020년 ( )
2025년 ( )

▶ 261008-0376

15 2020년보다 2025년에 생산량의 비율이 높아진 라면을 모두 써 보세요.

( )

16 ▸261008-0377

띠그래프의 특징으로 알맞은 것을 모두 찾아 기호를 써 보세요.

> ㉠ 전체 자료의 합계를 한눈에 알 수 있습니다.
> ㉡ 전체에 대한 각 부분의 비율을 알아볼 수 있습니다.
> ㉢ 시간에 따라 연속적으로 변화하는 양을 나타내는 데 편리합니다.
> ㉣ 각 항목끼리의 비율을 쉽게 비교할 수 있습니다.

( )

서술형

17 ▸261008-0378

새솔이네 학교 학생들의 수면 시간을 조사하여 나타낸 원그래프입니다. 수면 시간이 8시간 미만인 학생이 75명일 때, 조사에 참여한 전체 학생은 몇 명인지 풀이 과정을 쓰고 답을 구해 보세요.

수면 시간별 학생 수의 비율

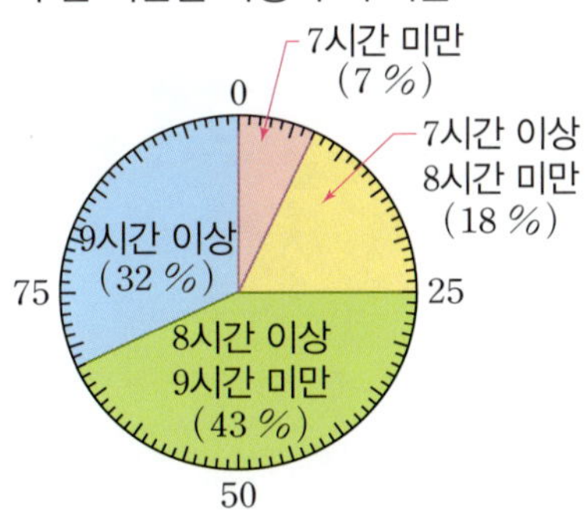

풀이

(1) 수면 시간이 8시간 미만인 학생은 전체의

7+( )＝( )

➡ ( ) %입니다.

(2) 100 %는 수면 시간이 8시간 미만인 학생 수의 비율의 ( )배입니다.

(3) 조사에 참여한 전체 학생은

75×( )＝( )(명)입니다.

답 ______________________

[18~20] 민서네 학교 6학년 학생들이 가고 싶어 하는 체험학습 장소를 조사하여 나타낸 막대그래프입니다. 물음에 답하세요.

가고 싶어 하는 체험학습 장소별 학생 수

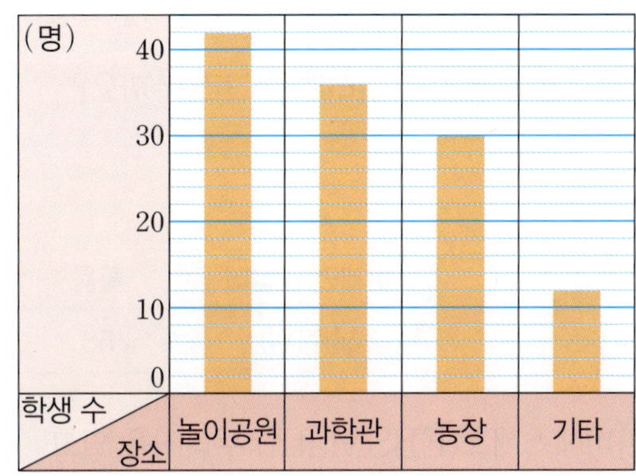

18 ▸261008-0379

위의 막대그래프를 보고 표를 완성해 보세요.

가고 싶어 하는 체험학습 장소별 학생 수의 비율

장소	놀이 공원	과학관	농장	기타	합계
학생 수 (명)	42			12	
백분율 (%)	35		25		

19 ▸261008-0380

원그래프로 나타내 보세요.

가고 싶어 하는 체험학습 장소별 학생 수의 비율

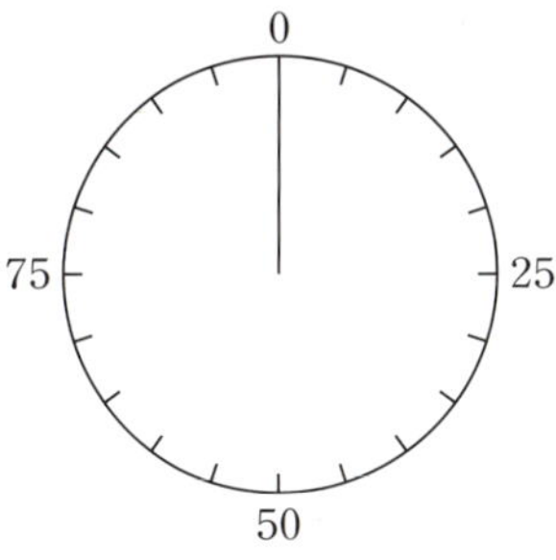

도전

20 ▸261008-0381

위의 자료를 길이가 **60 cm**인 띠그래프로 나타내려고 합니다. 놀이공원과 농장은 각각 몇 **cm**로 나타내야 하는지 구해 보세요.

놀이공원 ( ), 농장 ( )

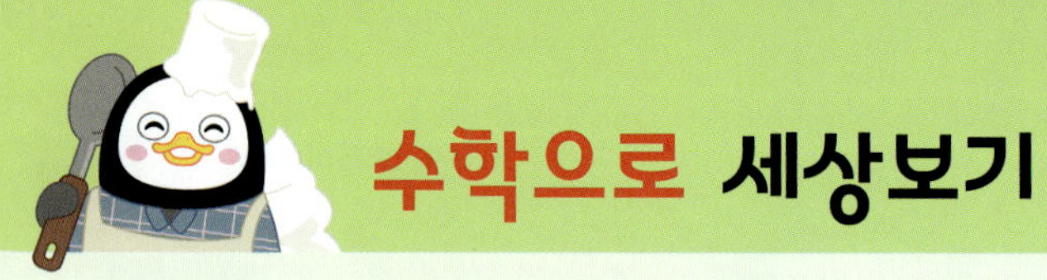

공학 도구를 사용하여 그래프 그리기

200일 동안 우리 동네의 미세먼지 상태를 조사하여 띠그래프와 원그래프로 나타내려고 합니다.

공학 도구를 사용하여 그래프를 그려 볼까요?

우리 동네 미세먼지 상태

미세먼지 상태	좋음	보통	나쁨	매우 나쁨	합계
날수(일)	58	84	36	22	200

(1) 이비에스매스(EBSMath) 누리집을 열고 〈학습존〉 → 〈수학 공학도구〉 → 〈초등학교용 이지통계〉를 선택합니다.

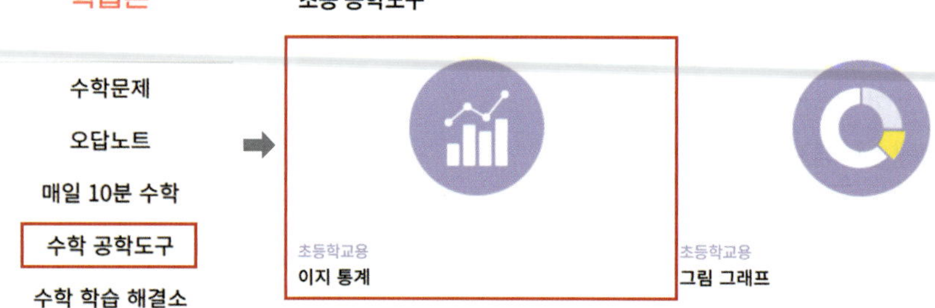

(2) 〈시작하기〉를 눌러 이지통계를 시작합니다.

(3) 표의 제목과 각 칸을 선택하여 자료를 입력합니다.

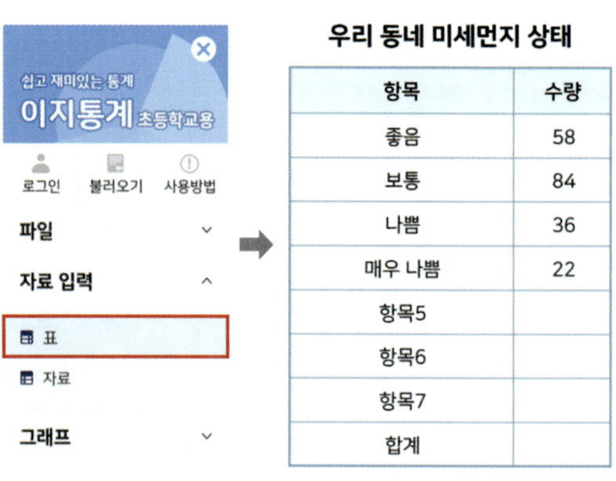

우리 동네 미세먼지 상태

항목	수량
좋음	58
보통	84
나쁨	36
매우 나쁨	22
항목5	
항목6	
항목7	
합계	

(4) 〈계산 도구〉에서 '합계'와 '백분율'을 선택합니다.

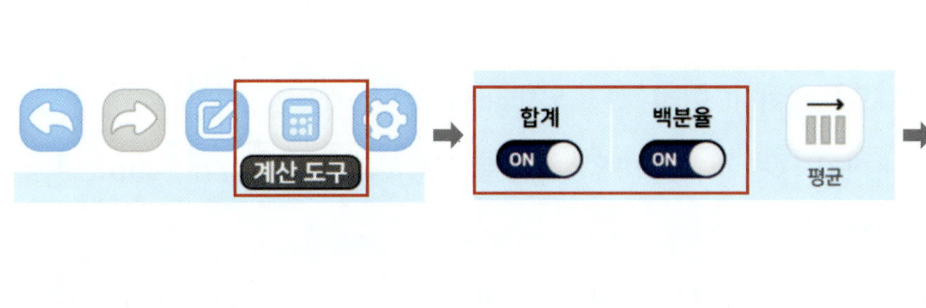

우리 동네 미세먼지 상태

항목	수량	백분율(%)
좋음	58	29
보통	84	42
나쁨	36	18
매우 나쁨	22	11
항목5		
항목6		
항목7		
합계		
합계	200	100

(5) 〈그래프〉에서 '띠그래프' 또는 '원그래프'를 선택합니다.

6 직육면체의 부피와 겉넓이

연우는 어릴 때 가지고 놀던 쌓기나무를 상자에 담아 사촌 동생에게 선물로 주려고 해요.

상자 안에 쌓기나무를 최대 몇 개까지 넣을 수 있을까요? 상자를 포장하려면 포장지가 얼마나 필요할까요?

이번 단원에서는 부피의 단위를 알아보고, 직육면체의 부피와 겉넓이를 구하는 방법에 대해서 배울 거예요.

단원 학습 목표

1. 부피의 단위인 1 cm^3을 이해할 수 있습니다.
2. 직육면체와 정육면체의 부피를 구하는 방법을 알고, 이를 구할 수 있습니다.
3. 부피의 단위인 1 m^3를 알고, 1 m^3와 1 cm^3의 관계를 이해할 수 있습니다.
4. 직육면체와 정육면체의 겉넓이를 구하는 방법을 알고, 이를 구할 수 있습니다.

단원 진도 체크

회차		학습 내용	진도 체크
1차	교과서 개념 배우기 + 문제 해결하기	**개념 1** 1 cm^3를 알아볼까요	✓
2차	교과서 개념 배우기 + 문제 해결하기	**개념 2** 직육면체의 부피를 구하는 방법을 알아볼까요	✓
3차	교과서 개념 배우기 + 문제 해결하기	**개념 3** 1 m^3를 알아볼까요	✓
4차	교과서 개념 배우기 + 문제 해결하기	**개념 4** 직육면체의 겉넓이를 구하는 방법을 알아볼까요	✓
5차		단원평가로 완성하기	✓
6차		수학으로 세상보기	✓

해당 부분을 공부하고 나서 ✓표를 하세요.

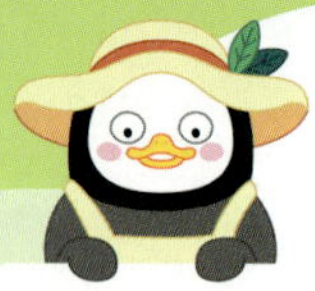

교과서 개념 배우기

개념 1 1 cm^3를 알아볼까요

■ 부피 비교하기

• 직접 맞대어 부피 비교하기

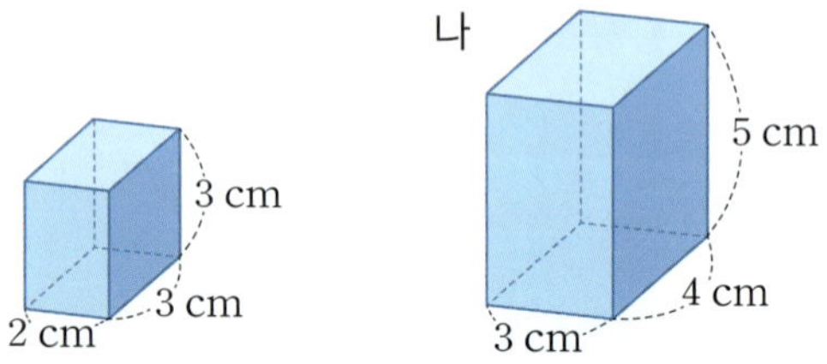

– 직육면체의 모서리를 맞대어 부피를 비교할 수 있습니다.

– 가 직육면체의 모서리의 길이가 나 직육면체의 모서리의 길이보다 더 짧으므로 가 직육면체의 부피가 나 직육면체의 부피보다 더 작습니다.

• 단위를 이용하여 부피 비교하기

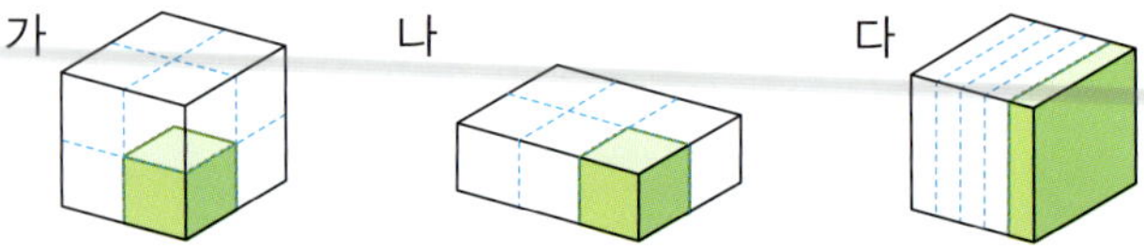

– 가와 나는 모양과 크기가 같은 블록을 사용했으므로 부피를 비교할 수 있습니다.

– 다의 블록은 모양과 크기가 다르므로 가, 나와 부피를 비교할 수 없습니다.

– 가 상자에는 블록이 8개 들어가고 나 상자에는 블록이 6개 들어가므로 가 상자의 부피는 나 상자의 부피보다 블록 2개만큼 더 큽니다.

■ 1 cm^3 알아보기

• 부피를 나타낼 때 한 모서리의 길이가 1 cm인 정육면체의 부피를 단위로 사용할 수 있습니다. 이 정육면체의 부피를 1 cm^3라 쓰고, 1 세제곱센티미터라고 읽습니다.

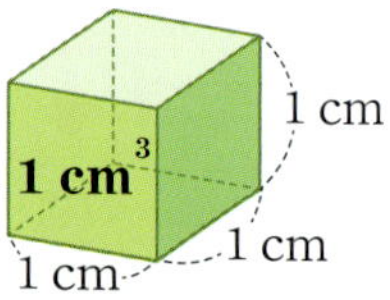

1 cm^3

• 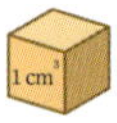의 개수를 세어 부피 구하기

	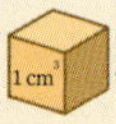의 개수	부피
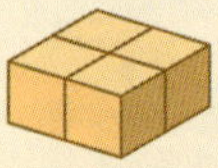	4개	4 cm^3
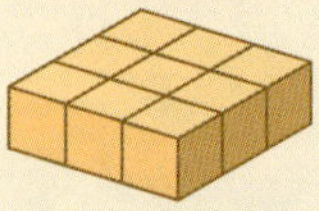	9개	9 cm^3

• 부피는 어떤 물건이 공간에서 차지하는 크기입니다.

• 부피의 단위

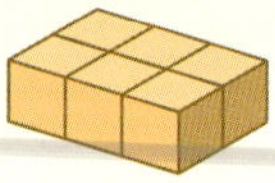

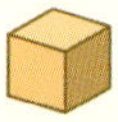는 상자를 빈틈없이 채울 수 있으므로 부피의 단위로 알맞습니다.

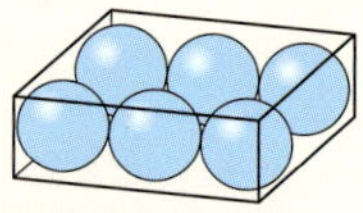

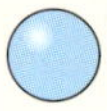는 상자를 빈틈없이 채울 수 없으므로 부피의 단위로 알맞지 않습니다.

• 모양과 크기가 같은 블록을 직육면체에 빈틈없이 채워 부피를 비교할 수 있습니다.

 **문제를 풀며 이해해요**

01　▶ 261008-0382

직육면체의 부피를 비교하려고 합니다. 물음에 답하세요.

가 （2 cm, 3 cm, 4 cm）　　나 （3 cm, 3 cm, 4 cm）　　다 （5 cm, 3 cm, 4 cm）

(1) 부피가 가장 큰 직육면체의 기호를 써 보세요.

（　　　　　）

(2) 부피가 가장 작은 직육면체의 기호를 써 보세요.

（　　　　　）

02　▶ 261008-0383

모양과 크기가 같은 과자 상자를 쌓아 직육면체를 만들었습니다. 부피가 더 작은 직육면체의 기호를 써 보세요.

가　　　　　나

（　　　　　）

03　▶ 261008-0384

보기 에서 알맞은 것을 골라 □ 안에 써넣으세요.

보기
$1\,cm^2$　　$1\,cm^3$　　1 제곱센티미터　　1 세제곱센티미터

한 모서리의 길이가 1 cm인 정육면체의 부피를 　　　　　라 쓰고,

　　　　　라고 읽습니다.

04　▶ 261008-0385

부피가 $1\,cm^3$인 쌓기나무를 사용하여 직육면체를 만들었습니다. 쌓기나무의 수를 세어 부피를 구해 보세요.

（　　　　　）

직육면체의 부피를 비교하고, 부피의 단위인 $1\,cm^3$를 알고 있는지 묻는 문제예요.

세 직육면체의 각 모서리의 길이를 비교해 보아요.

과자 상자의 수를 세어 부피를 비교해 보아요.

부피가 $1\,cm^3$인 쌓기나무 ★개로 만든 직육면체의 부피는 ★ cm^3예요.

01 ▶261008-0386

부피가 더 큰 직육면체의 기호를 써 보세요.

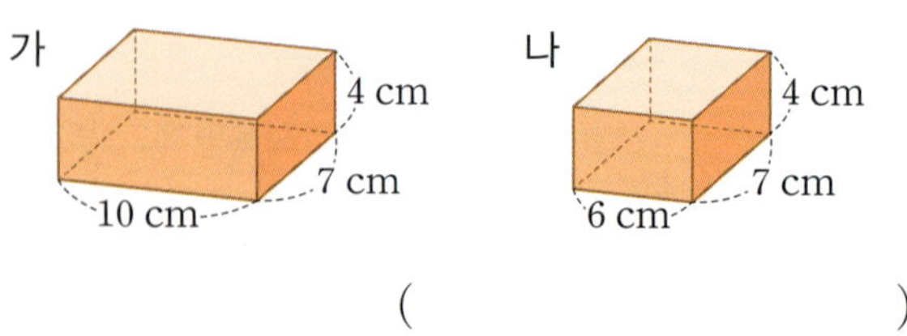

( )

02 ▶261008-0387

직육면체의 부피를 비교하려고 합니다. 부피의 단위로 알맞은 것에 ○표 하세요.

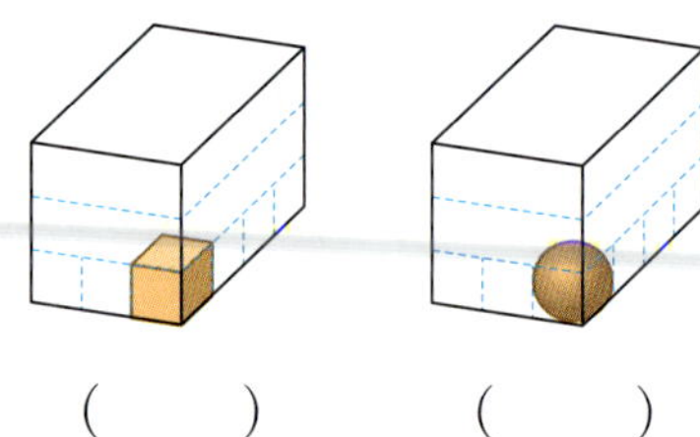

( ) ( )

03 ▶261008-0388

다음을 바르게 읽은 것을 찾아 ○표 하세요.

$$4 \text{ cm}^3$$

4 센티미터　　　　　( )
4 제곱센티미터　　　( )
4 세제곱센티미터　　( )

04 ▶261008-0389

부피가 1 cm^3와 가장 비슷한 물건을 찾아 기호를 써 보세요.

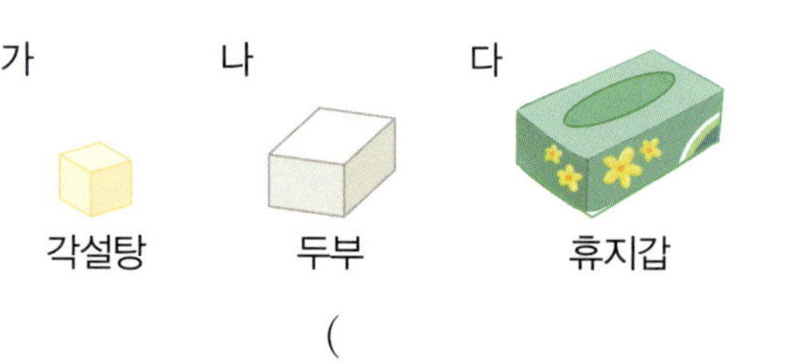

( )

05 ▶261008-0390

상자에 벽돌과 타일을 담아 상자의 부피를 비교하려고 합니다. 바르게 말한 사람의 이름을 써 보세요.

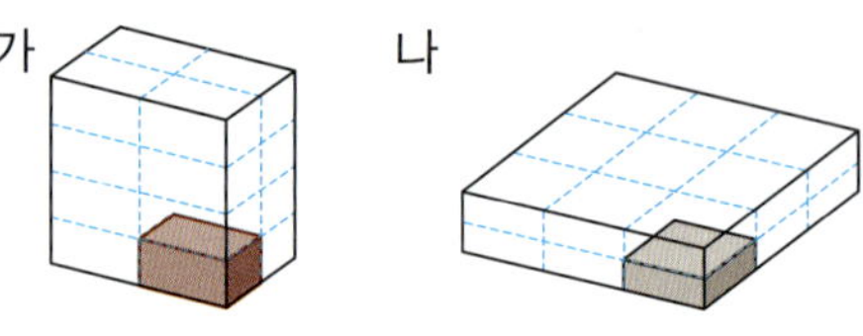

수민: 가 상자에는 벽돌이 16개 들어가고, 나 상자에는 타일이 18개 들어가므로 나 상자의 부피가 더 커.
영우: 벽돌과 타일의 크기가 다르므로 두 상자의 부피를 비교할 수 없어.

( )

중요
06 ▶261008-0391

직육면체 모양의 블록을 사용하여 세 상자의 부피를 비교하려고 합니다. 부피를 비교할 수 있는 두 상자를 찾아 기호를 써 보세요.

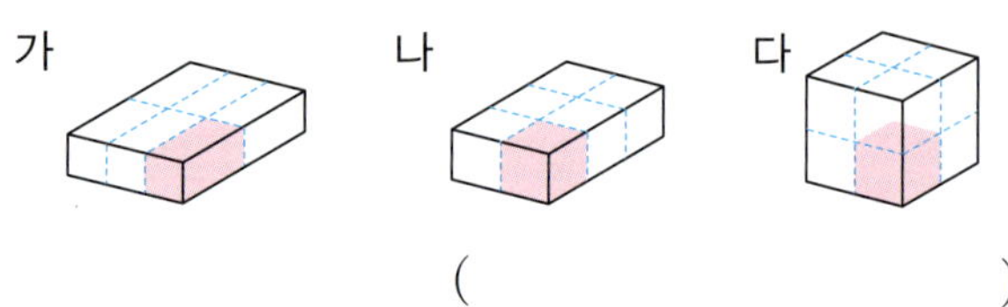

( )

07 ▶261008-0392

모양과 크기가 같은 블록을 사용하여 직육면체 가와 나를 만들었습니다. □ 안에 알맞은 기호나 수를 써넣으세요.

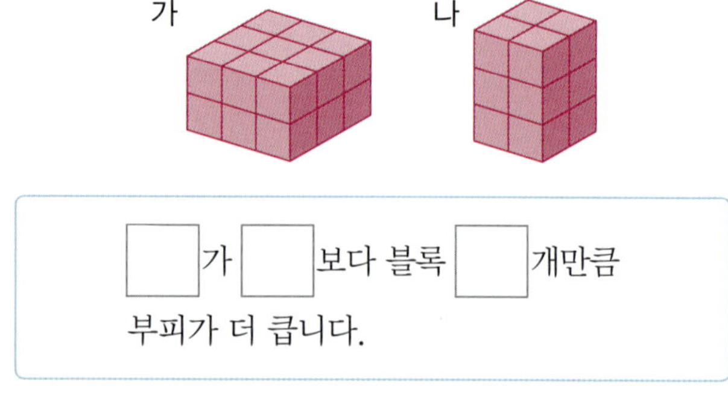

□가 □보다 블록 □개만큼 부피가 더 큽니다.

▶ 261008-0393

08 부피가 $1\ cm^3$인 쌓기나무를 사용하여 만든 직육면체의 부피를 찾아 이어 보세요.

· 9 cm^3

· 8 cm^3

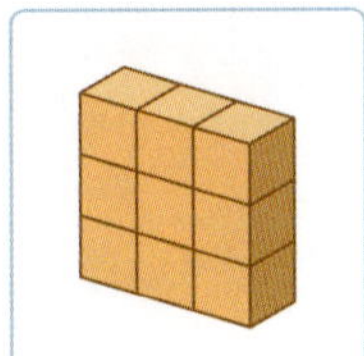

· 6 cm^3

중요
09 부피가 $1\ cm^3$인 쌓기나무를 사용하여 만든 직육면체입니다. 이 직육면체의 부피는 몇 cm^3일까요?

▶ 261008-0394

(   )

도전
10 부피가 $1\ cm^3$인 쌓기나무를 사용하여 가 상자와 같은 모양을 만들고, 가 상자를 사용하여 나 상자를 채우려고 합니다. 나 상자의 부피는 몇 cm^3일까요?

▶ 261008-0395

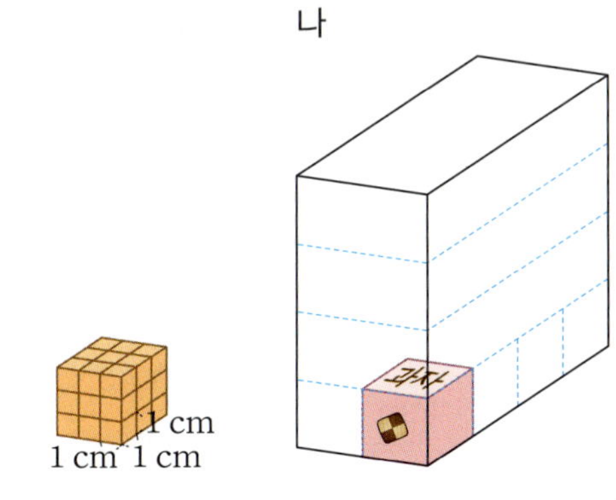

(   )

도움말 가 상자의 부피를 구하고 나 상자에 들어갈 가 상자의 수를 구합니다.

문제해결 접근하기

▶ 261008-0396

11 부피가 $1\ cm^3$인 쌓기나무를 사용하여 두 직육면체 모양의 상자를 가득 채우려고 합니다. 두 상자 중 어느 상자의 부피가 몇 cm^3 더 큰지 구해 보세요.

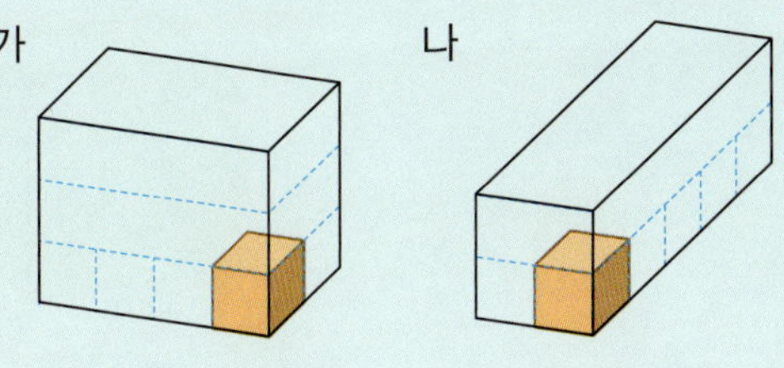

이해하기

구하려고 하는 것은 무엇인가요?

답 ______________________________

계획 세우기

어떤 방법으로 문제를 해결하면 좋을까요?

답 ______________________________

____

해결하기

□ 안에 알맞은 수나 기호를 써넣으세요.

- 가 상자의 부피는 [ ] cm^3이고,

  나 상자의 부피는 [ ] cm^3입니다.

- [ ] 상자의 부피가 [ ] cm^3만큼 더 큽니다.

되돌아보기

부피가 $1\ cm^3$인 쌓기나무를 사용하여 오른쪽 직육면체 모양의 상자를 가득 채우려고 합니다. 상자의 부피는 몇 cm^3인지 구해 보세요.

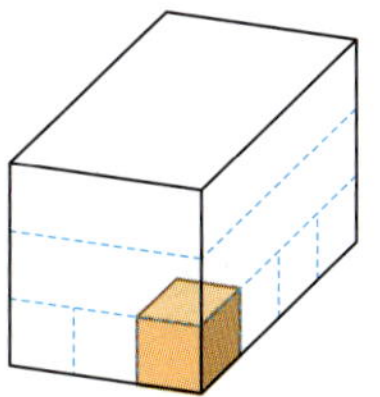

답 ______________________________

____

개념 2 직육면체의 부피를 구하는 방법을 알아볼까요

■ 직육면체의 부피를 구하는 방법

• 부피가 $1\ cm^3$인 쌓기나무의 수를 세어 직육면체의 부피 구하기

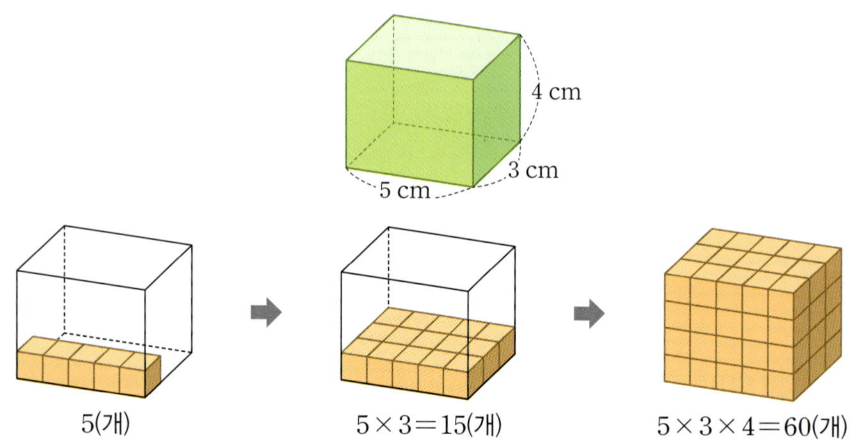

5(개) $5 \times 3 = 15$(개) $5 \times 3 \times 4 = 60$(개)

➡ 직육면체 모양을 만드는 데 필요한 쌓기나무는 모두 60개이므로 직육면체의 부피는 $60\ cm^3$입니다.

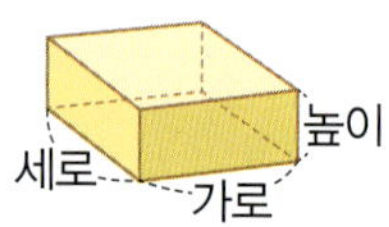

$$(직육면체의 부피) = (가로) \times (세로) \times (높이)$$
$$= (밑면의 넓이) \times (높이)$$

■ 정육면체의 부피를 구하는 방법

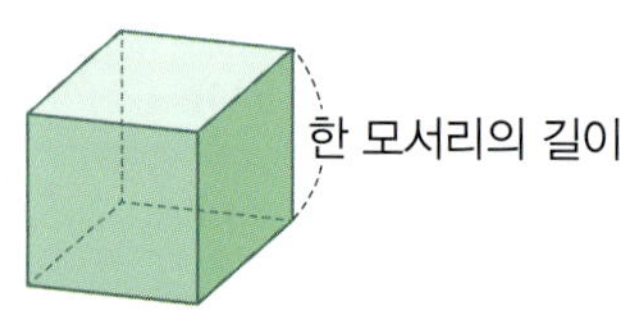

한 모서리의 길이

$$(정육면체의 부피)$$
$$= (한 모서리의 길이) \times (한 모서리의 길이)$$
$$\times (한 모서리의 길이)$$

■ 직육면체의 부피 변화

한 모서리의 길이가 2 cm인 정육면체	가로를 2배 늘인 직육면체	가로와 세로를 각각 2배 늘인 직육면체	가로, 세로, 높이를 각각 2배 늘인 직육면체
$2 \times 2 \times 2 = 8(cm^3)$	$4 \times 2 \times 2 = 16(cm^3)$	$4 \times 4 \times 2 = 32(cm^3)$	$4 \times 4 \times 4 = 64(cm^3)$

2배

4배

8배

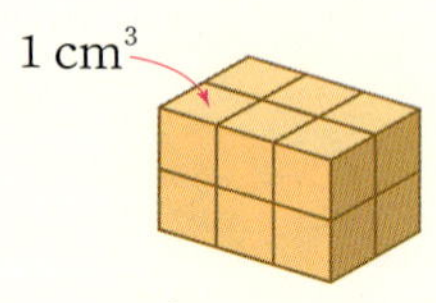

• 부피가 $1\ cm^3$인 쌓기나무가 12개이므로 직육면체의 부피는 $12\ cm^3$입니다.

• **직육면체의 부피**

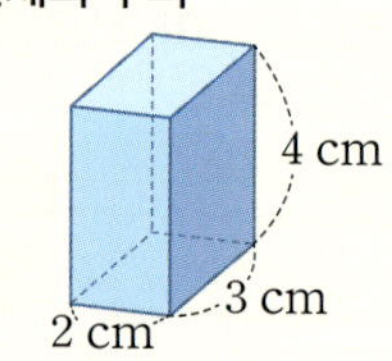

$$(직육면체의 부피)$$
$$= 2 \times 3 \times 4 = 24(cm^3)$$

• **정육면체의 부피**
정육면체는 모서리의 길이가 모두 같습니다.

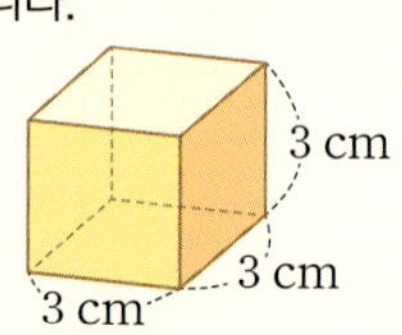

$$(정육면체의 부피)$$
$$= 3 \times 3 \times 3 = 27(cm^3)$$

 **문제를 풀며 이해해요**

▶ 261008-0397

01 직육면체의 부피를 구해 보세요.

(1)

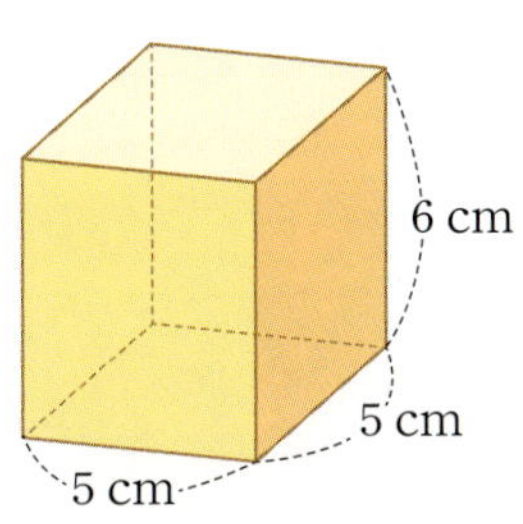

( )

(2)

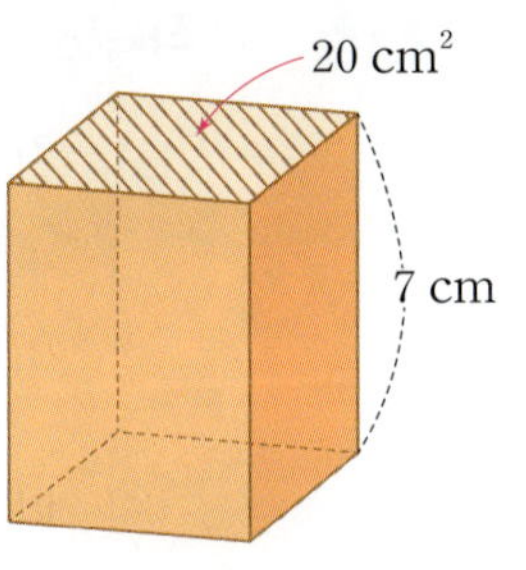

( )

직육면체와 정육면체의 부피를 구할 수 있는지 묻는 문제예요.

직육면체의 부피는 (가로)×(세로)×(높이)로 구할 수 있어요.

▶ 261008-0398

02 정육면체의 부피를 구해 보세요.

(1)

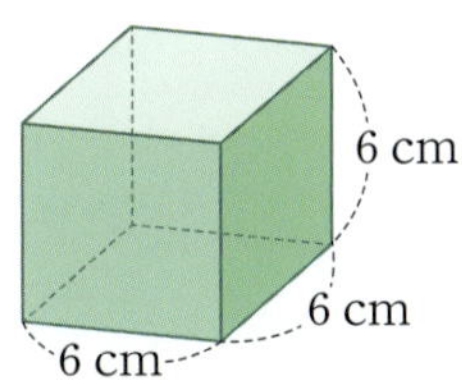

( )

(2)

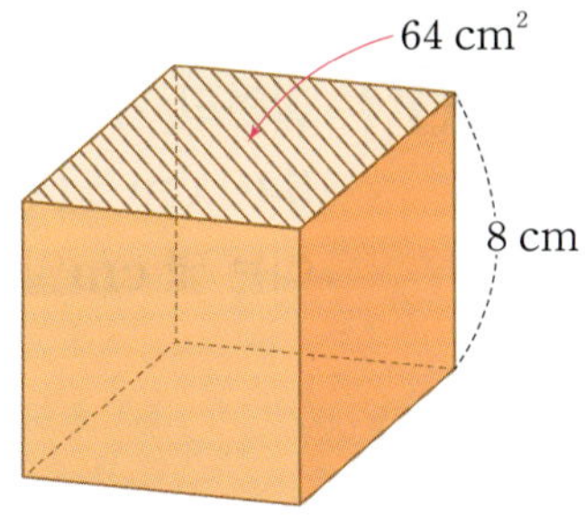

( )

정육면체의 부피는 (한 모서리의 길이)×(한 모서리의 길이)×(한 모서리의 길이)로 구할 수 있어요.

[01~04] 직육면체의 부피를 구해 보세요.

01 ▸ 261008-0399

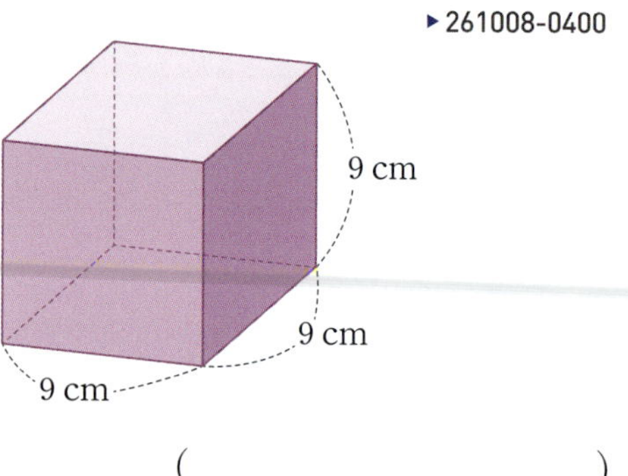

( )

02 ▸ 261008-0400

( )

03 ▸ 261008-0401

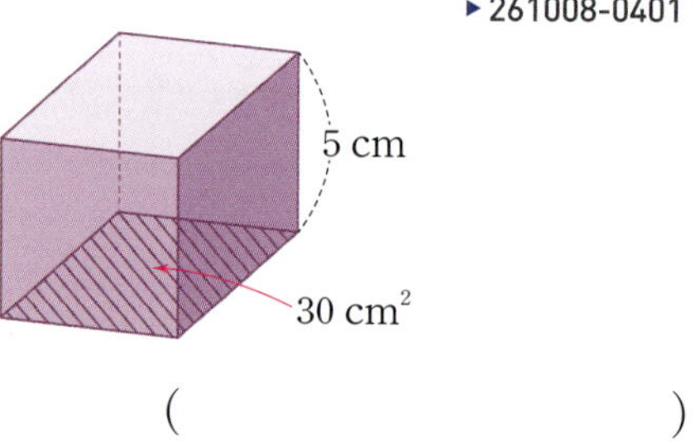

( )

04 ▸ 261008-0402

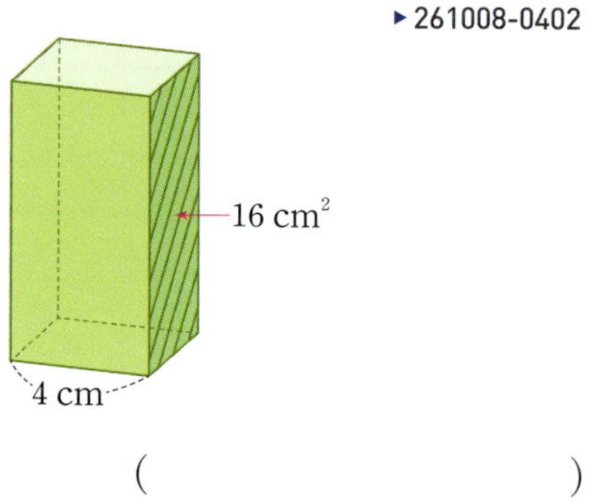

( )

05 ▸ 261008-0403

서준이는 가로가 **10 cm**, 세로가 **12 cm**, 높이가 **7 cm**인 직육면체 모양의 상자를 만들었습니다. 서준이가 만든 상자의 부피는 몇 cm^3일까요?

( )

중요
06 ▸ 261008-0404

 두 직육면체의 부피의 차는 몇 cm^3일까요?

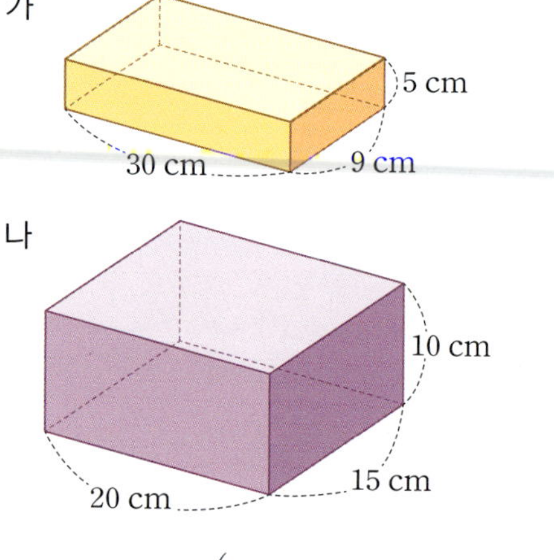

( )

중요
07 ▸ 261008-0405

밑면의 가로가 **9 cm**, 세로가 **12 cm**이고, 부피가 **540 cm^3**인 직육면체가 있습니다. 이 직육면체의 높이는 몇 **cm**일까요?

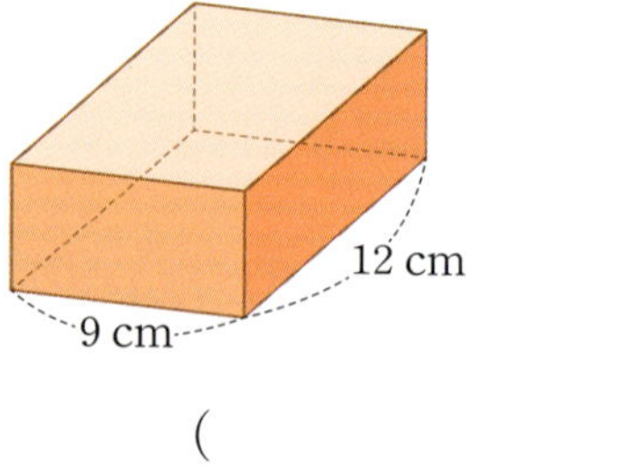

( )

08 정육면체 가와 직육면체 나의 부피가 같습니다. □ 안에 알맞은 수를 써넣으세요.

▶ 261008-0406

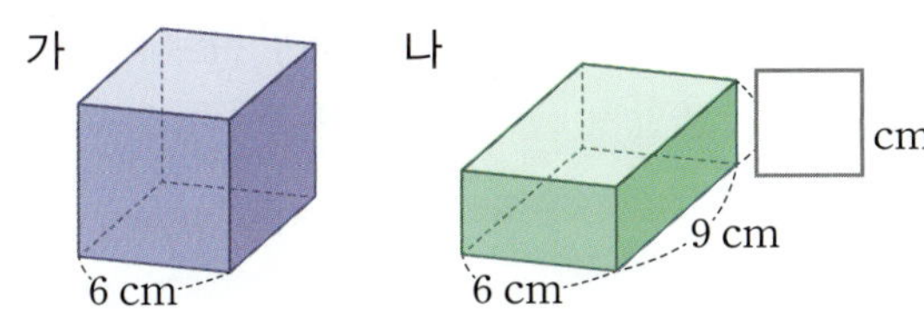

09 직육면체의 부피에 대한 설명으로 옳은 것을 찾아 기호를 써 보세요.

▶ 261008-0407

> ㉠ 밑면의 가로를 2배로 늘이면 부피는 4배가 됩니다.
> ㉡ 밑면의 가로와 세로를 각각 2배로 늘이면 부피는 4배가 됩니다.
> ㉢ 가로, 세로, 높이를 모두 각각 2배로 늘이면 부피는 4배가 됩니다.

(   )

도전
10 모든 모서리의 길이의 합이 $84\ cm$인 정육면체 모양의 상자가 있습니다. 이 상자의 부피는 몇 cm^3인지 구해 보세요.

▶ 261008-0408

(   )

도움말 정육면체의 한 모서리의 길이를 먼저 구합니다.

문제해결 접근하기

▶ 261008-0409

11 직육면체 모양의 과자 상자를 쌓아 부피가 $6000\ cm^3$인 큰 직육면체를 만들려고 합니다. 한 층에 과자 상자를 다음과 같이 놓는다면 몇 층으로 쌓아야 하는지 구해 보세요.

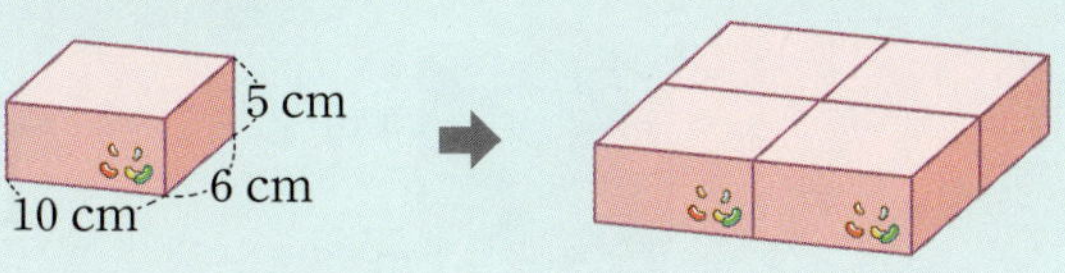

이해하기

구하려고 하는 것은 무엇인가요?

답 ______________________

계획 세우기

어떤 방법으로 문제를 해결하면 좋을까요?

답 ______________________

____

해결하기

□ 안에 알맞은 수를 써넣으세요.

> • 과자 상자 1개의 부피는
>
> $10 \times \boxed{} \times 5 = \boxed{}$ (cm^3)입니다.
>
> • 한 층에 놓인 과자 상자 4개의 부피는
>
> $\boxed{} \times 4 = \boxed{}$ (cm^3)입니다.
>
> • 부피가 $6000\ cm^3$인 직육면체를 만들려면
>
> $6000 \div \boxed{} = \boxed{}$ (층)으로 쌓아야 합니다.

되돌아보기

위의 과자 상자를 가로에 3개, 세로에 4개, 높이에 2개를 쌓아 직육면체를 만들 때 이 직육면체의 부피를 구해 보세요.

답 ______________________

____

개념 3 1 m³를 알아볼까요

■ 1 m³ 알아보기

부피를 나타낼 때 한 모서리의 길이가 1 m인 정육면체의 부피를 단위로 사용할 수 있습니다. 이 정육면체의 부피를 1 m³라 쓰고, 1 세제곱미터라고 읽습니다.

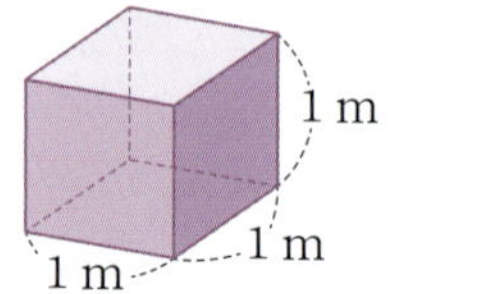

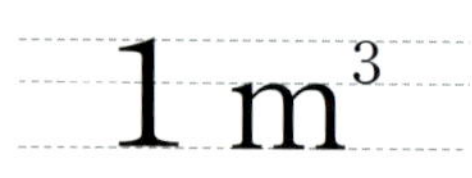

- 옷장, 침대, 컨테이너, 화물차, 교실 등의 부피를 나타낼 때, m^3를 사용합니다.

■ 1 m³와 1 cm³의 관계 알아보기

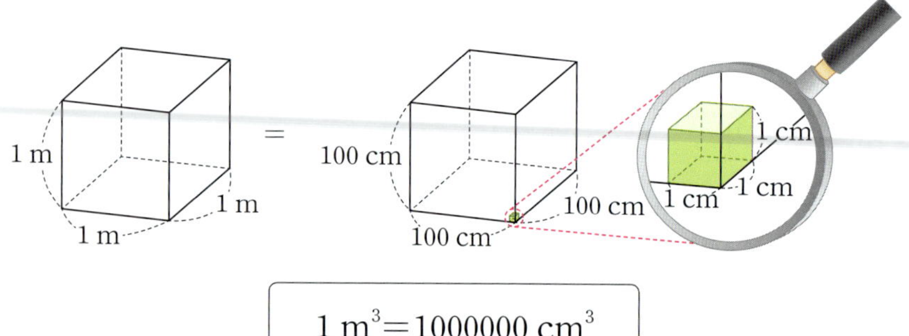

$$1 \text{ m}^3 = 1000000 \text{ cm}^3$$

- 단위 사이의 관계
  - $1 \text{ m} = 100 \text{ cm}$
  - $1 \text{ m}^2 = 10000 \text{ cm}^2$
  - $1 \text{ m}^3 = 1000000 \text{ cm}^3$

- 부피가 1 m³인 정육면체를 만들려면 부피가 1 cm³인 쌓기나무를 가로에 100개, 세로에 100개, 높이에 100개 놓아야 합니다.
- 부피가 1 m³인 정육면체를 만들려면 부피가 1 cm³인 쌓기나무가 $100 \times 100 \times 100 = 1000000$(개) 필요합니다.

■ 컨테이너의 부피 알아보기

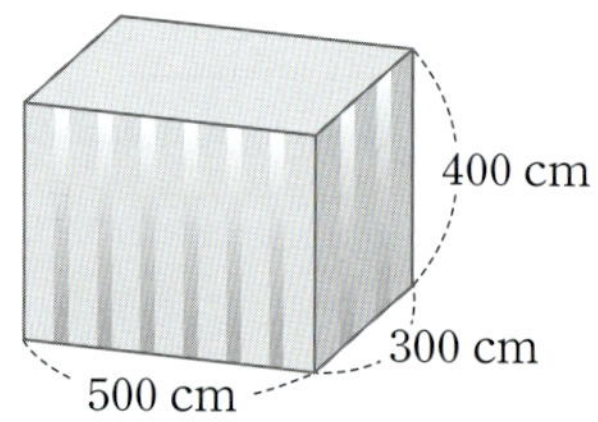

- 가로가 500 cm, 세로가 300 cm, 높이가 400 cm이므로 부피는 $500 \times 300 \times 400 = 60000000$(cm³)입니다.
- 모서리의 길이를 m로 바꾸면 각각 5 m, 3 m, 4 m이므로 부피는 $5 \times 3 \times 4 = 60$(m³)입니다.
- m^3를 사용하여 부피를 나타내면 작은 수가 되므로 더 읽기 쉽습니다.

- 부피 단위 앞에 수가 너무 크면 읽기 불편하고, 부피가 얼마만큼인지 가늠하기 어렵습니다.

 **문제를 풀며 이해해요**

▶ 261008-0410

01 보기 에서 알맞은 것을 골라 □ 안에 써넣으세요.

보기

| 1 cm³   1 m³   1 세제곱센티미터   1 세제곱미터 |

한 모서리의 길이가 1 m인 정육면체의 부피를 [　　] 라 쓰고,

[　　　　　] 라고 읽습니다.

$1\,\text{m}^3$ 및 $1\,\text{m}^3$와 $1\,\text{cm}^3$의 관계를 알고 직육면체의 부피를 구할 수 있는지 묻는 문제예요.

▶ 261008-0411

02 □ 안에 알맞은 수를 써넣으세요.

(1) $1\,\text{m}^3 =$ [　　　　] cm^3

(2) $3\,\text{m}^3 =$ [　　　　] cm^3

(3) $5000000\,\text{cm}^3 =$ [　　] m^3

$1\,\text{m}^3$와 $1\,\text{cm}^3$의 관계를 떠올려 보아요.

▶ 261008-0412

03 직육면체와 정육면체의 부피는 몇 **m³**인지 구해 보세요.

(1)

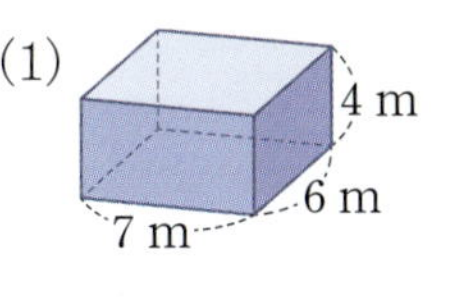

(　　　　　　)

(2)

(　　　　　　)

단위에 주의하여 직육면체와 정육면체의 부피를 구해 보아요.

01
▶ 261008-0413

1 m³는 몇 cm³인지 써 보세요.

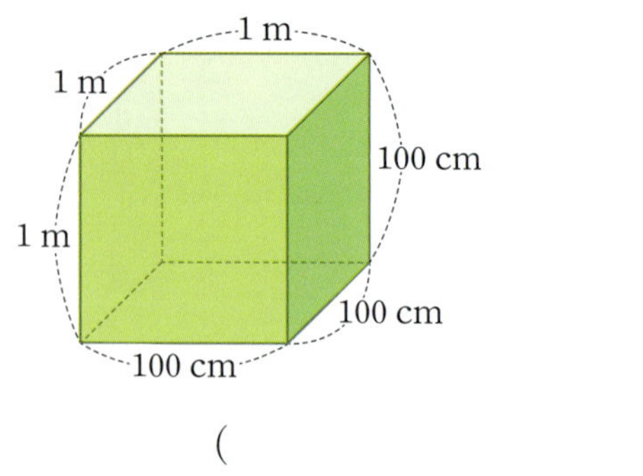

(   )

02
▶ 261008-0414

부피가 더 큰 직육면체에 ○표 하세요.

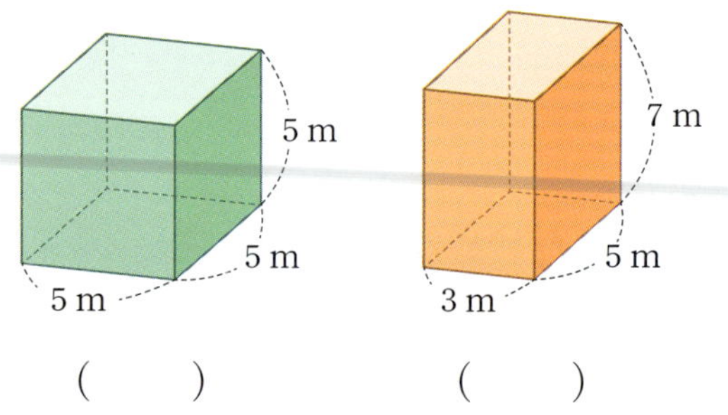

(   )   (   )

03
▶ 261008-0415

□ 안에 알맞은 수를 써넣으세요.

(1) $5 \text{ m}^3 = $ [ ] cm^3

(2) $0.7 \text{ m}^3 = $ [ ] cm^3

(3) $8000000 \text{ cm}^3 = $ [ ] m^3

(4) $400000 \text{ cm}^3 = $ [ ] m^3

04

중요

▶ 261008-0416

직육면체 가와 나의 부피가 같습니다. □ 안에 알맞은 수를 써넣으세요.

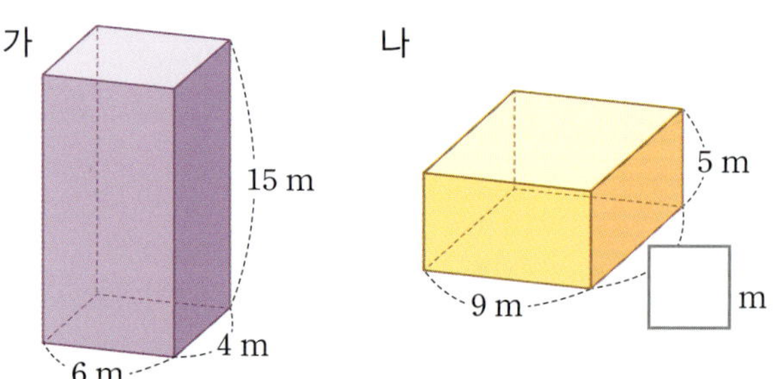

05
▶ 261008-0417

직육면체 모양인 지아의 방은 가로가 400 cm, 세로가 250 cm이고, 높이가 200 cm입니다. 지아의 방의 부피는 몇 m³일까요?

(   )

06
중요

▶ 261008-0418

부피가 같은 것끼리 이어 보세요.

20 m^3 •	• 200000 cm^3
2 m^3 •	• 2000000 cm^3
0.2 m^3 •	• 20000000 cm^3

07
▶ 261008-0419

부피를 m³로 나타내기에 가장 알맞은 것을 찾아 써 보세요.

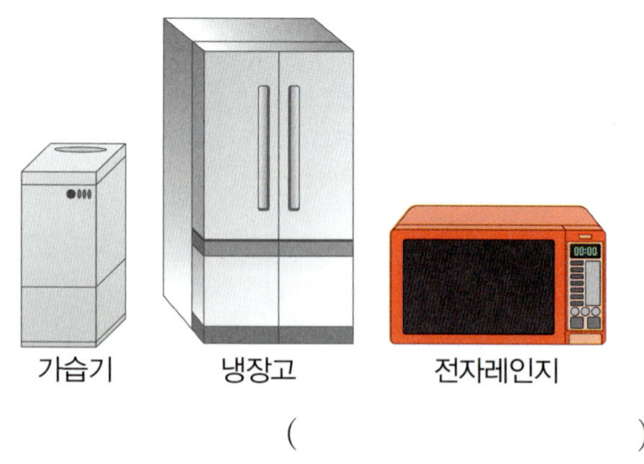

(   )

08 ▶ 261008-0420

부피가 큰 것부터 순서대로 기호를 써 보세요.

> ㉠ 8.2 m³
> ㉡ 7900000 cm³
> ㉢ 한 모서리가 200 cm인 정육면체의 부피

(   )

09 ▶ 261008-0421

실제 부피에 가장 가까운 것을 찾아 이어 보세요.

장롱

•   • 약 250 m³

교실

•   • 약 2 m³

세탁기

•   • 약 0.5 m³

도전
10 ▶ 261008-0422

직육면체 모양의 나무토막을 잘라 정육면체 모양을 만들려고 합니다. 만들 수 있는 가장 큰 정육면체의 부피는 몇 m³인지 구해 보세요.

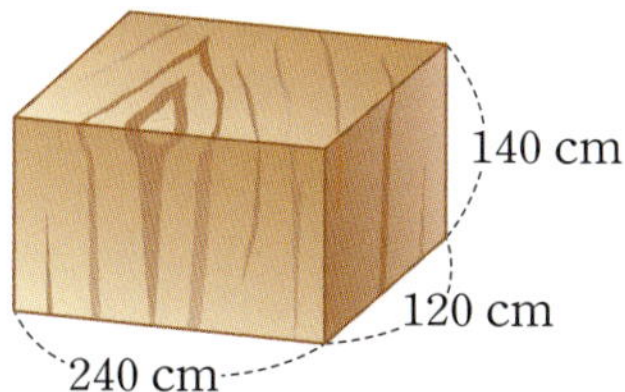

(   )

도움말 직육면체를 잘라 만들 수 있는 가장 큰 정육면체의 한 모서리의 길이를 구합니다.

문제해결 접근하기 ▶ 261008-0423

11 직육면체 모양의 상자 안에 한 모서리의 길이가 **20 cm**인 정육면체 모양의 쌓기나무를 빈틈없이 쌓으려고 합니다. 쌓기나무를 최대 몇 개까지 쌓을 수 있는지 구해 보세요.

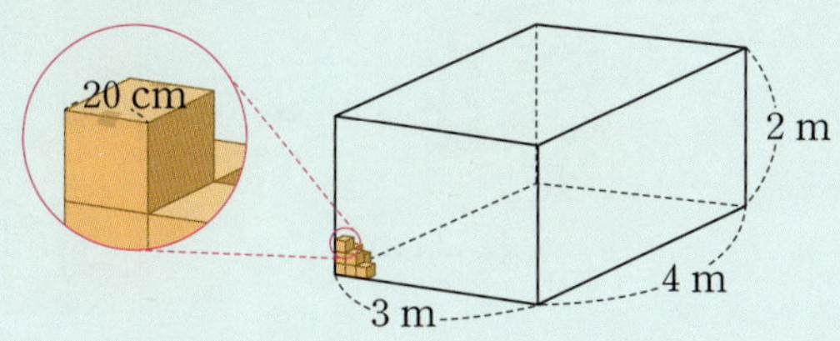

이해하기

구하려고 하는 것은 무엇인가요?

답 _______________________

계획 세우기

어떤 방법으로 문제를 해결하면 좋을까요?

답 _______________________

해결하기

□ 안에 알맞은 수를 써넣으세요.

• 쌓을 수 있는 쌓기나무의 개수는

  가로에 $300 \div 20 = \boxed{}$ (개),

  세로에 $\boxed{} \div 20 = \boxed{}$ (개),

  높이에 $\boxed{} \div 20 = \boxed{}$ (개)입니다.

• 따라서 쌓기나무는 $\boxed{} \times \boxed{} \times \boxed{}$

  $= \boxed{}$ (개)까지 쌓을 수 있습니다.

되돌아보기

위의 직육면체 모양의 상자 안에 한 모서리의 길이가 50 cm인 정육면체 모양의 쌓기나무를 최대 몇 개까지 쌓을 수 있는지 구해 보세요.

답 _______________________

개념 **4** 직육면체의 겉넓이를 구하는 방법을 알아볼까요

■ **직육면체의 겉넓이 구하기**

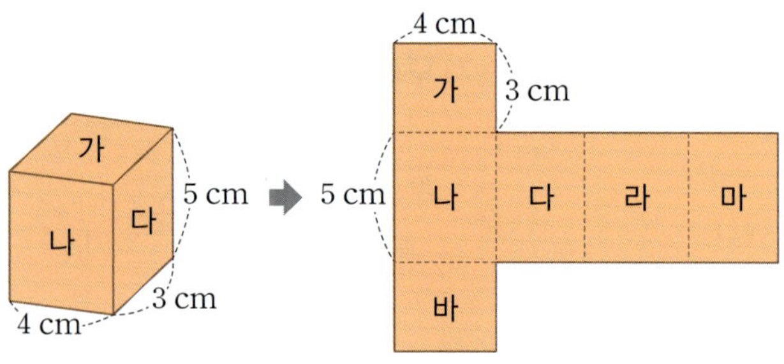

• 겉넓이는 입체도형의 겉면의 넓이입니다.

방법 1 여섯 면의 넓이를 더하여 겉넓이 구하기

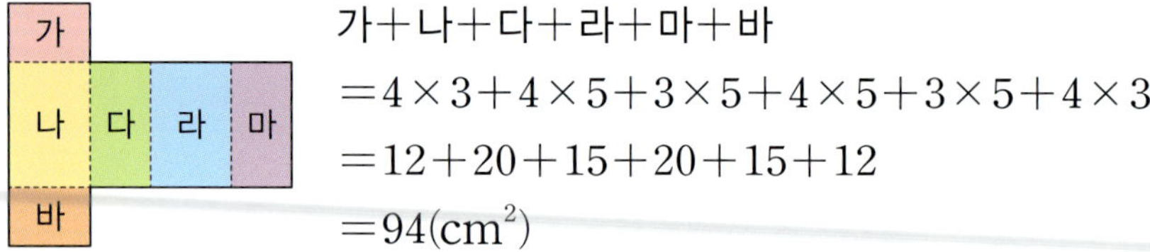

가$+$나$+$다$+$라$+$마$+$바
$=4\times3+4\times5+3\times5+4\times5+3\times5+4\times3$
$=12+20+15+20+15+12$
$=94(\text{cm}^2)$

방법 2 3쌍의 면이 합동인 성질을 이용하여 겉넓이 구하기

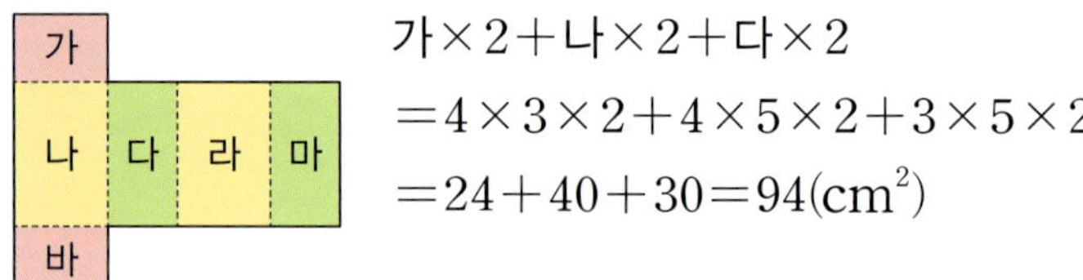

가$\times2+$나$\times2+$다$\times2$
$=4\times3\times2+4\times5\times2+3\times5\times2$
$=24+40+30=94(\text{cm}^2)$

• 직육면체의 서로 마주 보는 면은 합동입니다. 가와 바, 나와 라, 다와 마는 서로 합동입니다.
(직육면체의 겉넓이)
$=($가$+$나$+$다$)\times2$

방법 3 두 밑면의 넓이와 옆면의 넓이를 더하여 겉넓이 구하기

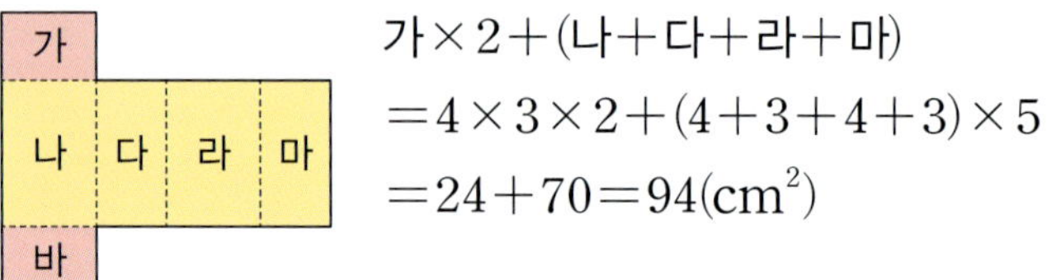

가$\times2+($나$+$다$+$라$+$마$)$
$=4\times3\times2+(4+3+4+3)\times5$
$=24+70=94(\text{cm}^2)$

• 나, 다, 라, 마를 합하여 하나의 큰 직사각형으로 생각하여 (가로)$\times$(세로)로 넓이를 구할 수 있습니다.

■ **정육면체의 겉넓이 구하기**

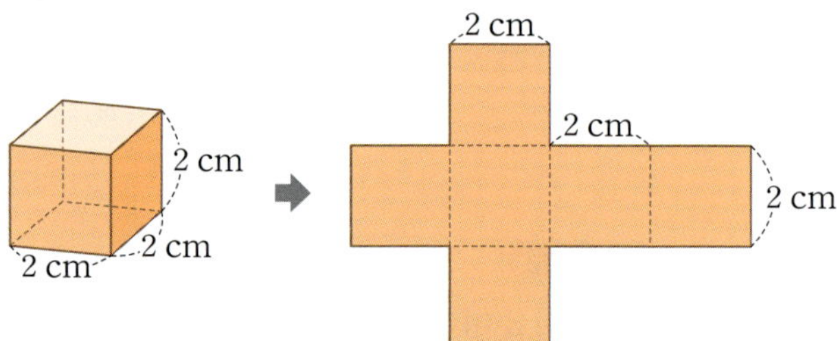

• (정육면체의 한 면의 넓이)
$=$(한 모서리의 길이)
$\times$(한 모서리의 길이)
(정육면체의 겉넓이)
$=$(한 모서리의 길이)
$\times$(한 모서리의 길이)$\times6$

(정육면체의 겉넓이)$=$(여섯 면의 넓이의 합)
$=$(한 면의 넓이)$\times6$
$=2\times2\times6=24(\text{cm}^2)$

문제를 풀며 이해해요

01 직육면체의 겉넓이를 여러 가지 방법으로 구하려고 합니다. □ 안에 알맞은 수를 써넣으세요.

▶ 261008-0424

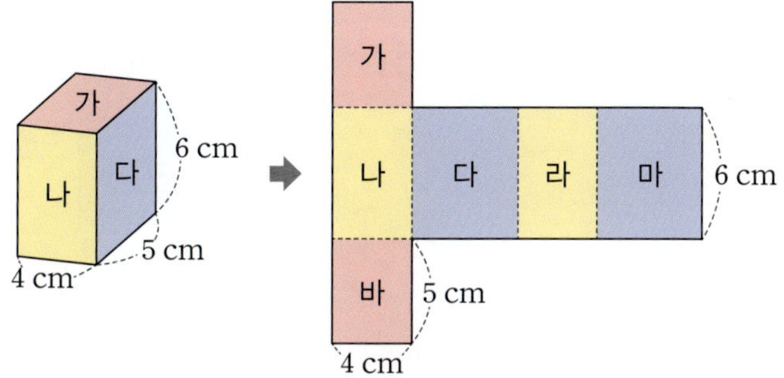

직육면체와 정육면체의 겉넓이를 구하는 방법을 알고 구할 수 있는지 묻는 문제예요.

(1) 여섯 면의 넓이를 각각 구해서 더해 보세요.

가＋나＋다＋라＋마＋바

$=20＋24＋30＋$ □ $＋$ □ $＋$ □ $=$ □ (cm^2)

(2) 세 쌍의 면이 합동인 성질을 이용하여 구해 보세요.

가×2＋나×2＋다×2

$=20×2＋$ □ $×2＋$ □ $×2＝$ □ (cm^2)

(3) 두 밑면의 넓이와 옆면의 넓이의 합으로 구해 보세요.

가×2＋(나＋다＋라＋마)

$=$ □ $×2＋(4＋5＋$ □ $＋$ □ $)×$ □ $=$ □ (cm^2)

옆면 나, 다, 라, 마를 합하면 하나의 큰 직사각형 모양이에요. 옆면의 넓이의 합을 직사각형의 넓이로 구해 보아요.

02 정육면체의 겉넓이를 구하려고 합니다. □ 안에 알맞은 수를 써넣으세요.

▶ 261008-0425

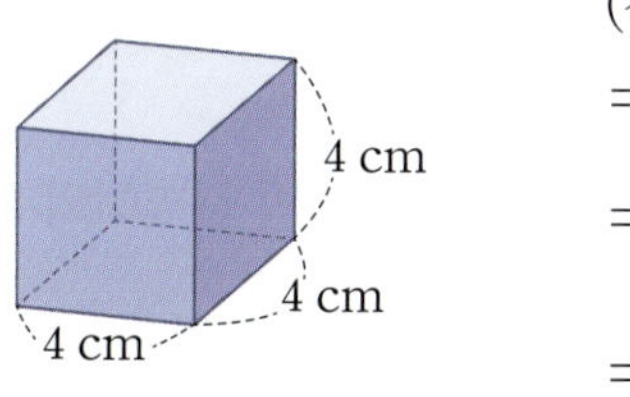

(정육면체의 겉넓이)

$=$(한 면의 넓이)$×6$

$=$ □ $×$ □ $×6$

$=$ □ (cm^2)

정육면체의 한 면의 넓이는 (한 모서리의 길이)×(한 모서리의 길이)로 구할 수 있어요.

[01~02] 직육면체의 겉넓이를 구해 보세요.

01 ▶ 261008-0426

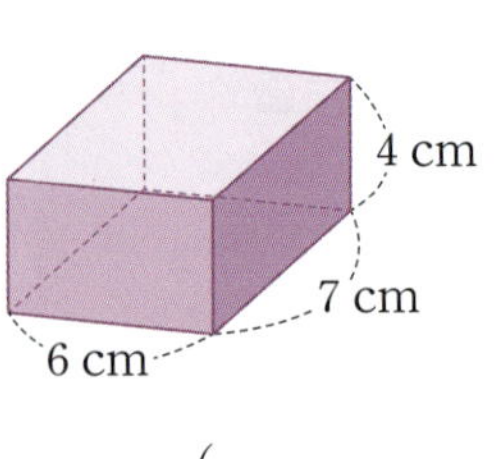

(   )

02 ▶ 261008-0427

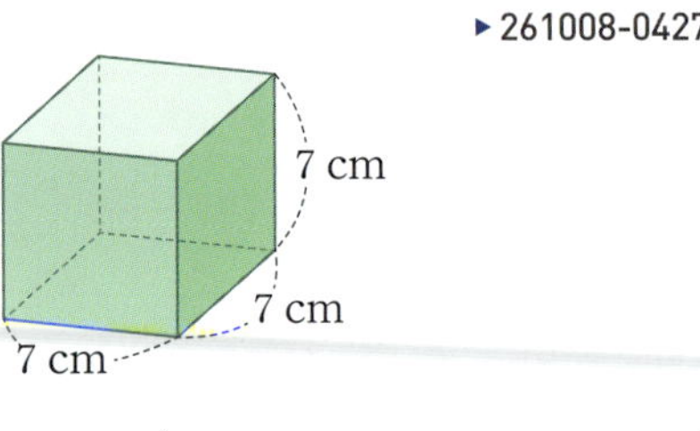

(   )

03 ▶ 261008-0428

세 면의 넓이가 각각 30 cm^2, 42 cm^2, 35 cm^2인 직육면체의 겉넓이는 몇 cm^2일까요?

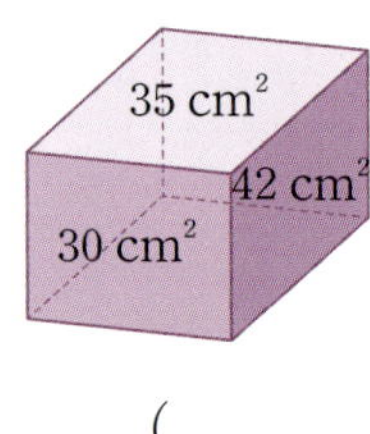

(   )

04 ▶ 261008-0429

한 면의 넓이가 36 cm^2인 정육면체의 겉넓이를 구해 보세요.

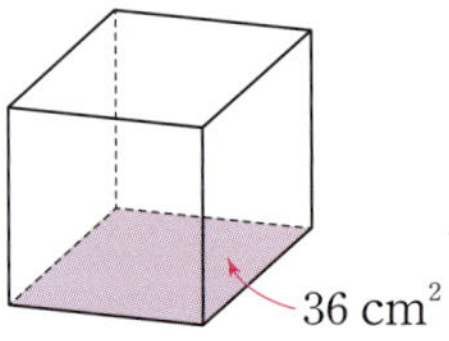

(   )

05 ▶ 261008-0430

전개도를 접어서 만들 수 있는 직육면체의 겉넓이는 몇 cm^2일까요?

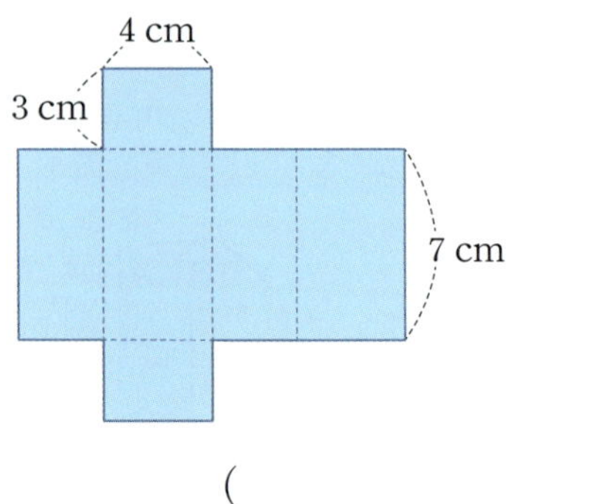

(   )

06 ▶ 261008-0431

모든 모서리의 길이의 합이 96 cm인 정육면체의 겉넓이는 몇 cm^2일까요?

(   )

중요
07 ▶ 261008-0432

두 직육면체의 겉넓이의 차는 몇 cm^2일까요?

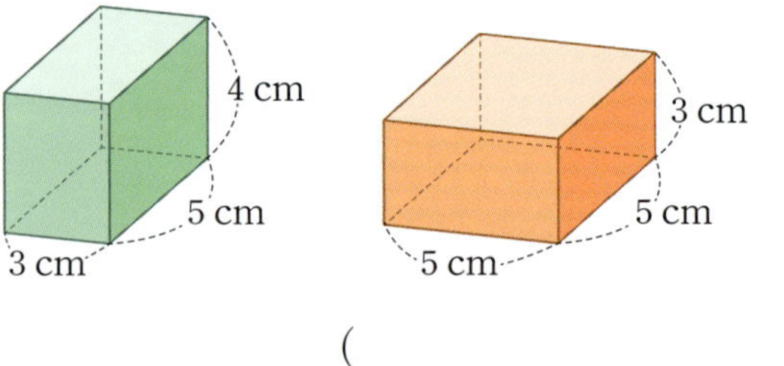

(   )

▶ 261008-0433

08 전개도를 접어서 만들 수 있는 정육면체의 겉넓이는 몇 cm^2일까요?

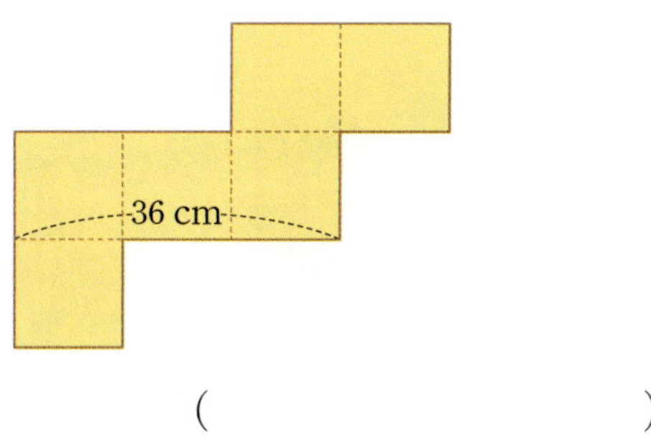

(   )

▶ 261008-0434

09 직육면체의 겉넓이가 $112\ cm^2$일 때, □ 안에 알맞은 수를 구해 보세요.

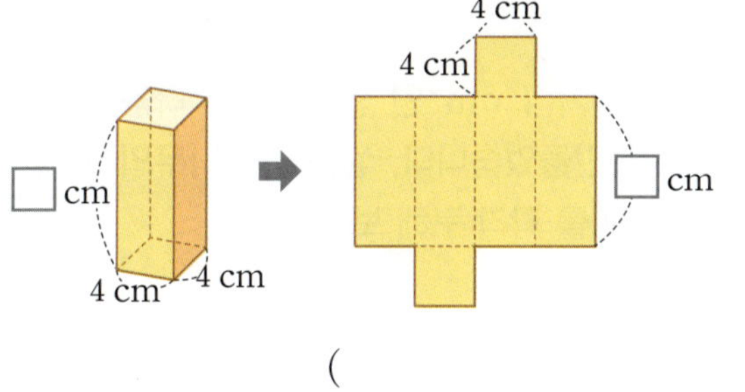

(   )

▶ 261008-0435

10 직육면체 모양의 두부를 3조각으로 똑같이 잘랐습니다. 자른 두부 3조각의 겉넓이의 합은 처음 두부의 겉넓이보다 몇 cm^2 늘어났는지 구해 보세요.

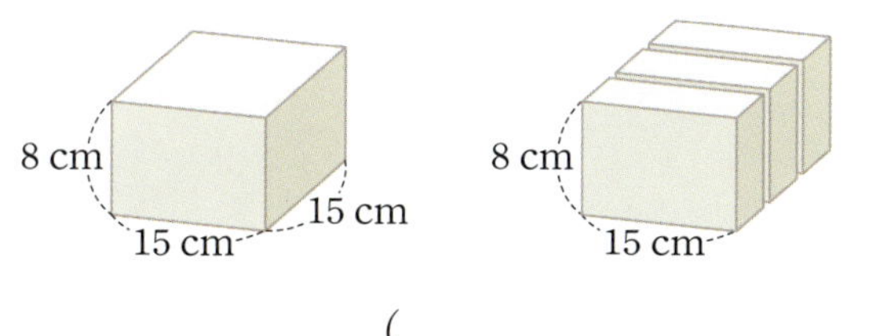

(   )

도움말 두부를 잘랐을 때 새롭게 생긴 면의 넓이를 구합니다.

문제해결 접근하기

▶ 261008-0436

11 직육면체 가와 정육면체 나의 겉넓이가 같습니다. 정육면체 나의 한 모서리의 길이를 구해 보세요.

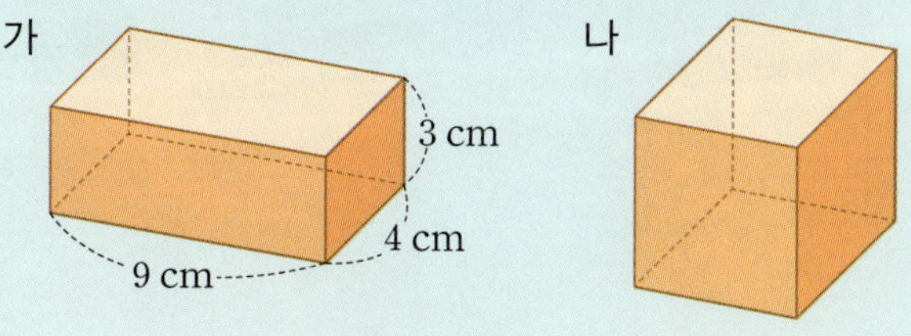

이해하기

구하려고 하는 것은 무엇인가요?

답 _______________________________________

계획 세우기

어떤 방법으로 문제를 해결하면 좋을까요?

답 _______________________________________

해결하기

□ 안에 알맞은 수를 써넣으세요.

- $9 \times 4 = \boxed{}\ (cm^2)$, $4 \times 3 = \boxed{}\ (cm^2)$,

  $9 \times 3 = \boxed{}\ (cm^2)$이므로 가의 겉넓이는

  $\left(\boxed{} + \boxed{} + \boxed{}\right) \times 2$

  $= \boxed{}\ (cm^2)$입니다.

- 나의 겉넓이가 가의 겉넓이와 같으므로 나의 한 면의 넓이는 $\boxed{} \div 6 = \boxed{}\ (cm^2)$입니다.

- 나의 한 모서리의 길이는 $\boxed{}\ cm$입니다.

되돌아보기

겉넓이가 $96\ cm^2$인 정육면체의 한 모서리의 길이를 구해 보세요.

답 _______________________________________

____

01 부피가 큰 직육면체부터 순서대로 기호를 써 보세요.

▶ 261008-0437

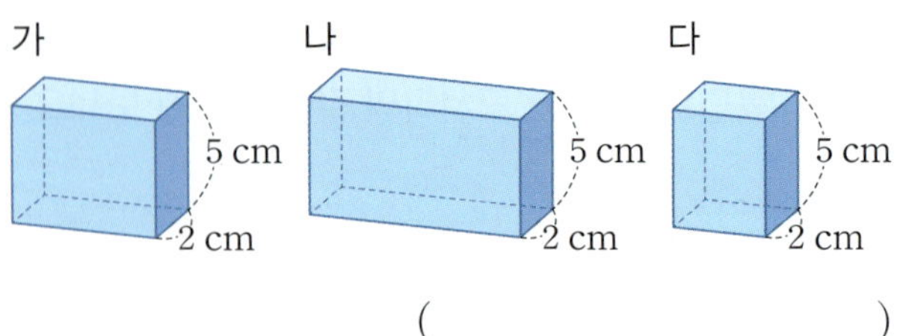

( )

02 부피의 단위로 알맞은 것은 어느 것일까요? ( )

▶ 261008-0438

① cm ② km
③ cm^2 ④ cm^3
⑤ m^2

03 직육면체 모양의 블록을 사용하여 세 상자의 부피를 비교하려고 합니다. 부피를 비교할 수 있는 두 상자를 찾아 기호를 써 보세요.

▶ 261008-0439

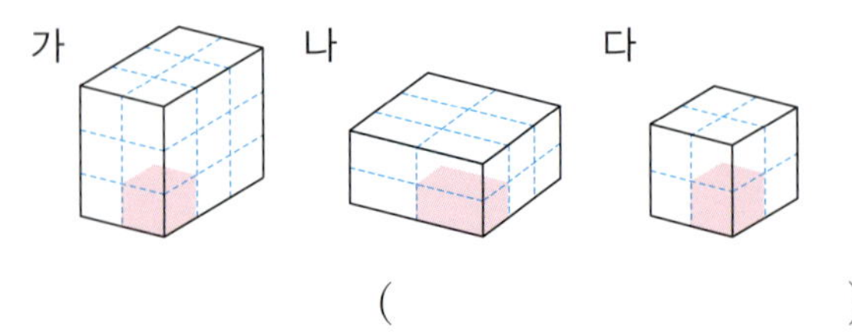

( )

04 크기가 같은 쌓기나무를 사용하여 만든 두 직육면체의 부피를 비교하여 ○ 안에 >, =, <를 알맞게 써넣으세요.

▶ 261008-0440

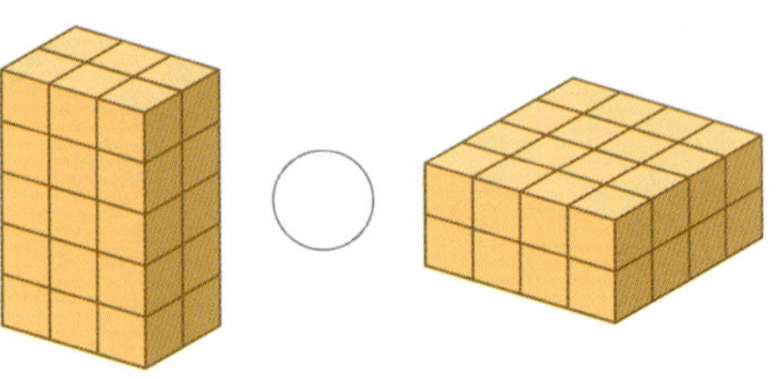

05 부피가 $1\ cm^3$인 쌓기나무로 다음과 같이 직육면체를 만들었습니다. 쌓은 쌓기나무의 수와 직육면체의 부피를 각각 구해 보세요.

▶ 261008-0441

쌓기나무의 수 ( )
직육면체의 부피 ( )

06 ▸261008-0442

□ 안에 알맞은 수를 써넣으세요.

(1) $2 \text{ m}^3 = $ ⬚ cm^3

(2) $4.5 \text{ m}^3 = $ ⬚ cm^3

(3) $6800000 \text{ cm}^3 = $ ⬚ m^3

07 ▸261008-0443

재우는 가로가 **3 cm**, 세로가 **5 cm**, 높이가 **7 cm** 인 직육면체 모양의 지우개를 샀습니다. 재우가 산 지우개의 부피는 몇 cm^3일까요?

( )

08 ▸261008-0444

직육면체의 부피와 겉넓이를 각각 구해 보세요.

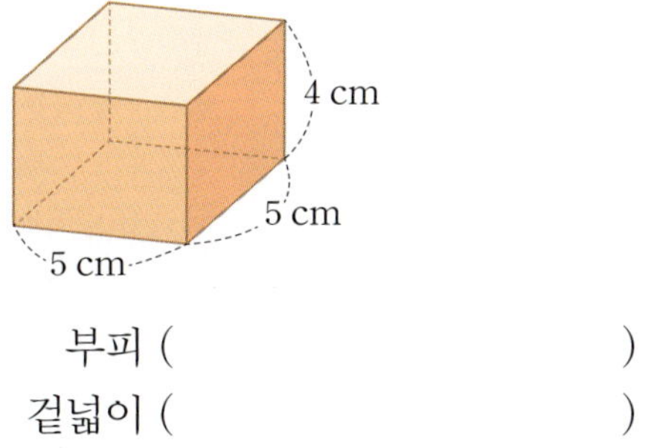

부피 ( )

겉넓이 ( )

09 ▸261008-0445

한 면의 넓이가 144cm^2인 정육면체의 겉넓이는 몇 cm^2일까요?

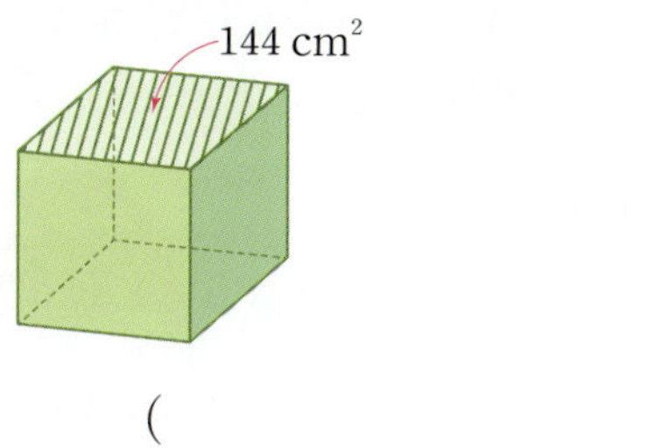

( )

10 ▸261008-0446

가 상자와 나 상자에 모양과 크기가 같은 블록을 담아 부피를 비교하려고 합니다. 어느 상자의 부피가 더 큰지 기호를 써 보세요.

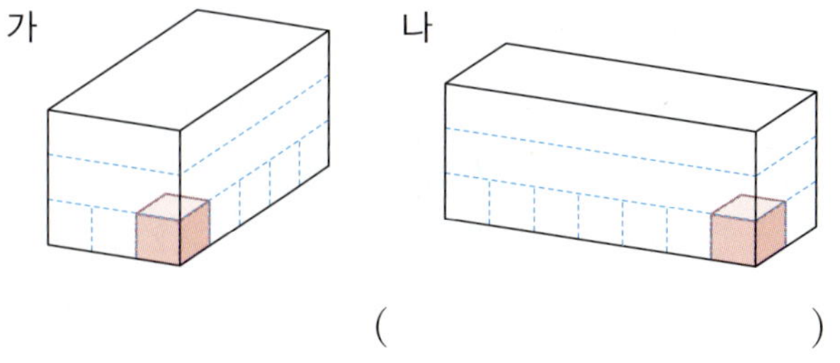

( )

11 ▶261008-0447

부피가 **1 cm³**인 쌓기나무를 쌓아 부피가 **60 cm³**인 직육면체를 만들려고 합니다. 한 층에 쌓기나무를 다음과 같이 쌓는다면 몇 층으로 쌓아야 하는지 구해 보세요.

(   )

서술형

12 ▶261008-0448

직육면체 가의 겉넓이는 정육면체 나의 겉넓이와 같습니다. 정육면체 나의 한 모서리의 길이는 몇 **cm**인지 풀이 과정을 쓰고 답을 구해 보세요.

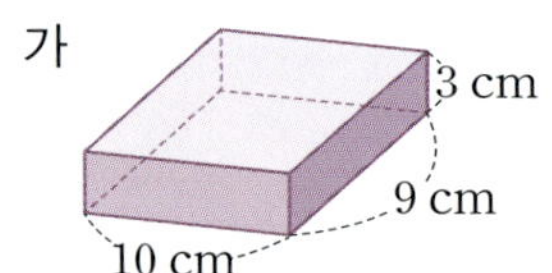
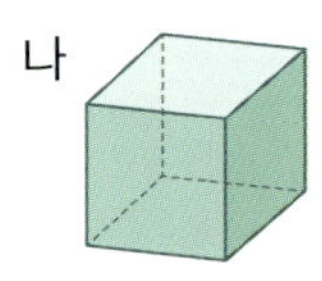

풀이

(1) 직육면체 가에서 세 면의 넓이는
$10 \times 9 = ($ $)(cm^2)$,
$10 \times 3 = ($ $)(cm^2)$,
$9 \times 3 = ($ $)(cm^2)$이므로
직육면체 가의 겉넓이는
$($ $) \times 2 + ($ $) \times 2$
$+ ($ $) \times 2 = ($ $)(cm^2)$입니다.

(2) 정육면체 나의 한 면의 넓이는
$($ $) \div ($ $) = ($ $)(c\,m^2)$
입니다.

(3) 정육면체 나의 한 모서리의 길이는
$($ $) cm$입니다.

답 _______________

13 ▶261008-0449

직육면체 모양의 케이크를 잘라 정육면체 모양으로 만들려고 합니다. 만들 수 있는 가장 큰 정육면체 모양의 부피는 몇 **cm³**일까요?

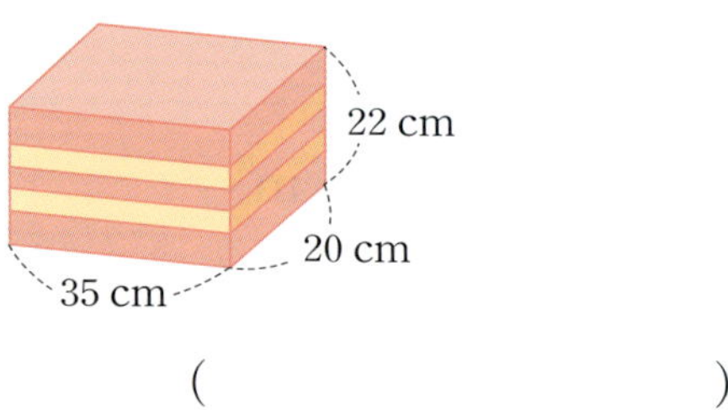

(   )

중요

14 ▶261008-0450

부피가 큰 순서대로 기호를 써 보세요.

> ㉠ $4.1 \ m^3$
> ㉡ $2900000 \ cm^3$
> ㉢ 한 모서리의 길이가 $300 \ cm$인 정육면체의 부피

(   )

15 ▶261008-0451

직육면체의 부피는 **224 m³**입니다. □ 안에 알맞은 수를 구해 보세요.

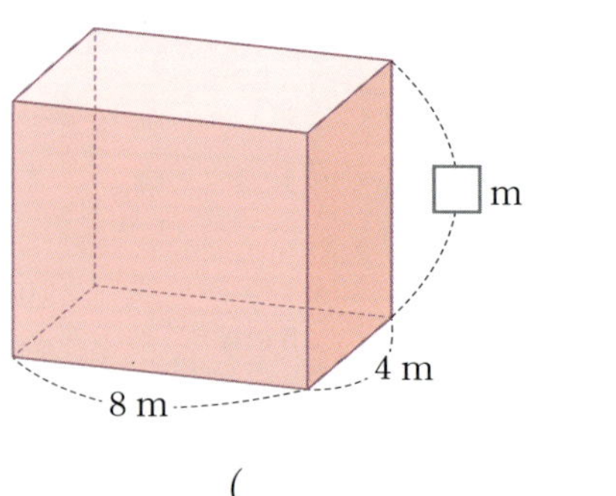

(   )

▶ 261008-0452

16 한 모서리의 길이가 2 cm인 정육면체 모양의 쌓기나무를 가로로 4개, 세로로 6개, 높이를 3층으로 쌓았습니다. 쌓은 직육면체의 부피는 몇 cm³일까요?

(   )

▶ 261008-0453

17 두 직육면체의 부피가 같습니다. □ 안에 알맞은 수를 구해 보세요.

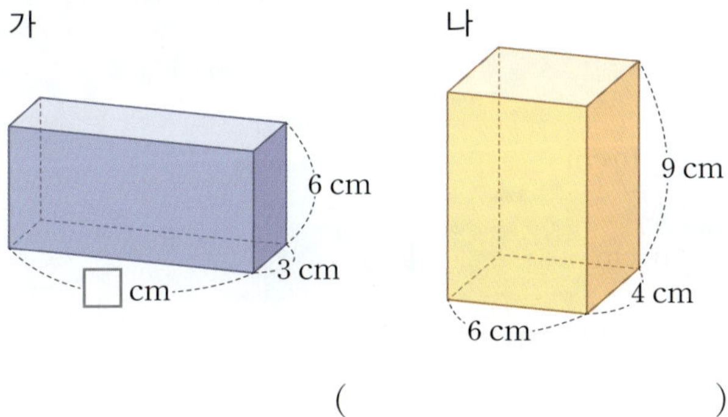

(   )

▶ 261008-0454

18 재이와 도영이는 각각 직육면체 모양의 상자를 만들었습니다. 누가 만든 상자의 겉넓이가 몇 cm² 더 클까요?

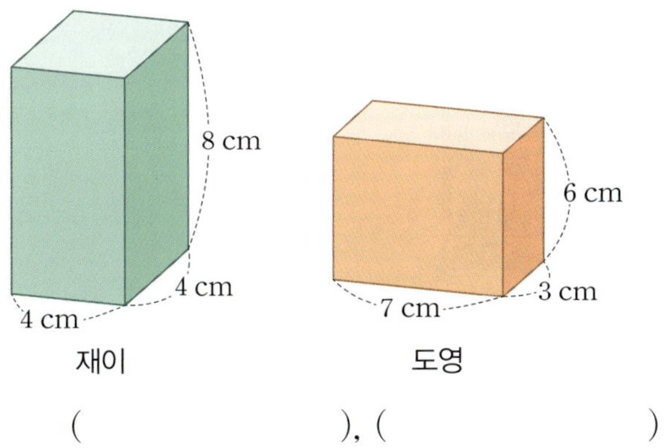

(   ), (   )

▶ 261008-0455

19 전개도를 접어서 만들 수 있는 직육면체의 겉넓이는 160 cm²입니다. □ 안에 알맞은 수를 써넣으세요.

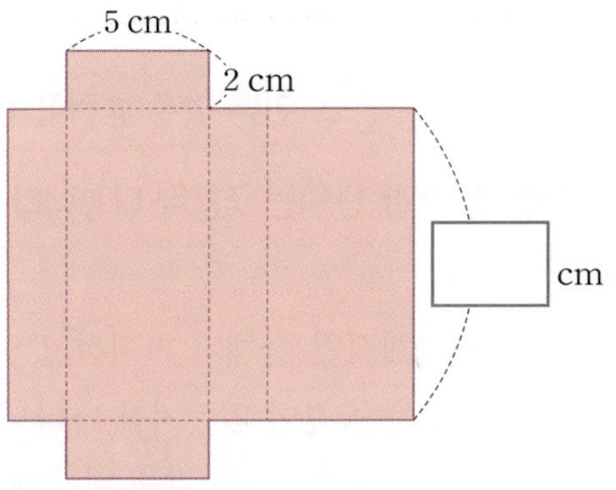

도전
▶ 261008-0456

20 정육면체인 쌓기나무로 다음과 같은 직육면체를 만들었습니다. 직육면체의 부피가 1080 cm³일 때, 쌓기나무의 한 모서리의 길이는 몇 cm인지 구해 보세요.

(   )

수학으로 세상보기

부피와 들이의 관계

물건의 크기나 담을 수 있는 양을 표현할 때 우리는 부피와 들이라는 말을 사용합니다. 이 두 용어는 서로 관련이 있지만 쓰이는 상황과 단위는 조금씩 다릅니다.

부피는 어떤 입체적인 물체가 차지하고 있는 공간의 크기를 말합니다. 예를 들어 상자나 수조처럼 모양이 있는 물체 속에 얼마나 많은 공간이 있는지를 나타낼 때 사용합니다. 보통 부피는 cm^3, m^3와 같은 단위로 나타냅니다.

한편, 들이는 물, 주스, 우유 같은 액체가 얼마나 들어갈 수 있는지를 나타낼 때 사용하는 단위입니다. 들이는 액체의 양을 중심으로 하며, mL, L와 같은 단위로 나타냅니다. 들이는 결국 액체가 들어가는 '부피'를 말하는 것이기 때문에 부피와 들이는 서로 연결되어 있습니다. 실제로 $1 cm^3$는 $1 mL$와 같고, $1000 cm^3$는 $1 L$와 같습니다. 따라서 부피 단위를 들이 단위로 바꾸는 것이 가능합니다.

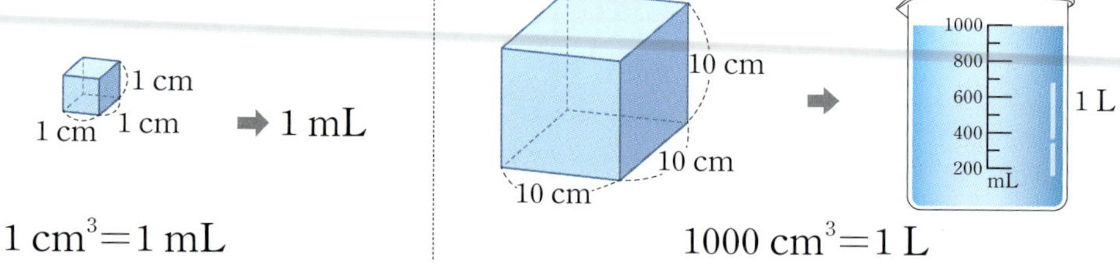

이런 이유로 전자레인지나 냉장고처럼 물건 안에 물건을 넣을 수 있는 공간이 있는 가전제품도 그 공간의 크기, 즉 부피를 L로 나타내는 경우가 많습니다. 왜냐하면, 냉장고 안에는 음식이나 음료수처럼 액체 상태의 물건들이 많이 들어가고, 전자레인지에도 국, 우유, 찌개 같은 액체를 데우는 일이 많기 때문입니다. 이렇게 액체가 차지하는 공간을 쉽게 생각할 수 있도록 들이 단위를 사용하는 것이 더 편리하기 때문에 가전제품의 부피를 들이의 단위로 나타내는 경우가 많습니다.

가정용 전자레인지 20 L

우리 몸의 겉넓이

사람의 몸의 겉넓이를 아는 것은 의학, 과학, 체육 같은 여러 분야에서 중요합니다. 예를 들어 병원에서는 사람의 겉넓이를 바탕으로 약의 양을 계산하기도 하고, 과학자들은 체온 조절이나 열의 이동을 연구할 때 겉넓이를 참고합니다. 또 운동선수의 땀 배출과 에너지 소모도 몸의 겉넓이와 관계가 있습니다.

그러나 사람의 몸은 상자처럼 네모반듯한 평면이 아니기 때문에 겉넓이를 직접 구하기는 쉽지 않습니다. 사람은 팔, 다리, 머리처럼 둥글고 복잡한 모양을 가지고 있기 때문입니다. 상자처럼 면을 펼쳐서 계산할 수 없으니, 겉넓이를 자로 재거나 칠판에 그려서 더하는 것도 어렵습니다.

그래서 과학자들은 사람 몸의 겉넓이를 구하기 위해 여러 가지 방법을 탐구했습니다. 어떤 과학자들은 실제로 사람 몸에 물을 바르거나 종이를 붙여 면적을 재는 실험도 해 보았고, 어떤 과학자들은 수학적인 계산으로 사람의 몸 크기를 나타낼 수 있는 방법을 찾으려고 했습니다. 그중 정확한 값은 아니지만 우리 몸의 겉넓이를 구하는 방법은 다음과 같습니다.

방법 1 (몸의 겉넓이)＝(키)×(넓적다리의 둘레)×2
키가 155 cm, 넓적다리의 둘레가 45 cm라면
겉넓이는 약 $155 \times 45 \times 2 = 13950(\text{cm}^2)$
➡ 1.395 m^2입니다.

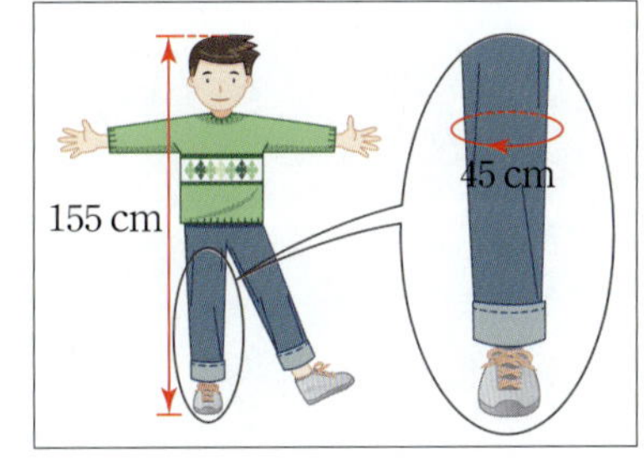

방법 2 (몸의 겉넓이)＝(손바닥의 넓이)×100
손바닥의 넓이가 약 140 cm^{2}라면
겉넓이는 약 $140 \times 100 = 14000(\text{cm}^2)$
➡ 1.4 m^2입니다.

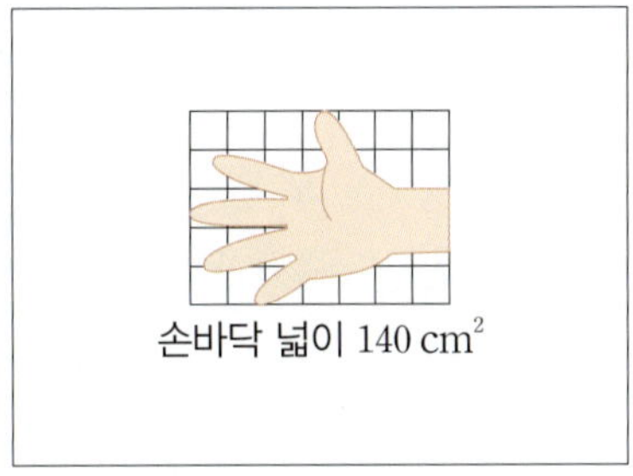

방법 3 (몸의 겉넓이)＝(키)×(키)×$\dfrac{3}{5}$

키가 155 cm라면

겉넓이는 약 $155 \times 155 \times \dfrac{3}{5} = 14415(\text{cm}^2)$

➡ 1.4415 m^2입니다.

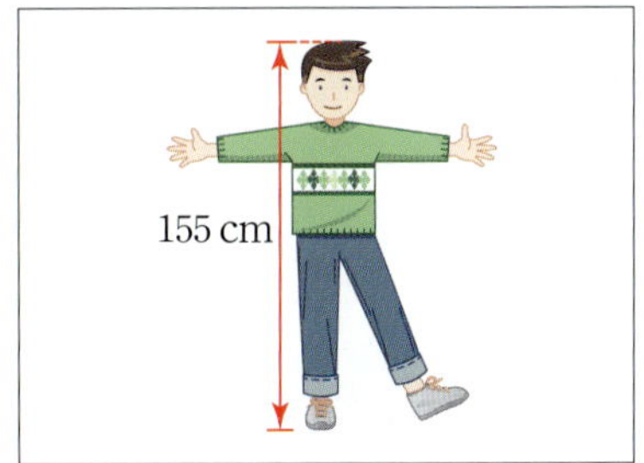

이와 같은 방법을 사용한다면 어른의 몸의 겉넓이는 보통 1.5 m^2에서 2 m^2 정도이고, 키가 140 cm이고 몸무게가 40 kg인 어린이의 몸의 겉넓이는 약 1.2 m^2 정도라고 합니다. 여러분 몸의 겉넓이는 몇 m^2인지 한번 계산해 보세요.

MEMO

MEMO

MEMO

개념책

BOOK 1 개념책으로 **학습 개념**을
확실하게 공부했나요?

실전책

BOOK 2 실전책에는 **요점 정리**가 있어서
공부한 내용을 복습할 수 있어요!
단원평가가 들어 있어
내 실력을 확인해 볼 수 있답니다.

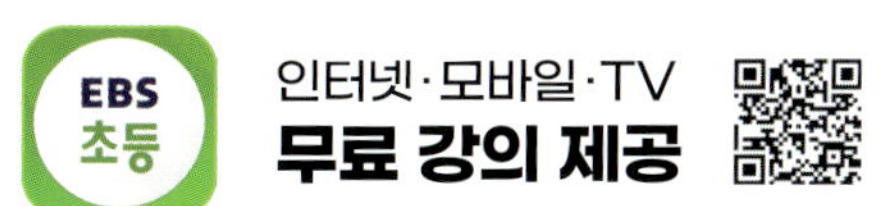

EBS
인터넷·모바일·TV
무료 강의 제공
초｜등｜부｜터 EBS
BOOK 2
실전책 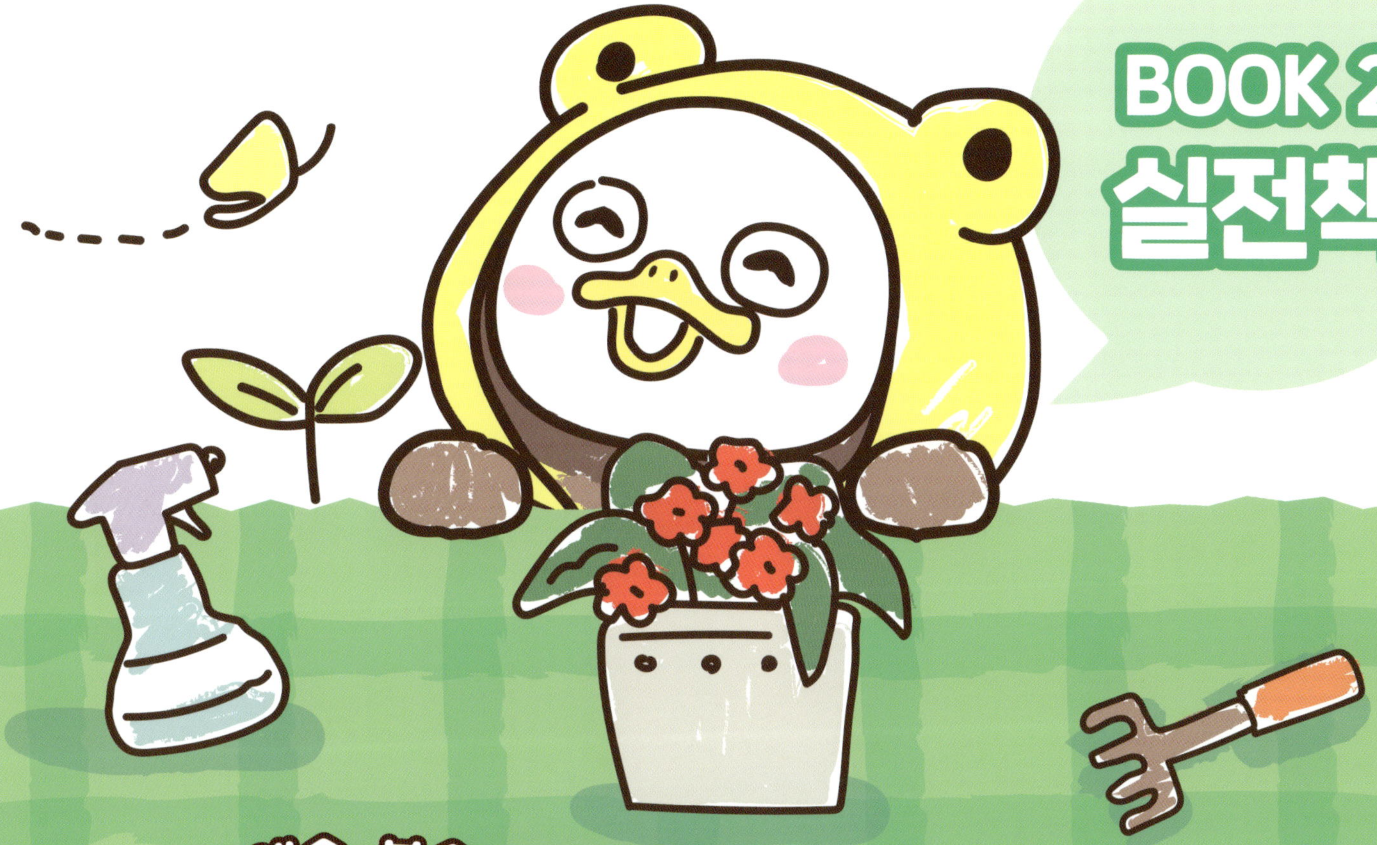
예습·복습·숙제까지
해결되는 교과서 완전 학습서
만점왕
수학 6-1

만점왕

BOOK 2 실전책

수학 6-1

시험 2주 전 공부

핵심을 복습하기

시험이 2주 남았네요. 이럴 땐 먼저 핵심을 복습해 보면 좋아요.

만점왕 북2 실전책을 펴 보면

각 단원별로 핵심 정리와 쪽지 시험이 있습니다.

정리된 핵심을 읽고 쪽지 시험을 풀어 보세요.

문제가 어렵게 느껴지거나 자신 없는 부분이 있다면

북1 개념책을 찾아서 다시 읽어 보는 것도 도움이 돼요.

시험 1주 전 공부

시간을 정해 두고 연습하기

앗, 이제 시험이 일주일밖에 남지 않았네요.

시험 직전에는 실제 시험처럼 시간을 정해 두고 문제를 푸는 연습을 하는 게 좋아요.

그러면 시험을 볼 때에 떨리는 마음이 줄어드니까요.

이때에는 **만점왕 북2의 학교 시험 만점왕**을 풀어 보면 돼요.

시험 시간에 맞게 풀어 본 후 맞힌 개수를 세어 보면

자신의 실력을 알아볼 수 있답니다.

이 책의 **차례**

BOOK
2

실전책

■ (자연수)÷(자연수)의 몫을 분수로 나타내기

- 몫이 1보다 작은 경우

  $1÷4$, $3÷4$의 몫을 분수로 나타내기

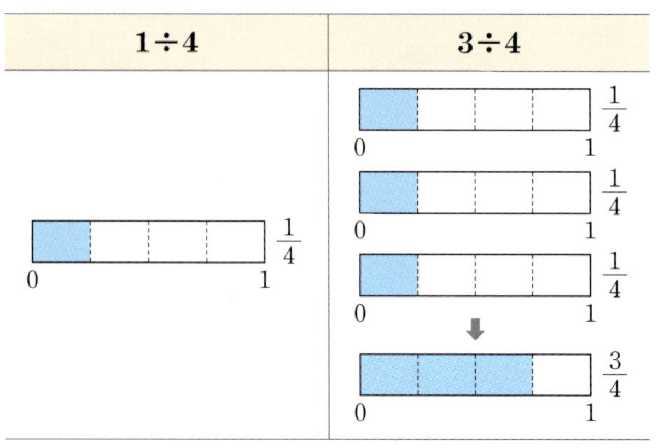

➡ $3÷4$는 $\dfrac{1}{4}$이 3개이므로 $3÷4=\dfrac{3}{4}$입니다.

- 몫이 1보다 큰 경우

  방법 1 $5÷4$의 몫을 분수로 나타내기

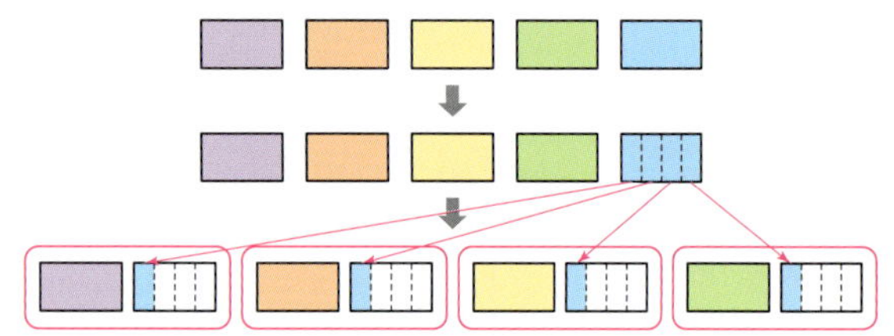

$5÷4=1\cdots1$

$5÷4=1\dfrac{1}{4}$ ➡ $1\dfrac{1}{4}=\dfrac{5}{4}$

방법 2 $5÷4$의 몫을 분수로 나타내기

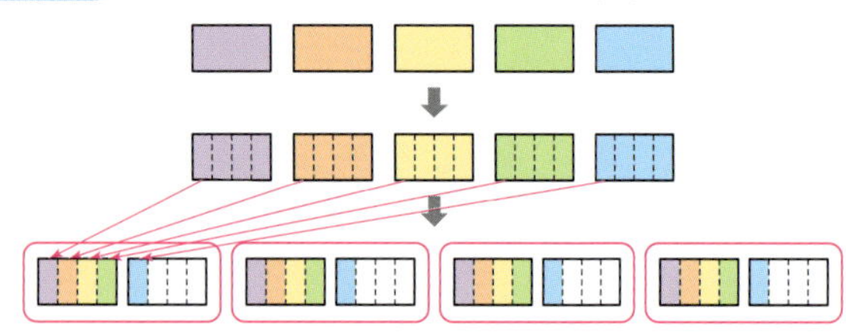

$1÷4=\dfrac{1}{4}$

$5÷4$는 $\dfrac{1}{4}$이 5개이므로 $\dfrac{5}{4}$입니다.

$5÷4=\dfrac{5}{4}$ ➡ $\dfrac{5}{4}=1\dfrac{1}{4}$

■ (분수)÷(자연수) 알아보기

- 분자가 자연수의 배수일 때는 분자를 자연수로 나눕니다.

  예 $\dfrac{4}{7}÷2=\dfrac{4÷2}{7}=\dfrac{2}{7}$, $\dfrac{6}{5}÷3=\dfrac{6÷3}{5}=\dfrac{2}{5}$

- 분자가 자연수의 배수가 아닐 때는 크기가 같은 분수 중에 분자가 자연수의 배수가 되는 수로 나타내어 계산합니다.

  예 $\dfrac{9}{10}÷2=\dfrac{9×2}{10×2}÷2=\dfrac{18}{20}÷2$

  $\qquad =\dfrac{18÷2}{20}=\dfrac{9}{20}$

■ (분수)÷(자연수)를 분수의 곱셈으로 나타내어 계산하기

- 자연수를 $\dfrac{1}{(자연수)}$로 나타낸 다음 곱하여 계산합니다.

  예 $\dfrac{5}{8}÷3=\dfrac{5}{8}×\dfrac{1}{3}=\dfrac{5}{24}$

  $\dfrac{11}{7}÷9=\dfrac{11}{7}×\dfrac{1}{9}=\dfrac{11}{63}$

$$\dfrac{★}{■}÷▲=\dfrac{★}{■}×\dfrac{1}{▲}$$

■ (대분수)÷(자연수) 알아보기

- 대분수를 가분수로 나타내고 분자를 자연수로 나누어 계산합니다.

  예 $2\dfrac{2}{5}÷4=\dfrac{12}{5}÷4=\dfrac{12÷4}{5}=\dfrac{3}{5}$

- 대분수를 가분수로 나타내고 나눗셈을 곱셈으로 바꾸어 계산합니다.

  예 $4\dfrac{1}{5}÷2=\dfrac{21}{5}÷2=\dfrac{21}{5}×\dfrac{1}{2}=\dfrac{21}{10}=2\dfrac{1}{10}$

  참고 분자가 자연수로 나누어떨어지지 않으면 나눗셈을 곱셈으로 바꾸어 계산하면 간단합니다.

01 ▶ 261008-0457

1÷11을 그림으로 나타내고 몫을 구해 보세요.

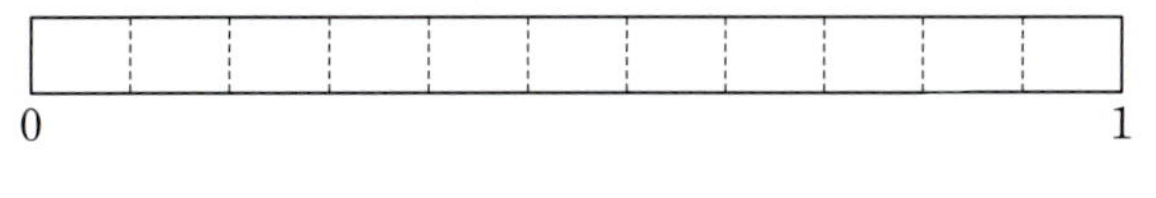

$$1 \div 11 = \dfrac{\Box}{\Box}$$

02 ▶ 261008-0458

3÷5를 그림으로 나타내고 몫을 구해 보세요.

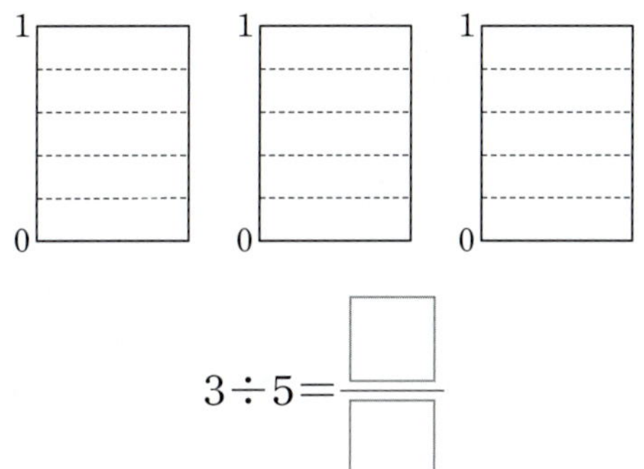

$$3 \div 5 = \dfrac{\Box}{\Box}$$

03 ▶ 261008-0459

10÷7의 몫을 분수로 나타내는 과정입니다. □ 안에 알맞은 수를 써넣으세요.

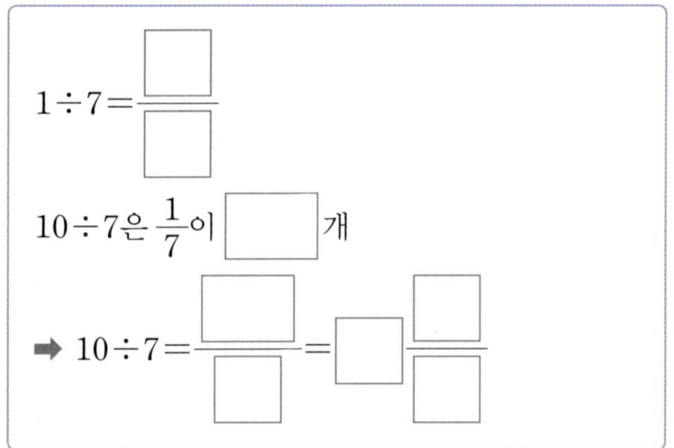

$$1 \div 7 = \dfrac{\Box}{\Box}$$

10÷7은 $\dfrac{1}{7}$이 $\Box$ 개

$$\rightarrow 10 \div 7 = \dfrac{\Box}{\Box} = \Box \dfrac{\Box}{\Box}$$

04 ▶ 261008-0460

빈칸에 알맞은 분수를 써넣으세요.

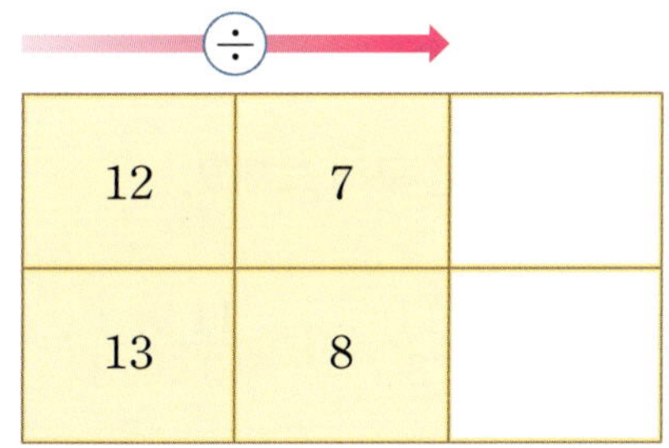

÷		
12	7	
13	8	

[05~06] □ 안에 알맞은 수를 써넣으세요.

05 ▶ 261008-0461

$$\dfrac{6}{11} \div 2 = \dfrac{6 \div \Box}{11} = \dfrac{\Box}{11}$$

06 ▶ 261008-0462

$$\dfrac{5}{6} \div 3 = \dfrac{\Box}{18} \div 3 = \dfrac{\Box \div 3}{18} = \dfrac{\Box}{18}$$

07 ▶ 261008-0463

$\dfrac{3}{4} \div 5$의 몫을 구하려고 합니다. 그림을 보고 □ 안에 알맞은 수를 써넣으세요.

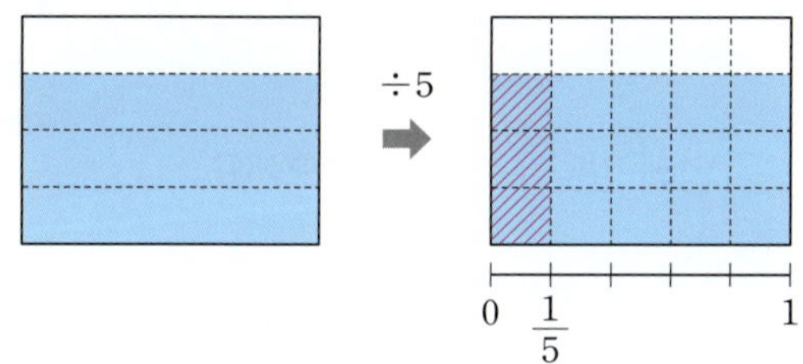

$$\dfrac{3}{4} \div 5 = \dfrac{3}{4} \times \dfrac{1}{\Box} = \dfrac{\Box}{\Box}$$

08 ▶ 261008-0464

나눗셈의 몫의 크기를 비교하여 ○ 안에 >, =, <를 알맞게 써넣으세요.

$$\boxed{\dfrac{14}{9} \div 7} \quad \bigcirc \quad \boxed{\dfrac{15}{8} \div 5}$$

[09~10] □ 안에 알맞은 수를 써넣으세요.

09 ▶ 261008-0465

$$3\dfrac{1}{9} \div 4 = \dfrac{\Box}{9} \div 4 = \dfrac{\Box \div 4}{9} = \dfrac{\Box}{9}$$

10 ▶ 261008-0466

$$3\dfrac{3}{8} \div 9 = \dfrac{\Box}{8} \times \dfrac{1}{\Box} = \dfrac{\Box}{8}$$

1. 분수의 나눗셈

01 ▸ 261008-0467

$5 \div 3$을 그림으로 나타내고 몫을 구해 보세요.

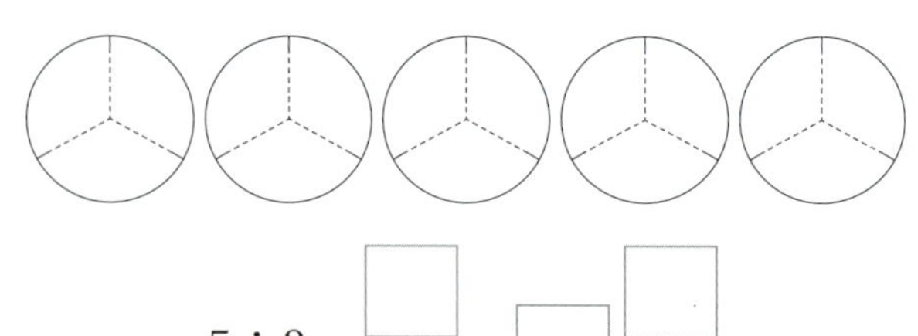

$$5 \div 3 = \frac{\square}{\square} = \square \frac{\square}{\square}$$

02 ▸ 261008-0468

□ 안에 알맞은 수를 써넣으세요.

$$\square \div 10 = \frac{7}{10}$$

03 ▸ 261008-0469

페인트 5 L를 페인트통 8개에 똑같이 나누어 담으려고 합니다. 페인트통 한 개에 몇 L씩 담아야 하는지 분수로 나타내 보세요.

(   )

04 ▸ 261008-0470

□ 안에 알맞은 수를 써넣으세요.

(1) $\dfrac{8}{11} \div 2 = \dfrac{8 \div \square}{11} = \dfrac{\square}{11}$

(2) $\dfrac{13}{3} \div 5 = \dfrac{13}{3} \times \dfrac{1}{\square} = \dfrac{\square}{\square}$

05 ▸ 261008-0471

삼각형의 넓이는 몇 cm^2일까요? (   )

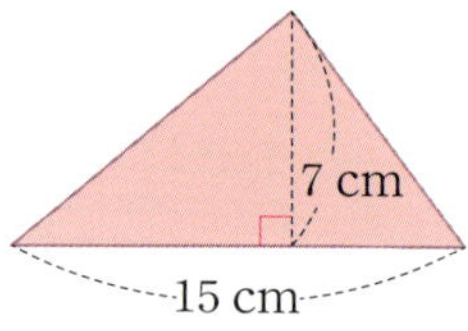

① 105 cm^2 ② $52\frac{1}{2} \text{ cm}^2$ ③ 52 cm^2

④ $7\frac{1}{2} \text{ cm}^2$ ⑤ $3\frac{1}{2} \text{ cm}^2$

06 ▸ 261008-0472

잘못 계산한 것의 기호를 써 보세요.

$$ⓐ \; 6\frac{1}{4} \div 5 = \frac{25}{4} \div 5 = \frac{25 \div 5}{4 \times 5} = \frac{5}{20} = \frac{1}{4}$$

$$ⓑ \; 6\frac{1}{4} \div 5 = \frac{25}{4} \div 5 = \frac{25 \div 5}{4} = \frac{5}{4} = 1\frac{1}{4}$$

(   )

07 ▸ 261008-0473

㉠－㉡의 값을 구해 보세요.

$$\frac{11}{3} \div 3 = \frac{11}{3} \times \frac{1}{3} = \frac{㉠}{㉡}$$

(   )

08 ▶ 261008-0474

$2\dfrac{1}{4} \div 3$의 몫을 구하려고 합니다. 수직선을 보고 □ 안에 알맞은 수를 써넣으세요.

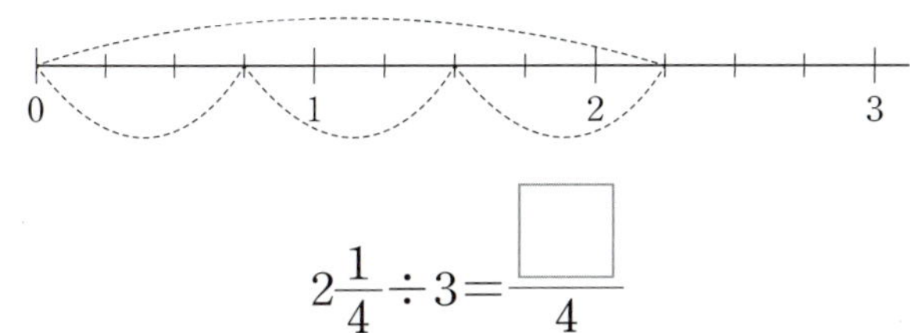

$$2\dfrac{1}{4} \div 3 = \dfrac{\square}{4}$$

09 ▶ 261008-0475

소금물 $1\dfrac{1}{5}$ L를 6개의 모둠에 똑같이 나누어 준다면 한 모둠이 받는 소금물은 몇 L인지 식을 쓰고 답을 구해 보세요.

식 _________________________________

답 _________________

10 ▶ 261008-0476

□ 안에 들어갈 수 있는 자연수는 모두 몇 개인지 풀이 과정을 쓰고 답을 구해 보세요.

$$14\dfrac{2}{5} \div 9 > \dfrac{\square}{5}$$

풀이

____

____

____

답 _________________

11 ▶ 261008-0477

계산해 보세요.

(1) $11 \div 9$

(2) $\dfrac{2}{5} \div 3$

12 ▶ 261008-0478

보기 와 같은 방법으로 계산해 보세요.

보기

$$\dfrac{4}{9} \div 5 = \dfrac{4 \times 5}{9 \times 5} \div 5 = \dfrac{20}{45} \div 5$$
$$= \dfrac{20 \div 5}{45} = \dfrac{4}{45}$$

$$\dfrac{5}{12} \div 7$$

13 ▶ 261008-0479

몫이 큰 것부터 순서대로 기호를 써 보세요.

㉠ $\dfrac{7}{2} \div 3$	㉡ $\dfrac{14}{11} \div 2$
㉢ $9\dfrac{5}{6} \div 9$	㉣ $4\dfrac{2}{9} \div 3$

(   )

14 ▶ 261008-0480

계산 결과를 찾아 이어 보세요.

$5 \div 13$	•		•	$\dfrac{5}{12}$
$\dfrac{10}{11} \div 2$	•		•	$\dfrac{5}{13}$
$2\dfrac{11}{12} \div 7$	•		•	$\dfrac{5}{11}$

15 ▶261008-0481
나눗셈의 몫의 크기를 비교하여 ○ 안에 >, =, <를 알맞게 써넣으세요.

$$2\frac{4}{5} \div 3 \quad \bigcirc \quad \frac{23}{12} \div 2$$

16 ▶261008-0482
한 대각선의 길이가 **9 cm**인 정사각형이 있습니다. 이 정사각형의 넓이는 몇 **cm²**일까요?

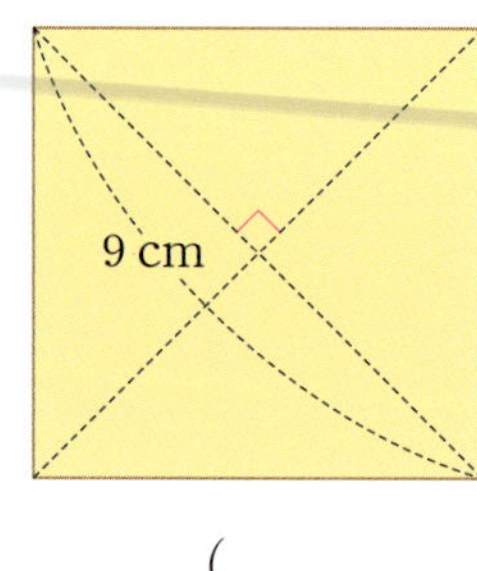

(   )

서술형
17 ▶261008-0483
무게가 똑같은 사과 7개의 무게가 $\frac{21}{10}$ kg이고, 무게가 똑같은 복숭아 8개의 무게가 $1\frac{1}{5}$ kg입니다. 사과 1개와 복숭아 1개 중 더 가벼운 것의 무게는 몇 kg인지 풀이 과정을 쓰고 답을 구해 보세요.

풀이

____

____

____

답 _______________

18 ▶261008-0484
철사 $\frac{15}{8}$ m를 겹치지 않게 모두 사용하여 정오각형을 만들었습니다. 정오각형의 한 변의 길이는 몇 **m**인지 식을 쓰고 답을 구해 보세요.

식 _______________________________

답 _______________

19 ▶261008-0485
㉠+㉡의 값을 구해 보세요.

$$2\frac{1}{12} \div 4 = ㉠$$
$$\frac{5}{8} \div 6 = ㉡$$

(   )

20 ▶261008-0486
가로가 **4 m**인 벽에 같은 크기의 정사각형 모양의 액자 5개를 $\frac{3}{4}$ m 간격으로 나란히 붙였습니다. 액자 한 개의 한 변의 길이는 몇 **m**인지 분수로 나타내 보세요. (단, 벽의 처음과 끝에 맞추어 액자를 붙였습니다.)

(   )

학교 시험 만점왕 2회

1. 분수의 나눗셈

01 ▶ 261008-0487

$3 \div 7$을 그림으로 나타내고 몫을 구해 보세요.

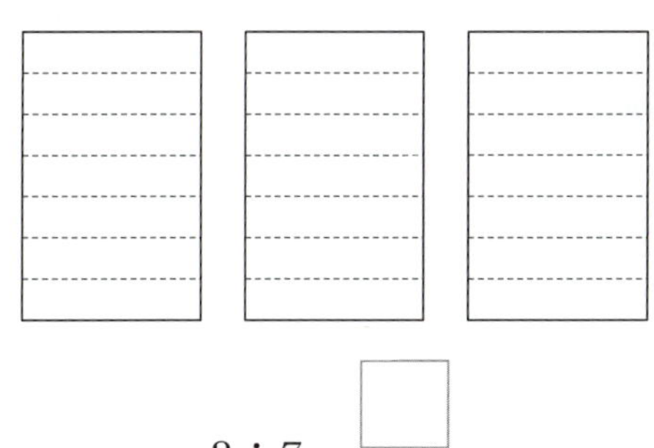

$$3 \div 7 = \frac{\boxed{}}{\boxed{}}$$

02 ▶ 261008-0488

빈칸에 알맞은 수를 써넣으세요.

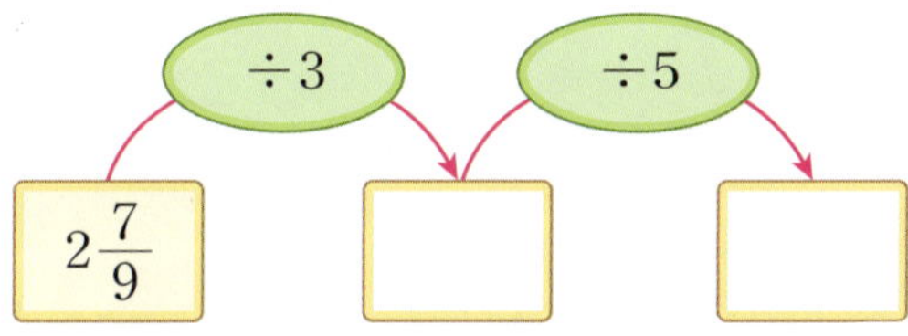

03 ▶ 261008-0489

나눗셈의 몫이 작은 것부터 순서대로 기호를 써 보세요.

> ㉠ $\frac{1}{2} \div 9$　　　㉡ $\frac{7}{12} \div 3$
>
> ㉢ $\frac{4}{3} \div 3$　　　㉣ $\frac{7}{9} \div 8$

(　　　　　　　　)

04 ▶ 261008-0490

쌀 **10 kg**을 통 8개에 똑같이 나누어 담으려고 합니다. 한 통에 몇 **kg**씩 담아야 하는지 분수로 나타내 보세요.

(　　　　　　　　)

05 ▶ 261008-0491

빈칸에 알맞은 분수를 써넣으세요.

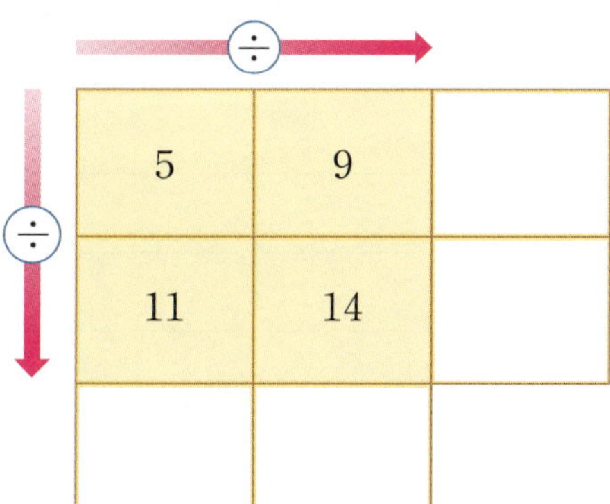

06 ▶ 261008-0492

마름모 ㄱㄴㄷㄹ에서 색칠한 부분의 넓이는 몇 cm^2일까요?

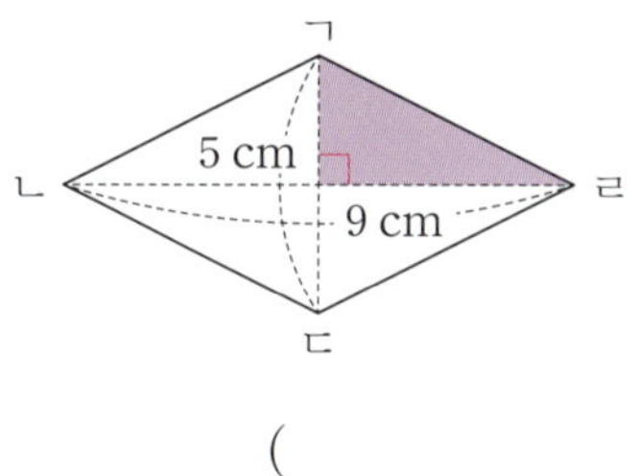

(　　　　　　　　)

07 ▶ 261008-0493

잘못 계산하기 시작한 곳을 찾아 ○표 하고, 바르게 계산해 보세요.

$$\frac{15}{16} \div 4 = \frac{15}{16 \div 4} = \frac{15}{4} = 3\frac{3}{4}$$

08 ▶ 261008-0494

어떤 수를 12로 나누어야 할 것을 잘못하여 12를 곱했더니 $2\frac{2}{3}$가 되었습니다. 바르게 계산하면 얼마인지 풀이 과정을 쓰고 답을 구해 보세요.

풀이

답 ________________

09 ▶ 261008-0495

수 카드 3장을 한 번씩 모두 사용하여 계산 결과가 가장 작은 나눗셈을 만들고 계산해 보세요.

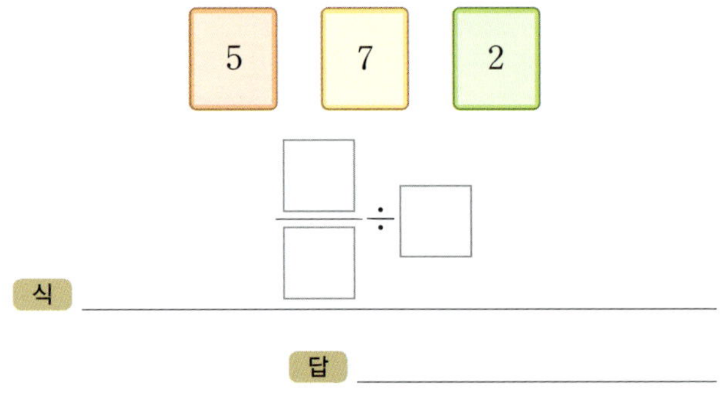

식 ________________

답 ________________

10 ▶ 261008-0496

□ 안에 들어갈 수 있는 자연수 중 가장 큰 수는 얼마일까요?

$$\frac{\square}{6} < 2\frac{2}{3} \div 2$$

( )

11 ▶ 261008-0497

$2\frac{2}{9} \div 10$을 두 가지 방법으로 계산해 보세요.

방법 1 ________________

방법 2 ________________

12 ▶ 261008-0498

나눗셈의 몫이 1보다 큰 것을 모두 고르세요.

( )

① $\frac{9}{5} \div 7$ ② $4\frac{1}{5} \div 3$ ③ $\frac{21}{2} \div 10$

④ $3\frac{2}{7} \div 4$ ⑤ $1\frac{11}{12} \div 2$

13 ▶ 261008-0499

평행사변형의 넓이가 46 cm^2이고 밑변이 8 cm일 때, 높이는 몇 cm인지 대분수로 구해 보세요.

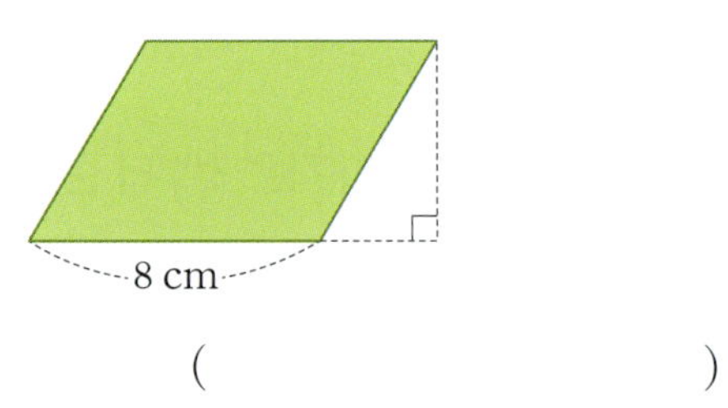

( )

14 ▶ 261008-0500

㉠×㉡의 값을 구해 보세요.

$$㉠ \times 4 = 10\frac{2}{5}$$
$$㉡ = \frac{14}{9} \div 2$$

( )

15 ▶ 261008-0501

무게가 똑같은 사과 **10**개가 놓여 있는 쟁반의 무게가 $3\frac{1}{5}$ **kg**입니다. 빈 쟁반의 무게가 $\frac{3}{5}$ **kg**이라면 사과 한 개의 무게는 몇 **kg**인지 풀이 과정을 쓰고 답을 구해 보세요.

풀이

____

____

____

답 _______________________________

16 ▶ 261008-0502

관계있는 것끼리 이어 보세요.

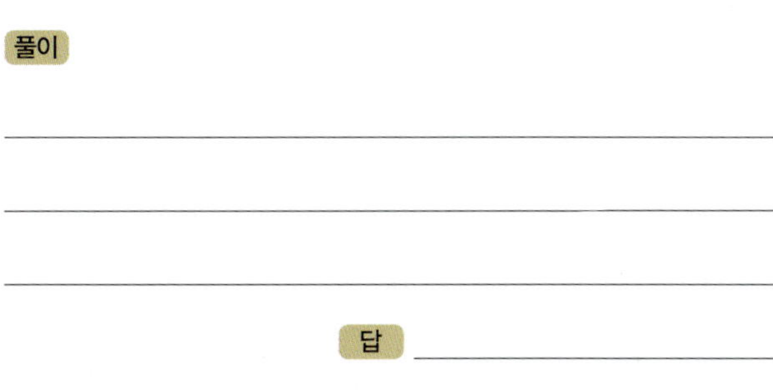

17 ▶ 261008-0503

한 병에 $1\frac{2}{5}$ **L**씩 들어 있는 주스가 **2**병 있습니다. 이 주스를 **10**명이 똑같이 나누어 마시려면 한 명이 마실 수 있는 주스는 몇 **L**인지 구해 보세요.

( )

18 ▶ 261008-0504

□ 안에 알맞은 수를 구해 보세요.

$$\square \times 7 = \frac{8}{9}$$

( )

19 ▶ 261008-0505

사다리꼴의 넓이가 $10\frac{2}{5}$ **cm²**일 때, 사다리꼴의 높이는 몇 **cm**일까요?

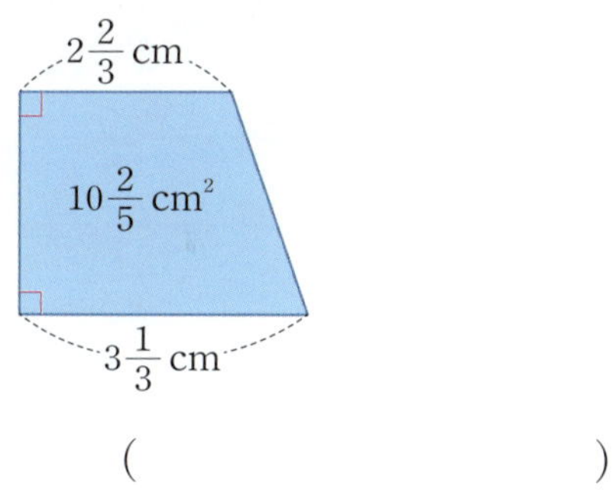

( )

20 ▶ 261008-0506

자전거를 타고 일정한 빠르기로 **20**분 동안 $10\frac{2}{7}$ **km**를 간다면 **1**분 동안 몇 **km**를 갈 수 있는지 구해 보세요.

( )

01 ▶ 261008-0507

1 m짜리 끈을 4명이 똑같이 나누어 사용하려고 합니다. 한 명이 사용할 끈은 몇 m인지 풀이 과정을 쓰고 답을 분수로 구해 보세요.

풀이

답 ____________________

02 ▶ 261008-0508

길이가 $1\frac{2}{7}$ m인 철사를 겹치지 않게 모두 사용하여 정육각형 모양을 한 개 만들었습니다. 이 정육각형의 한 변의 길이는 몇 m인지 풀이 과정을 쓰고 답을 구해 보세요.

풀이

답 ____________________

03 ▶ 261008-0509

보기 의 수 중에서 □ 안에 들어갈 수 없는 수는 모두 몇 개인지 풀이 과정을 쓰고 답을 구해 보세요.

$$2\frac{1}{7} \div 4 > \frac{\square}{28}$$

보기

5, 11, 14, 16, 20

풀이

답 ____________________

04 ▶ 261008-0510

우유 $\frac{7}{10}$ L를 5명이 똑같이 나누어 마시려고 합니다. 한 명이 마실 수 있는 우유는 몇 L인지 풀이 과정을 쓰고 답을 구해 보세요.

풀이

답 ____________________

05 ▶ 261008-0511

삼각형의 넓이가 $12\frac{2}{3}$ cm²이고, 밑변의 길이가 5 cm일 때, 높이는 몇 cm인지 풀이 과정을 쓰고 답을 구해 보세요.

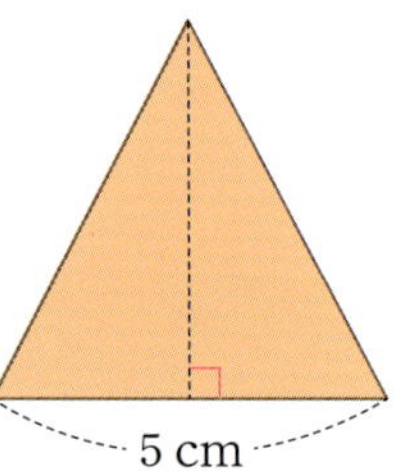

풀이

답 ____________________

06 ▶ 261008-0512

어떤 수에 4를 곱하였더니 $2\dfrac{1}{9}$이 되었습니다. 어떤 수를 5로 나눈 몫은 얼마인지 풀이 과정을 쓰고 답을 구해 보세요.

풀이

답

07 ▶ 261008-0513

㉠ 초과 ㉡ 미만인 수의 범위에 있는 자연수를 모두 구하려고 합니다. 풀이 과정을 쓰고 답을 구해 보세요.

$$㉠ \times 7 = 12\dfrac{3}{5}$$
$$32\dfrac{1}{2} \div 5 = ㉡$$

풀이

답

08 ▶ 261008-0514

철사 $6\dfrac{1}{5}$ m를 겹치지 않게 모두 사용하여 똑같은 정삼각형 모양을 3개 만들었습니다. 이 정삼각형의 한 변의 길이는 몇 m인지 풀이 과정을 쓰고 답을 구해 보세요.

풀이

답

09 ▶ 261008-0515

무게가 똑같은 연필 9자루의 무게가 $49\dfrac{1}{2}$ g이고, 무게가 똑같은 볼펜 8자루의 무게가 $54\dfrac{2}{5}$ g입니다. 연필 1자루와 볼펜 1자루의 무게의 차는 몇 g인지 풀이 과정을 쓰고 답을 구해 보세요.

풀이

답

10 ▶ 261008-0516

넓이가 $46\dfrac{1}{2}$ cm²인 직사각형이 있습니다. 이 직사각형의 세로가 6 cm일 때 가로는 세로의 몇 배인지 풀이 과정을 쓰고 답을 구해 보세요.

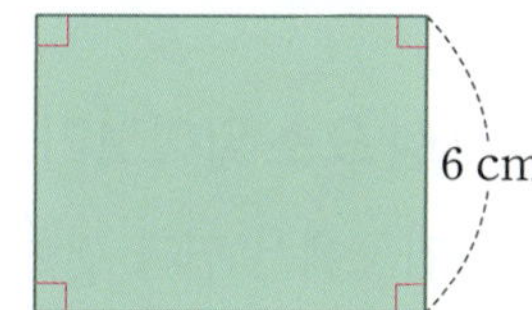

풀이

답

■ 각기둥 알아보기

- 각기둥: 두 면이 서로 평행하고 합동인 다각형으로 이루어진 기둥 모양의 입체도형
- 밑면: 각기둥에서 서로 평행하고 합동인 두 면
  - 두 밑면은 옆면과 모두 수직으로 만납니다.
  - 밑면은 2개입니다.
- 옆면: 각기둥에서 두 밑면과 만나는 면
  - 옆면은 모두 직사각형입니다.
  - 옆면의 수는 한 밑면의 변의 수와 같습니다.

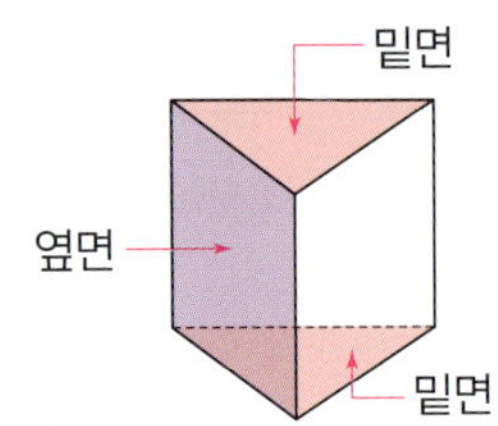

■ 각기둥의 이름 알아보기

- 각기둥은 밑면의 모양에 따라 삼각기둥, 사각기둥, 오각기둥, …이라고 합니다.
  밑면의 모양이 ▲각형인 각기둥의 이름은 ▲각기둥입니다.

■ 각기둥의 구성 요소 알아보기

- 모서리: 각기둥에서 면과 면이 만나는 선분
- 꼭짓점: 각기둥에서 모서리와 모서리가 만나는 점
- 높이: 각기둥에서 두 밑면 사이의 거리

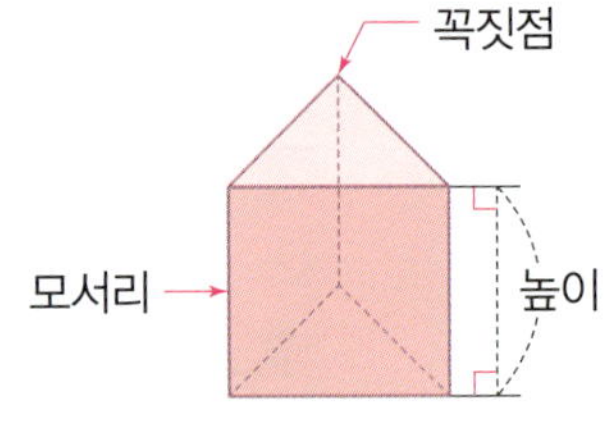

■ 각기둥의 전개도 알아보기

- 각기둥의 전개도: 각기둥의 모서리를 잘라서 펼쳐 놓은 그림

■ 각뿔 알아보기

- 각뿔: 한 면이 다각형이고 다른 면이 모두 삼각형인 입체도형
- 밑면: 각뿔에서 면 ㄴㄷㄹㅁ와 같은 면
  - 밑면은 1개입니다.
- 옆면: 각뿔에서 밑면과 만나는 면
  - 옆면은 모두 삼각형입니다.
  - 옆면의 수는 밑면의 변의 수와 같습니다.

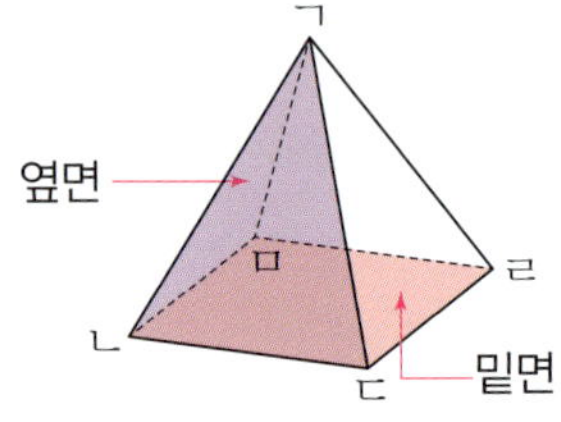

■ 각뿔의 이름 알아보기

- 각뿔은 밑면의 모양에 따라 삼각뿔, 사각뿔, 오각뿔, …이라고 합니다.
  밑면의 모양이 ▲각형인 각뿔의 이름은 ▲각뿔입니다.

■ 각뿔의 구성 요소 알아보기

- 모서리: 각뿔에서 면과 면이 만나는 선분
- 꼭짓점: 각뿔에서 모서리와 모서리가 만나는 점
- 각뿔의 꼭짓점: 꼭짓점 중에서 옆면이 모두 만나는 점
- 높이: 각뿔의 꼭짓점에서 밑면에 수직으로 그은 선분의 길이

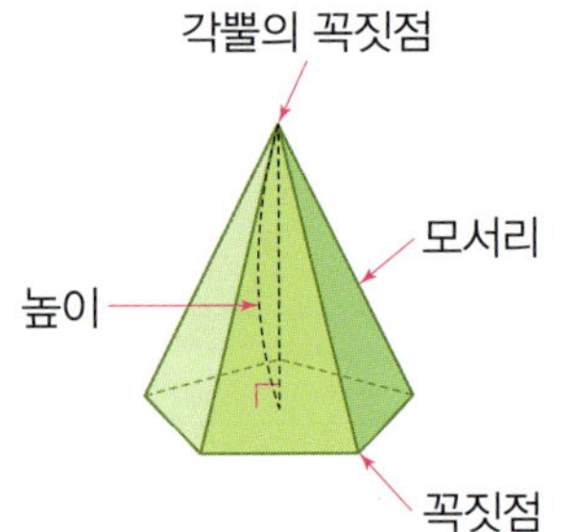

01 각기둥을 찾아 기호를 써 보세요. ▶ 261008-0517

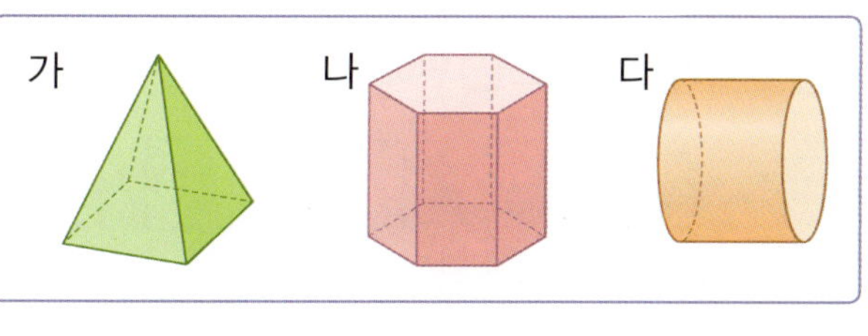

(   )

[02~04] 각기둥을 보고 물음에 답하세요.

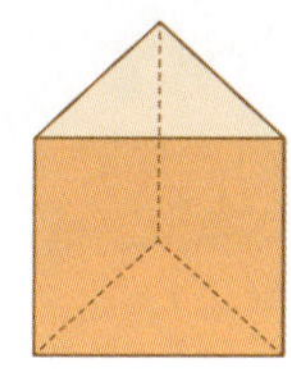

02 각기둥의 밑면은 몇 개인가요? ▶ 261008-0518

(   )

03 각기둥의 옆면은 몇 개인가요? ▶ 261008-0519

(   )

04 각기둥의 이름을 써 보세요. ▶ 261008-0520

(   )

05 각기둥에서 모서리와 꼭짓점은 각각 몇 개인가요? ▶ 261008-0521

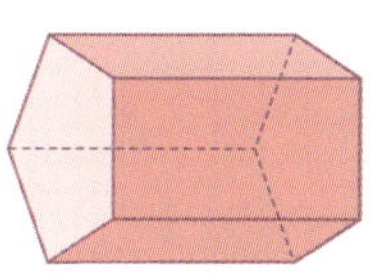

모서리 (   )

꼭짓점 (   )

[06~07] 각기둥의 전개도를 보고 물음에 답하세요.

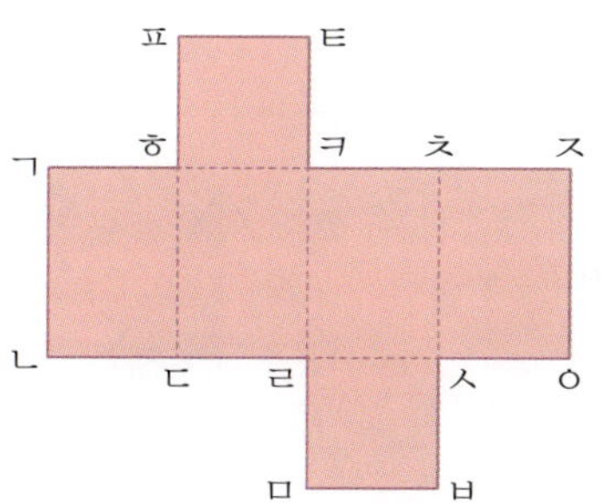

06 전개도를 접었을 때 선분 ㅊㅈ과 맞닿는 선분은 어느 것인가요? ▶ 261008-0522

(   )

07 전개도를 접었을 때 면 ㄹㅁㅂㅅ과 수직으로 만나는 면은 모두 몇 개인가요? ▶ 261008-0523

(   )

08 각뿔을 찾아 기호를 써 보세요. ▶ 261008-0524

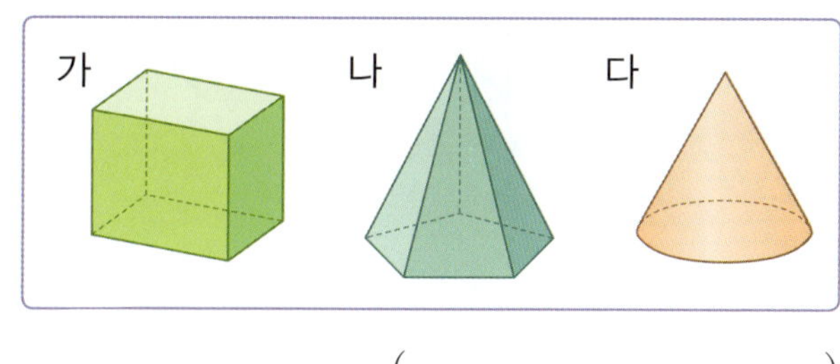

(   )

[09~10] 각뿔을 보고 물음에 답하세요.

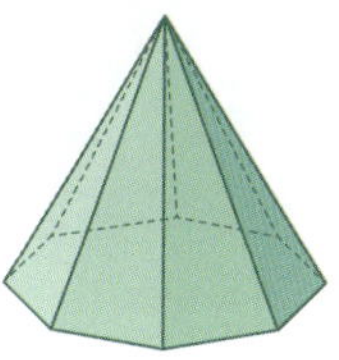

09 각뿔의 밑면과 옆면은 각각 몇 개인가요? ▶ 261008-0525

밑면 (   )

옆면 (   )

10 각뿔에서 모서리와 꼭짓점은 각각 몇 개인가요? ▶ 261008-0526

모서리 (   )

꼭짓점 (   )

2. 각기둥과 각뿔

01 각기둥을 모두 고르세요. (   ) ▶ 261008-0527

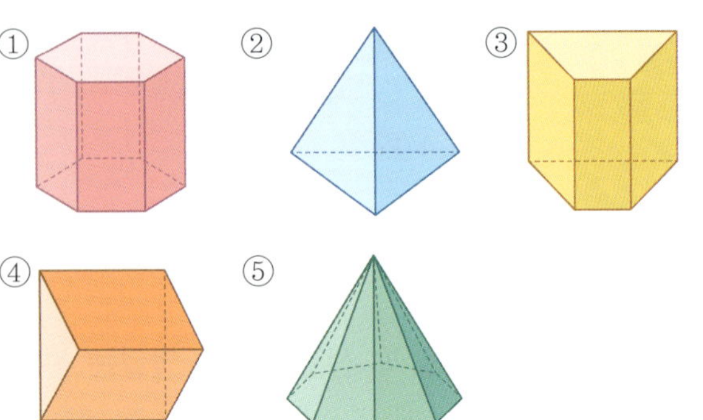

02 각기둥의 밑면을 모두 찾아 색칠해 보세요. ▶ 261008-0528

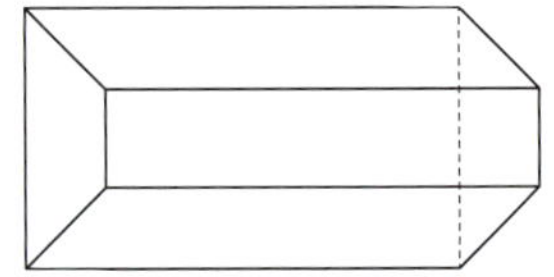

[03~04] 각기둥을 보고 물음에 답하세요.

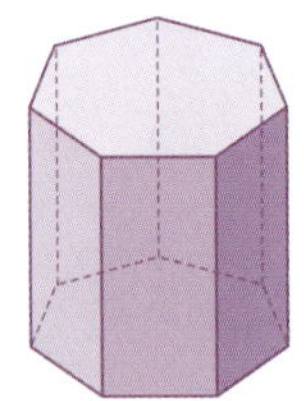

03 밑면과 수직으로 만나는 면은 모두 몇 개인가요? ▶ 261008-0529

(   )

04 각기둥의 이름을 써 보세요. ▶ 261008-0530

(   )

05 각기둥을 보고 □ 안에 알맞은 말을 써넣으세요. ▶ 261008-0531

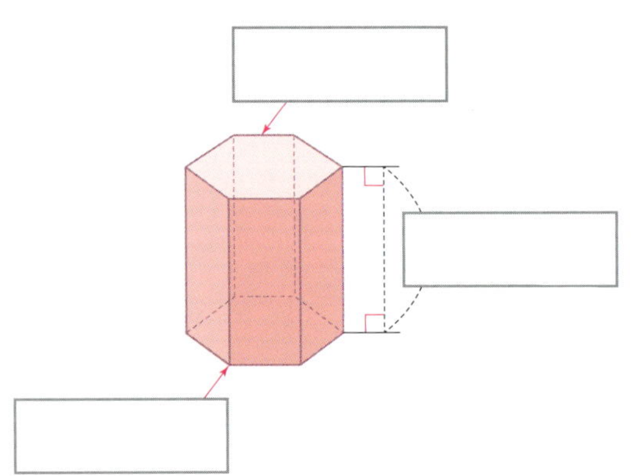

06 각기둥의 전개도를 그려 보세요. ▶ 261008-0532

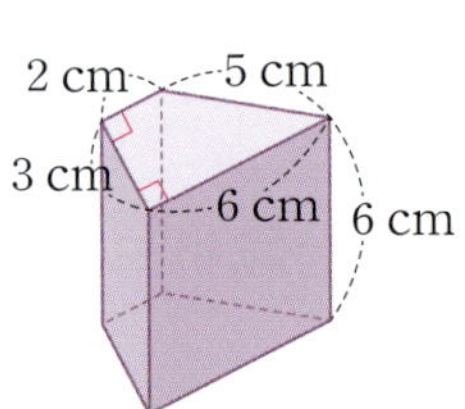

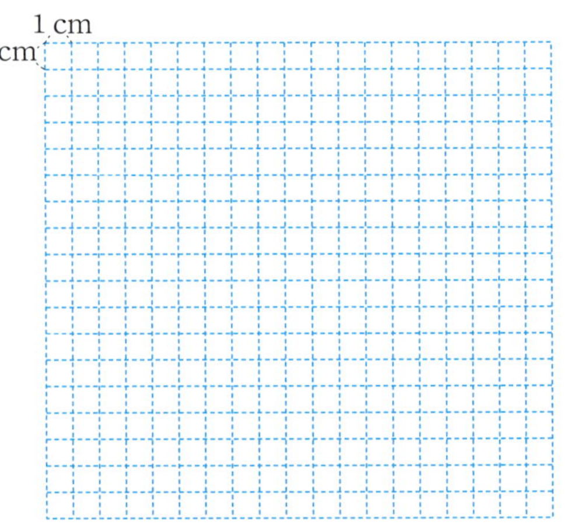

07 ▸ 261008-0533

주어진 각기둥과 각뿔의 공통점과 차이점을 한 가지씩 써 보세요.

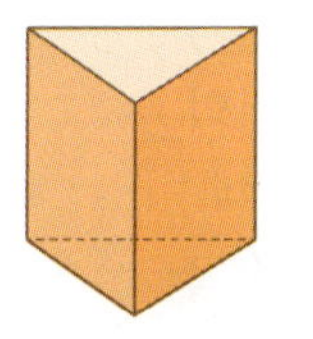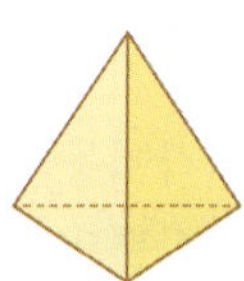

공통점 _______________________________________

____

차이점 _______________________________________

____

08 ▸ 261008-0534

밑면의 모양이 다음과 같은 각뿔의 이름을 써 보세요.

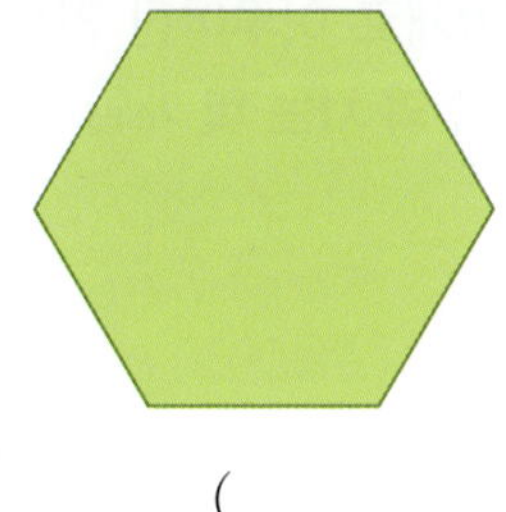

(   )

09 ▸ 261008-0535

각기둥의 높이는 몇 **cm**인가요?

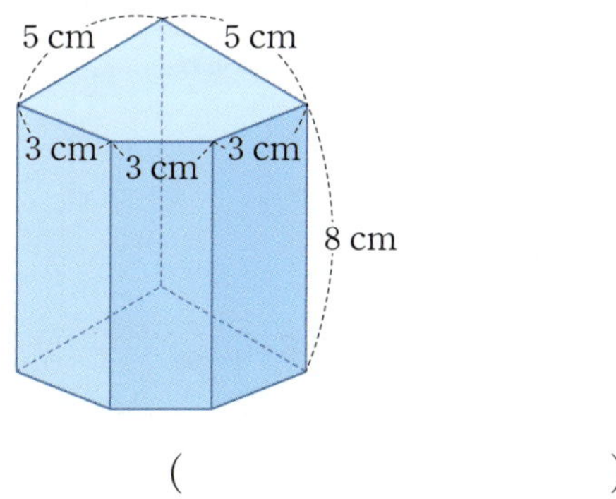

(   )

10 ▸ 261008-0536

다음 전개도를 접었을 때 만들어지는 입체도형에 대해 빈칸에 알맞은 말을 써넣으세요.

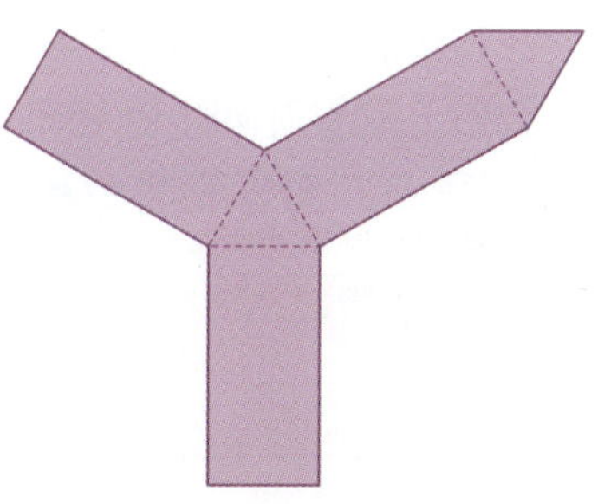

밑면의 모양	옆면의 모양	도형의 이름

11 ▸ 261008-0537

각뿔의 밑면을 찾아 색칠해 보세요.

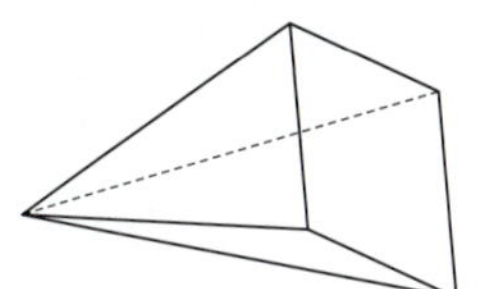

12 ▸ 261008-0538

면의 수가 많은 것부터 순서대로 기호를 써 보세요.

> ㉠ 육각기둥   ㉡ 육각뿔
> ㉢ 팔각기둥   ㉣ 십각뿔

(   )

13 ▸ 261008-0539

각기둥에 대한 설명을 보고 옳은 것에 ○표, 옳지 않은 것에 ×표 하세요.

(1) 각기둥은 밑면이 2개입니다. (   )

(2) 각기둥의 옆면의 수는 한 밑면의 변의 수와 같습니다. (   )

(3) 각기둥의 모서리의 수는 (한 밑면의 변의 수)×2와 같습니다. (   )

▶ 261008-0540

14 다음은 밑면이 정팔각형인 팔각기둥의 전개도의 옆면 만 그린 것입니다. 이 전개도를 완성한 후 접어서 만 든 팔각기둥의 모든 모서리의 길이의 합이 **112 cm** 일 때, 밑면인 정팔각형의 한 변의 길이는 몇 **cm**인지 풀이 과정을 쓰고 답을 구해 보세요.

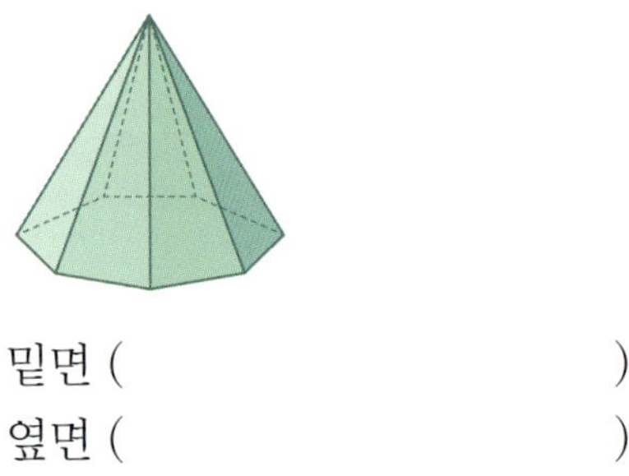

풀이

____

____

답 _______________________

▶ 261008-0541

15 각뿔에서 밑면과 옆면은 각각 몇 개인가요?

밑면 (　　　　　　　　)
옆면 (　　　　　　　　)

▶ 261008-0542

16 각기둥이 되려면 면이 적어도 몇 개 있어야 하나요?

(　　　　　　　　)

▶ 261008-0543

17 다음 전개도를 접었을 때 만들어지는 입체도형의 모서 리의 수와 꼭짓점의 수의 합은 몇 개인지 구해 보세요.

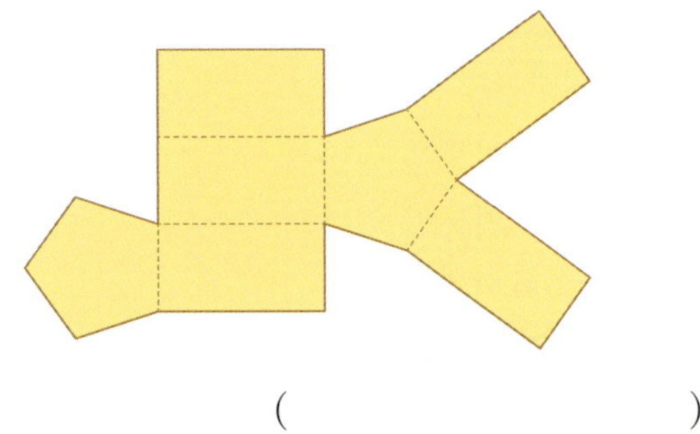

(　　　　　　　　)

▶ 261008-0544

18 수가 많은 것부터 순서대로 기호를 써 보세요.

> ㉠ 구각뿔의 모서리의 수
> ㉡ 육각기둥의 꼭짓점의 수
> ㉢ 칠각기둥의 면의 수
> ㉣ 팔각뿔의 모서리의 수

(　　　　　　　　)

▶ 261008-0545

19 밑면은 다각형 한 개이고, 옆면은 모양과 크기가 같은 삼각형 **10**개로 이루어진 입체도형의 모서리의 수와 꼭짓점의 수의 차는 몇 개일까요?

(　　　　　　　　)

▶ 261008-0546

20 각기둥을 펼쳐서 전개도를 만들었습니다. □ 안에 알 맞은 수를 써넣으세요.

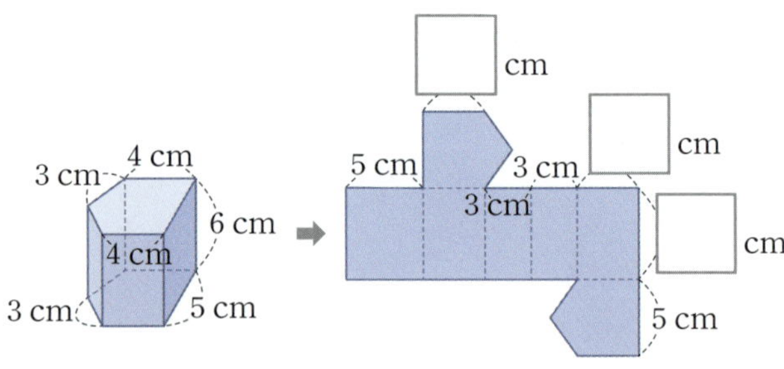

2. 각기둥과 각뿔

[01~02] 입체도형을 보고 물음에 답하세요.

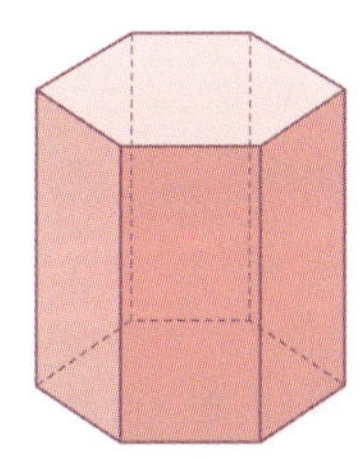

01 ▶261008-0547

위와 같이 두 면이 서로 평행하고 합동인 다각형으로 이루어진 기둥 모양의 입체도형을 무엇이라고 하나요?

(   )

02 ▶261008-0548

이 입체도형의 이름을 써 보세요.

(   )

[03~04] 각기둥을 보고 물음에 답하세요.

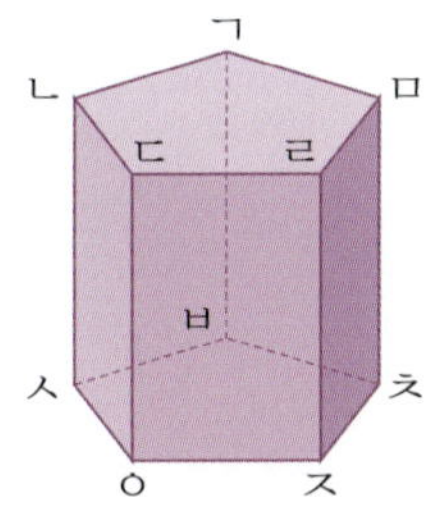

03 ▶261008-0549

각기둥의 밑면을 모두 찾아 써 보세요.

____

04 ▶261008-0550

각기둥의 옆면을 모두 찾아 써 보세요.

____

05 ▶261008-0551

각기둥을 보고 빈칸에 알맞은 수를 써넣으세요.

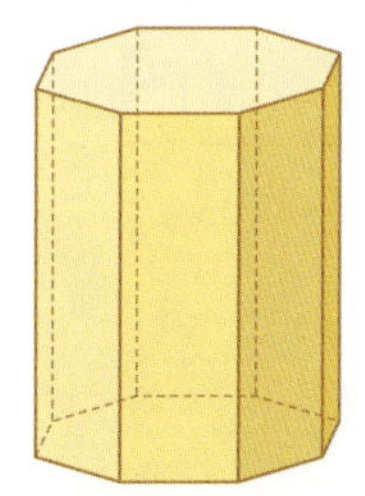

한 밑면의 변의 수(개)	면의 수 (개)	모서리의 수 (개)	꼭짓점의 수 (개)

06 ▶261008-0552

밑면의 모양이 다음과 같은 각뿔의 이름을 써 보세요.

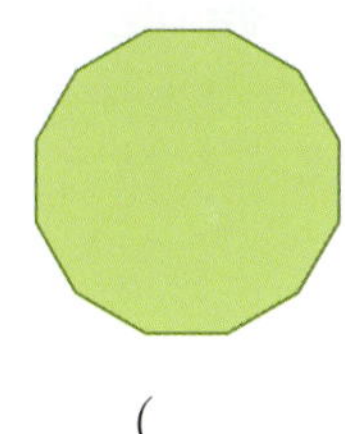

(   )

서술형

07 ▶261008-0553

다음 설명 중 옳지 <u>않은</u> 것을 찾아 기호를 쓰고, 바르게 고쳐 보세요.

> ㉠ 각뿔의 밑면은 1개입니다.
> ㉡ 각뿔의 옆면은 삼각형입니다.
> ㉢ 각뿔의 모서리의 수는 (밑면의 변의 수)＋1과 같습니다.

(   )

바르게 고친 문장 ________________________________

08 ▶ 261008-0554
어느 각뿔의 밑면과 옆면의 모양이 다음과 같습니다. 이 각뿔의 면은 모두 몇 개일까요?

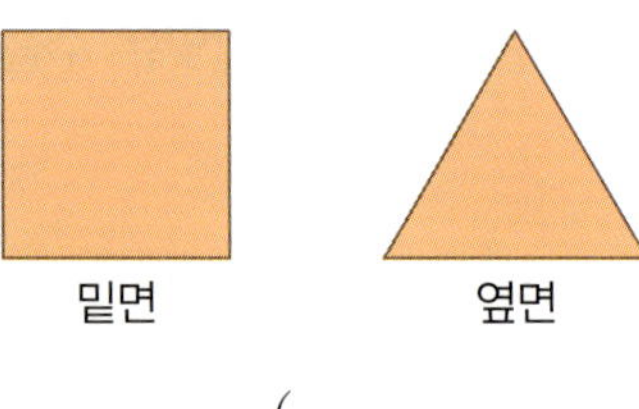

( )

[09~10] 각뿔을 보고 물음에 답하세요.

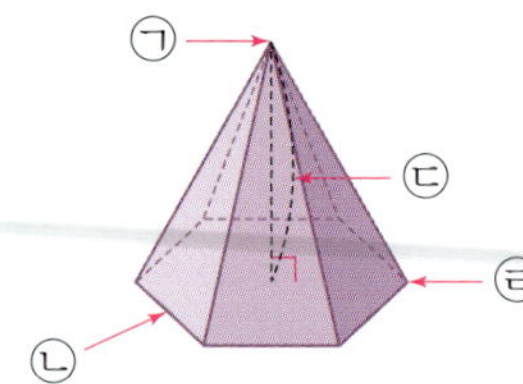

09 ▶ 261008-0555
각뿔의 높이에 해당하는 것의 기호를 써 보세요.

( )

10 ▶ 261008-0556
모든 옆면이 만나는 꼭짓점을 찾아 기호를 써 보세요.

( )

11 ▶ 261008-0557
각기둥의 높이는 몇 **cm**인지 자로 재어 보세요.

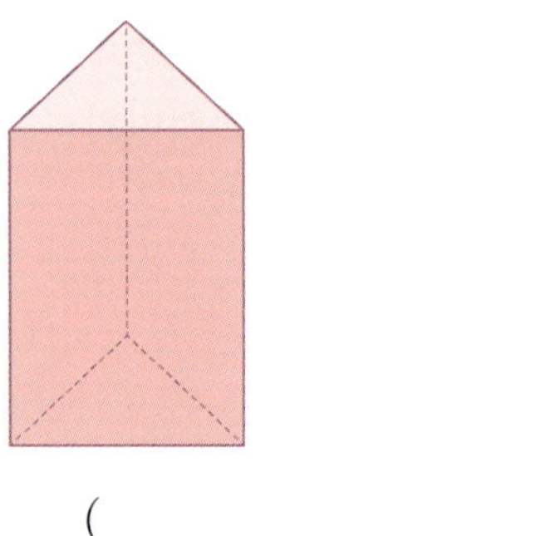

( )

12 ▶ 261008-0558
다음 전개도가 각기둥의 전개도가 될 수 있는지 알맞은 말에 ○표 하고, 그 이유를 설명해 보세요.

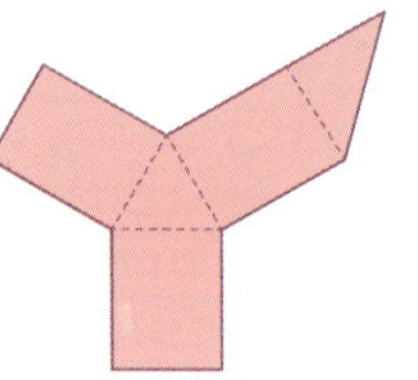

각기둥의 전개도가 될 수 (있습니다 , 없습니다).

이유

____

____

13 ▶ 261008-0559
사각기둥의 모든 모서리의 길이의 합을 구해 보세요.

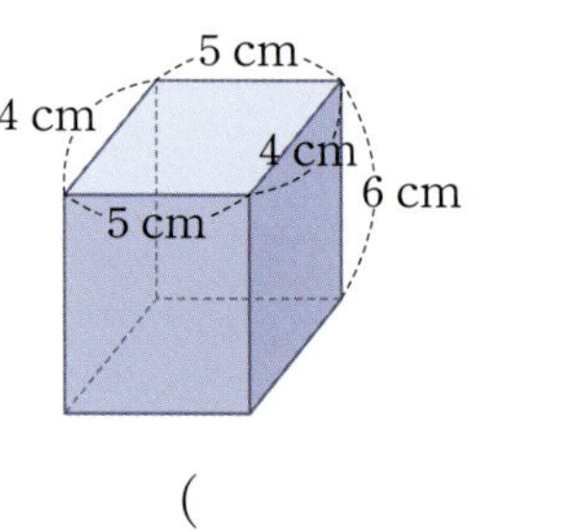

( )

14 ▶ 261008-0560
두 밑면의 변의 수의 합이 **16**개인 각기둥의 이름을 써 보세요.

( )

15 두 입체도형의 옆면의 수의 합은 몇 개일까요?

▶ 261008-0561

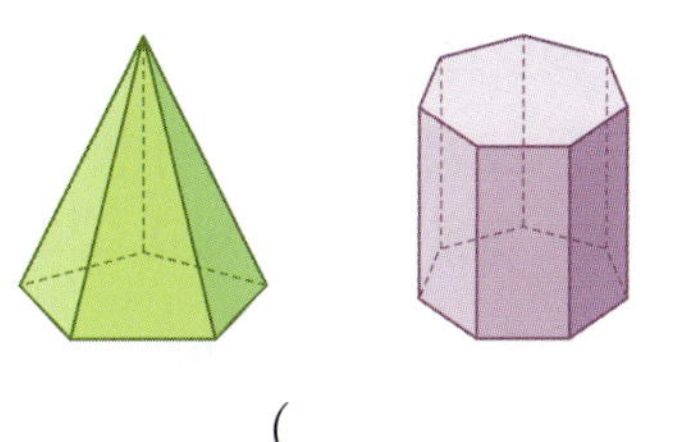

(   )

16 설명이 옳지 <u>않은</u> 학생의 이름을 써 보세요.

▶ 261008-0562

> 채아: 각기둥의 밑면과 옆면은 서로 수직으로 만나.
>
> 시후: 각뿔의 밑면은 다각형이야.
>
> 윤규: 각뿔의 두 밑면은 서로 합동이야.

(   )

17 각기둥의 전개도를 그려 보세요.

▶ 261008-0563

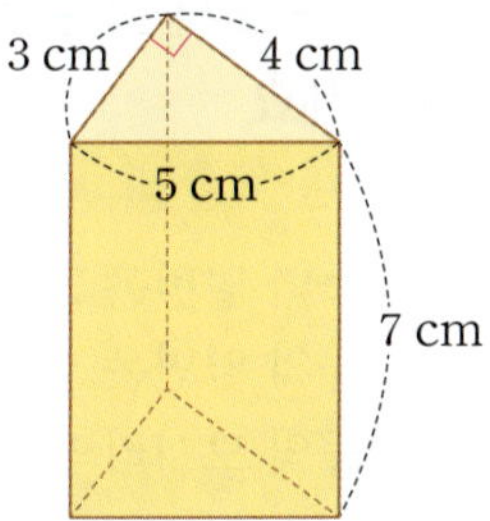

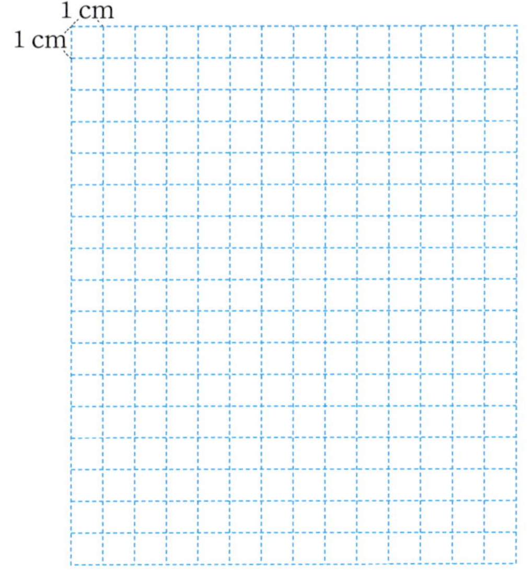

18 다음은 밑면의 모양이 정오각형인 각기둥의 전개도입니다. 이 전개도를 접어서 만든 각기둥의 모든 모서리의 길이의 합이 $115\,\text{cm}$일 때, 정오각형의 한 변의 길이를 구해 보세요.

▶ 261008-0564

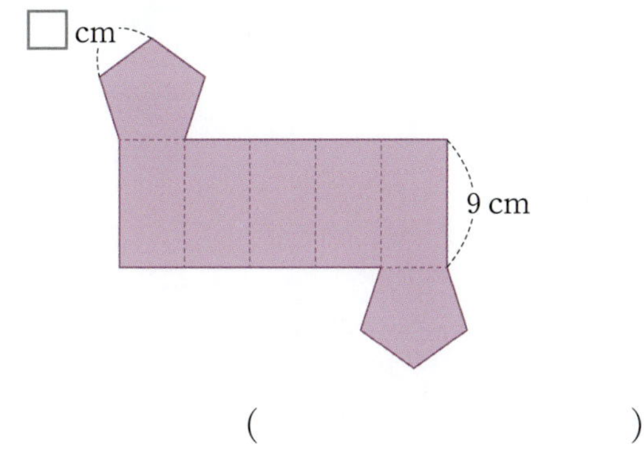

(   )

19 다음 입체도형의 모서리는 몇 개인지 구해 보세요.

▶ 261008-0565

> • 밑면은 1개입니다.
> • 옆면은 모두 삼각형입니다.
> • 꼭짓점은 9개입니다.

(   )

20 전개도를 접었을 때 면 ㅁㅂㅅ과 만나지 <u>않는</u> 면을 찾아 써 보세요.

▶ 261008-0566

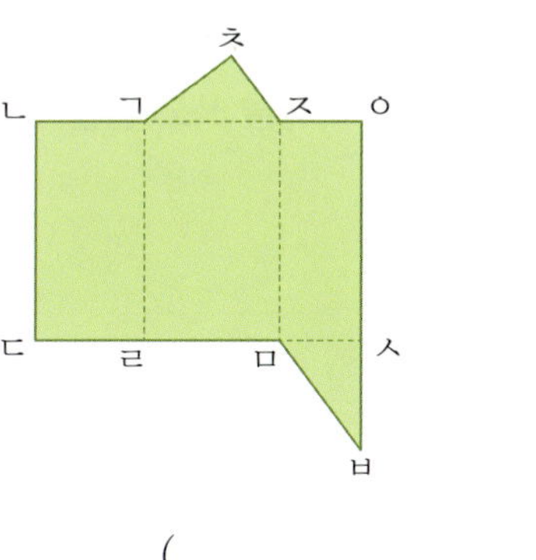

(   )

01 ▶ 261008-0567
다음 입체도형이 각뿔이 **아닌** 이유를 써 보세요.

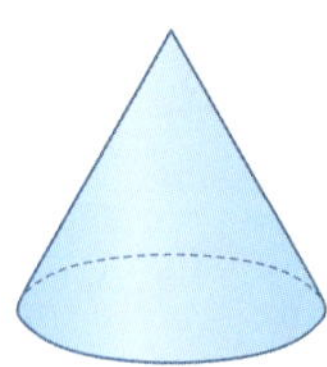

이유

____

____

02 ▶ 261008-0568
두 입체도형의 공통점과 차이점을 한 가지씩 써 보세요.

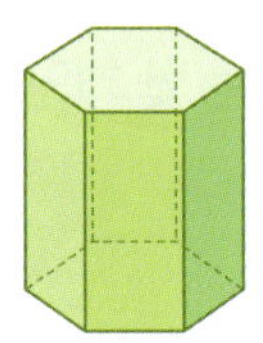 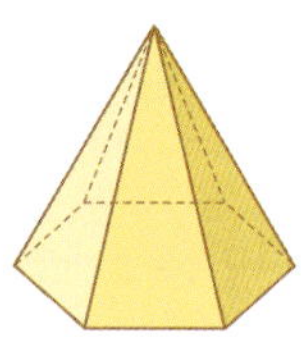

공통점 _______________________________________

____

차이점 _______________________________________

____

03 ▶ 261008-0569
모서리의 수가 21개인 각기둥의 꼭짓점의 수는 몇 개인지 풀이 과정을 쓰고 답을 구해 보세요.

풀이

____

____

답 _______________________________________

04 ▶ 261008-0570
밑면이 정오각형이고 옆면이 모두 이등변삼각형인 각뿔의 모든 모서리의 길이의 합은 몇 **cm**인지 풀이 과정을 쓰고 답을 구해 보세요.

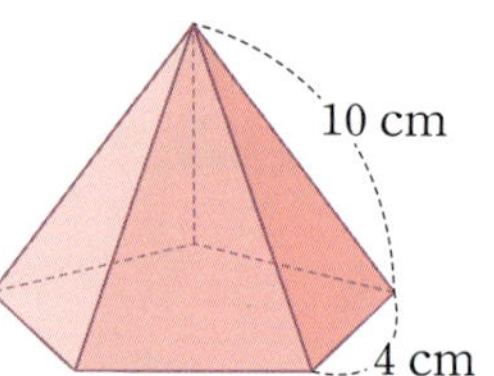

풀이

____

____

____

답 _______________________________________

05 ▶ 261008-0571
다음 설명 중 옳지 **않은** 것을 찾아 기호를 쓰고, 바르게 고쳐 보세요.

> ㉠ 각기둥의 밑면은 2개입니다.
> ㉡ 각기둥의 옆면은 삼각형입니다.
> ㉢ 각기둥의 모서리의 수는
>   (한 밑면의 변의 수)×3과 같습니다.
> ㉣ 각기둥의 꼭짓점의 수는 한 밑면의 변의 수의
>   2배와 같습니다.

(   )

바르게 고친 문장

____

____

06 ▶ 261008-0572

서로 평행한 두 면이 합동인 다각형이고, 옆면이 직사각형 12개로 이루어진 입체도형의 이름은 무엇인지 풀이 과정을 쓰고 답을 구해 보세요.

풀이 ______________________

____

____

답 ______________________

07 ▶ 261008-0573

다음은 밑면이 정구각형인 구각기둥의 전개도의 옆면만 그린 것입니다. 이 전개도를 완성한 후 접어서 만든 구각기둥의 모든 모서리의 길이의 합이 $135\ \mathrm{cm}$일 때, 밑면인 정구각형의 한 변의 길이는 몇 cm인지 풀이 과정을 쓰고 답을 구해 보세요.

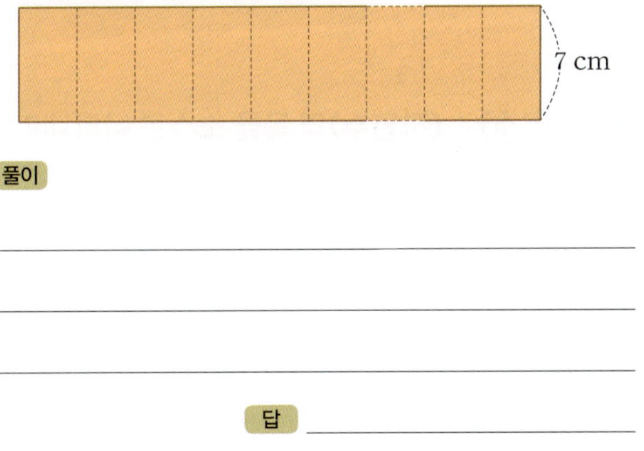

풀이 ______________________

____

____

답 ______________________

08 ▶ 261008-0574

꼭짓점의 수가 각각 14개인 각기둥과 각뿔이 있습니다. 이 각기둥과 각뿔의 모서리의 수의 합은 몇 개인지 풀이 과정을 쓰고 답을 구해 보세요.

풀이 ______________________

____

____

____

답 ______________________

09 ▶ 261008-0575

밑면의 모양이 정팔각형인 각기둥을 펼쳐서 전개도를 만들었습니다. 전개도에서 모든 옆면의 넓이의 합은 몇 cm^2인지 풀이 과정을 쓰고 답을 구해 보세요.

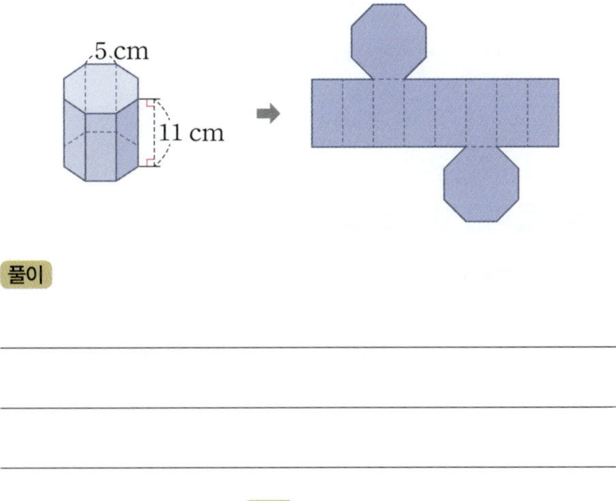

풀이 ______________________

____

____

____

답 ______________________

10 ▶ 261008-0576

다음 삼각형은 어느 각뿔의 옆면 중 하나이고, 각뿔의 옆면은 모두 합동인 이등변삼각형입니다. 이 각뿔의 모든 모서리의 길이의 합이 $120\ \mathrm{cm}$일 때 각뿔의 이름이 무엇인지 풀이 과정을 쓰고 답을 구해 보세요.

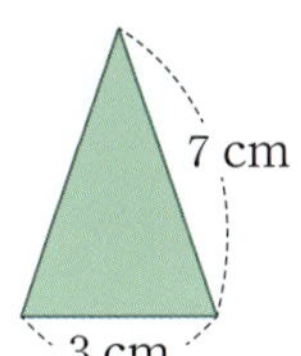

풀이 ______________________

____

____

답 ______________________

■ 몫이 1보다 크고 내림이 없는 (소수)÷(자연수)

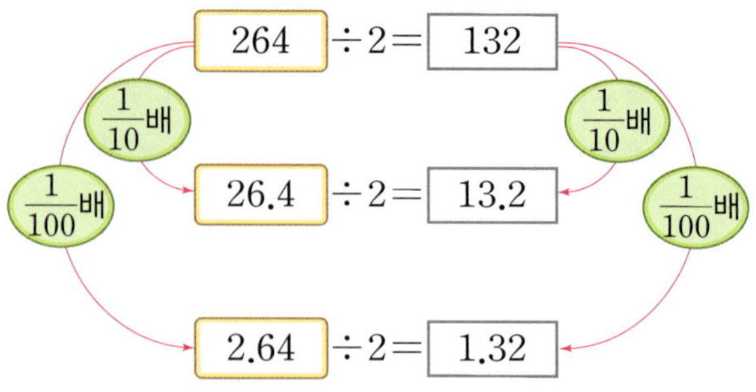

■ 몫이 1보다 크고 내림이 있는 (소수)÷(자연수)

방법 1 분수의 나눗셈으로 바꾸어 계산하기

$$4.65 \div 3 = \frac{465}{100} \div 3 = \frac{465 \div 3}{100} = \frac{155}{100} = 1.55$$

방법 2 자연수의 나눗셈을 이용하여 계산하기

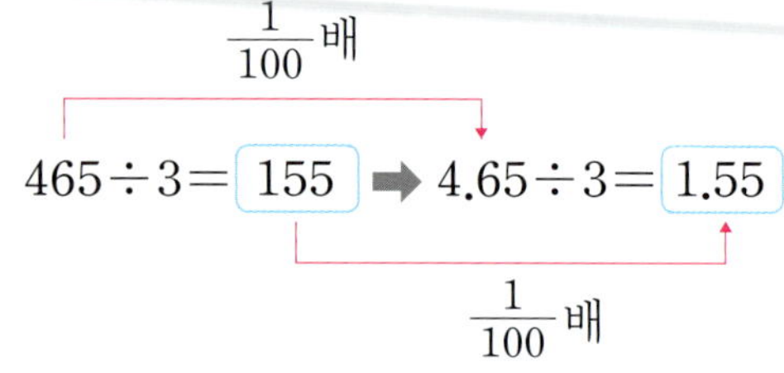

방법 3 세로셈으로 계산하기

```
      1 . 5 5
  3 ) 4 . 6 5
      3
      1 6
      1 5
        1 5
        1 5
           0
```

• 자연수의 나눗셈과 같은 방법으로 계산합니다.
• 몫의 소수점은 나누어지는 수의 소수점의 위치에 맞추어 올려 찍습니다.

■ 몫이 1보다 작은 (소수)÷(자연수)

```
      0 . 3 1
  4 ) 1 . 2 4
      1 2
         4
         4
         0
```

• 나누어지는 수가 나누는 수보다 작으면 몫이 1보다 작습니다.
• 나누어지는 수가 나누는 수보다 작으면 몫의 자연수 자리에 0을 씁니다.

■ 소수점 아래 0을 내려 계산하는 (소수)÷(자연수)

```
      3 . 7 5
  2 ) 7 . 5 0
      6
      1 5
      1 4
         1 0
         1 0
            0
```

• 소수의 오른쪽 끝에 0이 계속 있는 것으로 생각할 수 있습니다.
• 나누어떨어지지 않는 경우, 0을 내려 계속 계산할 수 있습니다.

■ 몫의 소수 첫째 자리에 0이 있는 (소수)÷(자연수)

```
      1 . 0 7
  4 ) 4 . 2 8
      4
        2 8
        2 8
         0
```

• 계산하면서 수를 하나 내려도 나누어야 할 수가 나누는 수보다 작은 경우에는 몫의 해당하는 자리에 0을 쓰고 수를 하나 더 내려 계산합니다.

■ (자연수)÷(자연수)의 몫을 소수로 나타내기

$$9 \div 5 = \frac{9}{5} = \frac{9 \times 2}{5 \times 2} = \frac{18}{10} = 1.8$$

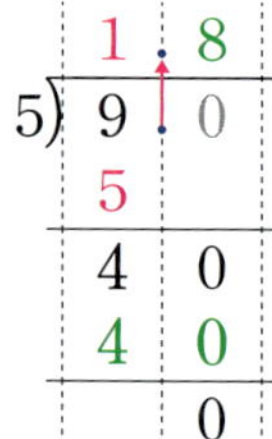

• 몫의 소수점은 나누어지는 수인 자연수 바로 뒤에서 올려 찍습니다.
• 자연수 뒤에 소수점이 있다고 생각하고 0을 내려 계산합니다.

■ 어림을 이용하여 몫의 소수점 위치 확인하기

나눗셈식	$11.8 \div 4$
어림	약 12 ÷4 ➡ 약 3
몫	2□9□5

01 빈칸에 알맞은 수를 써넣으세요. ▶ 261008-0577

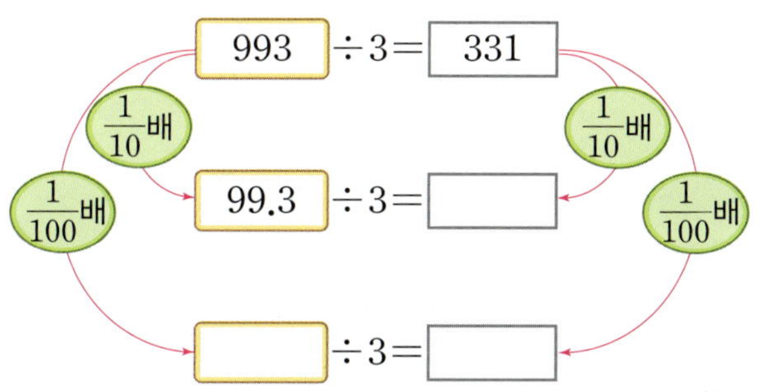

02 □ 안에 알맞은 수를 써넣으세요. ▶ 261008-0578

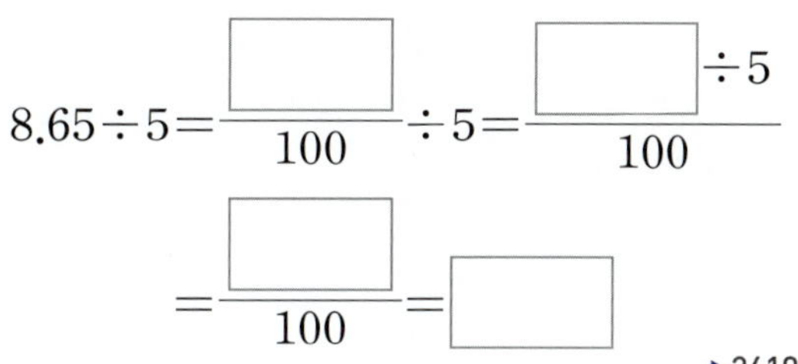

03 □ 안에 알맞은 수를 써넣으세요. ▶ 261008-0579

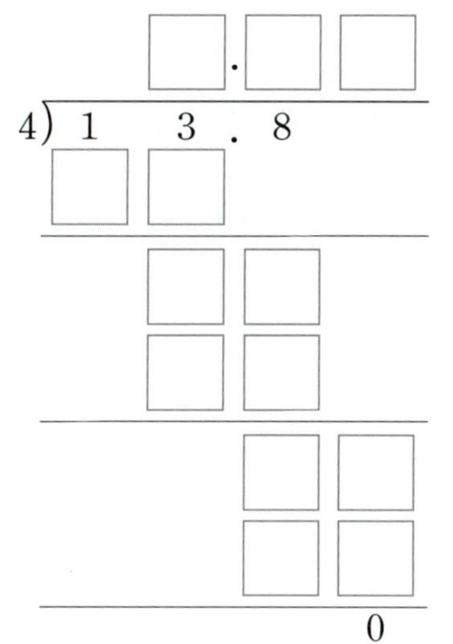

04 소수를 자연수로 나눈 몫을 구해 보세요. ▶ 261008-0580

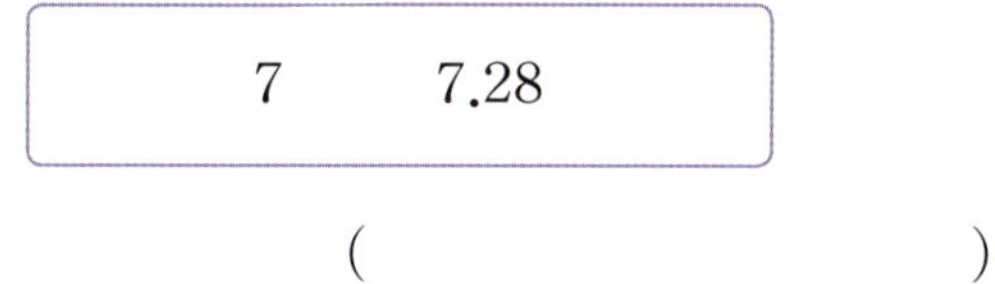

(　　　　　　　)

05 몫이 **1**보다 작은 것을 찾아 ○표 하세요. ▶ 261008-0581

$3 \div 2$	$4.8 \div 6$

(　　　　　　) 　　　(　　　　　　)

06 계산해 보세요. ▶ 261008-0582

(1)
$$5 \overline{)6.4\,5}$$

(2)
$$7 \overline{)2.1\,7}$$

07 빈칸에 알맞은 수를 써넣으세요. ▶ 261008-0583

6.6	4	
45.3	5	

08 계산 결과를 비교하여 ○ 안에 >, =, <를 알맞게 써넣으세요. ▶ 261008-0584

$88.8 \div 4$	○	$97.5 \div 5$

09 계산식의 몫을 찾아 이어 보세요. ▶ 261008-0585

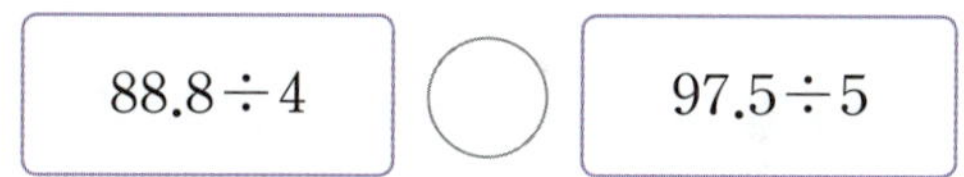

$9 \div 4$ ·

$11 \div 4$ ·

· 2.25

· 2.75

· 3.25

10 몫을 어림하여 알맞은 위치에 소수점을 찍어 보세요. ▶ 261008-0586

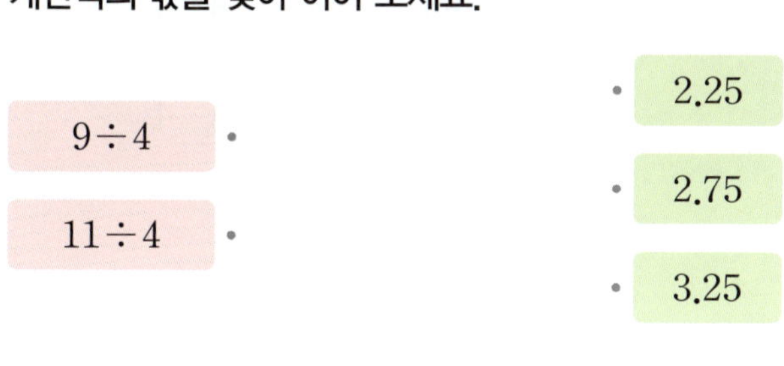

(1) $211.5 \div 5$

4 □ 2 □ 3

(2) $15.8 \div 4$

3 □ 9 □ 5

3. 소수의 나눗셈

01 수직선을 보고 몫을 구해 보세요.
▶ 261008-0587

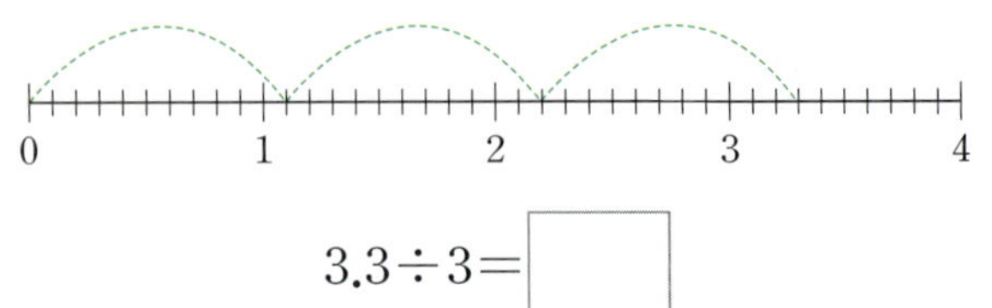

$$3.3 \div 3 = \boxed{}$$

02 나무 막대 258 **cm**를 길이가 똑같은 두 조각으로 나누었습니다. 한 조각의 길이는 몇 **m**인지 □ 안에 알맞은 수를 써넣으세요.
▶ 261008-0588

$$258 \div 2 = 129\,(\text{cm})$$

$$\boxed{} \div 2 = \boxed{}\,(\text{m})$$

03 자연수의 나눗셈을 이용하여 몫의 알맞은 위치에 소수점을 찍어 보세요.
▶ 261008-0589

$$843 \div 3 = 281$$

$$84.3 \div 3 = 2\square 8\square 1$$

$$8.43 \div 3 = 2\square 8\square 1$$

04 계산해 보세요.
▶ 261008-0590

(1)
$$8\,)\overline{2.8}$$

(2)
$$4\,)\overline{3.4\,4}$$

05 빈칸에 알맞은 소수를 써넣으세요.
▶ 261008-0591

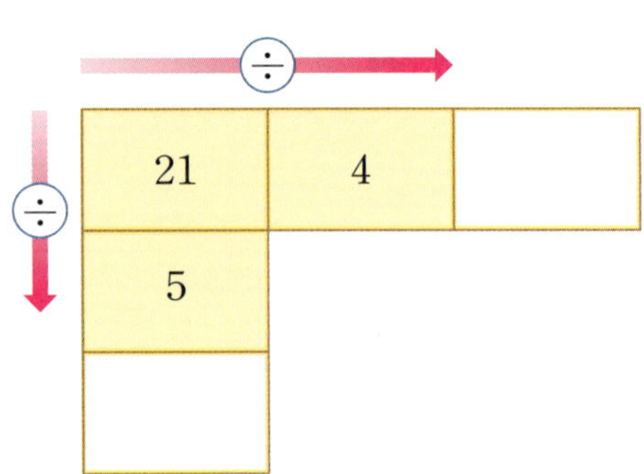

06 다음이 나타내는 수를 4로 나눈 몫을 구해 보세요.
▶ 261008-0592

10	2개
1	4개
0.1	1개
0.01	6개

(   )

07 몫이 큰 것부터 순서대로 ○ 안에 **1, 2, 3**을 써넣으세요.
▶ 261008-0593

$50.7 \div 6$	$64.4 \div 8$	$78.3 \div 9$
○	○	○

08 ▶261008-0594
계산 결과를 비교하여 ○ 안에 >, =, <를 알맞게 써넣으세요.

$$5.58 \div 9 \bigcirc 4.69 \div 7$$

09 ▶261008-0595
몫을 어림하여 소수점의 위치로 알맞은 곳을 찾아 기호를 써 보세요.

$$36.63 \div 9 = \quad 4 \ 0 \ 7$$
$$\uparrow \ \uparrow \ \uparrow \ \uparrow$$
$$㉠ \ ㉡ \ ㉢ \ ㉣$$

( )

10 ▶261008-0596
□ 안에 알맞은 수를 구해 보세요.

$$□ \times 8 = 17.2$$

( )

11 ▶261008-0597
4.5 **kg**짜리 볼링공의 무게는 3 **kg**짜리 볼링공의 무게의 몇 배일까요?

( )

12 ▶261008-0598
4명의 학생들이 가로가 2.4 **m**, 세로가 2.2 **m**인 직사각형 모양의 종이에 그림을 그렸습니다. 그림을 똑같이 네 부분으로 나누어 한 명씩 색칠했다면 학생 한 명이 색칠한 부분의 넓이는 몇 **m²**인지 풀이 과정을 쓰고 답을 소수로 구해 보세요.

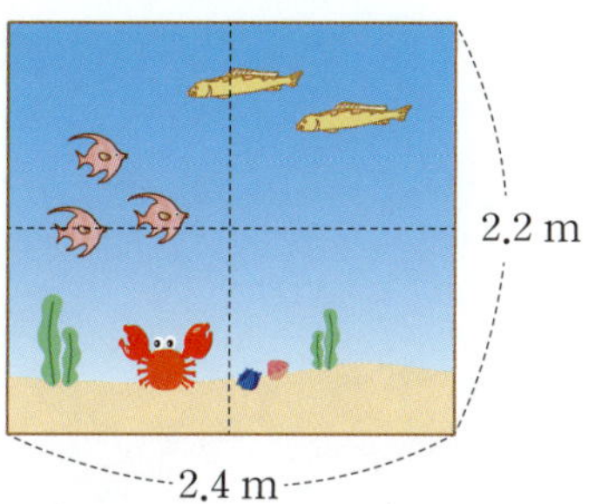

풀이

____

____

답 _________________

13 ▶261008-0599
형기가 계산을 바르게 했다면 형기가 계산한 나눗셈은 무엇인지 어림을 이용하여 찾아 기호를 써 보세요.

$$㉠ \ 48.3 \div 6 \qquad ㉡ \ 65.61 \div 9$$

( )

14 ▶261008-0600
수 카드를 한 번씩 모두 사용하여 만든 (소수 한 자리 수)÷(자연수)의 몫이 가장 클 때, □ 안에 알맞은 수를 써넣으세요.

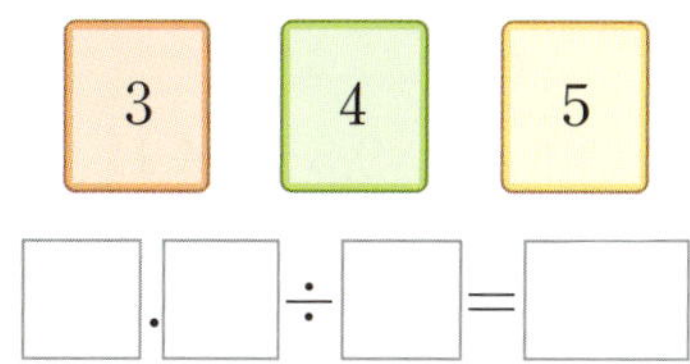

$$□ . □ \div □ = □$$

▶ 261008-0601

15 어떤 수를 4로 나누어야 할 것을 잘못하여 4를 곱했더니 92가 되었습니다. 바르게 계산한 값을 소수로 구해 보세요.

(   )

▶ 261008-0602

16 모양과 크기가 같은 벽돌 여덟 개를 그림과 같이 8층으로 쌓았습니다. 전체 높이가 111.2 cm일 때 벽돌 한 개의 높이는 몇 cm일까요?

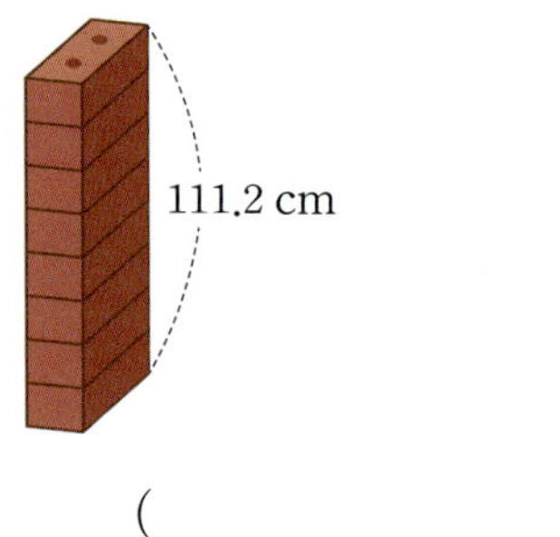

(   )

▶ 261008-0603

17 □ 안에 들어갈 수 있는 한 자리 자연수를 모두 구해 보세요.

$$9.3 \div 6 < 1.\square 5$$

(   )

▶ 261008-0604

18 ㉠, ㉡, ㉢에 알맞은 수를 각각 구해 보세요.

$$9 \overline{)\, 9.\ \boxed{㉢}\ 7}$$

㉠ (   )
㉡ (   )
㉢ (   )

▶ 261008-0605

19 다음 마름모와 정육각형의 둘레가 같을 때, 정육각형의 한 변의 길이는 몇 cm일까요?

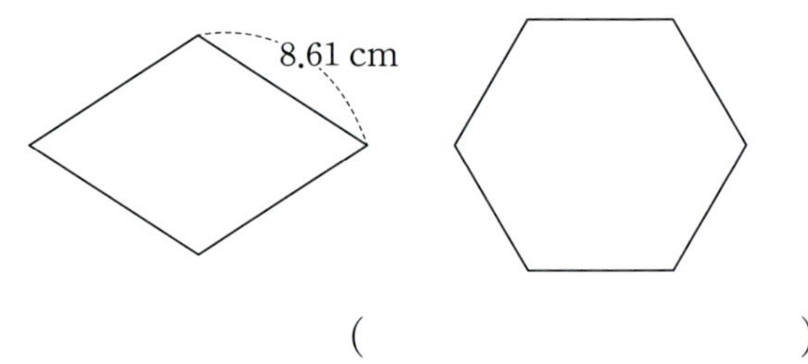

(   )

서술형

20 은주는 일직선으로 길이가 126.3 m인 학교 화단에 꽃 모종 7개를 똑같은 간격으로 심었습니다. 시작과 끝 지점에도 꽃 모종을 심었을 때, 꽃 모종을 몇 m 간격으로 심은 것인지 풀이 과정을 쓰고 답을 소수로 구해 보세요. (단, 꽃 모종의 두께는 생각하지 않습니다.)

▶ 261008-0606

풀이

____

____

____

답 _______________________

학교 시험 만점왕 **2**회

3. 소수의 나눗셈

01 □ 안에 알맞은 수를 써넣으세요. ▶ 261008-0607

$$884 \div 4 = 221$$

$$88.4 \div 4 = \boxed{}$$

$$8.84 \div 4 = \boxed{}$$

02 □ 안에 알맞은 수를 써넣으세요. ▶ 261008-0608

$$26 \div 5 = \frac{\boxed{}}{5} = \frac{\boxed{} \times 2}{5 \times 2}$$

$$= \frac{\boxed{}}{10} = \boxed{}$$

03 빈칸에 알맞은 수를 써넣으세요. ▶ 261008-0609

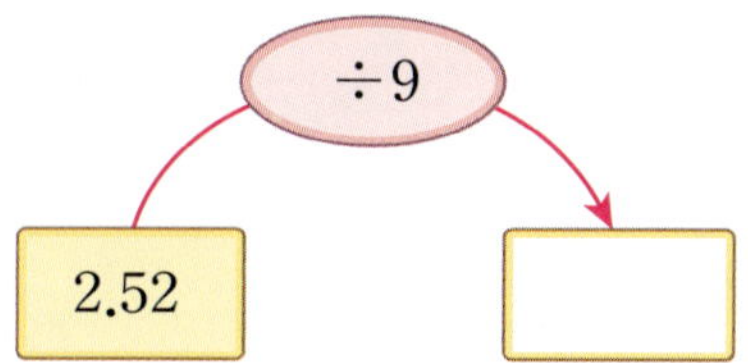

04 계산해 보세요. ▶ 261008-0610

(1) $11.7 \div 6$

(2) $33.2 \div 8$

05 빈칸에 알맞은 수를 써넣으세요. ▶ 261008-0611

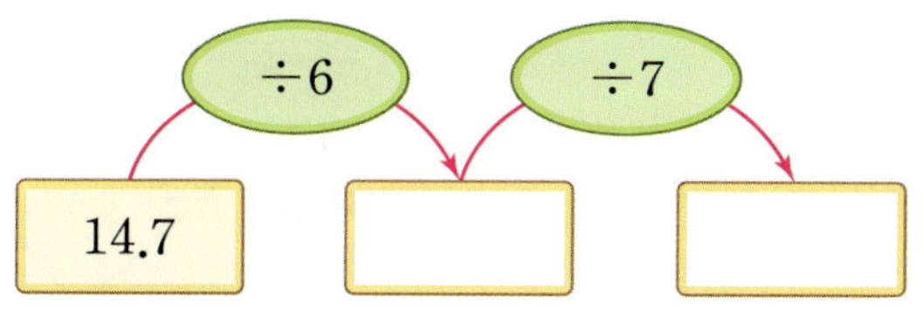

06 빈칸에 알맞은 소수를 써넣으세요. ▶ 261008-0612

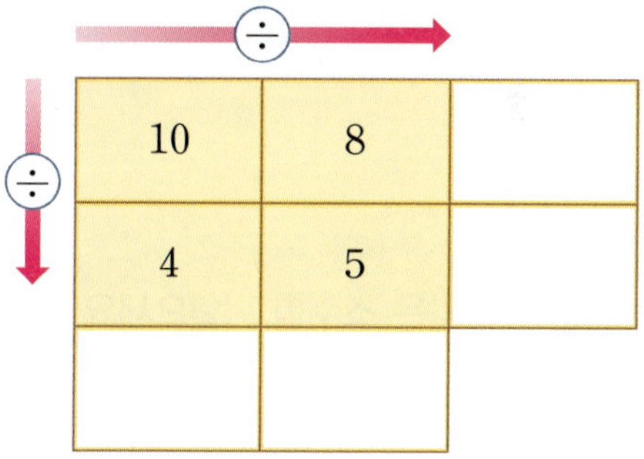

÷		
10	8	
4	5	

07 어림을 이용하여 몫의 소수점을 바르게 찍은 것을 찾아 ◯표 하세요. ▶ 261008-0613

$$12.2 \div 5 = 24.4 \qquad 57.2 \div 8 = 7.15$$

$$(\qquad) \qquad\qquad (\qquad)$$

08 주어진 수 중에서 가장 작은 수를 9로 나눈 몫을 구해 보세요. ▶ 261008-0614

45.54	54.72	36.18

$$(\qquad\qquad)$$

09 빈 곳에 알맞은 수를 써넣으세요.

▶ 261008-0615

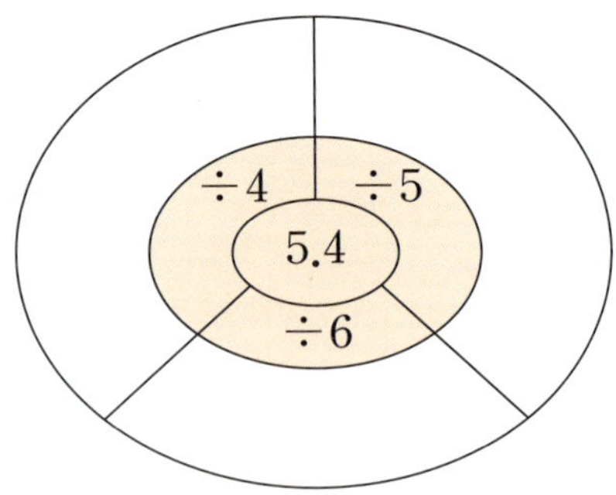

10 □ 안에 알맞은 소수를 써넣으세요.

▶ 261008-0616

$$8 \div \boxed{} = 25$$

11 다음 정육면체의 전개도에서 빨간색 선의 길이의 합이 112.4 cm일 때, 정육면체의 한 모서리의 길이는 몇 cm일까요?

▶ 261008-0617

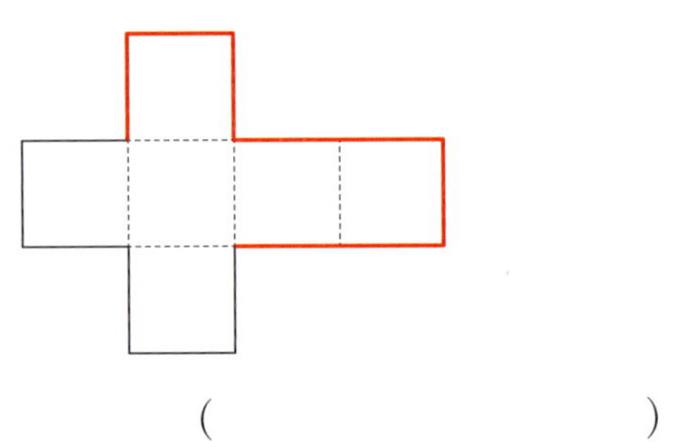

(   )

12 <u>잘못</u> 계산한 곳을 찾아 바르게 계산해 보세요.

▶ 261008-0618

잘못된 계산	바른 계산
$\begin{array}{r} 5\ 4.5 \\ 6\overline{)3\ 2.7} \\ 3\ 0 \\ \hline 2\ 7 \\ 2\ 4 \\ \hline 3\ 0 \\ 3\ 0 \\ \hline 0 \end{array}$	$6\overline{)3\ 2.7}$

13 어림을 이용하여 □ 안에 들어갈 수 있는 가장 큰 자연수를 구해 보세요.

▶ 261008-0619

$$35.42 \div 7 > \boxed{}$$

(   )

14 무게가 같은 지우개가 한 상자에 6개씩 들어 있습니다. 세 상자의 무게가 550.5 g이고, 빈 상자 하나의 무게가 0.5 g일 때 지우개 한 개의 무게는 몇 g인지 풀이 과정을 쓰고 답을 소수로 구해 보세요.

▶ 261008-0620

풀이

____

____

____

답 _______________________

15 ▶261008-0621

지호는 5일 동안 매일 같은 거리를 달렸습니다. 5일 동안 지호가 달린 거리는 모두 **12 km 500 m**입니다. 지호가 하루에 달린 거리는 몇 **km**인지 소수로 구해 보세요.

( )

16 ▶261008-0622

㉠★㉡을 다음과 같이 계산하기로 약속했을 때, 25★4의 계산 결과를 소수로 구해 보세요.

㉠★㉡=㉠÷㉡+㉡÷㉠

( )

서술형

17 ▶261008-0623

한 변의 길이가 같은 정삼각형 2개와 정육각형 1개로 다음과 같은 마름모 모양을 만들었습니다. 이 마름모 모양의 둘레가 18.8 cm일 때, 정삼각형 1개의 둘레는 몇 cm인지 풀이 과정을 쓰고 답을 소수로 구해 보세요.

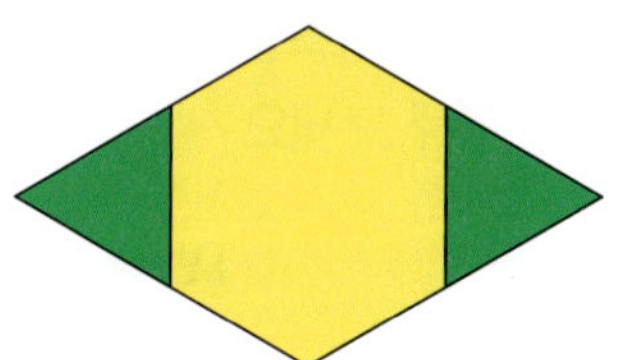

풀이

____

____

____

답 _________________

18 ▶261008-0624

수 카드 2 , 4 , 5 를 한 번씩만 사용하여 몫이 가장 큰 (소수 한 자리 수)÷(자연수)의 계산식을 만들었습니다. 몫은 얼마일까요?

□.□÷□

( )

19 ▶261008-0625

우유 **1.76 L**를 8명이 똑같이 나누어 마시려고 합니다. 한 사람이 마시게 될 우유의 양은 몇 **L**일까요?

( )

20 ▶261008-0626

㉠의 몫보다 크고 ㉡의 몫보다 작은 소수 한 자리 수는 모두 몇 개일까요?

㉠ 2.8÷8   ㉡ 4.96÷8

( )

01 ▶ 261008-0627

10 km의 거리를 로봇 4대가 똑같이 나누어 달렸습니다. 같은 거리를 이번에는 로봇 8대가 똑같이 나누어 달렸습니다. 로봇 4대가 달릴 때와 로봇 8대가 달릴 때 로봇 한 대가 달린 거리의 차는 몇 km인지 풀이 과정을 쓰고 답을 소수로 구해 보세요.

풀이

____

____

답 _______________________________

02 ▶ 261008-0628

딸기시럽 1.92 L와 우유 4.16 L를 각각 8명에게 똑같이 나누어 주고, 각 사람은 자신이 받은 딸기시럽과 우유를 하나의 컵에 담아 딸기우유를 만들었습니다. 다른 재료를 넣지 않았을 때, 한 사람이 만든 딸기우유의 양은 몇 L인지 풀이 과정을 쓰고 답을 소수로 구해 보세요.

풀이

____

____

답 _______________________________

03 ▶ 261008-0629

다음 두 장의 수 카드로 (한 자리 수)÷(한 자리 수)의 서로 다른 나눗셈식 두 개를 만들고 몫을 구하였습니다. 두 몫의 차는 얼마인지 풀이 과정을 쓰고 답을 소수로 구해 보세요.

4	5

풀이

____

____

답 _______________________________

04 ▶ 261008-0630

유나는 월요일부터 토요일까지 6일 동안 매일 달리기를 하여 모두 8 km를 달렸습니다. 월요일에는 1.1 km를 달렸고, 나머지 날에는 모두 같은 거리를 달렸다고 할 때 유나가 화요일에 달린 거리는 몇 km인지 풀이 과정을 쓰고 답을 소수로 구해 보세요.

풀이

____

____

답 _______________________________

05 ▶ 261008-0631

다음은 한 농구 대회에 참가한 세 선수의 기록이고, 이 중에서 득점왕이 선정되었습니다. 이번 대회 득점왕은 6경기 이상을 뛴 선수 중에서 평균 득점이 가장 높은 선수로 선정되었습니다. 득점왕은 누구인지 풀이 과정을 쓰고 답을 구해 보세요.

선수	윤우성	강태호	신지섭
득점(점)	98	93	78
경기 수(경기)	8	6	5

풀이

____

____

답 _______________________________

06 ▶ 261008-0632

두 버스가 1시간 동안 이동한 평균 거리를 비교하여 더 빠르게 달린 버스를 찾으려고 합니다. 풀이 과정을 쓰고 답을 구해 보세요.

버스	1번 버스	2번 버스
이동 거리(km)	114.6	130.6
걸린 시간(시간)	4	5

풀이

____

____

답 _______________________________

07 ▶ 261008-0633

온유는 펭수동 마을버스 중 하나의 노선을 조사하여 다음과 같이 하나의 선분에 같은 간격으로 모든 정거장을 표시하였습니다. 온유가 그린 선분의 길이가 15.4 cm이고, 펭수초등학교와 펭수상가 사이에 4개의 정거장이 있다면 이웃하는 두 정거장 사이의 간격은 몇 cm인지 풀이 과정을 쓰고 답을 소수로 구해 보세요.

풀이

답

08 ▶ 261008-0634

6학년 학생들이 좋아하는 치킨을 조사하여 나타낸 표입니다. 연우가 표를 보고 말한 내용 중 □와 △에 알맞은 수의 합은 얼마인지 풀이 과정을 쓰고 답을 소수로 구해 보세요.

치킨	양념치킨	간장치킨	후라이드치킨
학생 수(명)	30	12	25

풀이

답

09 ▶ 261008-0635

재우가 탐구한 결과를 살펴보고, 이 입체도형의 모든 모서리의 길이의 합은 몇 cm인지 풀이 과정을 쓰고 답을 구해 보세요.

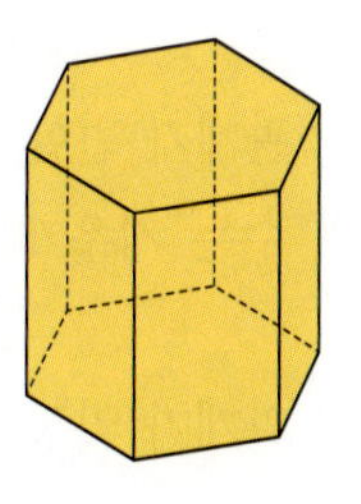

〈재우가 탐구한 결과〉
① 이 도형은 육각기둥이야.
② 밑면은 정육각형이고 그 둘레가 15 cm야.
③ 높이는 밑면의 한 모서리의 길이의 2배야.

풀이

답

10 ▶ 261008-0636

나연이가 집 앞 자전거 도로에서 첫번째 분리선의 시작점부터 열 번째 분리선 끝부분까지의 거리를 재었더니 23.68 m였습니다. 분리선 하나의 길이는 1 m로 모두 같고, 분리선 사이의 간격도 모두 같을 때 분리선 사이의 간격은 몇 m인지 풀이 과정을 쓰고 답을 소수로 구해 보세요.

풀이

답

■ 두 수 비교하기

풀의 수(개)	2	4	6
지우개의 수(개)	1	2	3

- 뺄셈으로 비교하기: 풀이 지우개보다 1개, 2개, 3개 더 많습니다.
  ➡ 풀의 수와 지우개의 수의 관계가 변합니다.
- 나눗셈으로 비교하기: 풀의 수는 지우개의 수의 2배입니다.
  ➡ 풀의 수와 지우개의 수의 관계가 일정합니다.

■ 비 알아보기

- 한 양을 기준으로 다른 양이 몇 배가 되는지를 기호 :를 사용하여 나타낸 것을 비라고 합니다.

$$1 : 6$$
비교하는 양 ←┘ └→ 기준량

- 1대 6
- 1과 6의 비
- 1의 6에 대한 비
- 6에 대한 1의 비

■ 비율 알아보기

- 기준량에 대한 비교하는 양의 크기를 비율이라고 합니다.

$$(\text{비율}) = (\text{비교하는 양}) \div (\text{기준량})$$
$$= \frac{(\text{비교하는 양})}{(\text{기준량})}$$

- 비율은 분수나 소수로 나타낼 수 있습니다.

3 : 5의 비율 ➡ 분수 $\dfrac{3}{5}$ 소수 0.6

■ 비율이 사용되는 경우 알아보기

사례	비율	알 수 있는 점
개수에 대한 가격의 비율	$\dfrac{(\text{전체 가격})}{(\text{물건의 개수})}$	물건의 개당 가격
걸린 시간에 대한 이동 거리의 비율	$\dfrac{(\text{이동 거리})}{(\text{걸린 시간})}$	빠르기(비율이 높을수록 더 빠름)
넓이에 대한 인구수의 비율	$\dfrac{(\text{인구수})}{(\text{넓이})}$	인구의 밀집도 (비율이 높을수록 인구가 더 밀집한 곳)

■ 백분율 알아보기

- 기준량을 100으로 할 때의 비율을 백분율이라고 하며, 기호 %를 사용하여 나타냅니다.

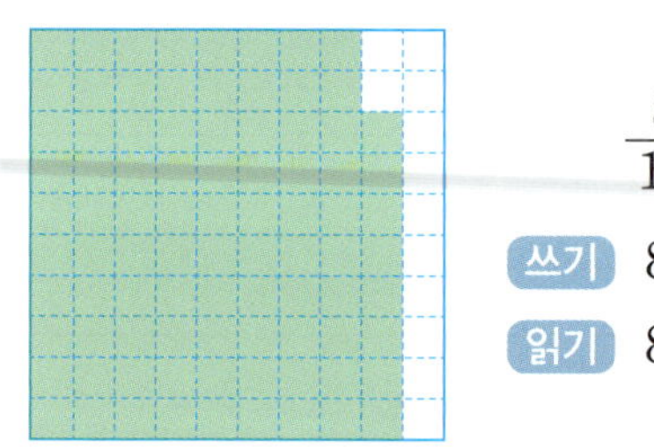

$$\frac{88}{100}$$

쓰기 88 %

읽기 88 퍼센트

■ 백분율 구하기

방법 1 기준량을 100으로 하는 비율로 바꾸어 분자에 % 붙이기

$$\frac{9}{25} = \frac{36}{100} = 36\,\%$$

방법 2 비율에 100을 곱한 값에 % 붙이기

$$\frac{9}{25} \times 100 = 36 \;\Rightarrow\; 36\,\%$$

■ 백분율이 사용되는 경우 알아보기

사례	백분율(%)
물건의 할인율	$\dfrac{(\text{할인한 금액})}{(\text{원래 가격})} \times 100$
은행의 이자율	$\dfrac{(\text{이자})}{(\text{예금한 금액})} \times 100$
소금물의 진하기	$\dfrac{(\text{소금의 양})}{(\text{소금물의 양})} \times 100$

쪽지 시험

01 ▶ 261008-0637

□ 안에 알맞은 수를 써넣으세요.

> 탁자 한 개마다 의자가 네 개씩 놓여 있습니다.
>
> 의자의 수는 탁자의 수의 □ 배입니다.

02 ▶ 261008-0638

□ 안에 알맞은 수를 써넣으세요.

(1) 1의 9에 대한 비

□ : □

(2) 7에 대한 3의 비

□ : □

03 ▶ 261008-0639

4 : 7에 대하여 알맞게 이어 보세요.

| 기준량 | • | | • | 4 |
| 비교하는 양 | • | | • | 7 |

04 ▶ 261008-0640

빈칸에 알맞은 수를 써넣으세요.

	비율(기약분수)	비율(소수)
54 : 75		

05 ▶ 261008-0641

전체에 대한 색칠한 부분의 비율을 소수로 구해 보세요.

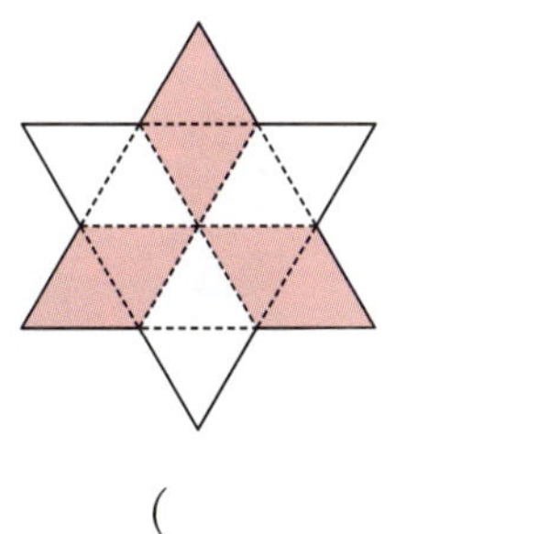

( )

06 ▶ 261008-0642

똑같은 아이스크림 10개를 7000원에 샀습니다. 아이스크림 수에 대한 가격의 비율을 구해 보세요.

( )

07 ▶ 261008-0643

전체에서 색칠한 부분이 차지하는 백분율을 구해 보세요.

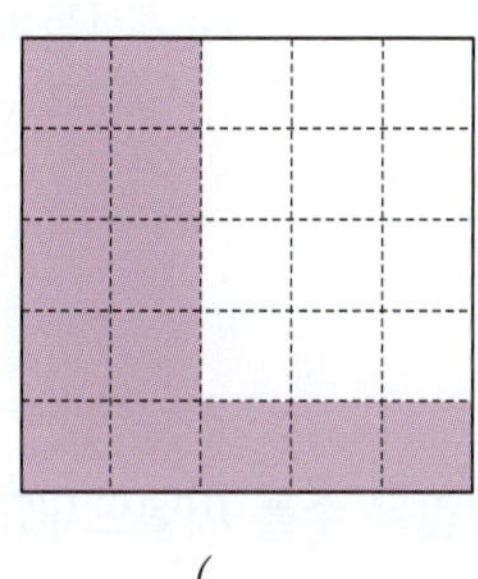

( )

08 ▶ 261008-0644

□ 안에 알맞은 수를 써넣어 비율을 백분율로 나타내 보세요.

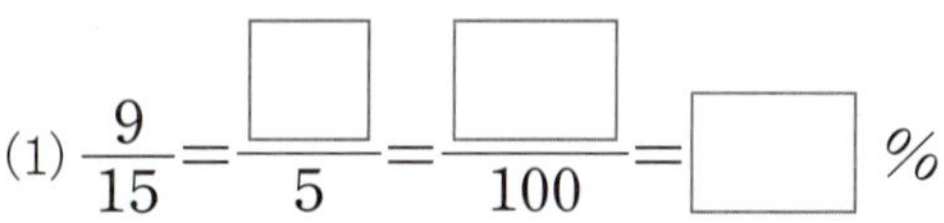

(1) $\dfrac{9}{15} = \dfrac{\square}{5} = \dfrac{\square}{100} = \square$ %

(2) 0.54 ➡ 0.54 × □ = □

➡ □ %

09 ▶ 261008-0645

원래 가격에 대한 할인한 금액의 비율을 할인율이라고 합니다. 할인율을 구하여 빈칸에 알맞은 수를 써넣으세요.

음료	아이스티	망고 주스
원래 가격(원)	3200	4000
판매 가격(원)	2800	3300
할인율(%)		

10 ▶ 261008-0646

소금 51 g을 물에 녹여 소금물 300 g을 만들었습니다. 소금물의 양에 대한 소금의 양의 비율을 백분율로 구해 보세요.

( )

4. 비와 비율

01 ▶261008-0647
선아네 반에서 각 모둠마다 셔틀콕 2개와 배드민턴 라켓 4개를 나누어 주었습니다. □ 안에 알맞은 수를 써넣으세요.

> 배드민턴 라켓의 수는 셔틀콕의 수의 □ 배입니다.

02 ▶261008-0648
□ 안에 알맞은 수를 써넣으세요.

(1) 4와 11의 비 ➡ □ : □

(2) 9에 대한 6의 비 ➡ □ : □

03 ▶261008-0649
그림을 보고 □ 안에 알맞은 수를 써넣으세요.

(1) 토마토 수에 대한 가지 수의 비 ➡ □ : □

(2) 토마토 수의 가지 수에 대한 비 ➡ □ : □

04 ▶261008-0650
비교하는 양이 기준량보다 큰 비를 모두 찾아 기호를 써 보세요.

> ㉠ 9 : 11
> ㉡ 7과 3의 비
> ㉢ 8의 6에 대한 비
> ㉣ 5에 대한 2의 비

( )

05 ▶261008-0651
빈칸에 알맞은 수를 써넣으세요.

(1)
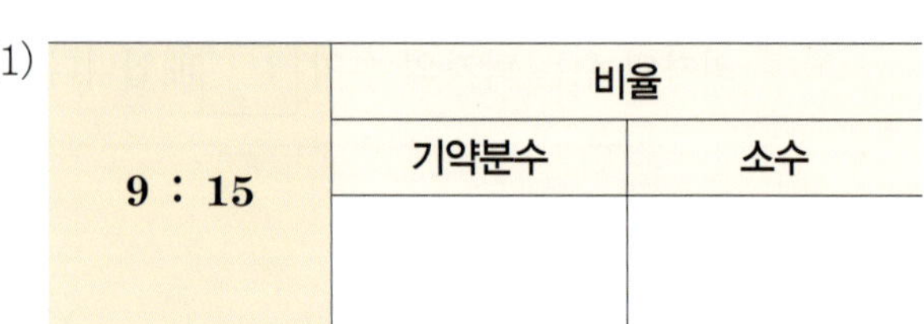

9 : 15	비율	
	기약분수	소수

(2)

25에 대한 20의 비	비율	
	기약분수	소수

06 ▶261008-0652
전체에 대한 색칠한 부분의 비율을 분수로 나타내 보세요.

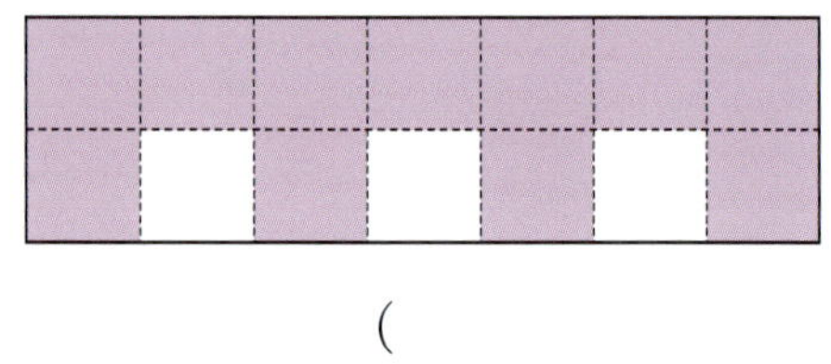

( )

07 ▶261008-0653
그림의 세로에 대한 가로의 비율을 기약분수로 나타내 보세요.

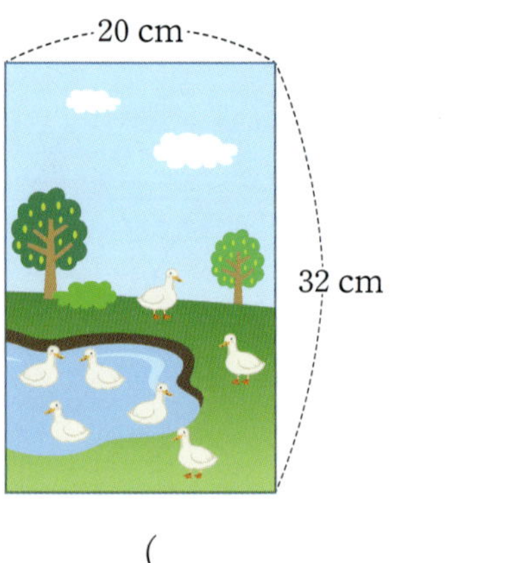

( )

08 ▶ 261008-0654

전체에 대한 색칠한 부분의 비율을 백분율로 나타내
보세요.

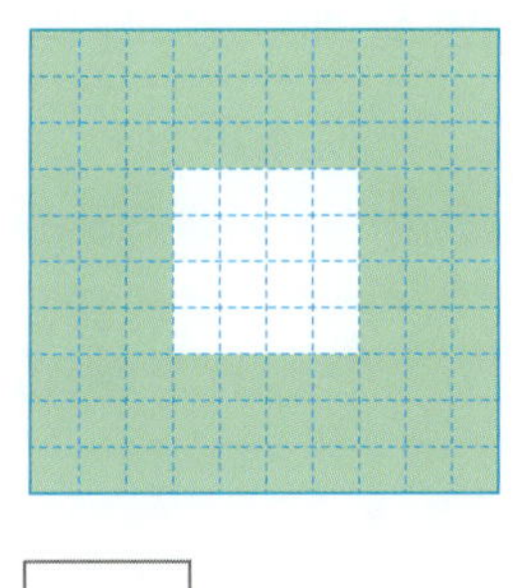

$$\frac{\boxed{}}{100} = \boxed{} \, \%$$

09 ▶ 261008-0655

비의 비율을 백분율로 바르게 나타낸 것을 찾아 ○표
하세요.

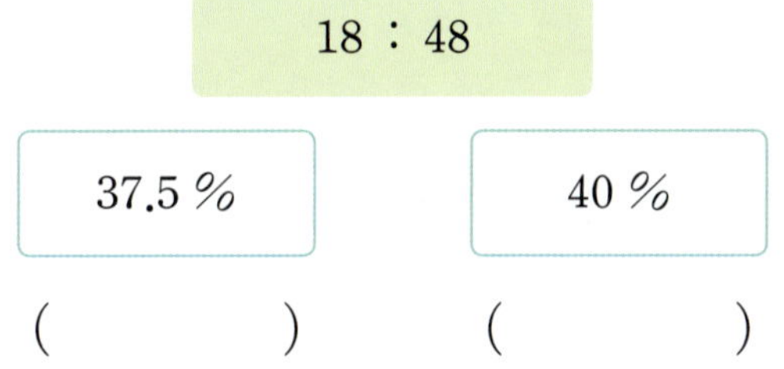

(   )   (   )

10 ▶ 261008-0656

비율이 가장 작은 것을 찾아 기호를 써 보세요.

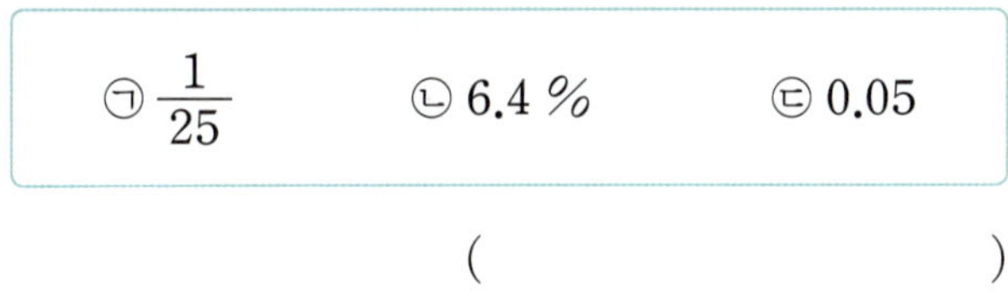

(   )

11 ▶ 261008-0657

비율의 크기를 비교하여 ○ 안에 >, =, <를 알맞
게 써넣으세요.

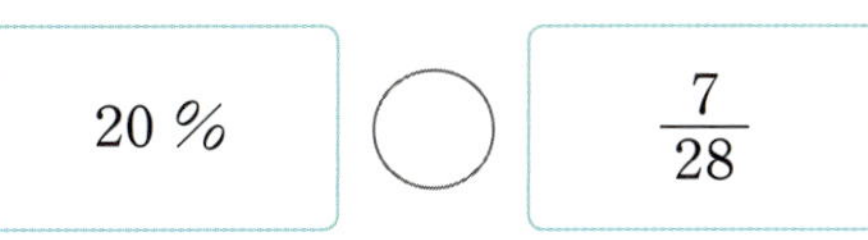

12 ▶ 261008-0658

좌석 수가 250석인 영화관이 있습니다. 오늘 이 영화
관에서 한 편의 영화만 한 번 상영했을 때, 관객 수는
195명이었습니다. 전체 좌석 수에 대한 관객 수의 비
율은 몇 %일까요?

(   )

13 ▶ 261008-0659

건우는 23500원짜리 치킨 한 마리를 20 % 할인
쿠폰을 사용하여 주문했습니다. 건우가 실제로 낸 돈
은 얼마일까요?

(   )

서술형
14 ▶ 261008-0660

그림과 같은 직사각형에서 세로는 그대로 두고, 가로
만 더 늘여서 새로운 직사각형을 만들었습니다. 새로
만들어진 직사각형의 넓이가 원래 직사각형의 넓이의
120 %일 때, 가로를 몇 cm 늘인 것인지 풀이 과정
을 쓰고 답을 구해 보세요.

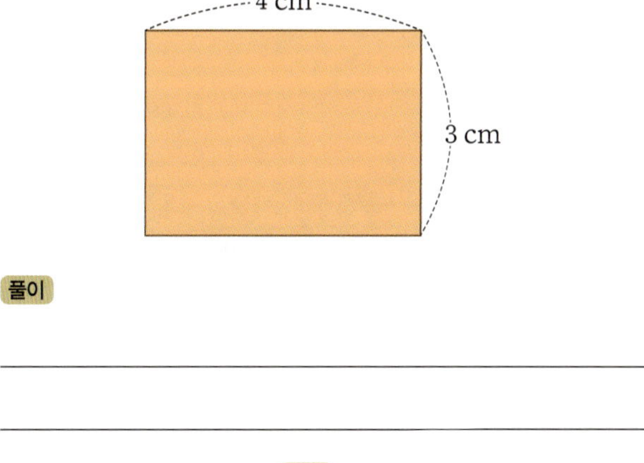

풀이

____

____

답 _______________________

15 두 자동차 중에서 더 빠르게 달린 자동차를 찾아 써 보세요.

▶ 261008-0661

자동차	이동 거리(km)	걸린 시간(시간)
가 자동차	216	3
나 자동차	345	5

(   )

16 두 도시의 넓이와 인구수를 조사한 표입니다. ☐ 안에 알맞은 말을 써넣으세요.

▶ 261008-0662

도시	사랑 도시	행복 도시
넓이(km²)	210	380
인구수(명)	588000	798000

☐ 도시가 ☐ 도시보다 같은 넓이에 사는 인구수가 더 많습니다.

17 빨간색 물감 1.3 L에 노란색 물감 0.7 L를 섞어서 주황색 물감을 만들었습니다. 다른 물질을 더 섞지 않았다면 만들어진 주황색 물감 전체 양에 대한 빨간색 물감의 양의 비율은 몇 %일까요?

▶ 261008-0663

(   )

18 배추 한 포기의 지난달 가격은 3200원이었습니다. 이번 달 배추 한 포기의 가격이 지난달보다 15 % 올랐다면 이번 달 배추 한 포기의 가격은 얼마일까요?

▶ 261008-0664

(   )

19 어느 축구팀이 올해 총 40경기를 했는데 그중 6경기를 비겼고, 8경기를 졌습니다. 이 축구팀이 올해 승리한 경기의 비율은 전체 경기 수의 몇 %인지 구해 보세요. (단, 무효 처리된 경기는 없습니다.)

▶ 261008-0665

(   )

서술형
20 50명의 학생들이 퀴즈 대회에 참가하고 있습니다. 마지막 퀴즈는 세 개의 보기 중에서 정답 하나를 고르는 문제입니다. 1번 보기를 선택한 학생은 20명이고, 2번 보기를 선택한 학생은 전체 학생의 24 %입니다. 정답이 3번이고 기권한 학생이 없었다면 마지막 퀴즈의 정답률은 몇 %인지 풀이 과정을 쓰고 답을 구해 보세요.

▶ 261008-0666

풀이

____

____

____

____

답 ______________________________

4. 비와 비율

01 ▶ 261008-0667

그림을 보고 □ 안에 알맞은 수를 써넣으세요.

(1) 딸기가 귤보다 □ 개 더 많습니다.

(2) 딸기의 수는 귤의 수의 □ 배입니다.

02 ▶ 261008-0668

알맞은 것을 찾아 이어 보세요.

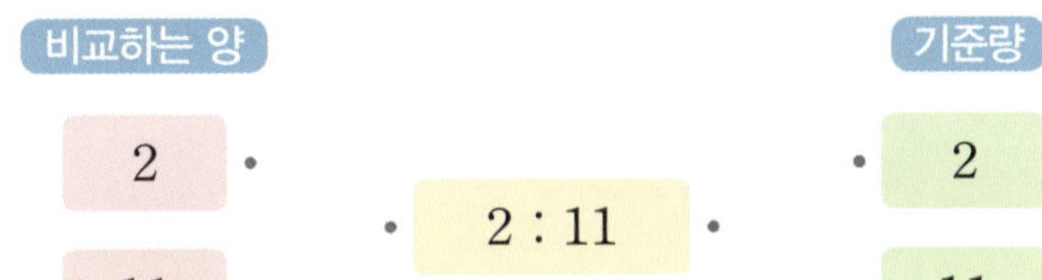

03 ▶ 261008-0669

4 : 12를 바르게 읽은 것을 모두 찾아 기호를 써 보세요.

㉠ 4와 12의 비   ㉡ 12의 4에 대한 비
㉢ 4에 대한 12의 비   ㉣ 12에 대한 4의 비

( )

04 ▶ 261008-0670

태극기의 가로와 세로의 길이의 비를 구하여 □ 안에 알맞은 수를 써넣으세요.

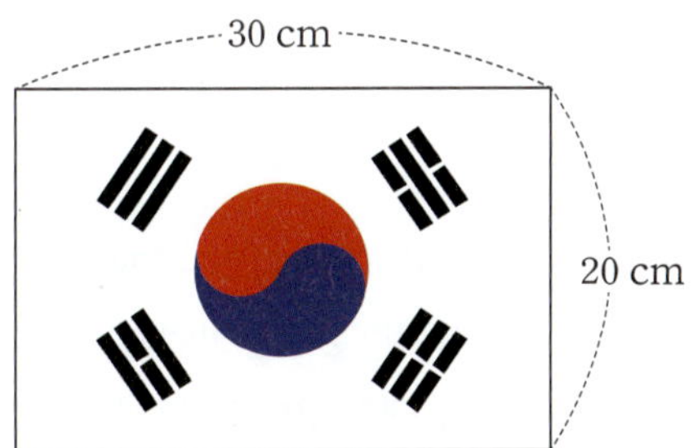

(가로) : (세로) = □ : 20

05 ▶ 261008-0671

두 사람의 대화를 보고 □ 안에 알맞은 수를 써넣으세요.

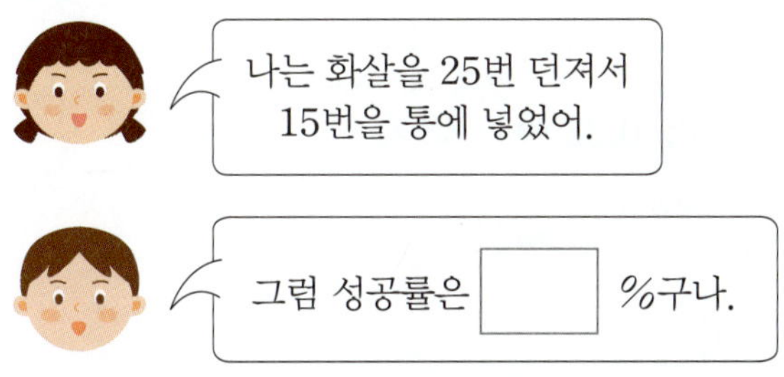

06 ▶ 261008-0672

전체에 대한 색칠한 부분의 비율이 $\dfrac{5}{8}$가 되도록 색칠해 보세요.

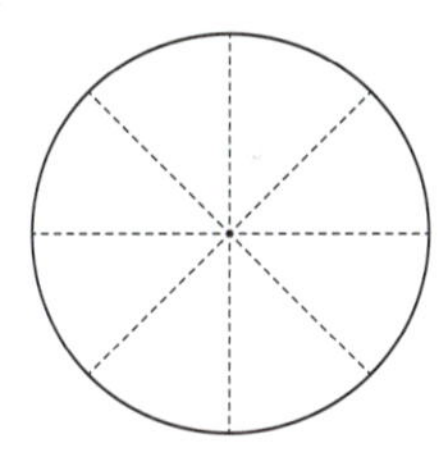

07 ▶ 261008-0673

주어진 비율을 보고 □ 안에 알맞은 수를 써넣으세요.

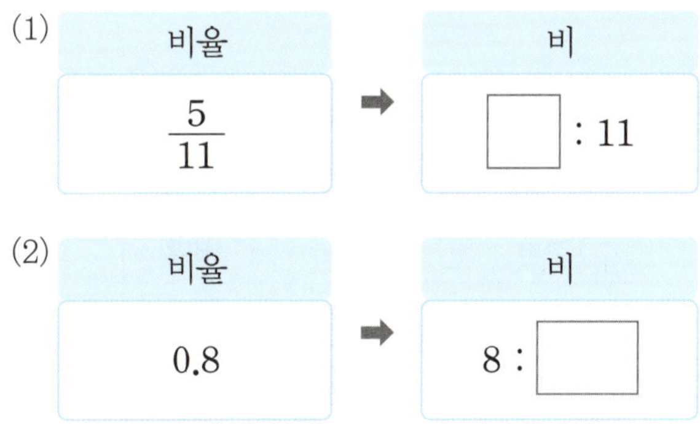

(1)

비율		비
$\dfrac{5}{11}$	➡	□ : 11

(2)

비율		비
0.8	➡	8 : □

08 ▶261008-0674

□ 안에 알맞은 수를 써넣으세요.

(1) $\dfrac{7}{20}$ ➡ $\dfrac{7}{20} \times \boxed{} = \boxed{}$

➡ $\boxed{}$ %

(2) 0.38 ➡ $0.38 \times \boxed{} = \boxed{}$

➡ $\boxed{}$ %

09 ▶261008-0675

어떤 자동차가 5 L의 연료를 사용하여 68 km를 이동하였습니다. 이 자동차의 연료의 양에 대한 이동 거리의 비율을 소수로 나타내 보세요.

( )

10 ▶261008-0676

유자 45 g과 물을 합하여 유자차 125 g을 만들었습니다. 다른 재료는 넣지 않았을 때, 이 유자차에서 물이 차지하는 비율은 몇 %일까요?

( )

11 ▶261008-0677

모든 학생이 가위, 바위, 보 중 하나를 냈을 때, 표를 보고 빈칸에 알맞은 수를 써넣으세요.

구분	가위	바위	보
학생 수(명)	5	9	6
백분율(%)			

12 ▶261008-0678

주어진 비에 대한 설명 중 <u>잘못된</u> 것을 찾아 기호를 써 보세요.

$$6 : 10$$

㉠ 9 : 15와 비율이 같습니다.
㉡ 백분율로 나타내면 6 %입니다.
㉢ 비율을 분수로 나타내면 $\dfrac{3}{5}$입니다.

( )

13 ▶261008-0679

어느 식당의 메뉴는 짜장면과 짬뽕 두 가지 뿐입니다. 오늘 손님이 총 50명이었고, 한 명이 한 가지 음식씩만 먹었습니다. 짬뽕을 먹고 간 손님이 18명이라면 짜장면을 먹고 간 손님의 수는 전체 손님의 수의 몇 %일까요?

( )

14 ▶261008-0680

한 달 동안 모은 이면지의 무게를 재어 보니 1반은 3 kg이고, 2반은 2 kg이었습니다. 1반이 모은 이면지의 무게에 대한 2반이 모은 이면지의 무게의 비율을 분수로 구해 보세요.

( )

15 ▶261008-0681

가와 나 두 가게에서는 지난주에 똑같은 가방을 같은 가격인 28000원에 팔고 있었습니다. 이번 주에 가 가게는 그 가방을 12 % 할인한 가격으로 팔고, 나 가게는 24600원에 판다고 합니다. 두 가게 중 어느 곳에서 가방을 더 저렴하게 구입할 수 있는지 구해 보세요.

(   )

16 ▶261008-0682

똑같은 컵을 이용해 미숫가루 1컵과 물 6컵을 넣어 음료를 만들었습니다. 물의 양에 대한 미숫가루의 양의 비율을 분수로 구해 보세요.

(   )

17 ▶261008-0683

유은이는 정사각형 4개를 변끼리 맞닿게 붙인 퍼즐 조각을 이용해서 그림과 같이 큰 직사각형을 채우고 있습니다. 다음 상태에서 유은이가 4개의 퍼즐 조각을 추가로 더 채웠다면 유은이가 채운 부분은 모두 전체의 몇 %인지 풀이 과정을 쓰고 답을 구해 보세요.

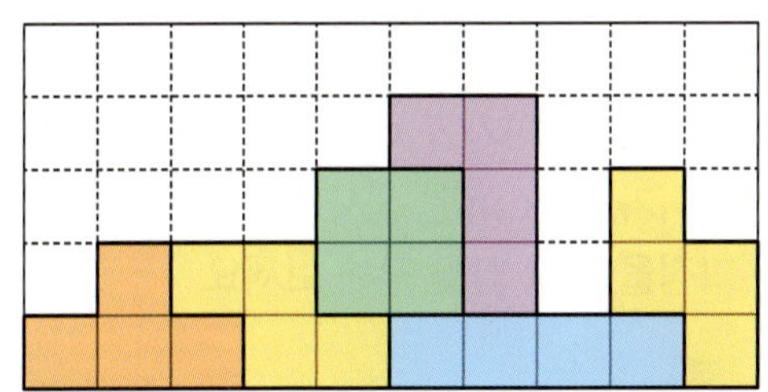

풀이

____

답 ____________________

18 ▶261008-0684

운동회 종목으로 줄다리기를 하는 것에 찬성하는 학생 수를 조사한 표입니다. 찬성률이 가장 높은 반은 몇 반인지 구해 보세요.

반	찬성하는 학생 수(명)	전체 학생 수(명)
1반	21	28
2반	13	26
3반	19	25

(   )

19 ▶261008-0685

다음 정삼각형의 한 변의 길이와 마름모의 한 변의 길이가 같을 때, 마름모의 둘레에 대한 정삼각형의 둘레의 비율을 소수로 구해 보세요.

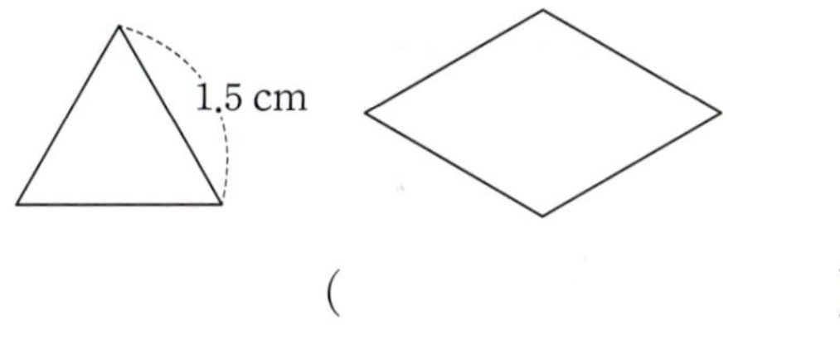

(   )

20 ▶261008-0686

성윤이는 가 은행에 250000원을 예금하여 1년 후 10000원의 이자를 받았고, 지찬이는 나 은행에 200000원을 예금하여 1년 후 9000원의 이자를 받았습니다. 어느 은행의 이자율이 더 높은지 풀이 과정을 쓰고 답을 구해 보세요.

풀이

____

답 ____________________

01 ▶ 261008-0687

부가세는 우리가 물건을 살 때 물건값의 **10 %**만큼을 추가로 내는 세금입니다. 어떤 물건을 사고 부가세를 합하여 **5500원**을 냈을 때, 부가세를 제외한 실제 물건값은 얼마인지 풀이 과정을 쓰고 답을 구해 보세요.

풀이

답

02 ▶ 261008-0688

글을 읽고 축척이 **1 : 35000**인 지도에서 **6 cm**인 거리가 실제로는 몇 **m**인지 풀이 과정을 쓰고 답을 구해 보세요.

> 축척이란 지도에서의 거리와 실제 거리의 비율을 말합니다. 만약 축척이 1 : 10000이라면 지도에서 1 cm는 실제로 10000 cm를 뜻합니다.

풀이

답

03 ▶ 261008-0689

어느 카페에서는 음료 가격의 **10 %**를 적립해 줍니다. 수혁이의 현재 적립금은 920원이고, 수혁이는 앞으로 이 카페에서 2300원짜리 음료만 마신다고 할 때 앞으로 적어도 몇 잔을 더 마셔야 적립금만으로 음료 한 잔을 마실 수 있는지 풀이 과정을 쓰고 답을 구해 보세요.

풀이

답

04 ▶ 261008-0690

수아가 두 개의 로봇을 코딩하여 선분 위를 달리게 하였습니다. 표를 보고 같은 시간에 더 빠르게 이동한 로봇은 어느 것인지 풀이 과정을 쓰고 답을 구해 보세요.

로봇	토끼 로봇	거북 로봇
이동한 선분의 길이(cm)	10	15
걸린 시간(초)	5	6

풀이

답

05 ▶ 261008-0691

200개의 좌석이 있는 영화관에서 같은 영화가 하루에 한 번 상영되고 있습니다. 어제 관객 수는 좌석 수의 **85 %**였고, 오늘 관객 수는 좌석 수의 **87 %**였습니다. 어제와 오늘의 관객 수의 차는 몇 명인지 풀이 과정을 쓰고 답을 구해 보세요.

풀이

답

06 ▶ 261008-0692

한 변의 길이가 **7 cm**인 정사각형의 넓이는 한 변의 길이가 **10 cm**인 정사각형의 넓이의 몇 **%**인지 풀이 과정을 쓰고 답을 구해 보세요.

풀이

답

07 ▶ 261008-0693

어느 민속 마을 입장료에 대한 안내문을 보고 초등학생의 입장료는 얼마인지 풀이 과정을 쓰고 답을 구해 보세요.

민속 마을 입장료 안내

- 성인: 4500원
- 중·고등학생: 성인 입장료에서 20 % 할인
- 초등학생: 중·고등학생 입장료에서 50 % 할인

풀이

____

____

____

답 _______________________

08 ▶ 261008-0694

유진이의 설명을 보고 유진이네 카페의 4월과 5월의 지난달 대비 매출 증가율은 각각 몇 %인지 풀이 과정을 쓰고 답을 구해 보세요.

지난달 매출액이 50만 원이고 이번 달 매출액이 5만 원 증가했다면 지난달 대비 이번 달 매출 증가율은 10 %야.

유진이네 카페의 월별 매출액

월	3월	4월	5월
매출액(원)	800000	1000000	1200000

풀이

____

____

____

답 4월: _______________________

5월: _______________________

09 ▶ 261008-0695

운동화와 실내화를 각각 하나씩 사려고 합니다. 신발의 원래 가격과 현재 할인율을 나타낸 표를 보고 어느 상점에서 두 신발을 모두 사는 것이 더 저렴한지 풀이 과정을 쓰고 답을 구해 보세요. (단, 두 상점에서 파는 운동화와 실내화는 같습니다.)

상점	운동화		실내화	
	원래 가격	할인율	원래 가격	할인율
가	38400원	20 %	4500원	10 %
나	40000원	25 %	5000원	15 %

풀이

____

____

____

____

답 _______________________

10 ▶ 261008-0696

수혁이는 은행에 100000원을 1년 동안 예금하여 1년 후 이자를 포함하여 104000원을 받았습니다. 같은 이자율로 150000원을 1년 동안 예금하면 1년 후 이자를 포함하여 받을 수 있는 금액은 얼마인지 풀이 과정을 쓰고 답을 구해 보세요.

풀이

____

____

____

답 _______________________

■ 띠그래프 알아보기

- 띠그래프: 전체에 대한 각 부분의 비율을 띠 모양에 나타낸 그래프

좋아하는 민속 놀이별 학생 수의 비율

윷놀이 (25 %)	연날리기 (36 %)	제기차기 (27 %)	

줄다리기(12 %)

  – 전체에 대한 각 부분의 비율을 한눈에 알 수 있습니다.
  – 각 항목끼리의 비율을 쉽게 비교할 수 있습니다.
  예 연날리기를 좋아하는 학생 수는 줄다리기를 좋아하는 학생 수의 3배입니다.

■ 원그래프 알아보기

- 원그래프: 전체에 대한 각 부분의 비율을 원 모양에 나타낸 그래프

좋아하는 꽃별 학생 수의 비율

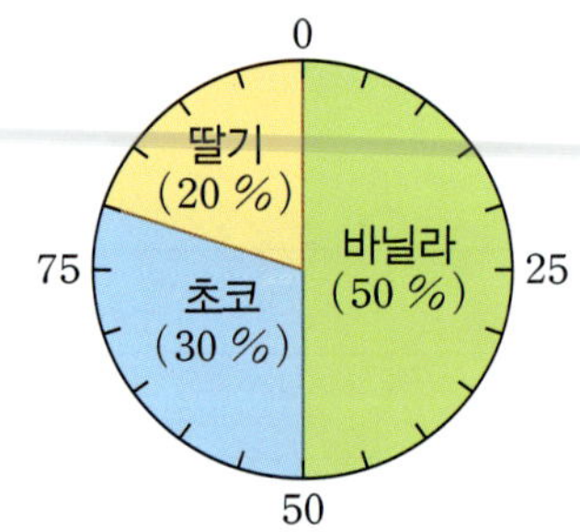

  – 전체에 대한 각 부분의 비율을 한눈에 알 수 있습니다.
  예 백합을 좋아하는 학생 수는 42 %입니다.
  – 각 항목끼리의 비율을 쉽게 비교할 수 있습니다.
  예 장미를 좋아하는 학생이 튤립을 좋아하는 학생보다 더 많습니다.

■ 띠그래프와 원그래프로 나타내기

좋아하는 아이스크림 종류별 학생 수의 비율

종류	바닐라	초코	딸기	합계
학생 수(명)	25	15	10	50
백분율(%)	50	30	20	100

① 자료를 보고 각 항목의 백분율을 구합니다.

바닐라: $\dfrac{25}{50} \times 100 = 50 \Rightarrow 50\,\%$

초코: $\dfrac{15}{50} \times 100 = 30 \Rightarrow 30\,\%$

딸기: $\dfrac{10}{50} \times 100 = 20 \Rightarrow 20\,\%$

② 각 항목의 백분율의 합계가 100 %가 되는지 확인합니다.

  ➡ $50 + 30 + 20 = 100$ ➡ $100\,\%$

③ 각 항목의 백분율의 크기만큼 선을 그어 띠나 원을 나눕니다.
④ 나눈 부분에 각 항목의 내용과 백분율을 씁니다.
⑤ 띠그래프나 원그래프의 제목을 씁니다.
  (제목을 가장 먼저 쓸 수도 있습니다.)

좋아하는 아이스크림 종류별 학생 수의 비율

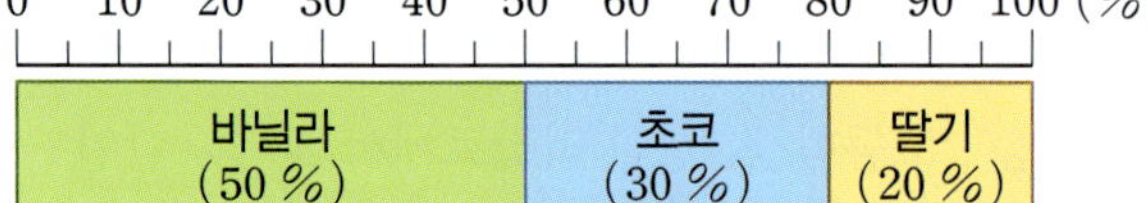

좋아하는 아이스크림 종류별 학생 수의 비율

■ 여러 가지 그래프의 특징

- 그림그래프
  그림의 크기와 개수로 많고 적음을 알 수 있습니다.
  예 지역별 초등학교의 수
- 막대그래프
  막대의 길이로 수량의 많고 적음을 한눈에 비교하기 쉽습니다.
  예 우리 학교 학생들이 좋아하는 책의 종류
- 꺾은선그래프
  시간에 따라 연속적으로 변화하는 양을 나타내는 데 편리합니다.
  예 교실의 온도 변화
- 띠그래프와 원그래프
  전체에 대한 각 부분의 비율을 한눈에 알아보기 쉽고, 각 항목끼리의 비율을 쉽게 비교할 수 있습니다.
  예 후보별 득표율

[01~03] 예원이가 학급 문고의 종류를 조사하여 나타낸 그래프입니다. 물음에 답하세요.

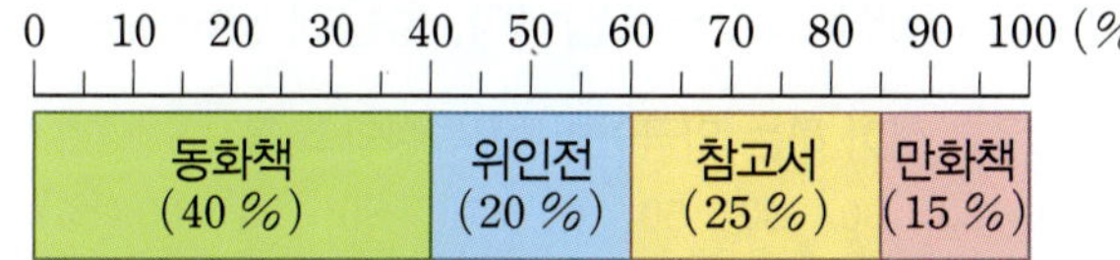

▶ 261008-0697

01 위와 같이 전체에 대한 각 부분의 비율을 띠 모양에 나타낸 그래프는 무엇인가요?

(   )

▶ 261008-0698

02 참고서는 전체의 몇 %인가요?

(   )

▶ 261008-0699

03 동화책의 수는 위인전의 수의 몇 배인가요?

(   )

[04~06] 세호가 6학년 학생들이 좋아하는 꽃을 조사하여 나타낸 그래프입니다. 물음에 답하세요.

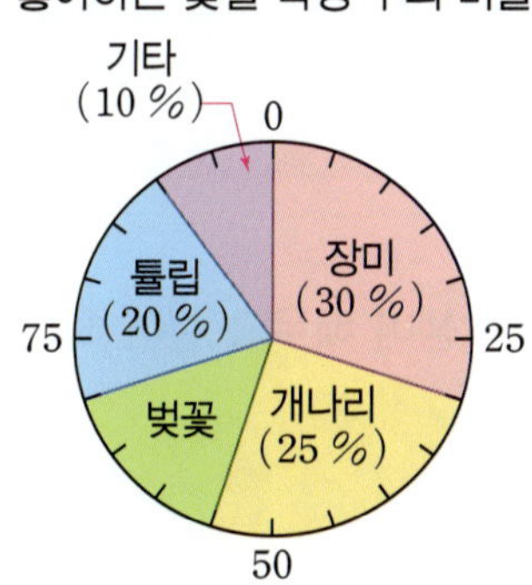

▶ 261008-0700

04 위와 같이 전체에 대한 각 부분의 비율을 원 모양에 나타낸 그래프는 무엇인가요?

(   )

▶ 261008-0701

05 벚꽃을 좋아하는 학생은 전체의 몇 %인가요?

(   )

▶ 261008-0702

06 세호네 학교 6학년 학생이 140명일 때 개나리를 좋아하는 학생은 몇 명일까요?

(   )

[07~09] 시우네 학교 학생들이 좋아하는 계절을 조사하여 나타낸 표입니다. 물음에 답하세요.

좋아하는 계절별 학생 수의 비율

계절	봄	여름	가을	겨울	합계
학생 수(명)	32	56	24	48	160
백분율(%)	20		15		100

▶ 261008-0703

07 □ 안에 알맞은 수를 써넣어 전체 학생 수에 대한 여름을 좋아하는 학생 수의 백분율을 구해 보세요.

$$\frac{\square}{160} \times 100 = \square \ \rightarrow \ \square \ \%$$

▶ 261008-0704

08 □ 안에 알맞은 수를 써넣어 전체 학생 수에 대한 겨울을 좋아하는 학생 수의 백분율을 구해 보세요.

$$\frac{\square}{160} \times 100 = \square \ \rightarrow \ \square \ \%$$

▶ 261008-0705

09 표를 보고 띠그래프를 완성해 보세요.

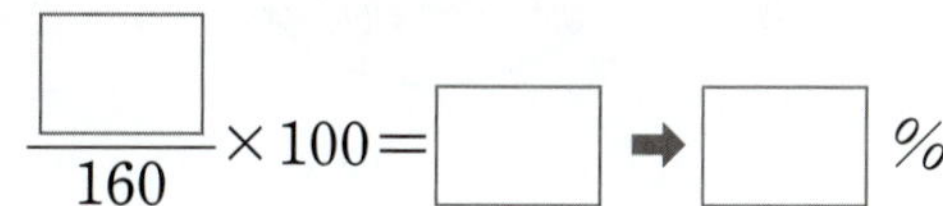

▶ 261008-0706

10 띠그래프나 원그래프로 나타내기에 알맞은 것을 찾아 기호를 써 보세요.

> ㉠ 지역별 쌀 생산량
> ㉡ 날짜별 강낭콩 키의 변화
> ㉢ 우유의 영양 성분의 비율

(   )

5. 여러 가지 그래프

[01~03] 세아가 학급 문고의 종류를 조사하여 나타낸 그래프입니다. 물음에 답하세요.

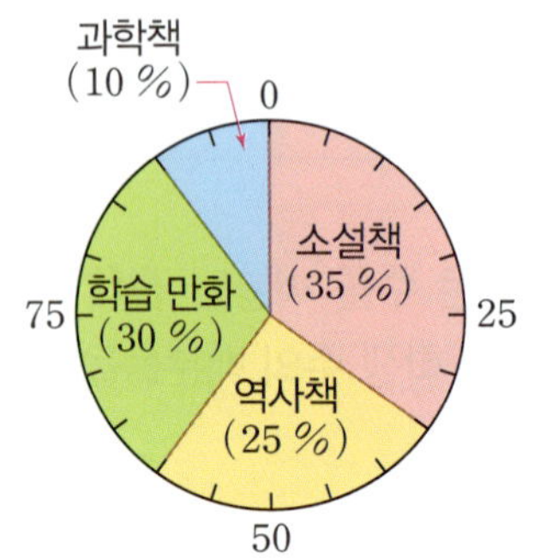

01 ▶ 261008-0707
위와 같이 전체에 대한 각 부분의 비율을 원 모양에 나타낸 그래프는 무엇인가요?

( )

02 ▶ 261008-0708
전체 학급 문고의 25 %를 차지하는 책의 종류는 무엇인가요?

( )

03 ▶ 261008-0709
학습 만화 수는 과학책 수의 몇 배인가요?

( )

04 ▶ 261008-0710
띠그래프에 대한 설명으로 옳은 것을 찾아 기호를 써 보세요.

> ㉠ 수량의 변화하는 모습과 정도를 쉽게 알 수 있습니다.
> ㉡ 그림의 크기와 수량으로 많고 적음을 나타냅니다.
> ㉢ 전체에 대한 각 부분의 비율을 한눈에 알아보기 쉽습니다.

( )

[05~07] 연호네 학교 학생들이 배우고 싶어 하는 외국어를 조사하여 나타낸 띠그래프입니다. 물음에 답하세요.

배우고 싶어 하는 외국어별 학생 수의 비율

05 ▶ 261008-0711
프랑스어를 배우고 싶어 하는 학생은 전체의 몇 %일까요?

( )

06 ▶ 261008-0712
가장 많은 학생이 배우고 싶어 하는 외국어는 무엇인가요?

( )

07 ▶ 261008-0713
스페인어를 배우고 싶어 하는 학생이 20명일 때, 중국어를 배우고 싶어 하는 학생은 몇 명일까요?

( )

[08~10] 정우네 학교 6학년 학생들의 학생 건강 체력 평가 등급을 조사하여 나타낸 표입니다. 물음에 답하세요.

학생 건강 체력 평가 등급별 학생 수의 비율

등급	1등급	2등급	3등급	4등급	5등급	합계
학생 수 (명)	49	35	28	21	7	
백분율 (%)	35					100

▶ 261008-0714

08 조사한 전체 학생은 몇 명일까요?

( )

▶ 261008-0715

09 표를 완성해 보세요.

▶ 261008-0716

10 표를 보고 원그래프를 완성해 보세요.

학생 건강 체력 평가 등급별 학생 수의 비율

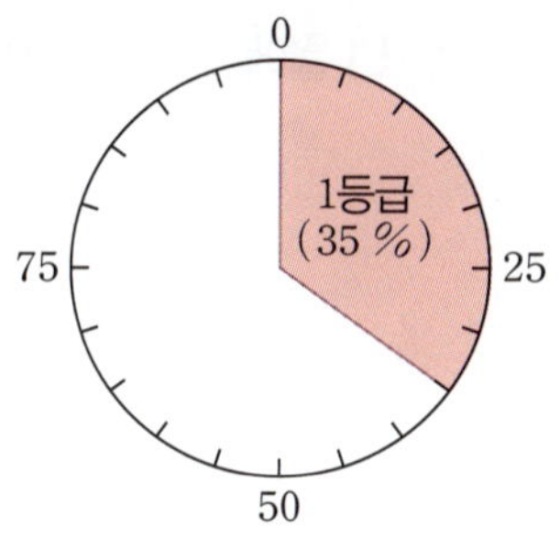

▶ 261008-0717

11 관계있는 것끼리 이어 보세요.

막대 그래프	수량을 나타낸 점을 선분으로 이어 그린 그래프
꺾은선 그래프	각 부분의 비율을 띠 모양에 나타낸 그래프
띠그래프	각 부분의 비율을 원 모양에 나타낸 그래프
원그래프	조사한 자료를 막대 모양으로 나타낸 그래프

[12~14] 유나네 학교의 지난달 종류별 쓰레기 배출량을 조사하여 나타낸 그림그래프와 표입니다. 물음에 답하세요.

종류별 쓰레기 배출량

종류	배출량
종이류	
플라스틱류	
병류	
기타	

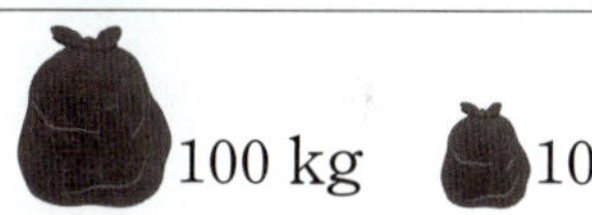

종류별 쓰레기 배출량의 비율

종류	종이류	플라스틱류	병류	기타	합계
배출량 (kg)	180			20	400
백분율 (%)	45	㉠	㉡	5	100

▶ 261008-0718

12 ㉡에 알맞은 수를 구해 보세요.

( )

▶ 261008-0719

13 ㉠에 알맞은 수를 구해 보세요.

( )

▶ 261008-0720

14 띠그래프를 완성해 보세요.

종류별 쓰레기 배출량의 비율

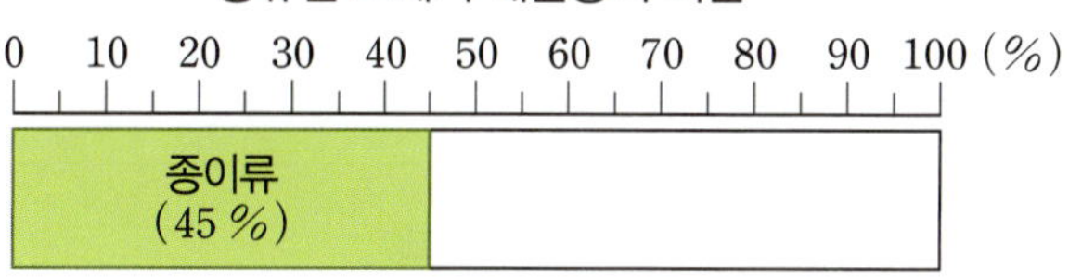

[15~17] 도원이네 학교 학생을 대상으로 여름 방학에 하고 싶은 일을 조사하여 나타낸 띠그래프와 이 중 여행을 가고 싶어 하는 학생들이 가고 싶은 곳을 조사하여 나타낸 원그래프입니다. 운동을 하고 싶은 학생 수와 독서를 하고 싶은 학생 수가 같고, 부산으로 여행 가고 싶은 학생 수가 강릉으로 여행 가고 싶어 하는 학생 수의 2배일 때, 물음에 답하세요.

여름 방학에 하고 싶은 일별 학생 수의 비율

| 여행 (50 %) | 운동 | 독서 | 기타 (8 %) |

여행 가고 싶은 곳별 학생 수의 비율

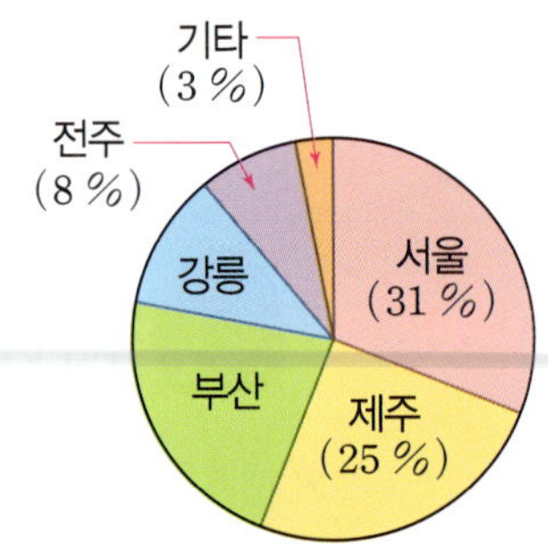

15 운동을 하고 싶은 학생과 독서를 하고 싶은 학생의 백분율을 각각 구해 보세요.

▶ 261008-0721

운동 (   )

독서 (   )

16 여행 가고 싶은 학생 수에 대하여 부산을 가고 싶어 하는 학생 수와 강릉을 가고 싶어 하는 학생 수의 백분율을 각각 구해 보세요.

▶ 261008-0722

부산 (   )

강릉 (   )

17 조사에 참여한 전체 학생이 680명일 때, 제주로 여행을 가고 싶어 하는 학생은 몇 명인지 풀이 과정을 쓰고 답을 구해 보세요.

▶ 261008-0723

풀이 _______________________

____

답 _______________________

[18~20] 10월과 11월에 어느 영화관에 온 관객의 연령대를 조사하여 나타낸 띠그래프입니다. 물음에 답하세요.

연령대별 관객 수의 비율

10월	10대 이하 (21 %)	20대 (24 %)	30대 (21 %)	40대 (26 %)	50대 이상 (8 %)
11월	10대 이하 (26 %)	20대 (24 %)	30대 (18 %)	40대 (24 %)	50대 이상 (8 %)

18 10월과 11월에 영화관에 가장 많이 온 관객의 연령대를 각각 써 보세요.

▶ 261008-0724

10월 (   )

11월 (   )

19 10월에 비해 11월에 비율이 높아진 관객의 연령대를 써 보세요.

▶ 261008-0725

(   )

20 위 그래프에 대한 설명입니다. 옳지 <u>않은</u> 설명을 찾아 기호를 쓰고 옳지 <u>않은</u> 이유를 써 보세요.

▶ 261008-0726

> ㉠ 10월에 영화관을 찾은 10대 이하의 수는 30대의 수와 같습니다.
> ㉡ 10월에 영화관을 찾은 20대의 수와 11월에 영화관을 찾은 20대의 수는 같습니다.
> ㉢ 11월에 영화관을 찾은 20대의 수는 50대 이상의 수의 3배입니다.

(   )

이유 _______________________

____

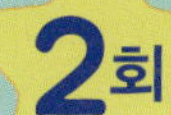

5. 여러 가지 그래프

[01~03] 채아네 학교 6학년 학생들이 배우고 싶은 악기를 조사하여 나타낸 띠그래프입니다. 물음에 답하세요.

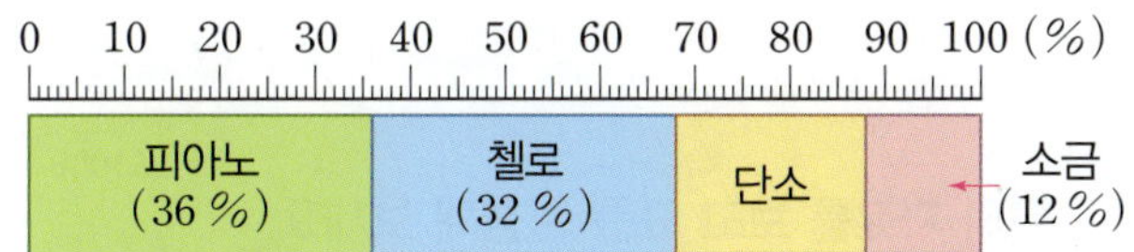

▶ 261008-0727

01 단소를 배우고 싶은 학생은 전체의 몇 %일까요?

( )

▶ 261008-0728

02 피아노를 배우고 싶은 학생 수는 소금을 배우고 싶은 학생 수의 몇 배일까요?

( )

▶ 261008-0729

03 조사에 참여한 학생이 모두 150명일 때, 첼로를 배우고 싶은 학생은 몇 명일까요?

( )

▶ 261008-0730

04 원그래프를 나타내는 순서대로 기호를 써 보세요.

┌─────────────────────────────┐
│ ㉠ 각 항목의 백분율의 합계가 100 %가 되는지 확인합니다. │
│ ㉡ 자료를 보고 각 항목의 백분율을 구합니다. │
│ ㉢ 각 항목의 백분율 크기만큼 선을 그어 원을 나눕니다. │
│ ㉣ 나눈 부분에 각 항목의 내용과 백분율을 쓰고 원그래프의 제목을 씁니다. │
└─────────────────────────────┘

( ) – ( ) – ( ) – ( )

[05~07] 지율이네 학교 학생들이 태어난 계절을 조사하여 나타낸 원그래프입니다. 물음에 답하세요.

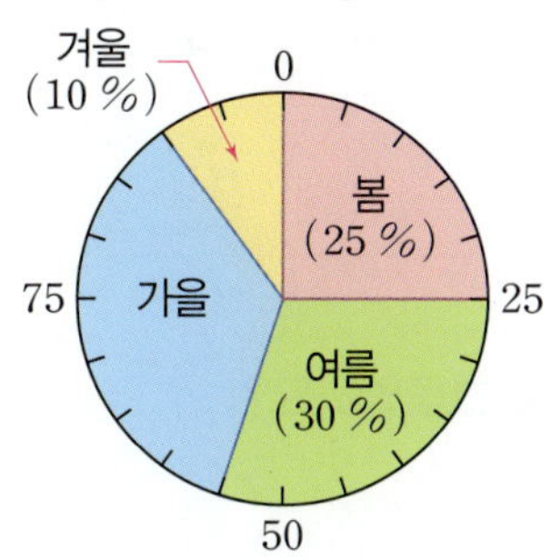

▶ 261008-0731

05 가을에 태어난 학생은 전체의 몇 %일까요?

( )

▶ 261008-0732

06 많은 학생들이 태어난 계절부터 순서대로 써 보세요.

( )

▶ 261008-0733

07 봄에 태어난 학생이 40명이라면 조사에 참여한 학생은 모두 몇 명일까요?

( )

[08~10] 어느 마을에 있는 나무의 종류를 조사하여 나타낸 표입니다. 물음에 답하세요.

종류별 나무 수의 비율

나무	은행나무	단풍나무	느티나무	벚나무	합계
나무 수 (그루)	400	120	80		800
백분율 (%)	50				

▶ 261008-0734

08 벚나무는 몇 그루일까요?

( )

▶ 261008-0735

09 표를 완성해 보세요.

▶ 261008-0736

10 표를 보고 원그래프를 완성해 보세요.

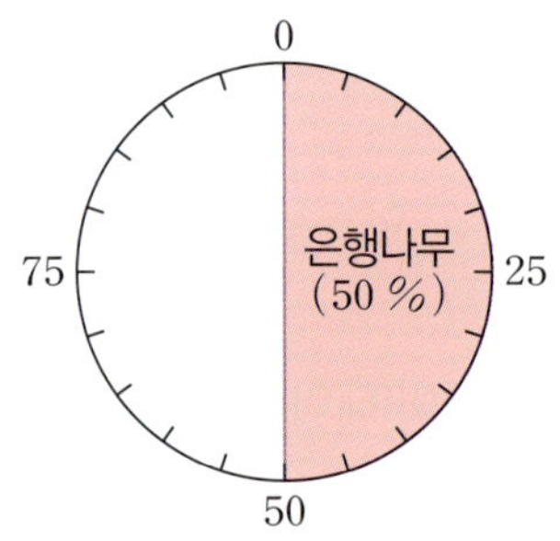

▶ 261008-0737

11 조사한 주제를 나타내기에 알맞은 그래프를 찾아 이어 보세요.

월별 몸무게의
변화 · · 그림그래프

오곡밥의 각
잡곡의 비율 · · 원그래프

지역별 전기차
충전기 수 · · 꺾은선그래프

[12~14] 글을 읽고 물음에 답하세요.

어느 동물원에는 모두 1200마리의 동물이 있습니다. 그 중 어류는 420마리, 조류는 360마리, 포유류는 240마리, 파충류는 120마리, 양서류는 24마리, 절지 동물은 36마리입니다.

▶ 261008-0738

12 위의 자료를 보고 표를 완성해 보세요.

종류별 동물 수의 비율

동물	어류	조류	포유류	기타	합계
동물 수 (마리)	420				
백분율 (%)	35				

▶ 261008-0739

13 자료와 표를 보고 기타 항목에 포함된 동물의 종류를 모두 써 보세요.

( )

▶ 261008-0740

14 12의 표를 보고 띠그래프를 완성해 보세요.

종류별 동물 수의 비율

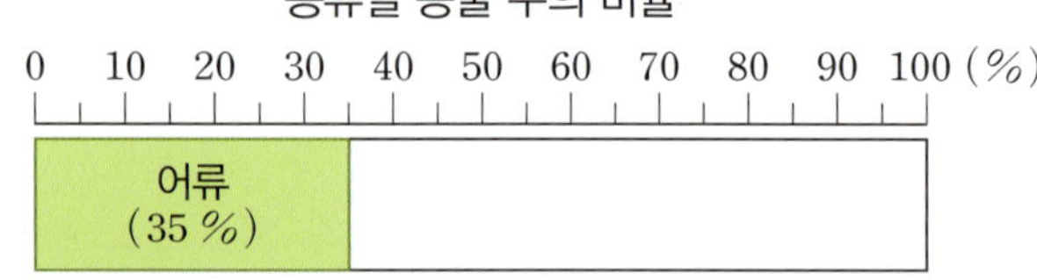

[15~17] 선우네 텃밭과 다나네 텃밭의 채소별 재배 넓이를 조사하여 나타낸 원그래프입니다. 물음에 답하세요.

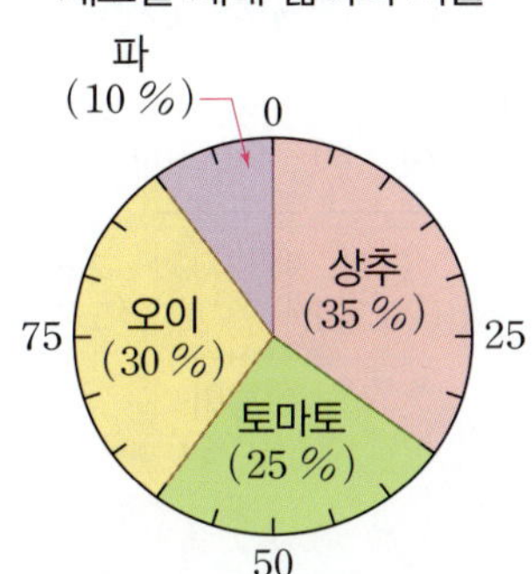

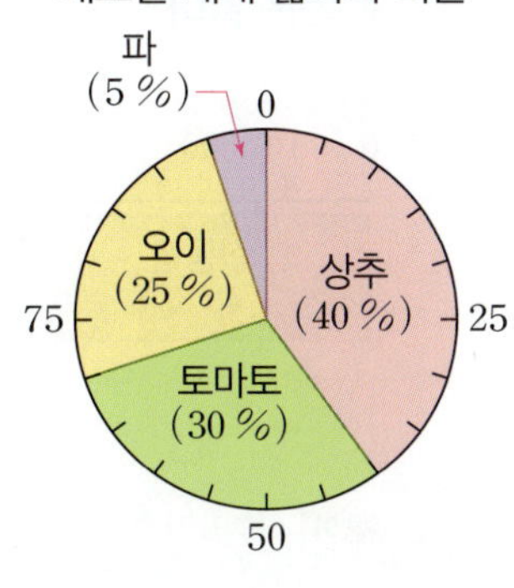

▶ 261008-0741

15 선우네 텃밭에서 다나네 텃밭보다 재배 넓이의 비율이 더 높은 채소는 무엇인지 모두 써 보세요.

( )

▶ 261008-0742

16 다나네 텃밭에서 선우네 텃밭보다 재배 넓이의 비율이 더 높은 채소는 무엇인지 모두 써 보세요.

( )

▶ 261008-0743

17 선우네 텃밭은 $120\ \text{m}^2$, 다나네 텃밭은 $100\ \text{m}^2$입니다. 상추를 심은 넓이는 누구네 텃밭이 몇 m^2 더 넓은지 풀이 과정을 쓰고 답을 구해 보세요.

풀이

____

____

답 ____________________

[18~20] 은혁이네 학교 학생들이 좋아하는 음료를 조사하여 나타낸 표입니다. 물음에 답하세요.

좋아하는 음료별 학생 수의 비율

종류	탄산음료	주스	우유	기타	합계
학생 수 (명)	96		㉠	24	240
백분율 (%)	㉡	㉢	20	10	100

▶ 261008-0744

18 ㉠에 알맞은 수를 구해 보세요.

( )

▶ 261008-0745

19 ㉡, ㉢에 알맞은 수를 각각 구해 보세요.

㉡ ( )
㉢ ( )

▶ 261008-0746

20 위 표를 보고 길이가 $40\ \text{cm}$인 띠그래프로 나타내려고 합니다. 주스와 우유를 좋아하는 학생은 각각 몇 cm로 나타내야 하는지 풀이 과정을 쓰고 답을 구해 보세요.

풀이

____

답 주스: ____________________

우유: ____________________

[01~02] 슬기네 학교 5학년과 6학년 학생들이 여행 가고 싶어 하는 대륙을 조사하여 나타낸 띠그래프와 이 중 유럽에서 여행 가고 싶어 하는 나라를 조사하여 나타낸 원그래프입니다. 물음에 답하세요.

여행 가고 싶어 하는 대륙별 학생 수의 비율

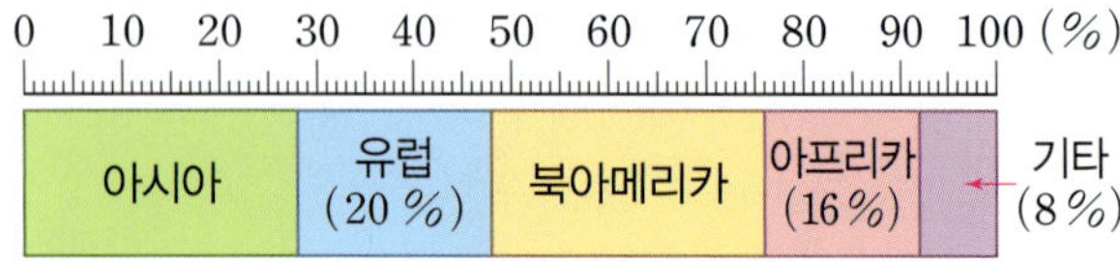

유럽에서 여행 가고 싶어 하는 나라별 학생 수의 비율

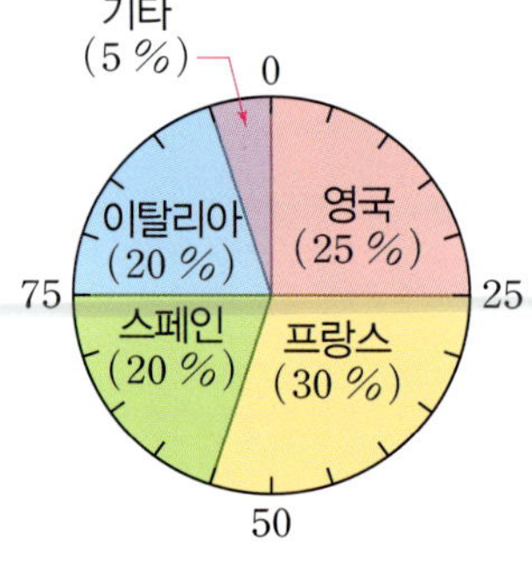

01 ▶ 261008-0747
아시아를 가고 싶어 하는 학생 수와 북아메리카를 가고 싶어 하는 학생 수가 같을 때, 아시아를 가고 싶어 하는 학생 수의 백분율은 몇 %인지 풀이 과정을 쓰고 답을 구해 보세요.

풀이

____

____

____

답 _______________

02 ▶ 261008-0748
조사에 참여한 학생이 300명일 때, 프랑스에 가고 싶어 하는 학생은 몇 명인지 풀이 과정을 쓰고 답을 구해 보세요.

풀이

____

____

답 _______________

03 ▶ 261008-0749
나래가 한 달에 쓴 용돈의 쓰임새를 정리하여 나타낸 띠그래프입니다. 저금을 한 금액이 5000원일 때, 한 달 용돈은 얼마인지 풀이 과정을 쓰고 답을 구해 보세요.

쓰임새별 용돈의 비율

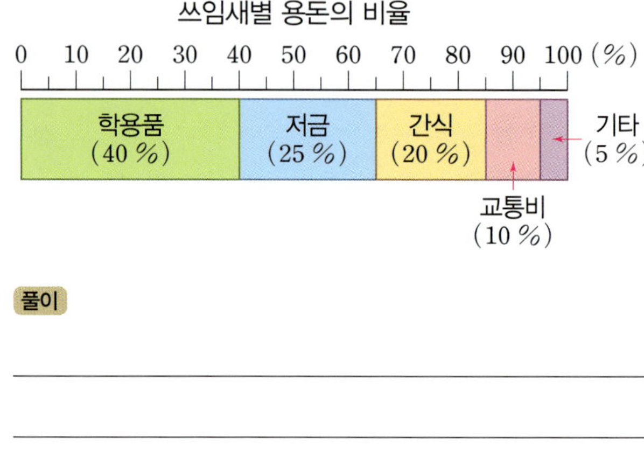

풀이

____

____

답 _______________

[04~05] 준수네 학교 알뜰장터에서 팔린 물품별 판매량을 조사하여 나타낸 원그래프입니다. 물음에 답하세요.

물품별 판매량의 비율

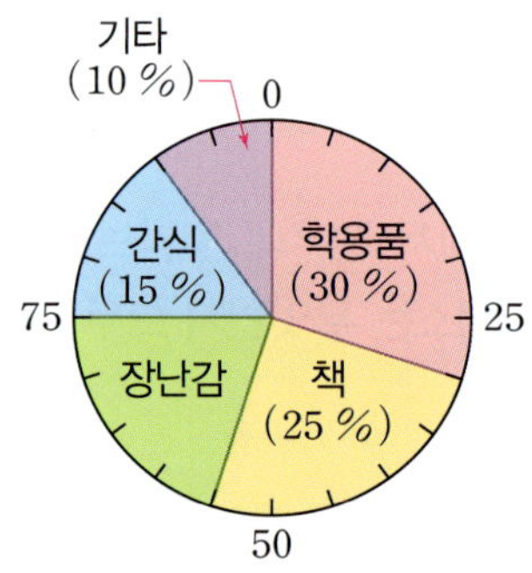

04 ▶ 261008-0750
장난감 판매량은 전체의 몇 %인지 풀이 과정을 쓰고 답을 구해 보세요.

풀이

____

____

답 _______________

05 ▶ 261008-0751
원그래프를 보고 알 수 있는 내용을 2가지 써 보세요.

내용 1 _______________

내용 2 _______________

[06~07] 글을 읽고 물음에 답하세요.

수현이네 학교 학생들을 대상으로 급식 만족도를 조사하였더니 만족 132명, 보통 60명, 불만족 48명이었습니다.

▶ 261008-0752

06 자료를 보고 표를 완성해 보세요.

급식 만족도별 학생 수의 비율

만족도	만족	보통	불만족	합계
학생 수 (명)				
백분율 (%)				

▶ 261008-0753

07 원그래프로 나타내 보세요.

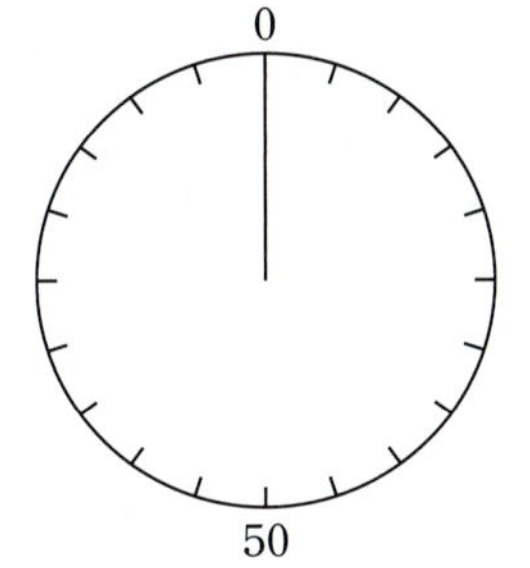
급식 만족도별 학생 수의 비율

▶ 261008-0754

08 다음 중 옳지 <u>않은</u> 설명을 찾아 기호를 쓰고 바르게 고쳐 보세요.

㉠ 막대그래프로 학년별 안전사고 건수를 비교할 수 있습니다.
㉡ 꺾은선그래프로 월별 영화 관객 수의 변화를 확인할 수 있습니다.
㉢ 동아리 활동별 학생 수의 비율을 나타내기에 알맞은 그래프는 그림그래프입니다.

( )

바르게 고친 문장

____

[09~10] 어느 도서관의 7월과 8월 방문자의 연령대를 조사하여 나타낸 띠그래프입니다. 물음에 답하세요.

연령대별 도서관 방문자 수의 비율

7월	10대 이하 (20 %)	20대 (32 %)	30대 (24 %)	40대 (16 %)	← 50대 이상 (8 %)
8월	10대 이하 (25 %)	20대 (25 %)	30대 (30 %)	40대 (15 %)	← 50대 이상 (5 %)

▶ 261008-0755

09 7월에 비해 8월에 방문자 비율이 높아진 연령대를 모두 쓰려고 합니다. 풀이 과정을 쓰고 답을 구해 보세요.

풀이

____

____

____

답 _______________________

▶ 261008-0756

10 7월의 방문자는 1500명이고, 8월의 방문자는 1600명입니다. 7월의 20대 방문자 수와 8월의 20대 방문자 수의 차는 몇 명인지 풀이 과정을 쓰고 답을 구해 보세요.

풀이

____

____

답 _______________________

■ 부피 비교하기

• 직접 맞대어 비교하기
 직육면체의 모서리를 맞대어 부피를 비교할 수 있습니다.
• 단위를 이용하여 부피 비교하기

가　　　　　나

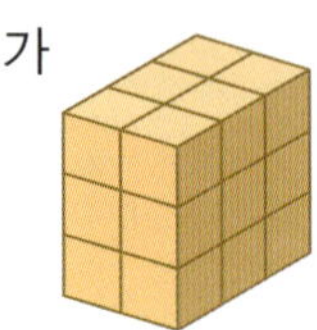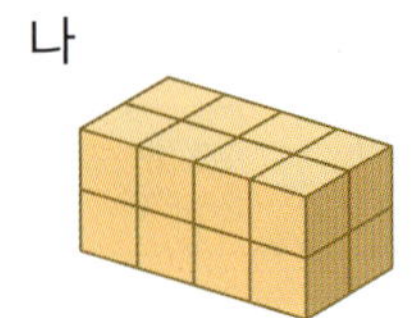

　– 모양과 크기가 같은 블록, 쌓기나무 등을 사용하여 부피를 비교할 수 있습니다.
　– 쌓기나무의 수를 세어 보면 가는 18개, 나는 16개이므로 가의 부피가 더 큽니다.

■ $1\,\text{cm}^3$ 알아보기

• 부피를 나타낼 때 한 모서리의 길이가 $1\,\text{cm}$인 정육면체의 부피를 단위로 사용할 수 있습니다. 이 정육면체의 부피를 $1\,\text{cm}^3$라 쓰고, 1 세제곱센티미터라고 읽습니다.

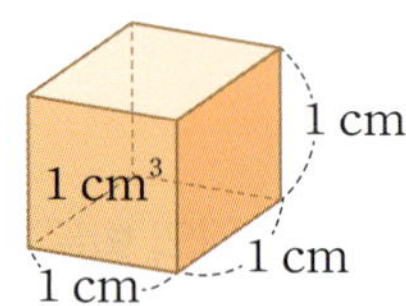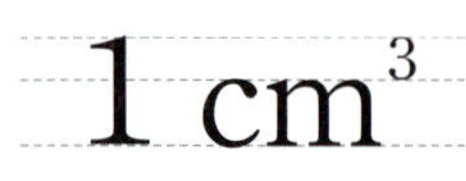

■ 직육면체의 부피를 구하는 방법

• 직육면체의 부피를 구하는 방법
 (직육면체의 부피)
 $=$(가로)$\times$(세로)$\times$(높이)
 $=$(밑면의 넓이)$\times$(높이)

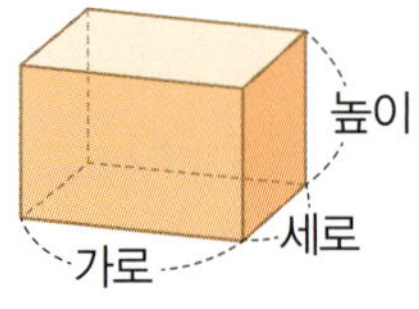

• 정육면체의 부피를 구하는 방법
 (정육면체의 부피)
 $=$(한 모서리의 길이)
 　$\times$(한 모서리의 길이)
 　$\times$(한 모서리의 길이)

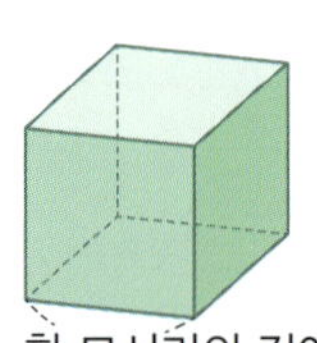

■ $1\,\text{m}^3$ 알아보기

• 부피를 나타낼 때 한 모서리가 $1\,\text{m}$인 정육면체의 부피를 단위로 사용할 수 있습니다. 이 정육면체의 부피를 $1\,\text{m}^3$라 쓰고, 1 세제곱미터라고 읽습니다.

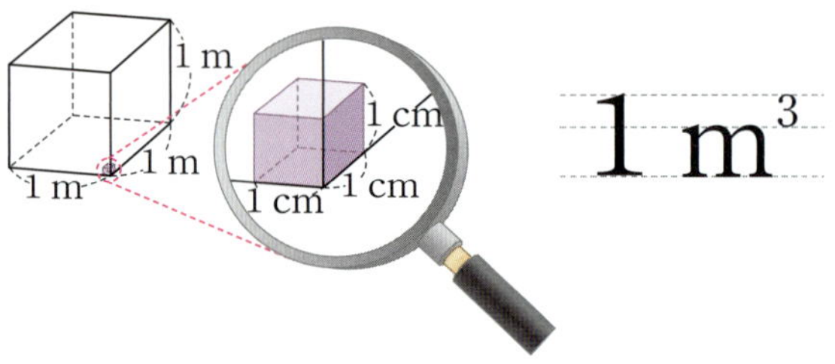

• 부피가 $1\,\text{m}^3$인 정육면체를 만들려면 부피가 $1\,\text{cm}^3$인 쌓기나무가 $100\times100\times100=1000000$(개) 필요합니다.

$$1\,\text{m}^3=1000000\,\text{cm}^3$$

■ 직육면체의 겉넓이 구하기

• 직육면체의 겉넓이

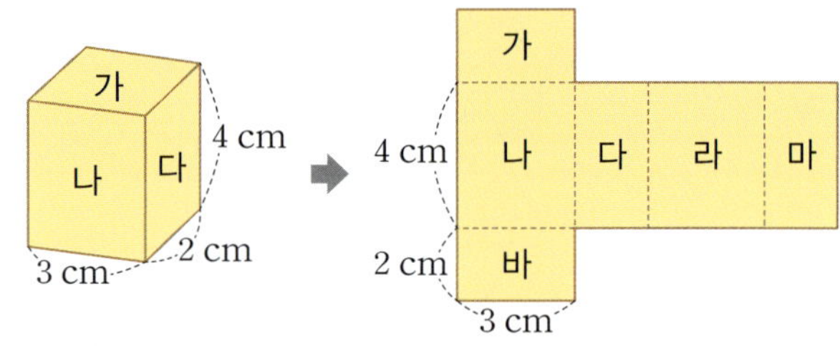

　– 여섯 면의 넓이를 더하여 겉넓이 구하기
　 가$+$나$+$다$+$라$+$마$+$바
　 $=6+12+8+12+8+6=52\,(\text{cm}^2)$
　– 합동인 면이 3쌍이라는 성질을 이용하여 겉넓이 구하기
　 가$\times2+$나$\times2+$다$\times2$
　 $=6\times2+12\times2+8\times2=52\,(\text{cm}^2)$
　– 두 밑면과 옆면의 넓이를 더하여 겉넓이 구하기
　 가$\times2+$(나$+$다$+$라$+$마)
　 $=6\times2+(3+2+3+2)\times4=52\,(\text{cm}^2)$
• 정육면체의 겉넓이
 (정육면체의 겉넓이)
 $=$(한 면의 넓이)$\times6$
 $=2\times2\times6=24\,(\text{cm}^2)$

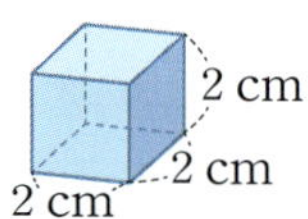

▶ 261008-0757

01 색칠한 부분의 넓이가 같습니다. 두 직육면체 중 부피가 더 큰 것의 기호를 써 보세요.

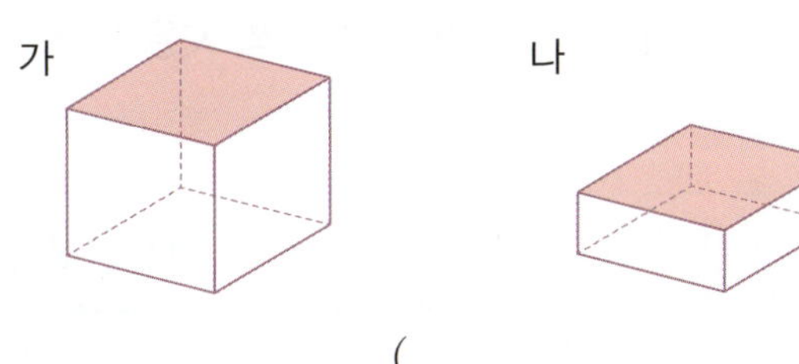

( )

▶ 261008-0758

02 크기가 같은 쌓기나무를 사용하여 직육면체의 부피를 비교하려고 합니다. 부피를 비교하여 ○ 안에 >, =, <를 알맞게 써넣으세요.

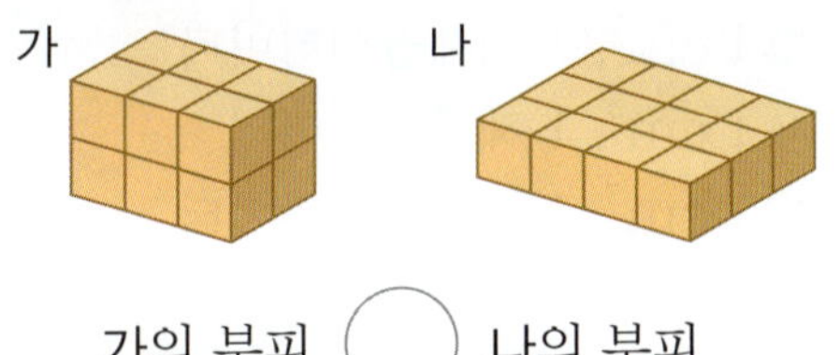

가의 부피 ◯ 나의 부피

▶ 261008-0759

03 ☐ 안에 알맞은 부피의 단위를 써넣으세요.

한 모서리의 길이가 1 cm인 정육면체의 부피는 1 ☐ 이고, 한 모서리의 길이가 1 m인 정육면체의 부피는 1 ☐ 입니다.

▶ 261008-0760

04 부피가 **1 cm³**인 쌓기나무로 오른쪽과 같이 직육면체를 만들었습니다. 쌓기나무의 수와 직육면체의 부피를 각각 구해 보세요.

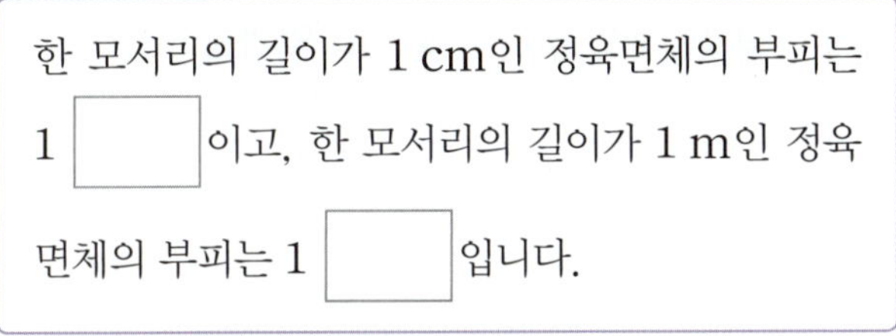

쌓기나무의 수 ( )
직육면체의 부피 ( )

▶ 261008-0761

05 직육면체의 부피는 몇 **cm³**일까요?

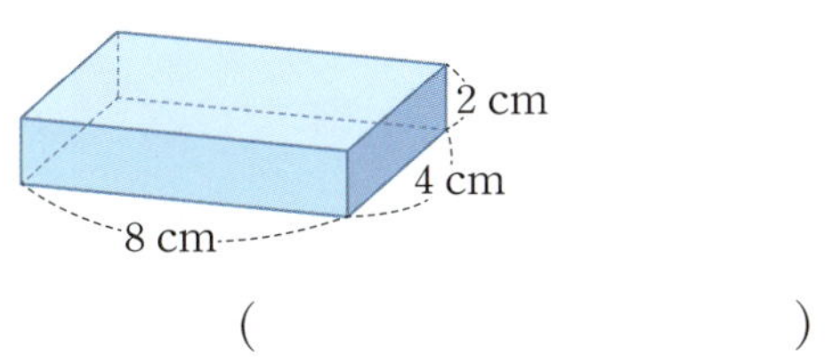

( )

▶ 261008-0762

06 정육면체의 부피를 구해 보세요.

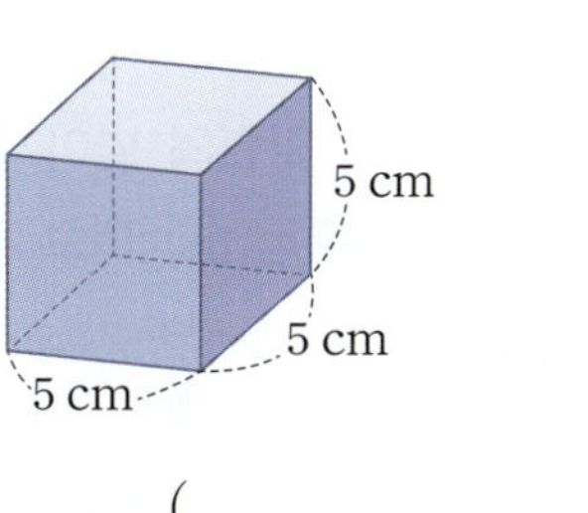

( )

▶ 261008-0763

07 ☐ 안에 알맞은 수를 써넣으세요.

(1) $1 \text{ m}^3 = $ ☐ cm^3

(2) $7 \text{ m}^3 = $ ☐ cm^3

(3) $2000000 \text{ cm}^3 = $ ☐ m^3

▶ 261008-0764

08 직육면체의 부피는 몇 **m³**일까요?

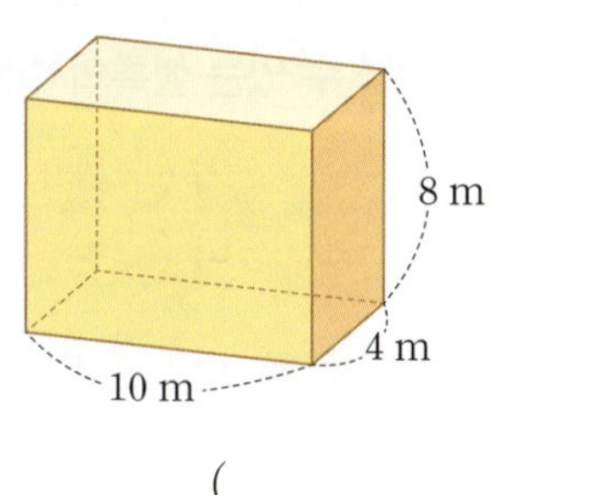

( )

▶ 261008-0765

09 직육면체의 겉넓이는 몇 **cm²**일까요?

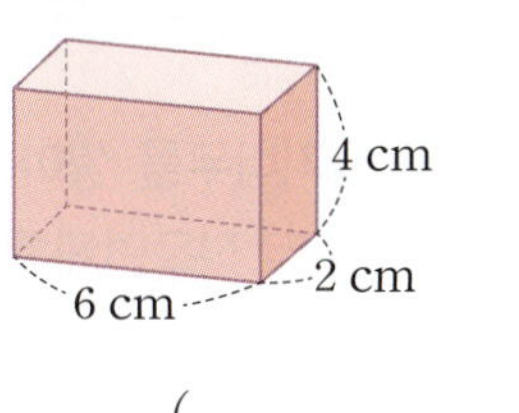

( )

▶ 261008-0766

10 정육면체의 겉넓이는 몇 **cm²**일까요?

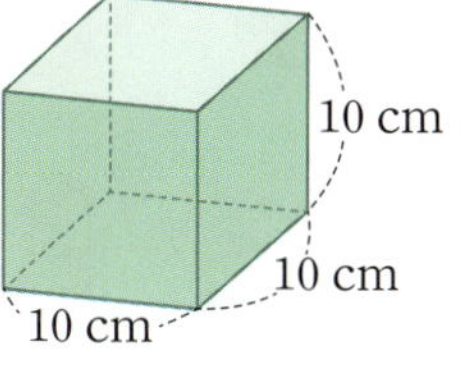

( )

6. 직육면체의 부피와 겉넓이

01 ▶261008-0767
세 직육면체의 밑면의 넓이가 모두 같을 때, 부피가 작은 직육면체부터 순서대로 기호를 써 보세요.

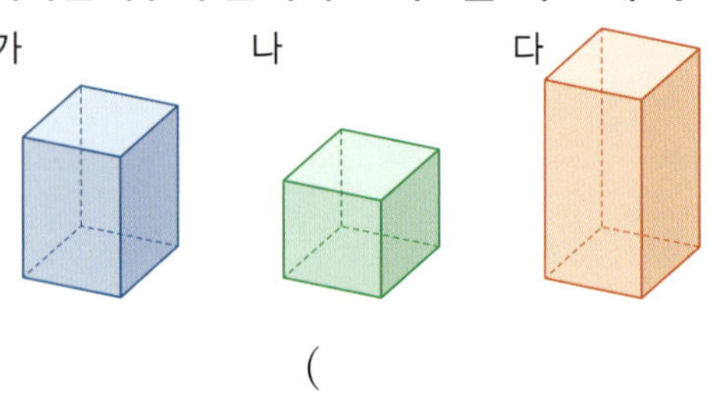

( )

[02~03] 두 상자에 크기가 같은 블록을 담아 부피를 비교하려고 합니다. 물음에 답하세요.

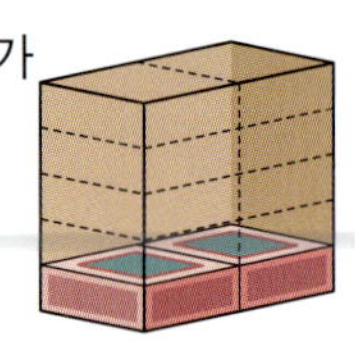 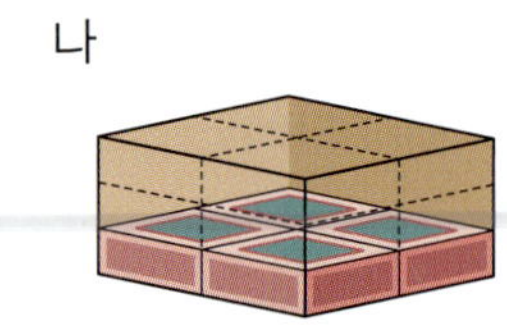

02 ▶261008-0768
두 상자에 담을 수 있는 블록의 수를 각각 구해 보세요.

가 ( )

나 ( )

03 ▶261008-0769
□ 안에 알맞은 수를 써넣고, 알맞은 말에 ◯표 하세요.

가 상자는 나 상자보다 블록 □ 개만큼 부피가 더 (큽니다 , 작습니다).

04 ▶261008-0770
크기가 같은 쌓기나무를 쌓아 직육면체를 만들었습니다. 부피가 같은 두 직육면체를 찾아 기호를 써 보세요.

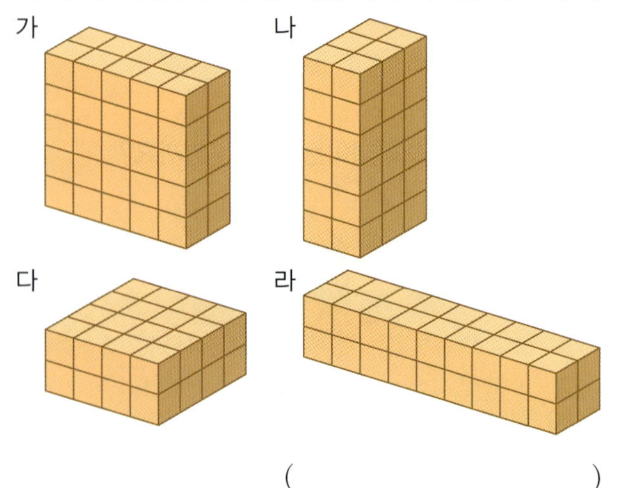

( )

05 ▶261008-0771
□ 안에 들어갈 것을 알맞게 짝 지은 것을 고르세요.

( )

한 모서리의 길이가 1 cm인 정육면체의 부피를 □ 라 쓰고, □ 라고 읽습니다.

① 1 cm, 1 센티미터
② $1\ cm^2$, 1 제곱센티미터
③ $1\ cm^2$, 1 세제곱센티미터
④ $1\ cm^3$, 1 제곱센티미터
⑤ $1\ cm^3$, 1 세제곱센티미터

06 ▶261008-0772
직육면체의 부피는 몇 cm^3일까요?

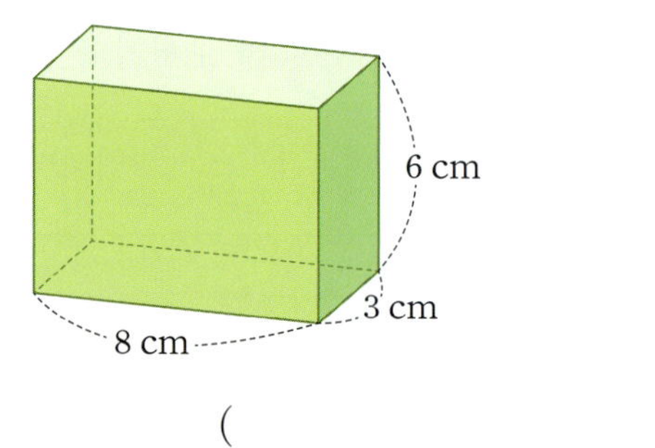

( )

07 ▶261008-0773
정육면체의 부피는 몇 m^3일까요?

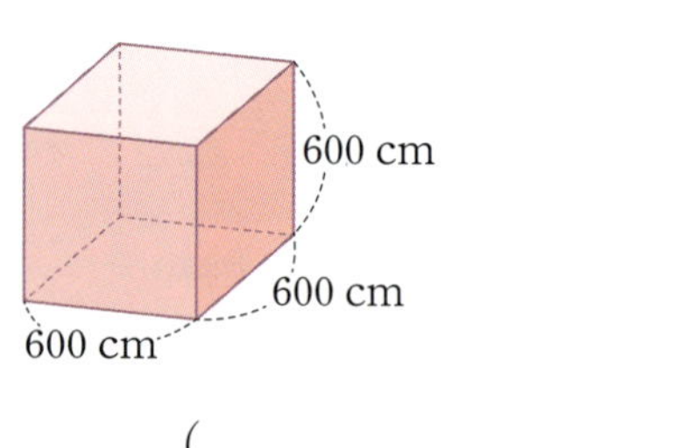

( )

08 ▶261008-0774

□ 안에 알맞은 수를 써넣으세요.

(1) $0.3 \text{ m}^3 = $ ___________ cm^3

(2) $5200000 \text{ cm}^3 = $ _______ m^3

09 ▶261008-0775

세 쌍의 면이 합동인 성질을 이용하여 전개도를 접었을 때 만들어지는 직육면체의 겉넓이를 구하려고 합니다. □ 안에 알맞은 수를 써넣으세요.

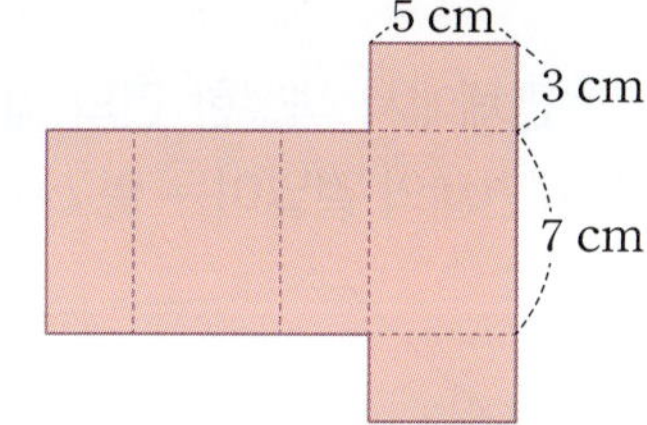

(직육면체의 겉넓이)

$(15+$ ____ $+$ ____ $)\times 2$

$= $ ____ (cm^2)

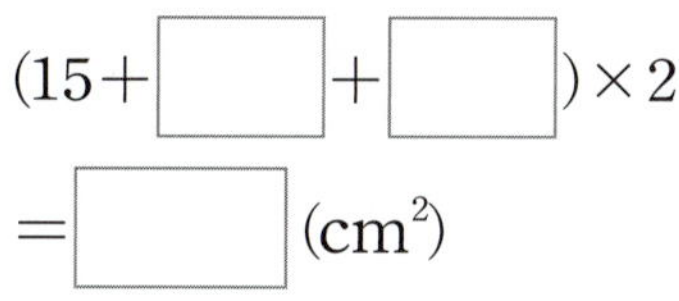

10 ▶261008-0776

직육면체의 부피가 280 cm^3일 때 직육면체의 겉넓이는 몇 cm^2일까요?

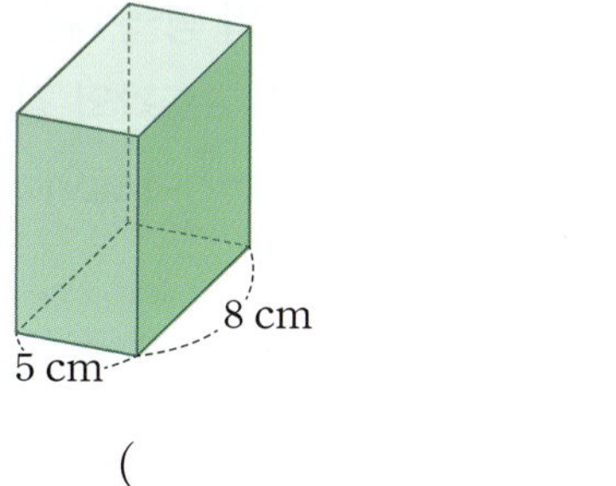

( )

11 ▶261008-0777

한 면의 넓이가 81 cm^2인 정육면체의 겉넓이는 몇 cm^2일까요?

( )

12 ▶261008-0778

전개도를 접었을 때 만들어지는 직육면체의 겉넓이를 구해 보세요.

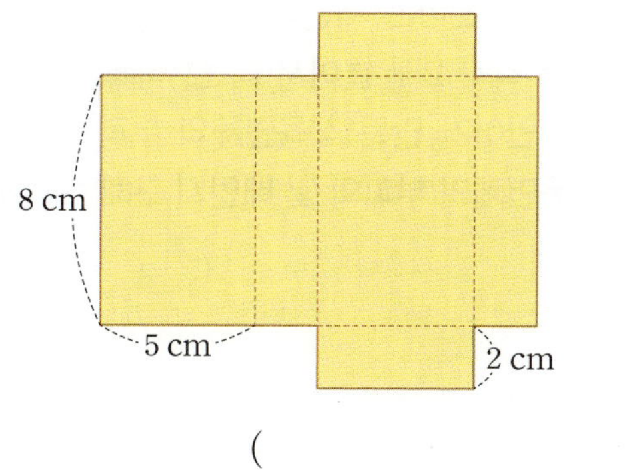

( )

13 ▶261008-0779

부피가 작은 순서대로 기호를 써 보세요.

> ㉠ 50 m^3
> ㉡ 7000000 cm^3
> ㉢ 한 모서리의 길이가 400 cm인 정육면체의 부피
> ㉣ 가로가 3 m, 세로가 4 m, 높이가 5 m인 직육면체의 부피

( )

14 ▶261008-0780

정육면체 가와 직육면체 나의 겉넓이는 같습니다. 정육면체 가의 한 모서리의 길이는 몇 cm일까요?

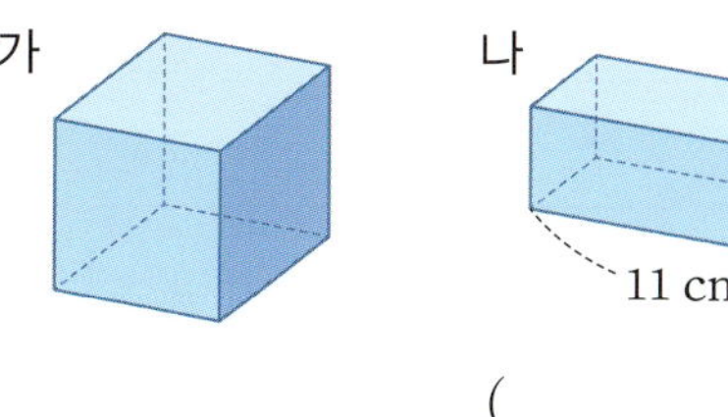

( )

15 ▶ 261008-0781

재연이는 블록을 사용하여 가로가 $8\ \text{cm}$, 세로가 $10\ \text{cm}$, 높이가 $20\ \text{cm}$인 직육면체를 만들었습니다. 수민이는 재연이가 만든 직육면체의 가로와 세로를 각각 2배 늘여서 더 큰 직육면체를 만들었습니다. 수민이가 만든 직육면체의 부피는 재연이가 만든 직육면체의 부피의 몇 배인지 구해 보세요.

(   )

16 ▶ 261008-0782

다음 직육면체의 겉넓이는 $208\ \text{cm}^2$입니다. □ 안에 알맞은 수를 구해 보세요.

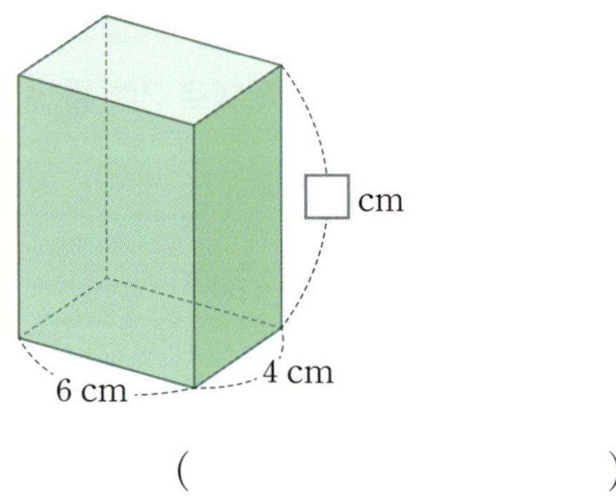

(   )

17 ▶ 261008-0783

윤서는 한 면의 넓이가 $64\ \text{cm}^2$인 정육면체 모양의 치즈를 만들었습니다. 만든 치즈를 한 모서리의 길이가 $2\ \text{cm}$인 정육면체 모양으로 모두 자르면 자른 치즈 조각은 모두 몇 개인지 풀이 과정을 쓰고 답을 구해 보세요.

풀이

____

____

답 ____________________

18 ▶ 261008-0784

겉넓이가 $294\ \text{cm}^2$인 정육면체의 부피는 몇 cm^3일까요?

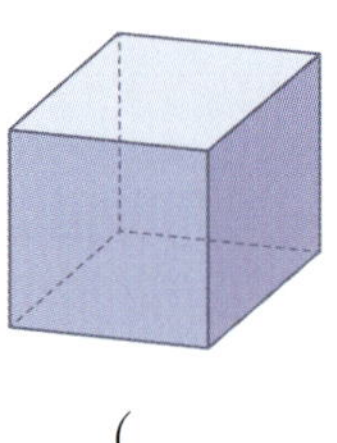

(   )

19 ▶ 261008-0785

다음 직육면체에서 색칠한 면의 넓이는 $42\ \text{cm}^2$입니다. 이 직육면체의 겉넓이는 몇 cm^2일까요?

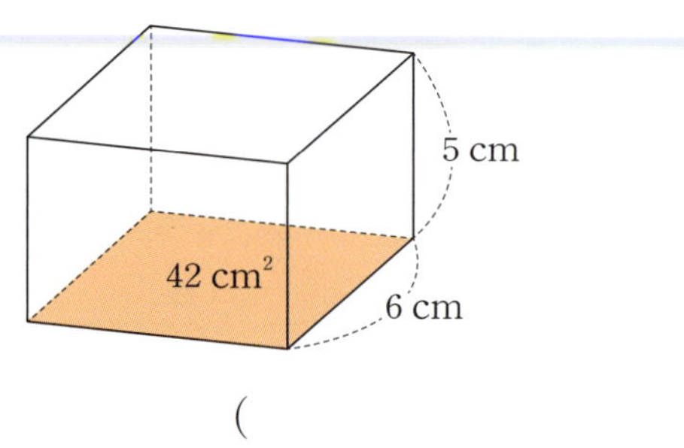

(   )

20 ▶ 261008-0786

직육면체 모양의 빵을 다음과 같이 똑같이 6조각으로 잘랐습니다. 빵 6조각의 겉넓이의 합은 처음 빵의 겉넓이보다 몇 cm^2 더 늘어났는지 풀이 과정을 쓰고 답을 구해 보세요.

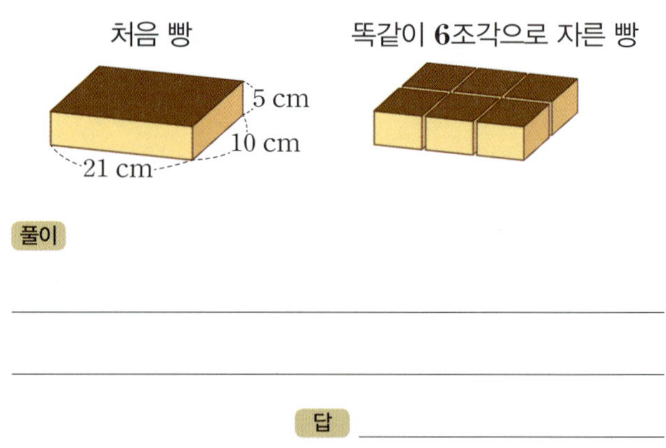

풀이

____

____

답 ____________________

6. 직육면체의 부피와 겉넓이

01 ▶ 261008-0787
부피를 비교할 수 있는 두 직육면체를 찾아 기호를 써 보세요.

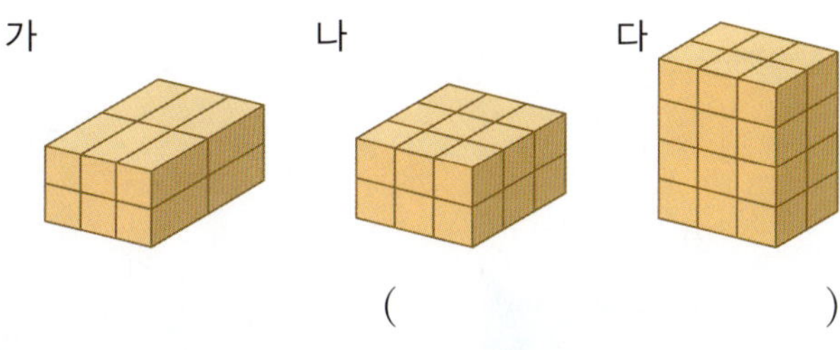

가　　　　나　　　　다

(　　　　　　　　)

[02~03] 두 상자에 모양과 크기가 같은 작은 상자를 담아 부피를 비교하려고 합니다. 물음에 답하세요.

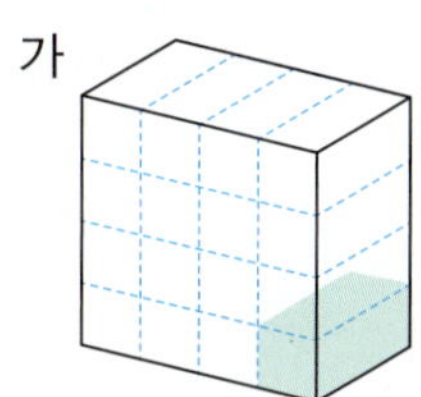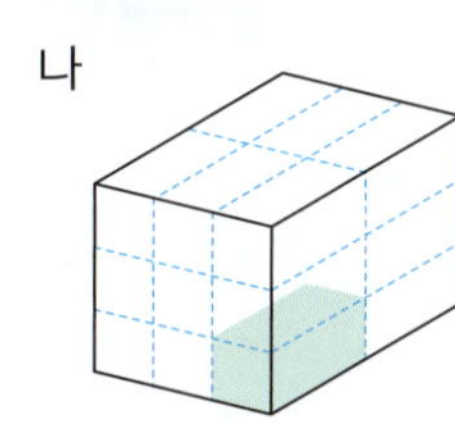

가　　　　나

02 ▶ 261008-0788
가 상자와 나 상자에 담을 수 있는 작은 상자의 수를 각각 구해 보세요

가 (　　　　　　　　)
나 (　　　　　　　　)

03 ▶ 261008-0789
부피가 더 작은 상자의 기호를 써 보세요.

(　　　　　　　　)

04 ▶ 261008-0790
크기가 같은 쌓기나무를 사용하여 직육면체의 부피를 비교하려고 합니다. □ 안에 알맞은 기호와 수를 써넣으세요.

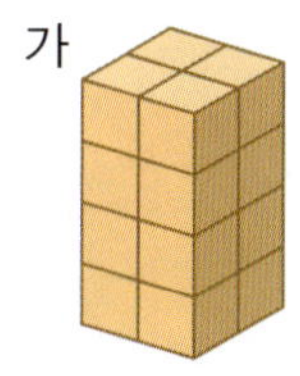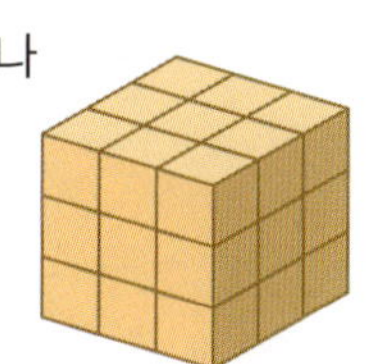

가　　　　나

□ 가 □ 보다 쌓기나무 □ 개만큼 부피가 더 큽니다.

05 ▶ 261008-0791
□ 안에 들어갈 것을 알맞게 짝지은 것을 고르세요.

(　　　　　　　)

> 한 모서리의 길이가 1 m인 정육면체의 부피를 $1 m^3$라 쓰고, □ 라고 읽습니다.
> $1 m^3$는 □ cm^3와 같습니다.

① 1 미터, 100
② 1 제곱미터, 10000
③ 1 제곱미터, 1000000
④ 1 세제곱미터, 10000
⑤ 1 세제곱미터, 1000000

06 ▶ 261008-0792
직육면체의 부피는 몇 cm^3일까요?

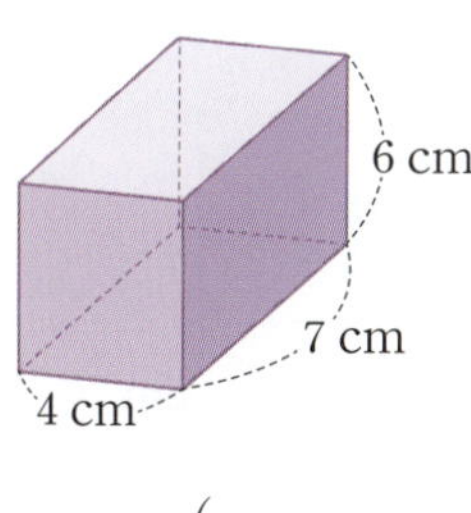

(　　　　　　　　)

07 ▶ 261008-0793
□ 안에 알맞은 수를 써넣으세요.

(1) $7.9 m^3 =$ □ cm^3

(2) $500000 cm^3 =$ □ m^3

08 ▶ 261008-0794

서우는 가로가 **15 cm**, 세로가 **20 cm**, 높이가 **8 cm**인 직육면체 모양의 떡을 만들었습니다. 서우가 만든 떡의 부피는 몇 **cm³**일까요?

( )

09 ▶ 261008-0795

전개도를 접었을 때 만들어지는 직육면체의 겉넓이를 두 밑면의 넓이와 옆면의 넓이의 합으로 구하려고 합니다. □ 안에 알맞은 수를 써넣으세요.

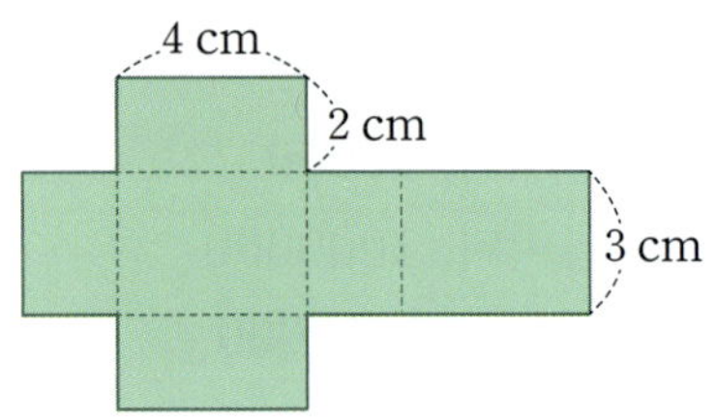

(직육면체의 겉넓이)

＝(한 밑면의 넓이)×2＋(옆면의 넓이)

＝ □ × □ ×2＋(2＋4＋ □ ＋ □)× □

＝ □ (cm²)

10 ▶ 261008-0796

두 직육면체의 부피의 차를 구해 보세요.

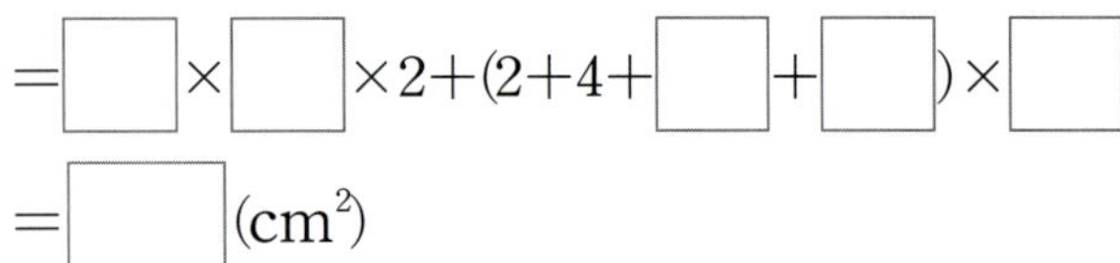

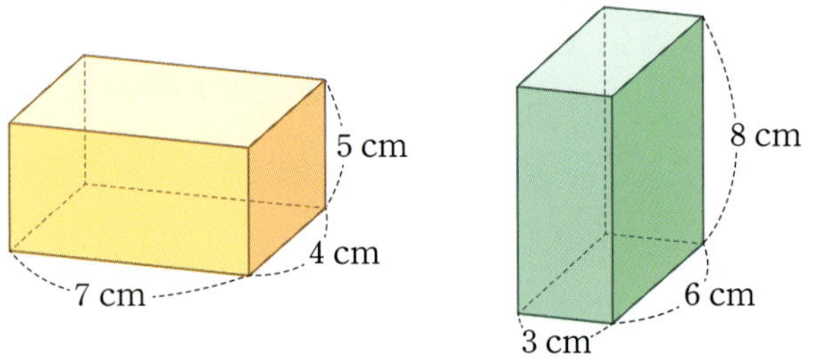

( )

11 ▶ 261008-0797

전개도를 접어서 정육면체 모양의 상자를 만들었습니다. 만든 상자의 겉넓이를 구해 보세요.

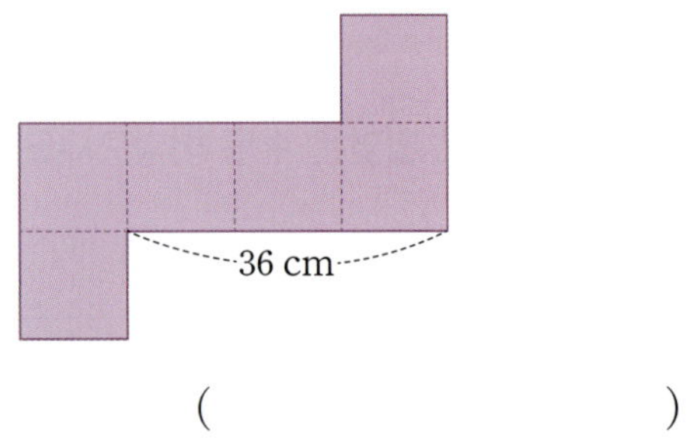

( )

12 ▶ 261008-0798

실제 부피에 가장 가까운 것을 찾아 이어 보세요.

(1)

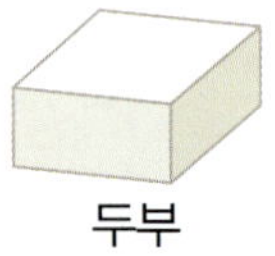

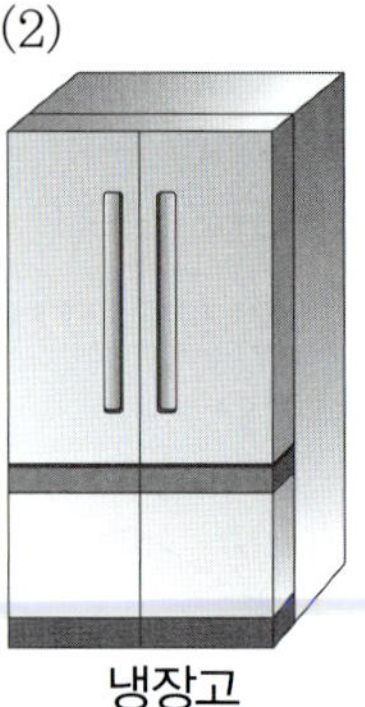

· 0.5 cm³

· 5 cm³

· 500 cm³

(2)

· 0.2 m³

· 2 m³

· 20 m³

13 ▶ 261008-0799

정육면체 가와 직육면체 나의 부피는 같습니다. □ 안에 알맞은 수를 구해 보세요.

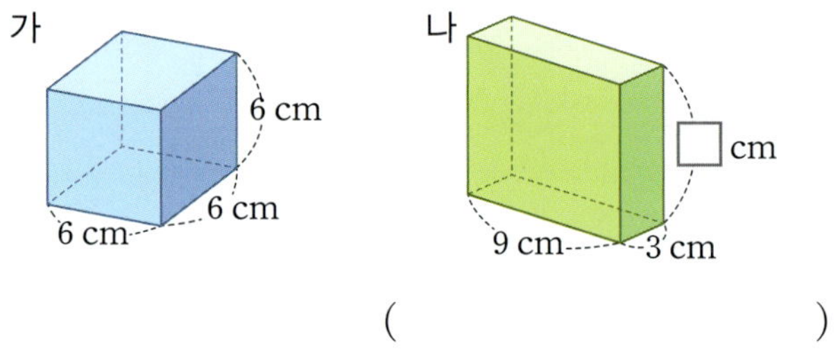

( )

14 ▶ 261008-0800

밑면의 모양과 크기가 같은 두 직육면체의 겉넓이의 차를 구해 보세요.

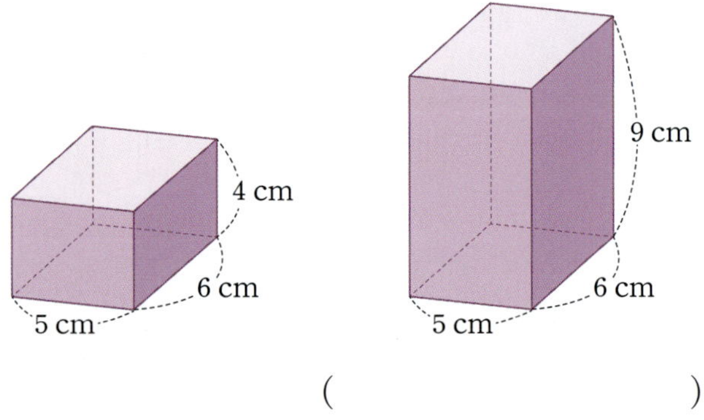

( )

15 ▶261008-0801
모양과 크기가 같은 직육면체 모양의 상자 3개를 다음과 같이 쌓았습니다. 쌓은 입체도형의 겉넓이를 구해 보세요.

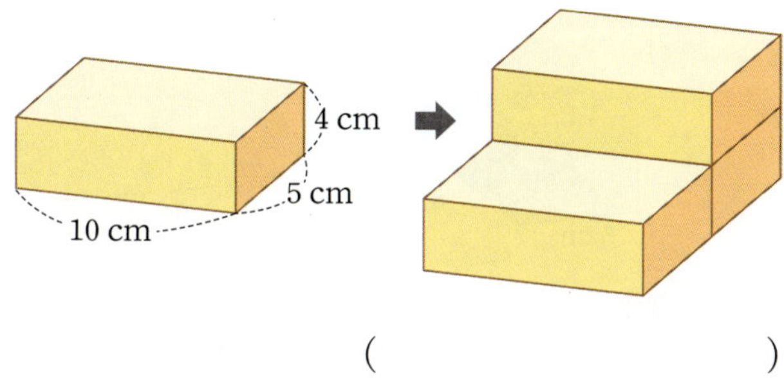

(   )

16 ▶261008-0802
직육면체 가와 정육면체 나의 겉넓이가 같습니다. 정육면체 나의 한 모서리의 길이를 구해 보세요.

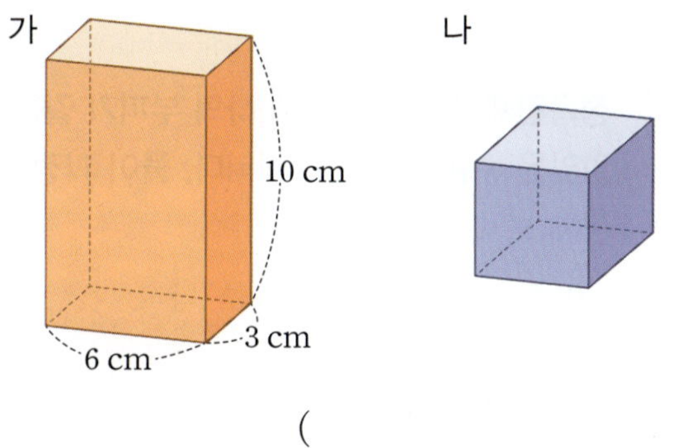

(   )

17 ▶261008-0803
그림과 같이 수조에 넣은 돌이 물에 완전히 잠기게 되면 돌의 부피만큼 물의 높이가 높아집니다. 수조에 넣은 돌의 부피는 몇 cm^3일까요?

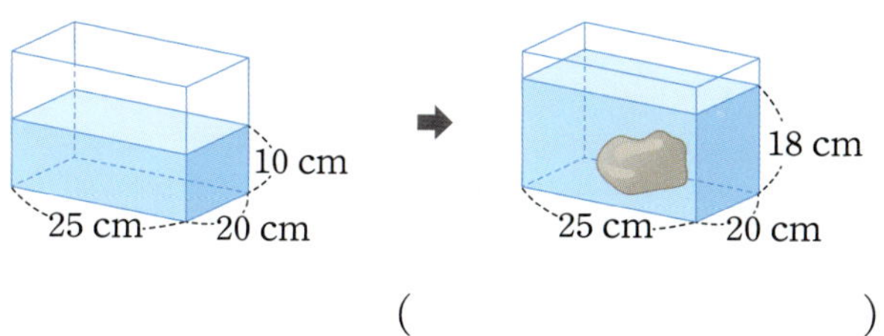

(   )

18 ▶261008-0804
재희는 부피가 1 cm^3인 쌓기나무로 직육면체를 만든 후 위와 앞에서 사진을 찍었습니다. 재희가 만든 직육면체의 부피는 몇 cm^3인지 풀이 과정을 쓰고 답을 구해 보세요.

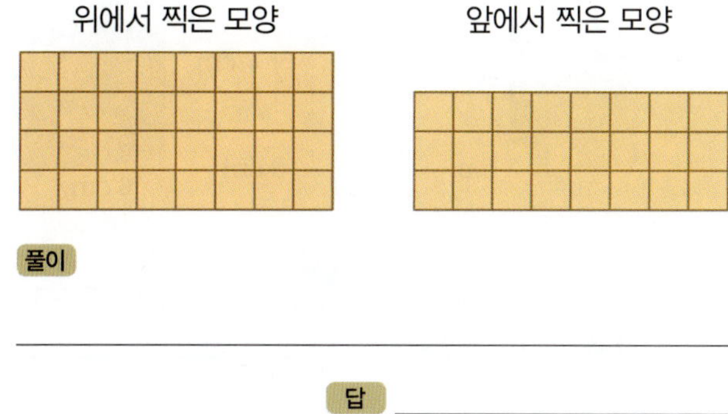

위에서 찍은 모양   앞에서 찍은 모양

풀이

답 ________________

19 ▶261008-0805
넓이가 큰 순서대로 기호를 써 보세요.

ㄱ 55 m^2

ㄴ 700000 cm^2

ㄷ 한 모서리의 길이가 400 cm인 정육면체의 겉넓이

ㄹ 가로가 4 m, 세로가 2 m, 높이가 3 m인 직육면체의 겉넓이

(   )

20 ▶261008-0806
가로가 5 m, 세로가 3 m, 높이가 4 m인 직육면체 모양의 창고가 있습니다. 이 창고에 그림과 같이 가로가 25 cm, 세로가 30 cm, 높이가 20 cm인 직육면체 모양의 상자를 빈틈없이 쌓으려고 합니다. 직육면체 모양의 상자를 몇 개까지 쌓을 수 있는지 풀이 과정을 쓰고 답을 구해 보세요.

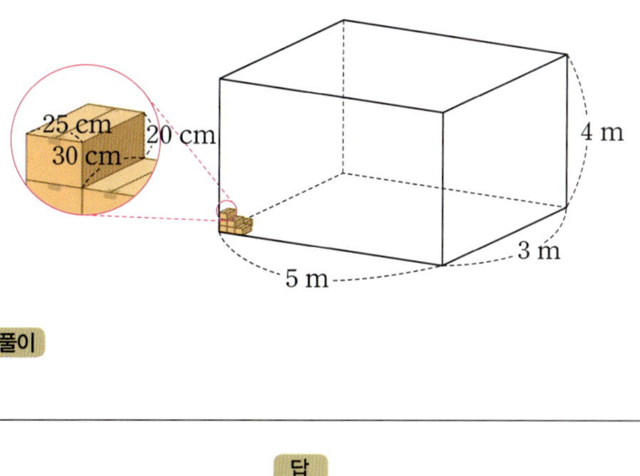

풀이

답 ________________

▶ 261008-0807

01 부피가 큰 직육면체부터 순서대로 기호를 쓰고, 부피를 비교한 방법을 써 보세요.

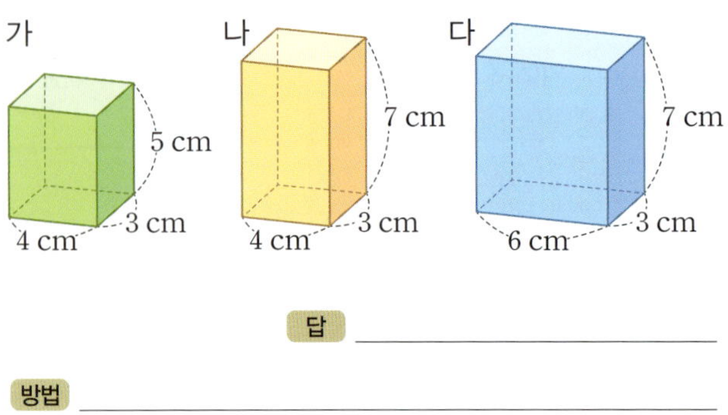

답 ____________________

방법 ____________________

____

▶ 261008-0808

02 쌓기나무를 더 많이 담을 수 있는 상자의 기호를 쓰려고 합니다. 풀이 과정을 쓰고 답을 구해 보세요.

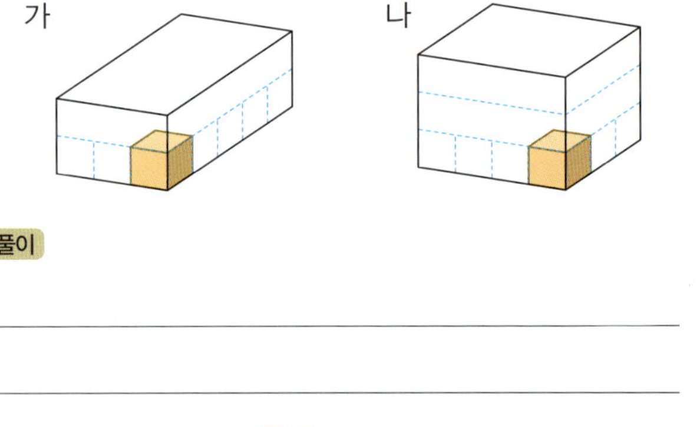

풀이

____

____

답 ____________________

▶ 261008-0809

03 부피가 1 cm³인 쌓기나무를 사용하여 두 직육면체를 만들었습니다. 어느 직육면체의 부피가 몇 cm³ 더 큰지 풀이 과정을 쓰고 답을 구해 보세요.

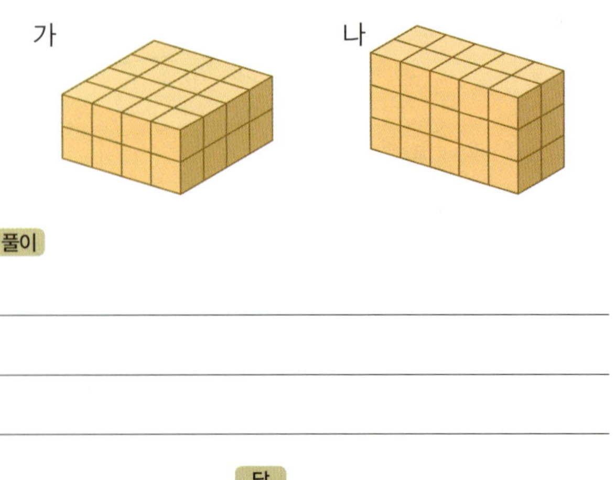

풀이

____

____

____

답 ____________________

▶ 261008-0810

04 두 직육면체의 부피의 차는 몇 cm³인지 풀이 과정을 쓰고 답을 구해 보세요.

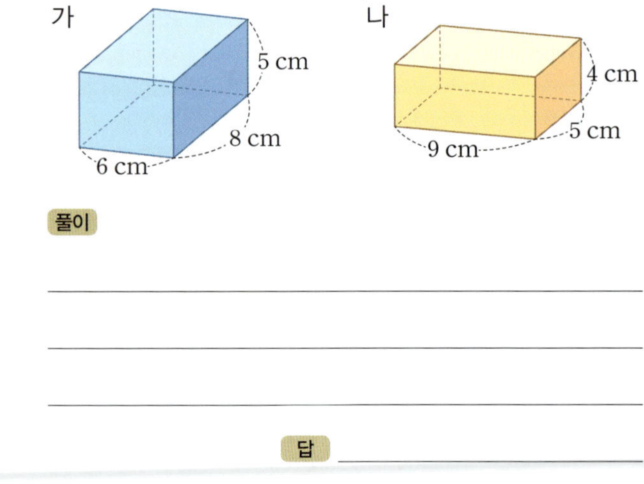

풀이

____

____

____

답 ____________________

▶ 261008-0811

05 정육면체 가와 직육면체 나의 부피가 같을 때 □ 안에 알맞은 수를 구하려고 합니다. 풀이 과정을 쓰고 답을 구해 보세요.

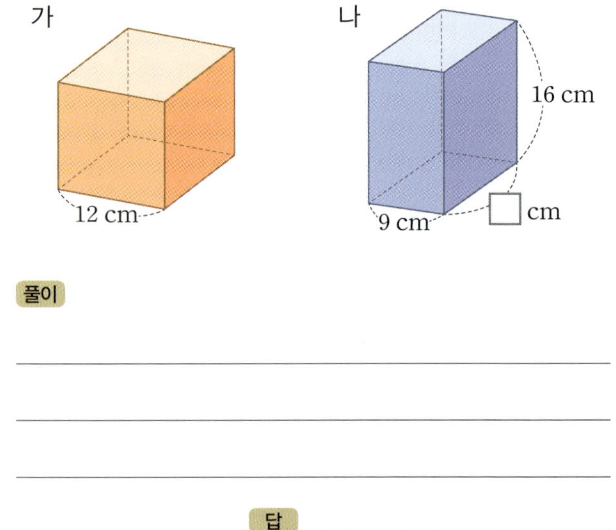

풀이

____

____

____

답 ____________________

06 ▶ 261008-0812

가 종이 2장과 나 종이 4장을 남김없이 사용하여 직육면체를 만들었습니다. 만든 직육면체의 겉넓이는 몇 cm^2인지 풀이 과정을 쓰고 답을 구해 보세요.

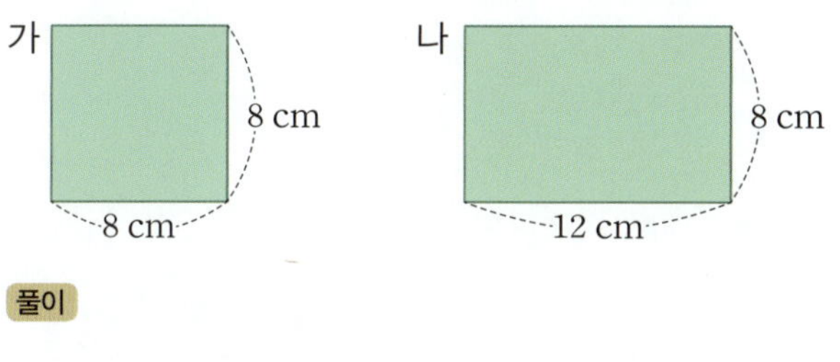

풀이

답 ____________________

07 ▶ 261008-0813

전개도를 접었을 때 만들어지는 직육면체의 겉넓이가 $340 \ cm^2$일 때, ☐ 안에 알맞은 수를 구하려고 합니다. 풀이 과정을 쓰고 답을 구해 보세요.

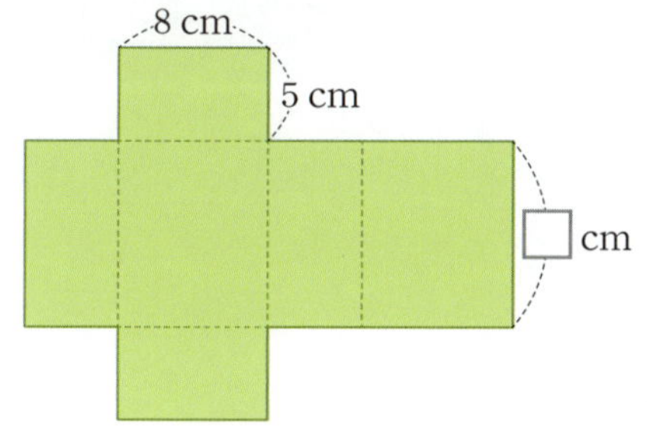

풀이

답 ____________________

08 ▶ 261008-0814

직육면체 가와 정육면체 나의 겉넓이가 같을 때, 정육면체 나의 한 모서리의 길이는 몇 cm인지 풀이 과정을 쓰고 답을 구해 보세요.

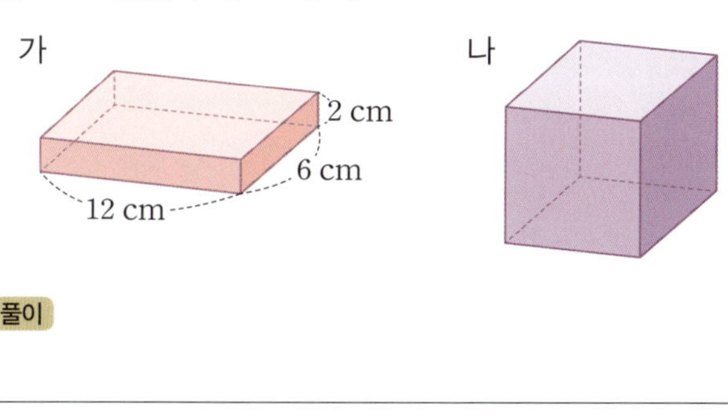

풀이

답 ____________________

09 ▶ 261008-0815

가로가 $6 \ m$, 세로가 $9 \ m$, 높이가 $3 \ m$인 직육면체 모양의 창고가 있습니다. 이 창고에 한 모서리의 길이가 $30 \ cm$인 정육면체 모양의 상자를 빈틈없이 쌓으려고 합니다. 정육면체 모양의 상자를 몇 개까지 쌓을 수 있는지 풀이 과정을 쓰고 답을 구해 보세요.

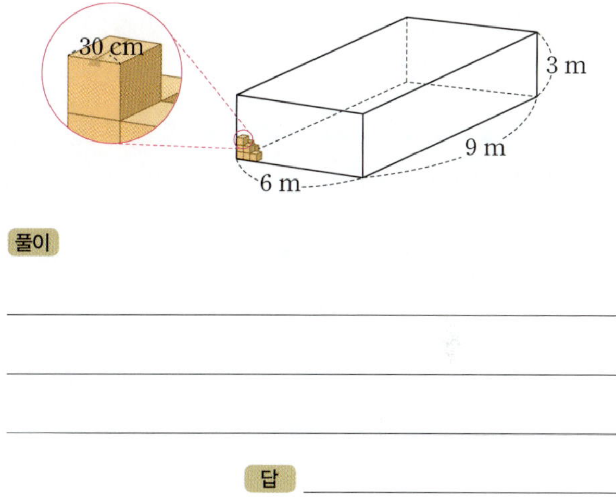

풀이

답 ____________________

10 ▶ 261008-0816

그림과 같이 수조에 넣은 벽돌이 물에 완전히 잠기게 되면 벽돌의 부피만큼 물의 높이가 높아집니다. 수조에 넣은 벽돌의 부피는 몇 cm^3인지 풀이 과정을 쓰고 답을 구해 보세요.

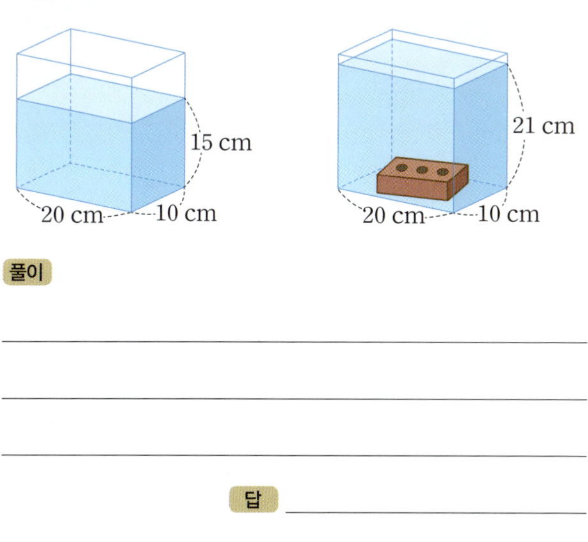

풀이

답 ____________________

MEMO

2021 소년한국 우수 어린이 도서 선정
EBS 초등 강사 김문주 선생님 감수
이정모 국립과천과학관장과
하리하라 이은희 과학 커뮤니케이터 강력 추천

소년한국일보 우수 어린이 도서 선정

마을에 새로운 빵집이 생겼어.
흐음~ 좋은 냄새!
그런데 뭐? 누군가가 빵집을
노리고 있다고?!
우주 최강 베이커리와 보름달
빵집에 얽힌 숨겨진 이야기를 통해
**교과서 속 재미있고 신기한
화학의 세계를 탐험해 보자!**

글 이소영 l 그림 이경석
감수 김문주(EBS 초등강사) l 13,000원

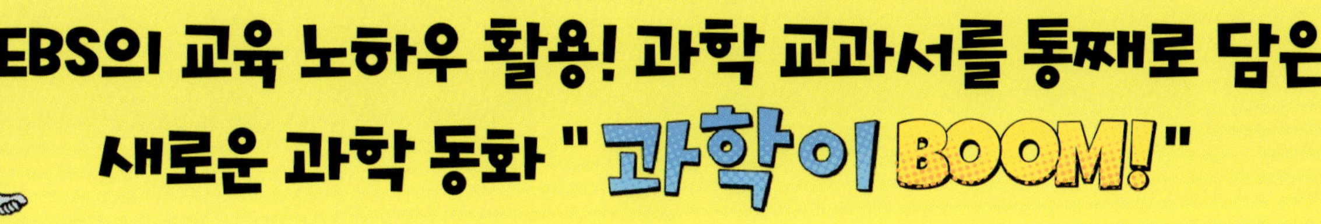

1 우리 몸 : 비고 클럽과 축구부의 미스터리
2 동물 : 길양이 삼색이를 찾아라
3 식물 : 도깨비 박사와 꽃섬의 비밀
4 지구 : 오싹한 초대, K마스 프로젝트
5 우주 : 비고 클럽, 천문대 캠프에 가다
6 물리 : 리사이클링 대회에 도전하라!

✦ 초등 국어 어휘 베스트셀러 ✦

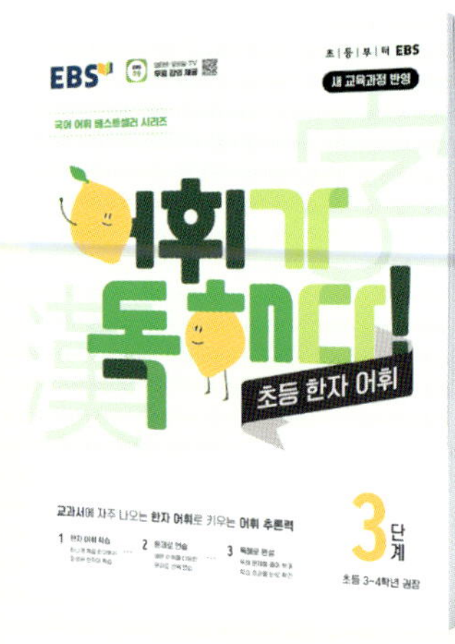
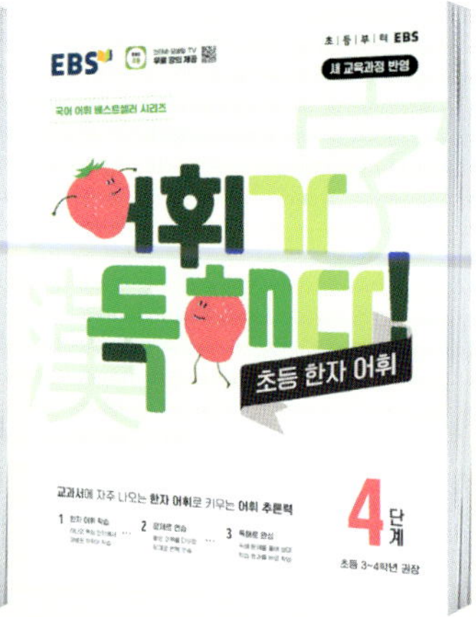

초등 국어 어휘

———— 1~6단계 ————

초등 한자 어휘

———— 1~4단계 ————

그 중요성이 이미 입증된 어휘력,
어휘로 시작해서 독해로 완성하는 **특별한 어휘 학습법**

초등 국어 어휘

전 과목 교과 어휘를 주제별로 연결 학습

초등 한자 어휘

핵심 한자 어휘로 키우는 어휘 추론력

영어 듣기 실전 대비서

초등 영어듣기평가 완벽대비

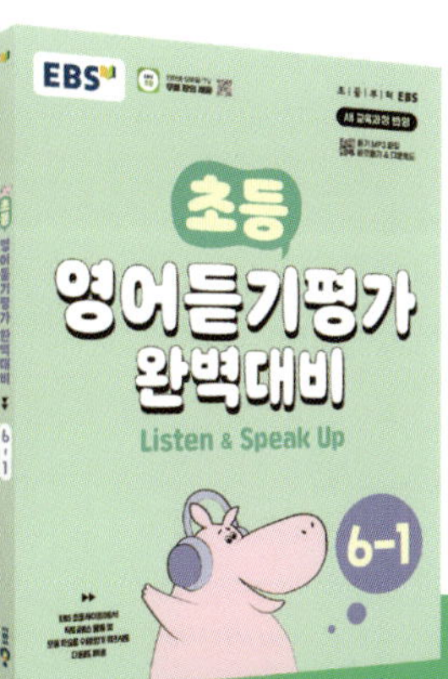

전국 시·도교육청 영어듣기능력평가 시행 방송사 EBS가 만든
초등 영어듣기평가 완벽대비

'듣기 – 받아쓰기 – 문장 완성'을 통한 반복 듣기 → 듣기 집중력 향상 + 영어 어순 습득

다양한 유형의 **실전 모의고사 10회** 수록 → 각종 영어 듣기 시험 대비 가능

딕토글로스* 활동 등 **수행평가 대비 워크시트** 제공 → 중학 수업 미리 적응

* Dictogloss, 듣고 문장으로 재구성하기

EBS 초등ON
https://on.ebs.co.kr
초등 공부의 모든 것
EBS 초등ON
제대로 배우고 익혀서 (溫)
더 높은 목표를 향해 위로 올라가는 비법 (ON)
초등온과 함께 즐거운 학습경험을 쌓으세요!

초등 ON 이란?

EBS가 직접 제작하고 분야별 전문 교육업체가 개발한
다양한 콘텐츠를 바탕으로,

대표강좌

초등 목표달성을 위한 <초등온>서비스를 제공합니다.

풀이책

BOOK 3 풀이책으로
틀린 문제의 풀이도 **확인**해 보세요!

EBS
EBS 초등
인터넷·모바일·TV
무료 강의 제공
초 | 등 | 부 | 터 EBS
'한눈에 보는 정답' 보기
& 풀이책 내려받기
BOOK 3
풀이책 
예습·복습·숙제까지
해결되는 교과서 완전 학습서
만점왕
수학 6-1

효과가 상상 이상입니다.

예전에는 아이들의 어휘 학습을 위해 학습지를 만들어 주기도 했는데,
이제는 이 교재가 있으니 어휘 학습 고민은 해결되었습니다.
아이들에게 아침 자율 활동으로 할 것을 제안하였는데,
"선생님, 더 풀어도 되나요?"라는 모습을 보면,
아이들의 기초 학습 습관 형성에도 큰 도움이 되고 있다고 생각합니다.

ㄷ초등학교 안00 선생님

어휘 공부의 힘을 느꼈습니다.

학습에 자신감이 없던 학생도 이미 배운 어휘가 수업에 나왔을 때 반가워합니다.
어휘를 먼저 학습하면서 흥미도가 높아지고
동기 부여가 되는 것을 보면서 어휘 공부의 힘을 느꼈습니다.

ㅂ학교 김00 선생님

학생들 스스로 뿌듯해해요.

처음에는 어휘 학습을 따로 한다는 것 자체가 부담스러워했지만,
공부하는 내용에 대해 이해도가 높아지는 경험을 하면서
스스로 뿌듯해하는 모습을 볼 수 있었습니다.

ㅅ초등학교 손00 선생님

앞으로도 활용할 계획입니다.

학생들에게 확인 문제의 수준이 너무 어렵지 않으면서도
교과서에 나오는 낱말의 뜻을 확실하게 배울 수 있었고,
주요 학습 내용과 관련 있는 낱말의 뜻과 용례를
정확하게 공부할 수 있어서 효과적이었습니다.

ㅅ초등학교 지00 선생님

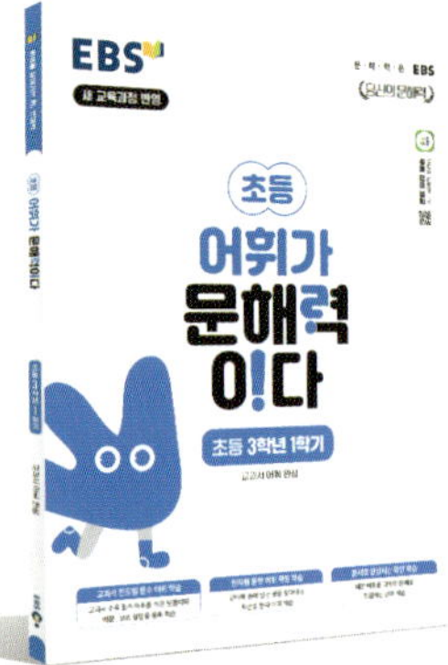

학교 선생님들이 확인한
어휘가 문해력이다의 학습 효과!
직접 경험해 보세요

학기별 교과서 어휘 완전 학습
<어휘가 문해력이다>
── 예비 초등 ~ 중학 3학년 ──

만점왕

BOOK 3 풀이책

수학 6-1

BOOK 1 개념책

1 분수의 나눗셈

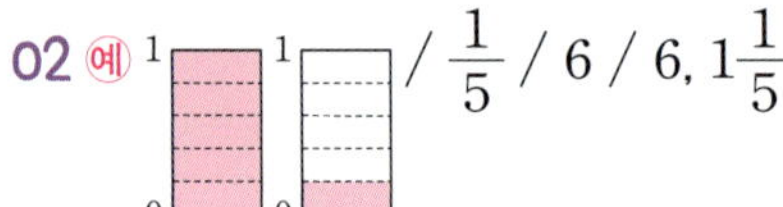

문제를 풀며 이해해요 — 9쪽

01 (예)  / $\dfrac{1}{3}$ / 2 / $\dfrac{2}{3}$

02 (예) 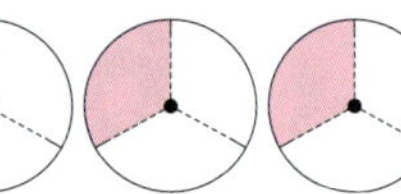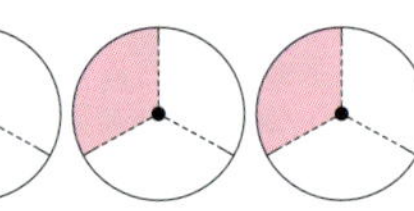 / $\dfrac{1}{5}$ / 6 / 6, $1\dfrac{1}{5}$

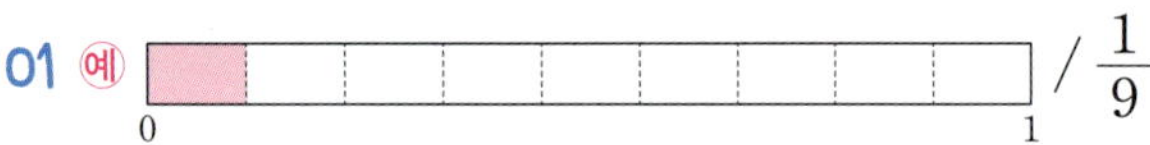

교과서 문제 해결하기 — 10~11쪽

01 (예) / $\dfrac{1}{9}$

02 $\dfrac{1}{8}$ / 3, $\dfrac{3}{8}$

03 (1) $\dfrac{1}{7}$ (2) $\dfrac{3}{5}$ (3) $\dfrac{5}{9}$ (4) $\dfrac{1}{13}$

04 3, 3, $\dfrac{3}{5}$, $2\dfrac{3}{5}$

05 $10 \div 3 = 3\dfrac{1}{3}$, $3\dfrac{1}{3}\left(=\dfrac{10}{3}\right)$m

06 (예) / $\dfrac{5}{3}$, $1\dfrac{2}{3}$

07 $1\dfrac{1}{11}\left(=\dfrac{12}{11}\right)$, $2\dfrac{1}{4}\left(=\dfrac{9}{4}\right)$

08 ④   **09** $7 \div 9$에 ◯표 / $\dfrac{7}{9}$

10 $1\dfrac{5}{7}\left(=\dfrac{12}{7}\right)$

문제해결 접근하기

11 풀이 참조

01 (예) 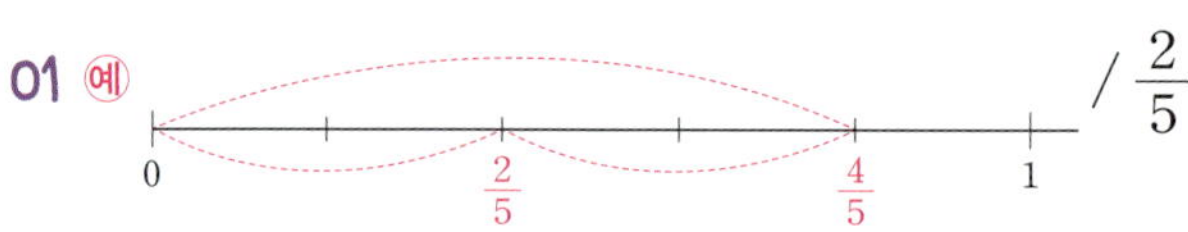 / $\dfrac{2}{5}$

02 15, 15, $\dfrac{5}{21}$ **03** 4, 4 / 4, $\dfrac{3}{16}$

교과서 문제 해결하기 — 14~15쪽

01 $\dfrac{2}{9}$ **02** (1) 5, 2 (2) 21, 21, 7

03 6, 6 / 6, $\dfrac{11}{72}$ **04** (1) $\dfrac{5}{13}$ (2) $\dfrac{3}{32}$ (3) $\dfrac{7}{60}$

05 $\dfrac{3}{2} \div 5 = \dfrac{3}{10}$, $\dfrac{3}{10}$ L

06 $\dfrac{11}{15 \div 5}$에 ◯표, (예) $\dfrac{11}{15} \div 5 = \dfrac{11}{15} \times \dfrac{1}{5} = \dfrac{11}{75}$

07 ㉠, ㉢, ㉡   **08** <

09 $\dfrac{7}{8} \div 4 = \dfrac{7}{32}$, $\dfrac{7}{32}$ m   **10** 4개

문제해결 접근하기

11 풀이 참조

문제를 풀며 이해해요 — 17쪽

01 $\dfrac{11}{6}$, 2, $\dfrac{11}{12}$ **02** 16, 16, 4 / 16, 16, 4, 4

03 13, 78, 78, 13 / 13, 13, 6, $\dfrac{13}{60}$

교과서 문제 해결하기 — 18~19쪽

01 2   **02** 24, 24, 3

03 $\dfrac{29}{36}$, $2\dfrac{1}{54}\left(=\dfrac{109}{54}\right)$ **04** $1\dfrac{2}{5} \div 2 = \dfrac{7}{10}$, $\dfrac{7}{10}$ L

05 방법 1 (예) $6\dfrac{2}{7} \div 2 = \dfrac{44}{7} \div 2 = \dfrac{44 \div 2}{7} = \dfrac{22}{7} = 3\dfrac{1}{7}$

방법 2 (예) $6\dfrac{2}{7} \div 2 = \dfrac{44}{7} \div 2 = \dfrac{\overset{22}{44}}{7} \times \dfrac{1}{\underset{1}{2}} = \dfrac{22}{7} = 3\dfrac{1}{7}$

06 (예) $12\dfrac{1}{4} \div 3 = \dfrac{49}{4} \div 3 = \dfrac{49}{4} \times \dfrac{1}{3} = \dfrac{49}{12} = 4\dfrac{1}{12}$

07 >

08 (1) $1\dfrac{1}{6}\left(=\dfrac{7}{6}\right)$ (2) $3\dfrac{1}{18}\left(=\dfrac{55}{18}\right)$

09 6개 **10** $1\dfrac{5}{8}$ / $\dfrac{13}{32}$

11 풀이 참조

단원평가로 완성하기 20~23쪽

01 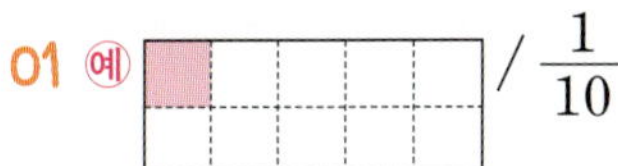 / $\dfrac{1}{10}$

02 (1) $\dfrac{5}{4}$, $\dfrac{1}{2}$ (2) $\dfrac{4}{9}$, $\dfrac{1}{3}$ **03** ㉢, ㉣, ㉠, ㉡

04 15, 15, 5

05 (1) $\dfrac{7}{80}$ (2) $2\dfrac{3}{10}\left(=\dfrac{23}{10}\right)$

06 서우 **07** $2\dfrac{2}{11}\left(=\dfrac{24}{11}\right)$, $\dfrac{24}{55}$

08 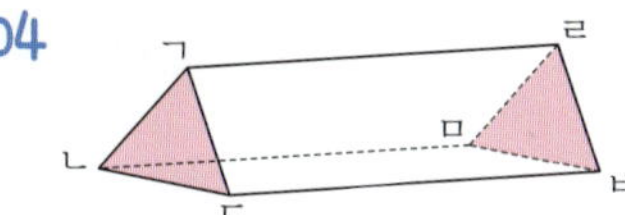 **09** $\dfrac{4}{7}$ m

10 방법 1 예 $2\dfrac{4}{5}\div4=\dfrac{14}{5}\div4=\dfrac{56}{20}\div4$

$$=\dfrac{56\div4}{20}=\dfrac{14}{20}=\dfrac{7}{10}$$

방법 2 예 $2\dfrac{4}{5}\div4=\dfrac{14}{5}\div4=\dfrac{\overset{7}{14}}{5}\times\dfrac{1}{\underset{2}{4}}=\dfrac{7}{10}$

11 (1) 6

(2) 6, 3, 1, $1\dfrac{1}{2}\left(=\dfrac{3}{2}\right)$, $3\dfrac{1}{2}\left(=\dfrac{7}{2}\right)$

(3) $3\dfrac{1}{2}\left(=\dfrac{7}{2}\right)$, $\dfrac{1}{2}$ / $\dfrac{1}{2}$ m

12 ④ **13** $<$

14 $\dfrac{2}{135}$ **15** $1\dfrac{3}{14}\left(=\dfrac{17}{14}\right)$

16 $\dfrac{37}{80}$ kg **17** $29\dfrac{1}{4}\left(=\dfrac{117}{4}\right)$ cm^2

18 $\dfrac{13}{15}$

19 (1) $1\dfrac{2}{5}\left(=\dfrac{7}{5}\right)$ (2) $4\dfrac{2}{7}\left(=\dfrac{30}{7}\right)$

20 연필

2 각기둥과 각뿔

문제를 풀며 이해해요 29쪽

01 (1) 나, 바 (2) 가, 다, 라, 마 (3) 다, 라, 마 (4) 다, 라
(5) 각기둥

02 (1) 밑면 (2) 옆면

교과서 문제 해결하기 30~31쪽

01 가, 다, 라, 마, 바 **02** 가, 마, 바

03 ②, ⑤

04 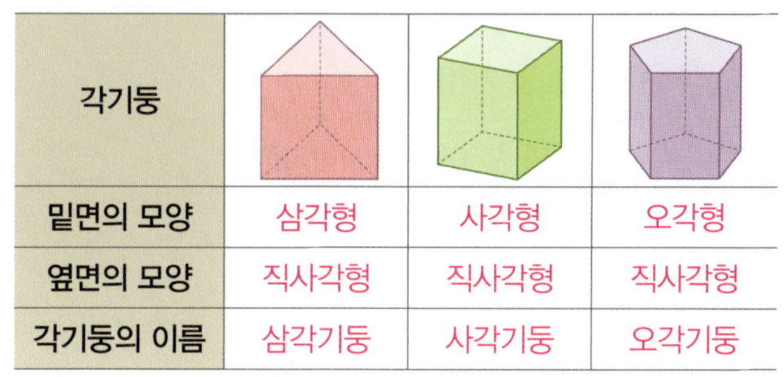

05 면 ㄱㄴㅁㄹ, 면 ㄴㄷㅂㅁ, 면 ㄱㄷㅂㄹ

06 민지 **07** ③

08 2개, 6개 **09** 직사각형

10 예 서로 평행한 두 면이 합동이 아니므로 각기둥이 아닙니다.

11 풀이 참조

문제를 풀며 이해해요 33쪽

01

각기둥			
밑면의 모양	삼각형	사각형	오각형
옆면의 모양	직사각형	직사각형	직사각형
각기둥의 이름	삼각기둥	사각기둥	오각기둥

02 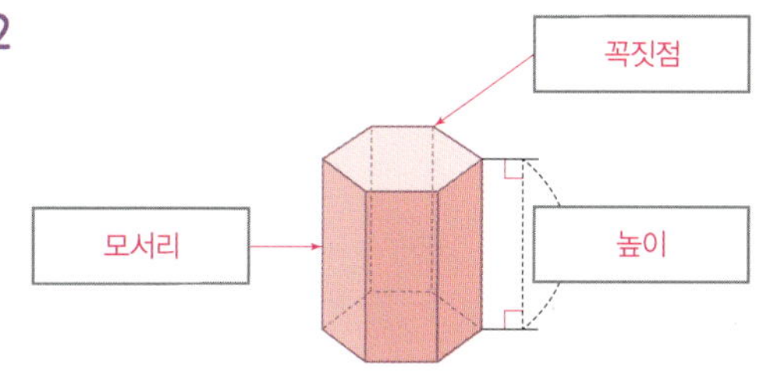

03 육각기둥

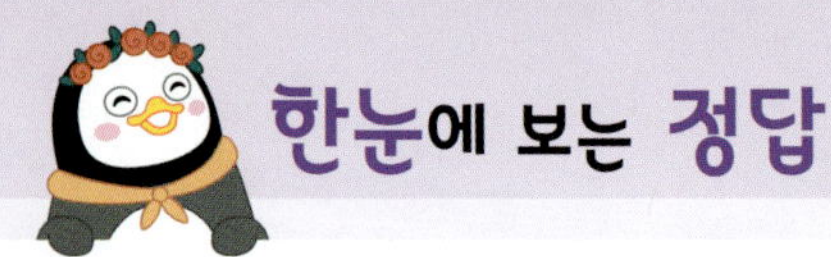

한눈에 보는 정답

01 육각형   02 ㉡, ㉣   03 십각기둥

04 2 cm   05 ⑤   06 16개

07 24개

08

도형	가	나	다
한 밑면의 변의 수(개)	3	4	5
면의 수(개)	5	6	7
모서리의 수(개)	9	12	15
꼭짓점의 수(개)	6	8	10

09 (1) ○ (2) × (3) ×   10 80 cm

문제해결 접근하기

11 풀이 참조

문제를 풀며 이해해요   37쪽

01 (1) 전개도 (2) 사각기둥 (3) ㅂㅁ (4) ㅈㅇ

02 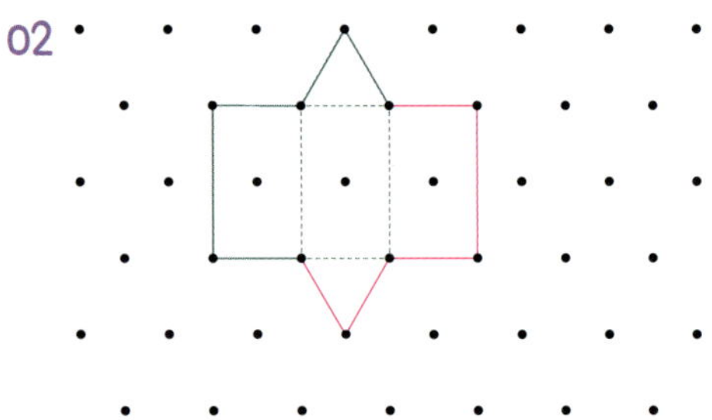

교과서 문제 해결하기   38~39쪽

01 면 나, 면 다, 면 라, 면 마   02 사각기둥

03 ②   04 선분 ㅈㅇ

05 면 ㅁㅅㅂ

06 면 ㄴㄷㄹㅊ, 면 ㅊㄹㅁㅅ, 면 ㅈㅁㅅㅇ

07 (위에서부터) 3, 4, 6, 4

08 예 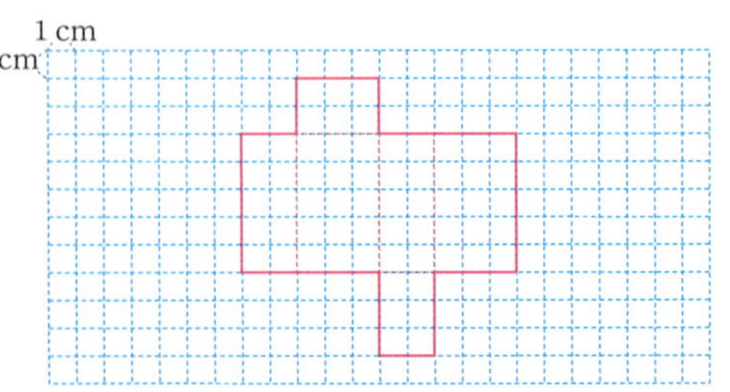

09 육각기둥   10 민유

문제해결 접근하기

11 풀이 참조

문제를 풀며 이해해요   41쪽

01 (1) 나, 다, 라, 마, 바 (2) 마, 바 (3) 마, 바 (4) 각뿔

02 (1) 밑면 (2) 옆면

교과서 문제 해결하기   42~43쪽

01 가, 다, 라, 마, 바   02 다, 마, 바

03 각뿔   04 

05 면 ㄴㄷㄹㅁㅂ   06 5개

07 면 ㄱㄴㄷ, 면 ㄱㄷㄹ, 면 ㄱㄹㅁ, 면 ㄱㅁㅂ, 면 ㄱㅂㄴ

08 ①, ④   09 1개, 8개

10 삼각형

문제해결 접근하기

11 풀이 참조

문제를 풀며 이해해요   45쪽

01

각뿔			
밑면의 모양	삼각형	사각형	오각형
옆면의 모양	삼각형	삼각형	삼각형
각뿔의 이름	삼각뿔	사각뿔	오각뿔

02 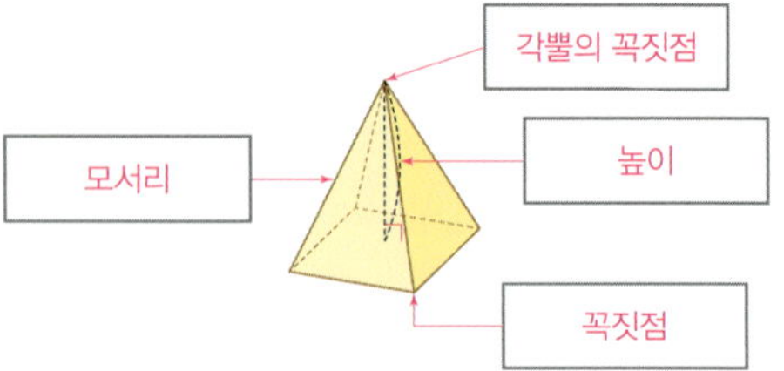

01 팔각뿔　　　　02 칠각뿔

03 ㉠, ㉣　　　　04 6개

05 10개　　　　06 6개

07 ④

08

도형	가	나	다
밑면의 변의 수(개)	3	4	5
면의 수(개)	4	5	6
모서리의 수(개)	6	8	10
꼭짓점의 수(개)	4	5	6

09 8 cm　　　　10 팔각뿔

문제해결 접근하기

11 풀이 참조

단원평가로 완성하기 48~51쪽

01 나, 라, 바　　　　02 다, 마

03 팔각기둥　　　　04 오각뿔

05 면 ㄱㄴㄷ, 면 ㄹㅁㅂ

06 면 ㄱㄴㅁㄹ, 면 ㄴㄷㅂㅁ, 면 ㄱㄷㅂㄹ

07

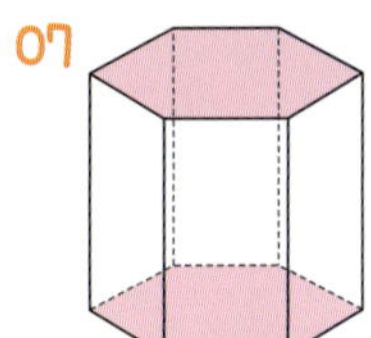

08 면 나, 면 다, 면 라, 면 마, 면 바, 면 사

09 면 가, 면 아　　　　10 12 cm

11 칠각기둥　　　　12 면 ㅍㄴㄱㅎ

13 선분 ㅎㄱ　　　　14 ②

15 (1) 3, 8　(2) 2, 8, 2, 16 / 16개

16

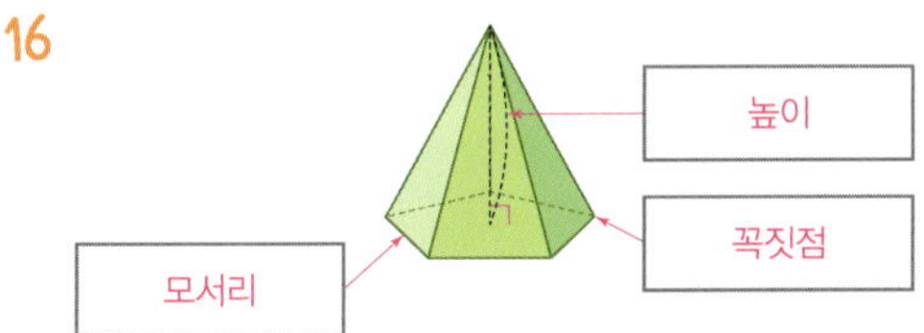

17 ③　　　　18 2개

19 ③, ④　　　　20 ㄹ, ㉠, ㄷ, ㄴ

---

3 소수의 나눗셈

문제를 풀며 이해해요 57쪽

01 예

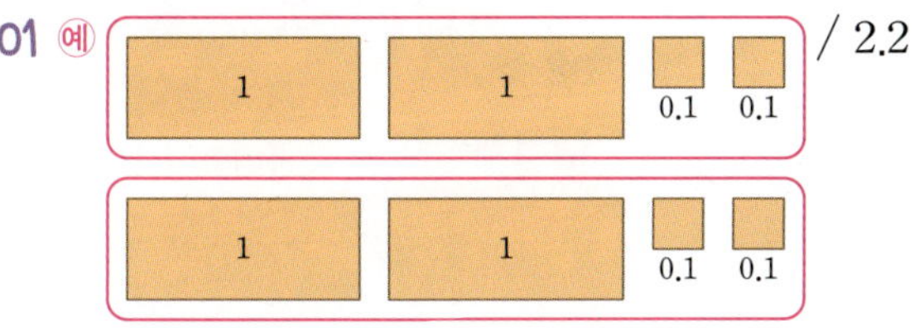

02 121, 121, 121, 1.21 / 1.21

03 12.3 / 1.23

교과서 **문제 해결하기** 58~59쪽

01 예

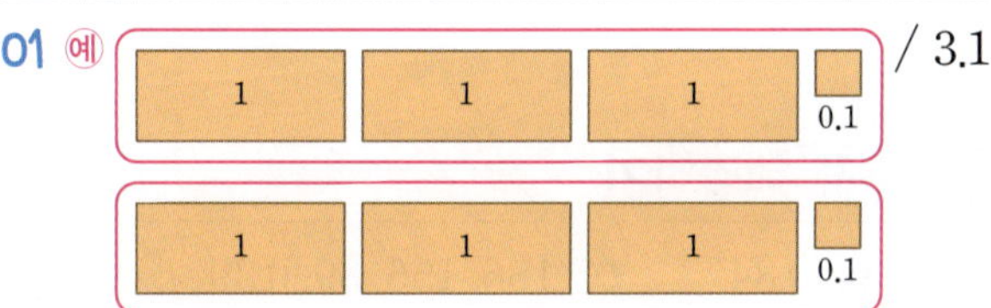

02 1.2　　　　03 4.4

04 (위에서부터) $\frac{1}{10}$ / 14.2

05 (위에서부터) $\frac{1}{100}$ / 1.12

06 (위에서부터) 21.3 / 6.39, 2.13

07 (1) 21.3　(2) 2.13　　　　08 231, 23.1, 2.31

09 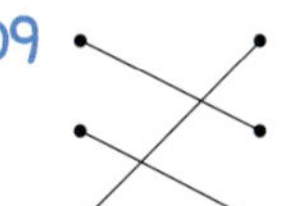　　　　10 1.11 cm^2

문제해결 접근하기

11 풀이 참조

문제를 풀며 이해해요 61쪽

01 132, 132, 66, 6.6　　　　02 141, 1.41

03 (위에서부터) 4, 4, 7 / 1, 2 / 1, 2 / 2, 1

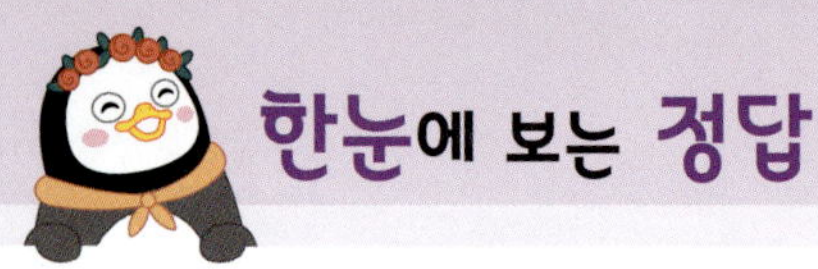

한눈에 보는 정답

교과서 문제 해결하기 62~63쪽

01 254, 254, 127, 12.7
02 432, 432, 144, 1.44
03 (1) 22.7 (2) 2.27
04 1.7□4
05 128, 12.8, 1.28
06 (1) 1.49 (2) 6.89
07 7.63 cm
08 >
09 ㉠, ㉢
10 4개

문제해결 접근하기
11 풀이 참조

문제를 풀며 이해해요 65쪽

01 178, 178, 89, 0.89
02 71, 0.71
03 (1) (위에서부터) 0, 7, 4 / 2, 8 / 1, 6 / 1, 6
(2) (위에서부터) 0, 2, 7 / 1, 0 / 3, 5 / 3, 5

교과서 문제 해결하기 66~67쪽

01 252, 252, 84, 0.84
02 156, 156, 39, 0.39
03 2.76
04 53, 0.53
05
```
    0.2 2
7)1.5 4
    1 4
    ────
      1 4
      1 4
      ────
        0
```
06 (1) 0.9 (2) 0.16
07 0.23
08 ㉡, ㉠, ㉢
09 0.39 kg
10 1.92 cm²

문제해결 접근하기
11 풀이 참조

문제를 풀며 이해해요 69쪽

01 (1) 18, 180, 180, 45, 0.45
(2) 61, 610, 610, 305, 3.05
02 (1) 28, 0.28 (2) 105, 1.05
03 (1) (위에서부터) 0, 9, 5 / 3, 6 / 2, 0 / 2, 0
(2) (위에서부터) 1, 0, 2 / 7 / 1, 4 / 1, 4

교과서 문제 해결하기 70~71쪽

01 57, 570, 570, 285, 2.85
02 1.09
03 (위에서부터) 2, 6, 5 / 8 / 2, 6 / 2, 4 / 2, 0 / 2, 0
04 (위에서부터) 1, 0, 8 / 5 / 4, 0 / 4, 0
05 (1) 0.52 (2) 1.05
06 (1) 0.65 (2) 12.05
07 2.34
08 (　　) (○)
09 2.35 kg
10 ㉡

문제해결 접근하기
11 풀이 참조

문제를 풀며 이해해요 73쪽

01 (1) 9, 9, 45, 4.5 (2) 300, 300, 75, 0.75
02 (1) 65, 6.5 (2) 28, 2.8
03 (위에서부터) 2, 5 / 8 / 2, 0 / 2, 0
04 6, 2 / 2.0□8

교과서 문제 해결하기 74~75쪽

01 17, 17, 85, 8.5
02 1.75
03 (위에서부터) 1, 6 / 5 / 3, 0 / 3, 0
04 (1) 3.25 (2) 3.6
05 예 24, 8 / 7.8□4
06 •
07 ㉡, ㉣
08 ㉢
09 (왼쪽에서부터) 3.4, 3.5, 1.25
10 0.5 cm

문제해결 접근하기
11 풀이 참조

단원평가로 완성하기 76~79쪽

01 412, 41.2, 4.12
02 987, 987, 329, 3.29

03 (위에서부터) 0, 3, 7 / 2, 1 / 4, 9 / 4, 9

04 (1) 2.35 (2) 2.03

05 (1) 0.9 (2) 0.97

06 2.72, 0.68

07

16.18÷2	15.24÷3
2.6÷4	4.35÷5
18.3÷6	17.5÷7

08 4, 5   **09** 0.75 m

10 2, 3   **11** (○)(   )

12 15   **13** 7.06 cm

14 (위에서부터) 2, 5 / 3 / 5 / 2 / 3, 0 / 3, 0

15 3.2 cm

16 가

17 ㉢

18 4.205

19 36, 6 / 6．0□5

20 (1) 1.4 (2) 22, 4 (3) 1.4, 4, 0.35 / 0.35 kg

4 비와 비율

01 6, 3, 3   **02** 6, 3, 2, 2

03 (1) 예 1, 2 (2) 예 1, 2 (3) 예 2, 1

01 (1) 4 (2) 2   **02** (1) 4, 6 (2) 6, 8

03 예

04 5, 7   **05** 6, 9 / 3

06 (   )(○)   **07**

08 (위에서부터) 1, 7 / 2, 9 / 5, 4

09 예 2 : 6   **10** ㉠, ㉣

문제해결 접근하기

11 풀이 참조

01 (1) 2, 5 (2) $\frac{2}{5}$ (3) 0.4   **02** (1) 0.4, 0.5 (2) 지수

03 12명

01 (1) $\frac{7}{10}$ (2) 0.7   **02** 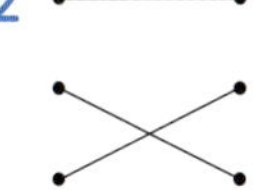

03 ㉡   **04** ㉠

05 >   **06** 민준

07 우리초등학교   **08** 10

09 나   **10** 100쪽

문제해결 접근하기

11 풀이 참조

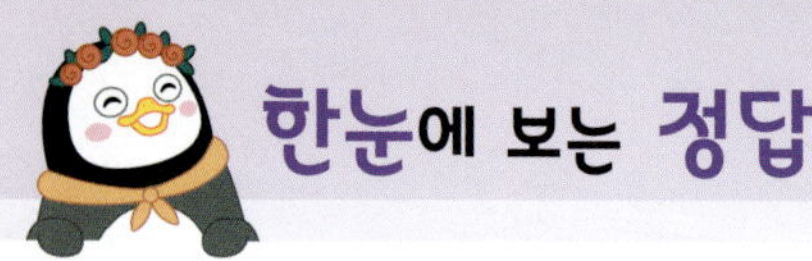

한눈에 보는 정답

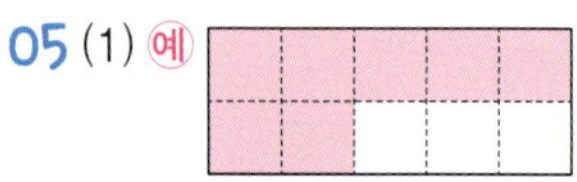

문제를 풀며 이해해요 93쪽

01 (1) 11 퍼센트 (2) 27 퍼센트 (3) 49 % (4) 67 %

02 (1) 23, 23 (2) 61, 61

03 (1) 100, 25, 25 (2) 100, 19, 19

교과서 문제 해결하기 94~95쪽

01 $\frac{16}{20}$, 80, 80   **02** $\frac{16}{20}$, 80, 80

03 80   **04** ㉢

05 (1) 예 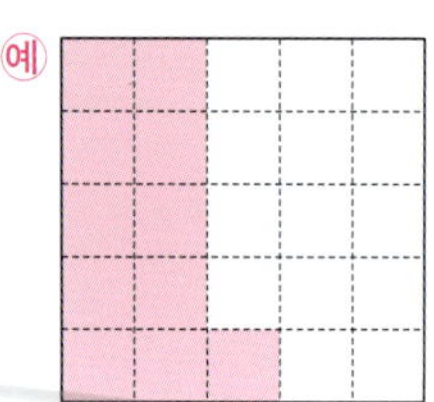 (2) 예

06 50

07 (1) 0.25, 25 (2) 0.75, 75

08 (왼쪽에서부터) 75 %, 90 %, 100 %

09 20 %   **10** 역사, 54

문제해결 접근하기

11 풀이 참조

문제를 풀며 이해해요 97쪽

01 14, 12

02 (1) 154500, 150000, 4500 (2) 예 $\frac{4500}{150000}$ (3) 3

03 예 $\frac{14}{140}$, 10

교과서 문제 해결하기 98~99쪽

01 42, 21, 21

02 (1) 7000 (2) 예 $\frac{7000}{200000}$, 3.5, 3.5

03 150원   **04** ㉡

05 87.5 %   **06** 960원

07 240명   **08** 34개

09 황석찬, 41   **10** 김밥

문제해결 접근하기

11 풀이 참조

단원평가로 완성하기 100~103쪽

01 (1) 6 (2) 3   **02** 2

03 (1) ㉢, ㉡ (2) ㉠   **04** (1) 1, 8 (2) 3, 9 (3) 2, 7

05 ㉣   **06** 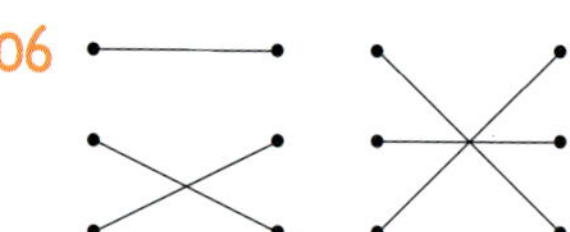

07 $\frac{9}{16}$

08 (1) < (2) >

09 (1) $\frac{25000}{20}$, 1250 (2) $\frac{23200}{16}$, 1450 (3) 나, 가

10 (1) $\frac{1}{8}$, $\frac{1}{10}$ (2) 지우   **11** $\frac{4000}{12500}$, 32, 32

12 $\frac{18000}{500000}$, 3.6, 3.6   **13** 37.5 %

14 이하늘   **15** 수학

16 58명

17 윤서

18 (위에서부터) 85, 60 / 34, 37

19 35대

20 (1) 6, 12, 60, 60 (2) 25, 45 (3) 예 $\frac{60}{100}$, 27 / 27경기

5 여러 가지 그래프

문제를 풀며 이해해요 109쪽

01 띠그래프
02 딸기
03 25 %
04 25, 20, 20, 100
05 예

0 10 20 30 40 50 60 70 80 90 100 (%)
30분 미만 (35 %) / 30분 이상 60분 미만 (25 %) / 60분 이상 90분 미만 (20 %) / 90분 이상 (20 %)

교과서 문제 해결하기 110~111쪽

01 분리배출
02 음식물 쓰레기 줄이기
03 2배
04 ㉢
05 80명
06 (위에서부터) 80 / 20, 30, 50
07 20, 30, 50
08 45
09 예

0 10 20 30 40 50 60 70 80 90 100 (%)
줄넘기 (45 %) / 달리기 (35 %) / 축구 (15 %) / 기타 (5 %)

10 36명

11 풀이 참조

문제를 풀며 이해해요 113쪽

01 간식
02 15 %
03 40, 30, 20, 100
04 예

휴대전화 (40 %), 운동화 (30 %), 장난감 (20 %), 기타 (10 %)

교과서 문제 해결하기 114~115쪽

01 A형
02 B형
03 3배
04 ㉢, ㉠, ㉡, ㉣

05 360명
06 (위에서부터) 360 / 45, 30, 25
07 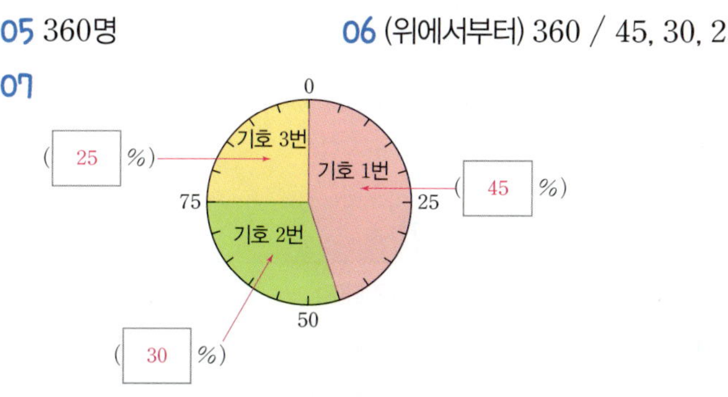

08 20
09 예 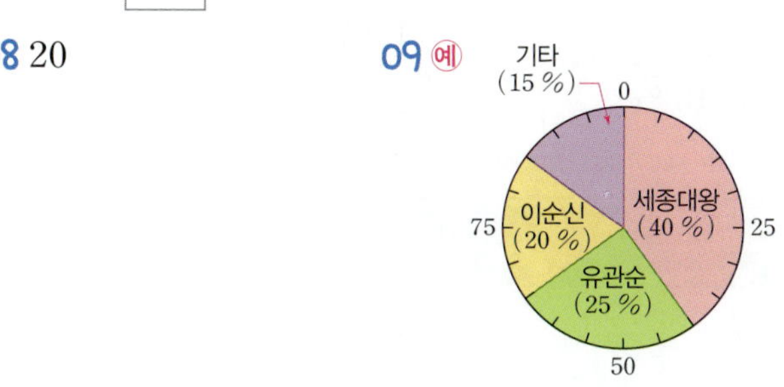

10 40명

11 풀이 참조

문제를 풀며 이해해요 117쪽

01 30 %, 20 %
02 돈가스, 닭강정
03 3배
04 돈가스, 불고기, 떡볶이
05 (선 잇기)

교과서 문제 해결하기 118~119쪽

01 상추, 토마토
02 토마토, 오이, 깻잎
03 상추, 파
04 26 %
05 31 %
06 수학
07 72명
08 (위에서부터) 56, 49, 21 / 40, 35, 15
09 예

0 10 20 30 40 50 60 70 80 90 100 (%)
1시간 미만 (10 %) / 1시간 이상 2시간 미만 (40 %) / 2시간 이상 3시간 미만 (35 %) / 3시간 이상 (15 %)

10 ㉢

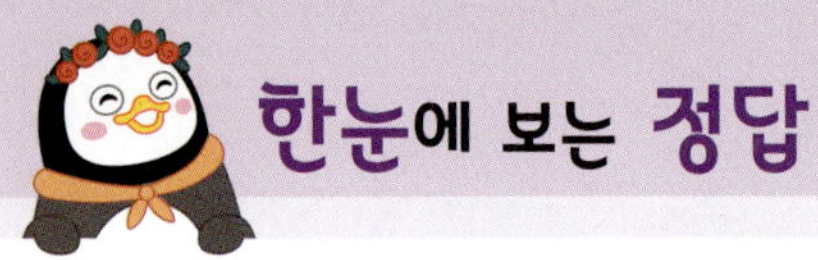

한눈에 보는 정답

11 풀이 참조

단원평가로 완성하기   120~123쪽

01 35 %

02 돼지

03 4배

04 108마리

05 ㄷ, ㄹ, ㄴ, ㄱ

06 120명

07 30 %, 10 %

08 예
| 0 10 20 30 40 50 60 70 80 90 100 (%) |
| 크림빵 (35 %) | 단팥빵 (30 %) | 피자빵 (25 %) | 기타 (10 %) |

09 2배

10 54명

11 52명

12 65명, 25 %

13 예
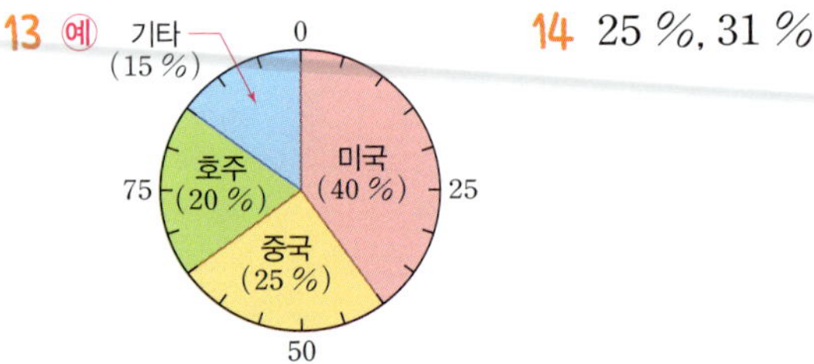

14 25 %, 31 %

15 B 라면, C 라면

16 ㄴ, ㄹ

17 (1) 18, 25, 25 (2) 4 (3) 4, 300 / 300명

18 (위에서부터) 36, 30, 120 / 30, 10, 100

19 예
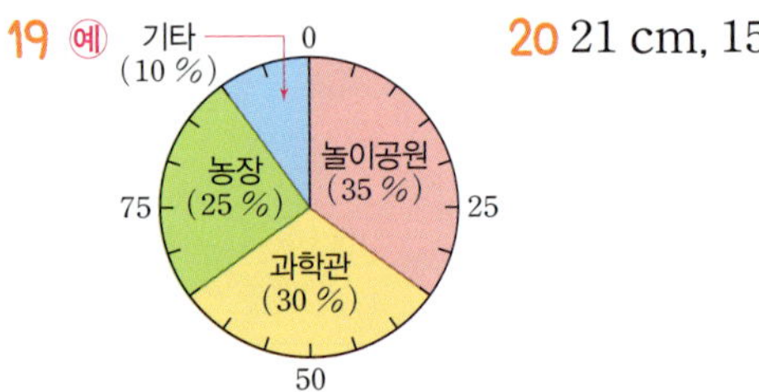

20 21 cm, 15 cm

6 직육면체의 부피와 겉넓이

문제를 풀며 이해해요   129쪽

01 (1) 다 (2) 가

02 나

03 1 cm^3, 1 세제곱센티미터

04 12 cm^3

교과서 문제 해결하기   130~131쪽

01 가

02 (○) ( )

03 ( )
  ( )
  (○)

04 가

05 영우

06 나, 다

07 가, 나, 6

08

09 24 cm^3

10 864 cm^3

11 풀이 참조

문제를 풀며 이해해요   133쪽

01 (1) 150 cm^3 (2) 140 cm^3

02 (1) 216 cm^3 (2) 512 cm^3

교과서 문제 해결하기   134~135쪽

01 60 cm^3

02 729 cm^3

03 150 cm^3

04 64 cm^3

05 840 cm^3

06 1650 cm^3

07 5 cm

08 4

09 ㄴ

10 343 cm^3

11 풀이 참조

01 1 m³, 1 세제곱미터

02 (1) 1000000 (2) 3000000 (3) 5

03 (1) 168 m³ (2) 729 m³

교과서 **문제 해결하기**   138~139쪽

01 1000000 cm³   **02** (○) ( )

03 (1) 5000000 (2) 700000 (3) 8 (4) 0.4

04 8   **05** 20 m³

06   **07** 냉장고

08 ㉠, ㉢, ㉡   **09**

10 1.728 m³

문제해결 **접근하기**

11 풀이 참조

문제를 풀며 이해해요   141쪽

01 (1) 24, 30, 20, 148 (2) 24, 30, 148
     (3) 20, 4, 5, 6, 148

02 4, 4, 96

교과서 **문제 해결하기**   142~143쪽

01 188 cm²   **02** 294 cm²

03 214 cm²   **04** 216 cm²

05 122 cm²   **06** 384 cm²

07 16 cm²   **08** 864 cm²

09 5   **10** 480 cm²

문제해결 **접근하기**

11 풀이 참조

단원평가로 완성하기   144~147쪽

01 나, 가, 다   **02** ④

03 가, 다   **04** <

05 36개, 36 cm³

06 (1) 2000000 (2) 4500000 (3) 6.8

07 105 cm³   **08** 100 cm³, 130 cm²

09 864 cm²   **10** 가

11 5층

12 (1) 90, 30, 27, 90, 30, 27, 294
     (2) 294, 6, 49 (3) 7 / 7 cm

13 8000 cm³   **14** ㉢, ㉠, ㉡

15 7   **16** 576 cm³

17 12   **18** 도영, 2 cm²

19 10   **20** 3 cm

BOOK **2** 실전책

1 분수의 나눗셈

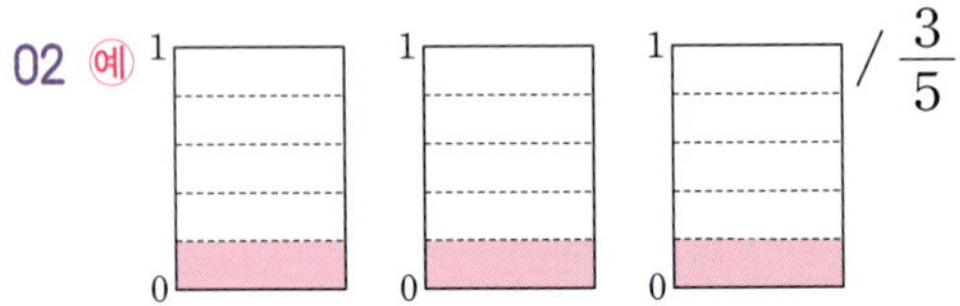
1단원 **쪽지** 시험   05쪽

01 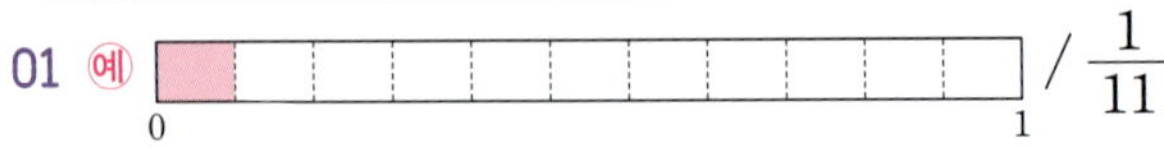 예 / $\dfrac{1}{11}$

02 예 / $\dfrac{3}{5}$

03 $\dfrac{1}{7}$ / 10 / $\dfrac{10}{7}$, $1\dfrac{3}{7}$

04 $1\dfrac{5}{7}\left(=\dfrac{12}{7}\right)$, $1\dfrac{5}{8}\left(=\dfrac{13}{8}\right)$

05 2, 3   **06** 15, 15, 5

07 5, $\dfrac{3}{20}$ **08** <

09 28, 28, 7   **10** 27, 9, 3

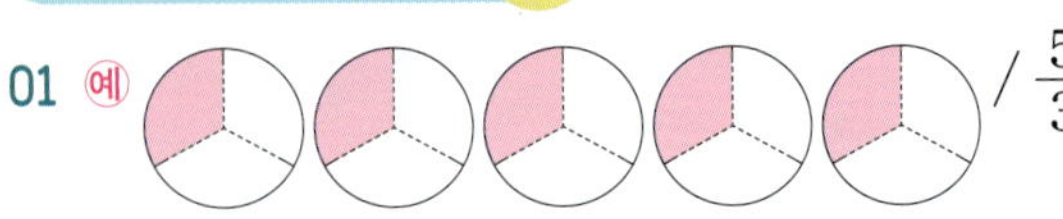
학교 시험 만점왕 **1**회   1. 분수의 나눗셈   06~08쪽

01 예 / $\dfrac{5}{3}$, $1\dfrac{2}{3}$

02 7   **03** $\dfrac{5}{8}$ L

04 (1) 2, 4   (2) 5, $\dfrac{13}{15}$ **05** ②

06 ㉠   **07** 2

08 3   **09** $1\dfrac{1}{5}\div6=\dfrac{1}{5}$, $\dfrac{1}{5}$ L

10 풀이 참조, 7개

11 (1) $1\dfrac{2}{9}\left(=\dfrac{11}{9}\right)$ (2) $\dfrac{2}{15}$

12 $\dfrac{5}{12}\div7=\dfrac{5\times7}{12\times7}\div7=\dfrac{35}{84}\div7$
$$=\dfrac{35\div7}{84}=\dfrac{5}{84}$$

13 ㉣, ㉠, ㉢, ㉡   **14**

15 <

16 $40\dfrac{1}{2}\left(=\dfrac{81}{2}\right)$ cm^2

17 풀이 참조, $\dfrac{3}{20}$ kg   **18** $\dfrac{15}{8}\div5=\dfrac{3}{8}$, $\dfrac{3}{8}$ m

19 $\dfrac{5}{8}$ **20** $\dfrac{1}{5}$ m

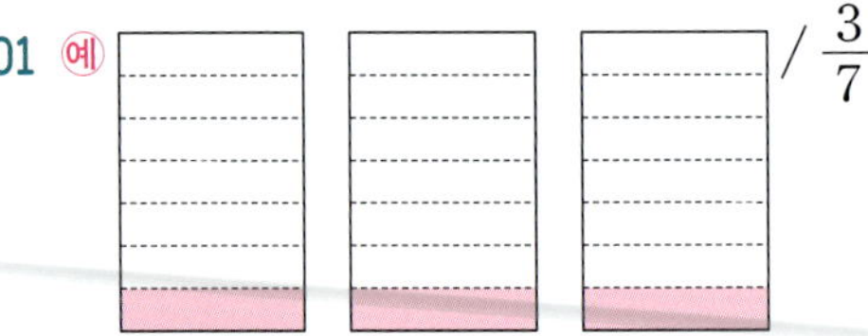
학교 시험 만점왕 **2**회   1. 분수의 나눗셈   09~11쪽

01 예 / $\dfrac{3}{7}$

02 $\dfrac{25}{27}$, $\dfrac{5}{27}$ **03** ㉠, ㉣, ㉡, ㉢

04 $1\dfrac{1}{4}\left(=\dfrac{5}{4}\right)$ kg

05 (위에서부터) $\dfrac{5}{9}$, $\dfrac{11}{14}$, $\dfrac{5}{11}$, $\dfrac{9}{14}$

06 $5\dfrac{5}{8}\left(=\dfrac{45}{8}\right)$ cm^2

07 $\dfrac{15}{16\div4}$에 ○표, 예 $\dfrac{15}{16}\div4=\dfrac{15}{16}\times\dfrac{1}{4}=\dfrac{15}{64}$

08 풀이 참조, $\dfrac{1}{54}$ **09** $\dfrac{2}{5}$, 7$\left($또는 $\dfrac{2}{7}$, 5$\right)$ / $\dfrac{2}{35}$

10 7

11 예 방법 1 $2\dfrac{2}{9}\div10=\dfrac{20}{9}\div10=\dfrac{20\div10}{9}=\dfrac{2}{9}$

     방법 2 $2\dfrac{2}{9}\div10=\dfrac{20}{9}\div10=\dfrac{\overset{2}{\cancel{20}}}{9}\times\dfrac{1}{\underset{1}{\cancel{10}}}=\dfrac{2}{9}$

12 ②, ③   **13** $5\dfrac{3}{4}$ cm

14 $2\dfrac{1}{45}\left(=\dfrac{91}{45}\right)$ **15** 풀이 참조, $\dfrac{13}{50}$ kg

16 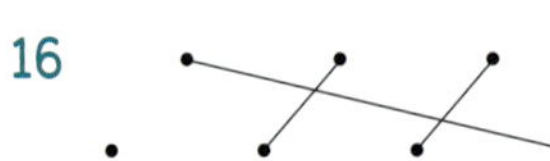   **17** $\dfrac{7}{25}$ L

18 $\dfrac{8}{63}$

19 $3\dfrac{7}{15}\left(=\dfrac{52}{15}\right)$ cm

20 $\dfrac{18}{35}$ km

01 풀이 참조, $\dfrac{1}{4}$ m

02 풀이 참조, $\dfrac{3}{14}$ m

03 풀이 참조, 2개　　04 풀이 참조, $\dfrac{7}{50}$ L

05 풀이 참조, $5\dfrac{1}{15}\left(=\dfrac{76}{15}\right)$ cm

06 풀이 참조, $\dfrac{19}{180}$　　07 풀이 참조, 2, 3, 4, 5, 6

08 풀이 참조, $\dfrac{31}{45}$ m

09 풀이 참조, $1\dfrac{3}{10}\left(=\dfrac{13}{10}\right)$ g

10 풀이 참조, $1\dfrac{7}{24}\left(=\dfrac{31}{24}\right)$배

2　각기둥과 각뿔

01 나　　　　　　02 2개

03 3개　　　　　　04 삼각기둥

05 15개, 10개　　　06 선분 ㅌㅍ

07 4개　　　　　　08 나

09 1개, 8개　　　　10 16개, 9개

01 ①, ③, ④

02 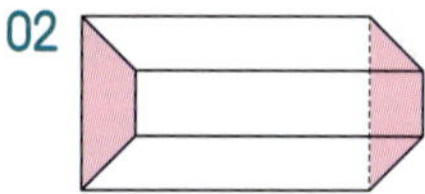

03 7개　　　　　　04 칠각기둥

05 (위에서부터) 모서리, 높이, 꼭짓점

06 예 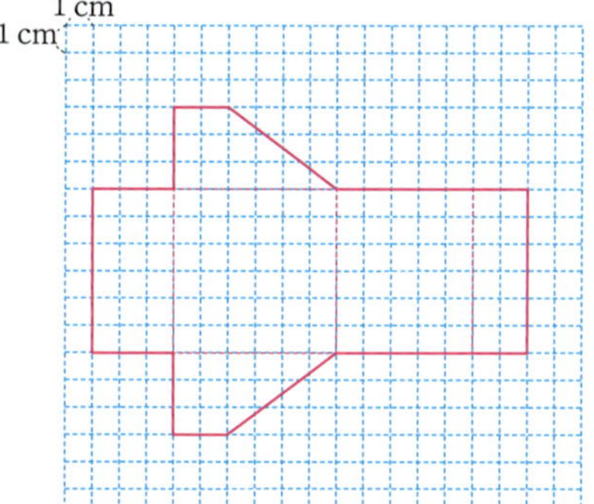

07 공통점 예 밑면의 모양이 같습니다.

　　차이점 예 각기둥은 밑면이 2개, 각뿔은 밑면이 1개입니다.

08 육각뿔　　　　　09 8 cm

10 삼각형, 직사각형, 삼각기둥

11 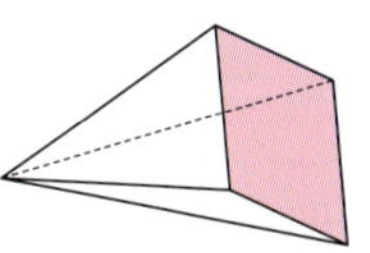　　　12 ㄹ, ㄷ, ㄱ, ㄴ

13 (1) ○　(2) ○　(3) ×　　14 풀이 참조, 3 cm

15 1개, 7개　　　　16 5개

17 25개　　　　　　18 ㄱ, ㄹ, ㄴ, ㄷ

19 9개　　　　　　20 (위에서부터) 4, 4, 6

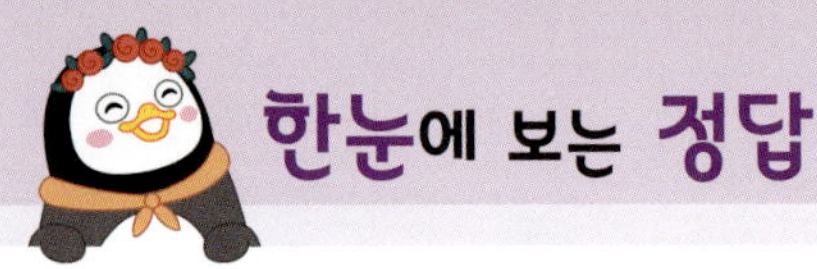

학교 시험 만점왕 2회
2. 각기둥과 각뿔
19~21쪽

01 각기둥
02 육각기둥
03 면 ㄱㄴㄷㄹㅁ, 면 ㅂㅅㅇㅈㅊ
04 면 ㄴㅅㅇㄷ, 면 ㄷㅇㅈㄹ, 면 ㄹㅈㅊㅁ, 면 ㄱㅂㅊㅁ, 면 ㄴㅅㅂㄱ
05 8, 10, 24, 16
06 십이각뿔
07 ㉢, 예 각뿔의 모서리의 수는 (밑면의 변의 수)×2와 같습니다.
08 5개
09 ㉢
10 ㉠
11 2.5 cm
12 없습니다에 ○표, 예 각기둥은 두 밑면이 서로 합동이어야 하는데 두 밑면이 합동이 아니므로 각기둥의 전개도가 될 수 없습니다.
13 60 cm
14 팔각기둥
15 12개
16 윤규
17 예

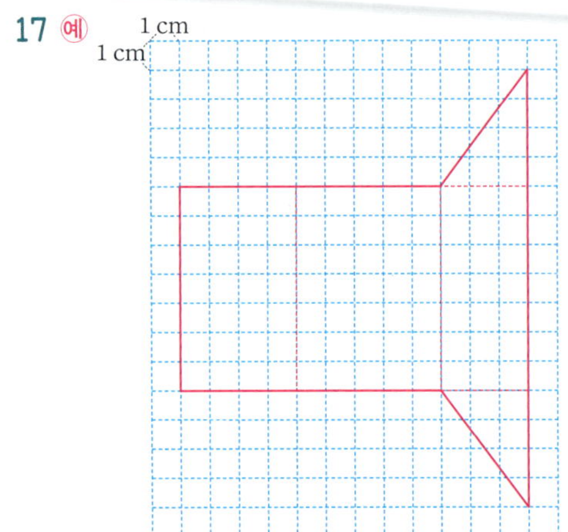

18 7 cm
19 16개
20 면 ㅈㄱㅊ

2단원 서술형·논술형 평가
22~23쪽

01 풀이 참조
02 풀이 참조
03 풀이 참조, 14개
04 풀이 참조, 70 cm
05 ㉡, 풀이 참조
06 풀이 참조, 십이각기둥
07 풀이 참조, 4 cm
08 풀이 참조, 47개
09 풀이 참조, 440 cm^2
10 풀이 참조, 십이각뿔

3 소수의 나눗셈

3단원 쪽지 시험
25쪽

01 (위에서부터) 33.1 / 9.93, 3.31
02 865, 865, 173, 1.73
03 (위에서부터) 3, 4, 5 / 1, 2 / 1, 8 / 1, 6 / 2, 0 / 2, 0
04 1.04
05 ( )(○)
06 (1) 1.29 (2) 0.31
07 1.65, 9.06
08 >
09
10 (1) 4□2.3 (2) 3.9□5

학교 시험 만점왕 1회
3. 소수의 나눗셈
26~28쪽

01 1.1
02 2.58, 1.29
03 2□8.1, 2.8□1
04 (1) 0.35 (2) 0.86
05 (위에서부터) 5.25, 4.2
06 6.04
07 2, 3, 1
08 <
09 ㉡
10 2.15
11 1.5배
12 풀이 참조, 1.32 m^2
13 ㉡
14 5, 4, 3, 1.8
15 5.75
16 13.9 cm
17 6, 7, 8, 9
18 0, 3, 2
19 5.74 cm
20 풀이 참조, 21.05 m

학교 시험 만점왕 2회
3. 소수의 나눗셈
29~31쪽

01 22.1, 2.21
02 26, 26, 52, 5.2
03 0.28
04 (1) 1.95 (2) 4.15
05 2.45, 0.35
06 (위에서부터) 1.25, 0.8, 2.5, 1.6
07 ( )(○)
08 4.02
09 (왼쪽 위에서부터 시계 방향으로) 1.35, 1.08, 0.9

10 0.32

11 14.05 cm

12

$$
\begin{array}{r}
5.45 \\
6\overline{)32.7} \\
30 \\
\hline
27 \\
24 \\
\hline
30 \\
30 \\
\hline
0
\end{array}
$$

13 5

14 풀이 참조, 30.5 g

15 2.5 km

16 6.41

17 풀이 참조, 7.05 cm

18 2.7

19 0.22 L

20 3개

3단원 서술형·논술형 평가

32~33쪽

01 풀이 참조, 1.25 km

02 풀이 참조, 0.76 L

03 풀이 참조, 0.45

04 풀이 참조, 1.38 km

05 풀이 참조, 강태호

06 풀이 참조, 1번 버스

07 풀이 참조, 2.2 cm

08 풀이 참조, 3.7

09 풀이 참조, 60 cm

10 풀이 참조, 1.52 m

4 비와 비율

4단원 쪽지 시험

35쪽

01 4

02 (1) 1, 9 (2) 3, 7

03 

04 $\frac{18}{25}$, 0.72

05 0.5

06 700

07 52 %

08 (1) 3, 60, 60 (2) 100, 54, 54

09 12.5, 17.5

10 17 %

학교 시험 만점왕 1회

4. 비와 비율

36~38쪽

01 2

02 (1) 4, 11 (2) 6, 9

03 (1) 7, 8 (2) 8, 7

04 ㉡, ㉢

05 (1) $\frac{3}{5}$, 0.6 (2) $\frac{4}{5}$, 0.8

06 $\frac{11}{14}$

07 $\frac{5}{8}$

08 84, 84

09 (○)(   )

10 ㉠

11 <

12 78 %

13 18800원

14 풀이 참조, 0.8 cm

15 가 자동차

16 사랑, 행복

17 65 %

18 3680원

19 65 %

20 풀이 참조, 36 %

학교 시험 만점왕 2회

4. 비와 비율

39~41쪽

01 (1) 4 (2) 3

02 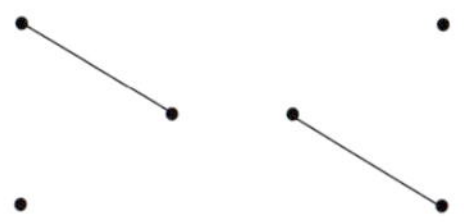

03 ㉠, ㉣

04 30

05 60

06 예 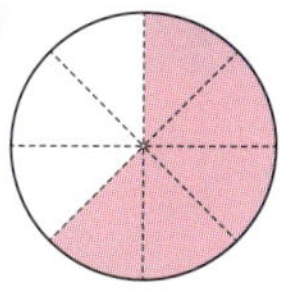

07 (1) 5 (2) 10

08 (1) 100, 35, 35 (2) 100, 38, 38

09 13.6 **10** 64 %

11 25, 45, 30 **12** ㉡

13 64 % **14** $\dfrac{2}{3}$

15 나 가게 **16** $\dfrac{1}{6}$

17 풀이 참조, 80 % **18** 3반

19 0.75 **20** 풀이 참조, 나 은행

4단원 서술형·논술형 평가 *42~43쪽*

01 풀이 참조, 5000원 **02** 풀이 참조, 2100 m

03 풀이 참조, 6잔 **04** 풀이 참조, 거북 로봇

05 풀이 참조, 4명 **06** 풀이 참조, 49 %

07 풀이 참조, 1800원 **08** 풀이 참조, 25 %, 20 %

09 풀이 참조, 나 상점 **10** 풀이 참조, 156000원

---

5 여러 가지 그래프

5단원 쪽지 시험 *45쪽*

01 띠그래프 **02** 25 %

03 2배 **04** 원그래프

05 15 % **06** 35명

07 56, 35, 35 **08** 48, 30, 30

09 예
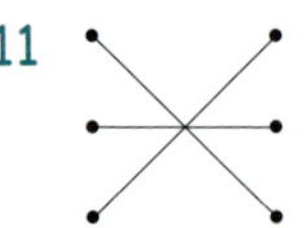

10 ㉡

학교 시험 만점왕 1회 5. 여러 가지 그래프 *46~48쪽*

01 원그래프 **02** 역사책

03 3배 **04** ㉢

---

05 22 % **06** 일본어

07 80명 **08** 140명

09 (위에서부터) 140 / 25, 20, 15, 5

10 예
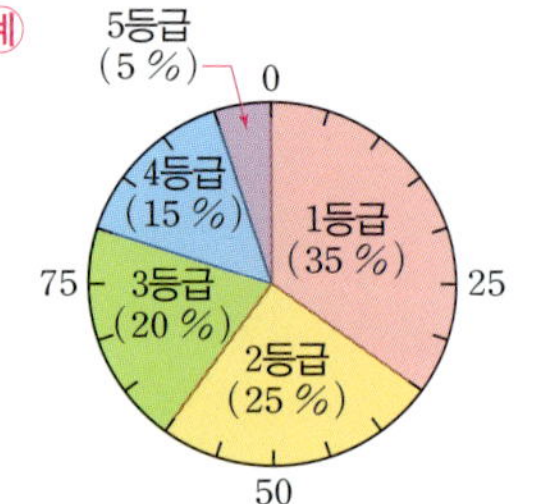

11
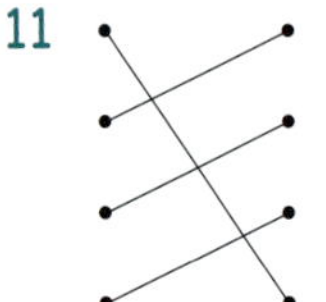

12 15

13 35

14 예

15 21 %, 21 % **16** 22 %, 11 %

17 풀이 참조, 85명 **18** 40대, 10대 이하

19 10대 이하 **20** ㉡, 풀이 참조

학교 시험 만점왕 2회 5. 여러 가지 그래프 *49~51쪽*

01 20 % **02** 3배

03 48명 **04** ㉡, ㉠, ㉢, ㉣

05 35 % **06** 가을, 여름, 봄, 겨울

07 160명 **08** 200그루

09 (위에서부터) 200 / 15, 10, 25, 100

10 예

11

12 (위에서부터) 360, 240, 180, 1200 / 30, 20, 15, 100

13 파충류, 양서류, 절지 동물

14 (예)

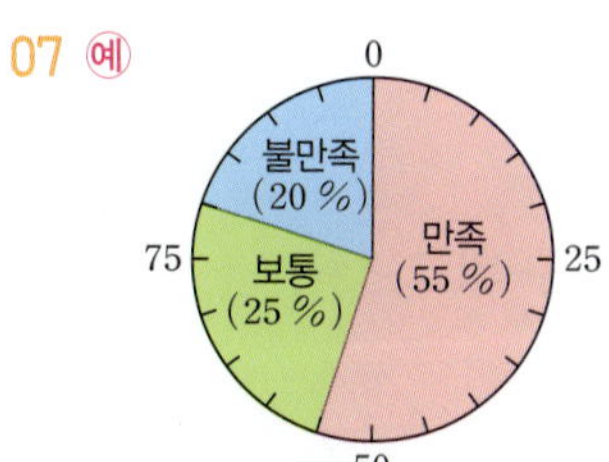

15 오이, 파   16 상추, 토마토

17 풀이 참조, 선우, 2 m^2

18 48

19 40, 30

20 풀이 참조, 12 cm, 8 cm

5단원 서술형·논술형 평가   52~53쪽

01 풀이 참조, 28 %   02 풀이 참조, 18명

03 풀이 참조, 20000원   04 풀이 참조, 20 %

05 풀이 참조

06 (위에서부터) 132, 60, 48, 240 / 55, 25, 20, 100

07 (예)

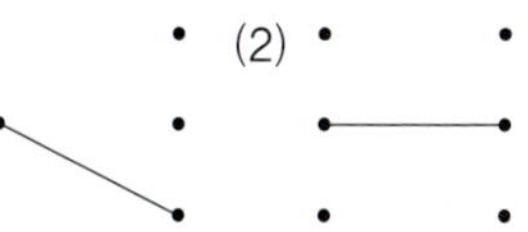

08 ㉢, 풀이 참조

09 풀이 참조, 10대 이하, 30대

10 풀이 참조, 80명

6 직육면체의 부피와 겉넓이

6단원 쪽지 시험   55쪽

01 가   02 =

03 cm^3, m^3 04 24개, 24 cm^3

05 64 cm^3 06 125 cm^3

07 (1) 1000000 (2) 7000000 (3) 2

08 320 m^3 09 88 cm^2

10 600 cm^2

학교 시험 만점왕 1회   6. 직육면체의 부피와 겉넓이
56~58쪽

01 나, 가, 다   02 10개, 12개

03 2, 작습니다에 ○표   04 나, 라

05 ⑤   06 144 cm^3

07 216 m^3 08 (1) 300000 (2) 5.2

09 21, 35, 142 (또는 35, 21, 142)

10 262 cm^2 11 486 cm^2

12 132 cm^2 13 ㉡, ㉠, ㉣, ㉢

14 5 cm   15 4배

16 8   17 풀이 참조, 64개

18 343 cm^3 19 214 cm^2

20 풀이 참조, 410 cm^2

학교 시험 만점왕 2회   6. 직육면체의 부피와 겉넓이
59~61쪽

01 나, 다   02 16개, 18개

03 가   04 나, 가, 11

05 ⑤   06 168 cm^3

07 (1) 7900000 (2) 0.5   08 2400 cm^3

09 4, 2, 2, 4, 3, 52   10 4 cm^3

11 864 cm^2

12 (1) (2)

13 8   14 110 cm^2

15 480 cm^2 16 6 cm

17 4000 cm^3 18 풀이 참조, 96 cm^3

19 ㉢, ㉡, ㉠, ㉣   20 풀이 참조, 4000개

6단원 서술형·논술형 평가   62~63쪽

01 다, 나, 가, 풀이 참조   02 풀이 참조, 나

03 풀이 참조, 가, 2 cm^3 04 풀이 참조, 60 cm^3

05 풀이 참조, 12   06 풀이 참조, 512 cm^2

07 풀이 참조, 10   08 풀이 참조, 6 cm

09 풀이 참조, 6000개   10 풀이 참조, 1200 cm^3

1 분수의 나눗셈

문제를 풀며 이해해요
9쪽

01 예 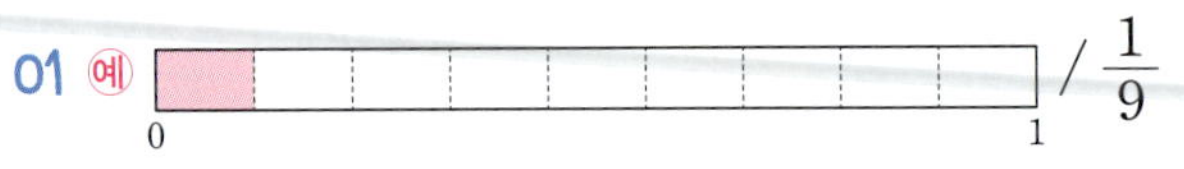 $/ \dfrac{1}{3} / 2 / \dfrac{2}{3}$

02 예 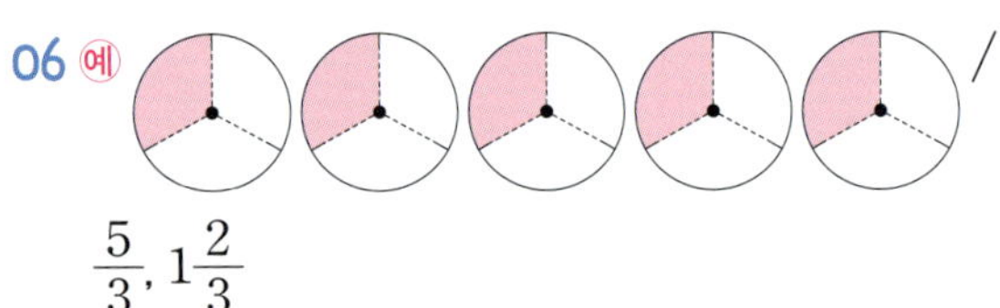 $/ \dfrac{1}{5} / 6 / 6, 1\dfrac{1}{5}$

교과서 문제 해결하기
10~11쪽

01 예 $/ \dfrac{1}{9}$

02 $\dfrac{1}{8} / 3, \dfrac{3}{8}$

03 (1) $\dfrac{1}{7}$ (2) $\dfrac{3}{5}$ (3) $\dfrac{5}{9}$ (4) $\dfrac{1}{13}$

04 $3, 3, \dfrac{3}{5}, 2\dfrac{3}{5}$

05 $10 \div 3 = 3\dfrac{1}{3}, 3\dfrac{1}{3}\left(= \dfrac{10}{3}\right)$ m

06 예

$\dfrac{5}{3}, 1\dfrac{2}{3}$

07 $1\dfrac{1}{11}\left(= \dfrac{12}{11}\right), 2\dfrac{1}{4}\left(= \dfrac{9}{4}\right)$

08 ④

09 7÷9에 ○표 $/ \dfrac{7}{9}$

10 $1\dfrac{5}{7}\left(= \dfrac{12}{7}\right)$

문제해결 접근하기

11 풀이 참조

01 1÷9의 몫은 1을 분자, 9를 분모로 하는 분수로 나타낼 수 있습니다.

02 1÷8의 몫은 $\dfrac{1}{8}$이고, 3÷8은 $\dfrac{1}{8}$이 3개이므로 $\dfrac{3}{8}$입니다.

03 ▲÷★의 몫은 $\dfrac{▲}{★}$로 나타낼 수 있습니다.

04 13÷5=2…3이므로 나머지 3을 5로 나누면 $\dfrac{3}{5}$입니다.

➡ $13 \div 5 = 2\dfrac{3}{5}$

05 털실 10 m를 3명이 똑같이 나누어 가졌으므로 한 명이 가진 털실은 $10 \div 3 = \dfrac{10}{3} = 3\dfrac{1}{3}$ (m)입니다.

06 원 5개를 각각 3으로 나누면 $\dfrac{1}{3}$이 5개인 수와 같으므로 $5 \div 3 = \dfrac{5}{3} = 1\dfrac{2}{3}$입니다.

07 ▲÷★의 몫은 $\dfrac{▲}{★}$로 나타낼 수 있습니다.

➡ $12 \div 11 = \dfrac{12}{11} = 1\dfrac{1}{11}$

$9 \div 4 = \dfrac{9}{4} = 2\dfrac{1}{4}$

08 $2 \div 5 = \dfrac{2}{5}, 6 \div 10 = \dfrac{6}{10}, 13 \div 15 = \dfrac{13}{15},$

$8 \div 7 = \dfrac{8}{7} = 1\dfrac{1}{7}, 9 \div 12 = \dfrac{9}{12}$

나눗셈의 몫이 1보다 큰 것은 ④ 8÷7입니다.

참고 나누어지는 수가 나누는 수보다 크면 몫이 1보다 큽니다.

09 $1 \div 3 = \dfrac{1}{3} = \dfrac{12}{36}, 3 \div 6 = \dfrac{3}{6} = \dfrac{18}{36},$

$5 \div 12 = \dfrac{5}{12} = \dfrac{15}{36}, 7 \div 9 = \dfrac{7}{9} = \dfrac{28}{36}$

이므로 몫이 가장 큰 나눗셈은 7÷9이고 그 몫은 $\dfrac{7}{9}$입니다.

10 어떤 수에 7을 곱하였더니 84가 되었으므로 어떤 수는
$84 \div 7 = 12$입니다. ➡ $12 \div 7 = \dfrac{12}{7} = 1\dfrac{5}{7}$

11 **이해하기 |** 예 만든 정삼각형과 정사각형 중 한 변의 길이가 더 긴 것

계획 세우기 | 예 정삼각형과 정사각형의 한 변의 길이를 각각 구한 후 한 변의 길이가 더 긴 것을 알아보겠습니다.

해결하기 | $3,\ \dfrac{8}{3},\ 2\dfrac{2}{3}$ / $4,\ \dfrac{13}{4},\ 3\dfrac{1}{4}$ / 정사각형

되돌아보기 | 예 정오각형의 한 변의 길이는
$12 \div 5 = \dfrac{12}{5} = 2\dfrac{2}{5}$ (cm)이고, 정육각형의 한 변의
길이는 $15 \div 6 = \dfrac{15}{6} = \dfrac{5}{2} = 2\dfrac{1}{2}$ (cm)입니다.
$2\dfrac{1}{2}$이 $2\dfrac{2}{5}$보다 크므로 한 변의 길이가 더 긴 것은
정육각형입니다.

문제를 풀며 이해해요
13쪽

01 예 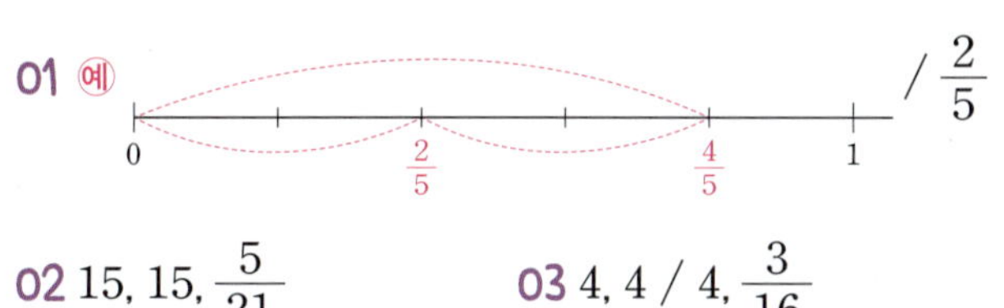 / $\dfrac{2}{5}$

02 $15,\ 15,\ \dfrac{5}{21}$ **03** $4,\ 4$ / $4,\ \dfrac{3}{16}$

교과서 문제 해결하기
14~15쪽

01 $\dfrac{2}{9}$ **02** (1) $5,\ 2$ (2) $21,\ 21,\ 7$

03 $6,\ 6$ / $6,\ \dfrac{11}{72}$ **04** (1) $\dfrac{5}{13}$ (2) $\dfrac{3}{32}$ (3) $\dfrac{7}{60}$

05 $\dfrac{3}{2} \div 5 = \dfrac{3}{10},\ \dfrac{3}{10}$ L

06 $\dfrac{11}{15 \div 5}$에 ○표, 예 $\dfrac{11}{15} \div 5 = \dfrac{11}{15} \times \dfrac{1}{5} = \dfrac{11}{75}$

07 ㉠, ㉢, ㉡   **08** $<$

09 $\dfrac{7}{8} \div 4 = \dfrac{7}{32},\ \dfrac{7}{32}$ m   **10** 4개

11 풀이 참조

---

01 $\dfrac{8}{9} \div 4$의 몫은 $\dfrac{8}{9}$을 똑같이 4등분한 것 중의 하나입니다.
➡ $\dfrac{8}{9} \div 4 = \dfrac{2}{9}$

02 (1) 분자가 자연수의 배수일 때는 분자를 자연수로 나눕니다.
(2) 분자가 자연수의 배수가 아닐 때는 크기가 같은 분수 중에서 분자가 자연수의 배수가 되는 수로 바꾸어 계산합니다.

03 $\dfrac{11}{12} \div 6$은 $\dfrac{11}{12}$을 똑같이 6등분한 것 중의 하나이므로
$\dfrac{11}{12} \div 6$은 $\dfrac{11}{12} \times \dfrac{1}{6} = \dfrac{11}{72}$과 같이 계산할 수 있습니다.

04 (1) $\dfrac{10}{13} \div 2 = \dfrac{10 \div 2}{13} = \dfrac{5}{13}$
(2) $\dfrac{3}{8} \div 4 = \dfrac{3}{8} \times \dfrac{1}{4} = \dfrac{3}{32}$
(3) $\dfrac{7}{12} \div 5 = \dfrac{7}{12} \times \dfrac{1}{5} = \dfrac{7}{60}$

05 $\dfrac{3}{2}$ L를 5일 동안 똑같이 나누어 마셨으므로 하루에 마신 우유의 양은 $\dfrac{3}{2} \div 5 = \dfrac{3}{2} \times \dfrac{1}{5} = \dfrac{3}{10}$ (L)입니다.

06 $\dfrac{11}{15} \div 5$는 $\dfrac{11}{15}$을 똑같이 5등분한 것 중의 하나이므로
$\dfrac{11}{15} \div 5 = \dfrac{11}{15} \times \dfrac{1}{5} = \dfrac{11}{75}$입니다.

07 ㉠ $\dfrac{12}{5} \div 4 = \dfrac{12 \div 4}{5} = \dfrac{3}{5} = \dfrac{9}{15}$
㉡ $\dfrac{8}{5} \div 6 = \dfrac{8}{5} \times \dfrac{1}{\overset{3}{\underset{}{6}}} = \dfrac{4}{15}$
㉢ $\dfrac{14}{15} \div 2 = \dfrac{14 \div 2}{15} = \dfrac{7}{15}$
몫이 큰 것부터 순서대로 기호를 쓰면 ㉠, ㉢, ㉡입니다.

08 $\dfrac{15}{8} \div 9 = \dfrac{\overset{5}{\cancel{15}}}{8} \times \dfrac{1}{\underset{3}{\cancel{9}}} = \dfrac{5}{24}$
$\dfrac{10}{11} \div 2 = \dfrac{10 \div 2}{11} = \dfrac{5}{11}$

➡ $\dfrac{5}{24}<\dfrac{5}{11}$

09 끈 $\dfrac{7}{8}$ m를 4명이 똑같이 나누어 가지려면 한 명이 가질 수 있는 끈의 길이는 $\dfrac{7}{8}\div4=\dfrac{7}{8}\times\dfrac{1}{4}=\dfrac{7}{32}$ (m)입니다.

10 $\dfrac{15}{7}\div6=\dfrac{15}{7}\times\dfrac{1}{6}=\dfrac{5}{14}$ 이므로 $\dfrac{\bigstar}{14}<\dfrac{5}{14}$ 입니다.

따라서 $\bigstar$은 5보다 작은 자연수이므로 1, 2, 3, 4로 모두 4개입니다.

11 **이해하기** | 예 빵 한 개의 무게

계획 세우기 | 예 빵 4개가 놓여 있는 쟁반의 무게에서 쟁반의 무게를 뺀 후 빵 한 개의 무게를 구해 보겠습니다.

해결하기 | $\dfrac{7}{10}$ / $\dfrac{7}{10}$, $\dfrac{7}{10}$, 4, $\dfrac{7}{40}$

되돌아보기 | 예 빈 쟁반의 무게가 $\dfrac{1}{2}$ kg이므로 빵 5개의 무게는 $\dfrac{7}{4}-\dfrac{1}{2}=\dfrac{7}{4}-\dfrac{2}{4}=\dfrac{5}{4}$ (kg)입니다.

따라서 빵 한 개의 무게는

$\dfrac{5}{4}\div5=\dfrac{5\div5}{4}=\dfrac{1}{4}$ (kg)입니다.

문제를 풀며 이해해요　　　　17쪽

01 $\dfrac{11}{6}$, 2, $\dfrac{11}{12}$　　　**02** 16, 16, 4 / 16, 16, 4, 4

03 13, 78, 78, 13 / 13, 13, 6, $\dfrac{13}{60}$

교과서 문제 해결하기　　　18~19쪽

01 2　　　　　　　　　　**02** 24, 24, 3

03 $\dfrac{29}{36}$, $2\dfrac{1}{54}\left(=\dfrac{109}{54}\right)$　　**04** $1\dfrac{2}{5}\div2=\dfrac{7}{10}$, $\dfrac{7}{10}$ L

05 방법 1 예 $6\dfrac{2}{7}\div2=\dfrac{44}{7}\div2=\dfrac{44\div2}{7}=\dfrac{22}{7}=3\dfrac{1}{7}$

　　　방법 2 예 $6\dfrac{2}{7}\div2=\dfrac{44}{7}\div2=\dfrac{\overset{22}{44}}{7}\times\dfrac{1}{\underset{1}{2}}=\dfrac{22}{7}=3\dfrac{1}{7}$

06 예 $12\dfrac{1}{4}\div3=\dfrac{49}{4}\div3=\dfrac{49}{4}\times\dfrac{1}{3}=\dfrac{49}{12}=4\dfrac{1}{12}$

07 >

08 (1) $1\dfrac{1}{6}\left(=\dfrac{7}{6}\right)$　(2) $3\dfrac{1}{18}\left(=\dfrac{55}{18}\right)$

09 6개　　　　　　　　**10** $1\dfrac{5}{8}$ / $\dfrac{13}{32}$

문제해결 접근하기

11 풀이 참조

---

01 $1\dfrac{1}{5}$은 $\dfrac{6}{5}$과 같고, $\dfrac{6}{5}$을 3등분한 것 중의 하나가 $\dfrac{2}{5}$이므로 $1\dfrac{1}{5}\div3$의 몫은 $\dfrac{2}{5}$입니다.

02 대분수를 가분수로 바꾼 다음 분자를 자연수로 나누어 계산한 것입니다.

03 $2\dfrac{5}{12}\div3=\dfrac{29}{12}\div3=\dfrac{29}{12}\times\dfrac{1}{3}=\dfrac{29}{36}$

$12\dfrac{1}{9}\div6=\dfrac{109}{9}\div6=\dfrac{109}{9}\times\dfrac{1}{6}=\dfrac{109}{54}=2\dfrac{1}{54}$

04 예나가 주스를 동생 1명과 똑같이 나누어 마셨으므로 예나가 마신 주스의 양은

$1\dfrac{2}{5}\div2=\dfrac{7}{5}\div2=\dfrac{7}{5}\times\dfrac{1}{2}=\dfrac{7}{10}$ (L)입니다.

05 (대분수)÷(자연수)의 계산은 먼저 대분수를 가분수로 바꾸어 계산합니다. 그리고 분자를 자연수로 나누어 계산하거나 나눗셈을 곱셈으로 나타내어 계산할 수 있습니다.

06 (대분수)÷(자연수)의 계산은 대분수를 가분수로 바꾸어 계산해야 합니다.

07 $4\frac{2}{3} \div 6 = \frac{14}{3} \div 6 = \frac{14}{3} \times \frac{1}{6} = \frac{7}{9}$

$1\frac{5}{6} \div 3 = \frac{11}{6} \div 3 = \frac{11}{6} \times \frac{1}{3} = \frac{11}{18}$

➡ $\frac{7}{9}\left(=\frac{14}{18}\right) > \frac{11}{18}$

08 (1) $12\frac{5}{6} \div 11 = \frac{77}{6} \div 11 = \frac{77 \div 11}{6} = \frac{7}{6} = 1\frac{1}{6}$

(2) $9\frac{1}{6} \div 3 = \frac{55}{6} \div 3 = \frac{55}{6} \times \frac{1}{3} = \frac{55}{18} = 3\frac{1}{18}$

09 $4\frac{1}{12} \div 7 = \frac{49}{12} \div 7 = \frac{49 \div 7}{12} = \frac{7}{12}$ 이므로

$\frac{7}{12} > \frac{\square}{12}$ 에서 $7 > \square$ 를 만족하는 자연수 $\square$ 는

1, 2, 3, 4, 5, 6으로 모두 6개입니다.

10 계산 결과가 가장 작으려면 나누어지는 수가 가장 작아야 합니다. 수 카드 3장을 한 번씩 모두 사용하여 만든 계산 결과가 가장 작은 나눗셈은 $1\frac{5}{8} \div 4$ 입니다.

➡ $1\frac{5}{8} \div 4 = \frac{13}{8} \div 4 = \frac{13}{8} \times \frac{1}{4} = \frac{13}{32}$

11 **이해하기** | 예 바르게 계산했을 때의 몫

계획 세우기 | 예 어떤 분수를 구한 다음 어떤 분수를 6으로 나누어 몫을 구해 보겠습니다.

해결하기 | 6, $\frac{7}{4}$ / $\frac{7}{4}$, $\frac{7}{24}$

되돌아보기 | 예 어떤 분수에 4를 곱해서 $2\frac{2}{7}$ 가 되었으므로 어떤 분수는 $2\frac{2}{7} \div 4 = \frac{16}{7} \div 4 = \frac{16 \div 4}{7} = \frac{4}{7}$ 입니다. 따라서 바르게 계산하면

$\frac{4}{7} \div 4 = \frac{4 \div 4}{7} = \frac{1}{7}$ 이므로 몫은 $\frac{1}{7}$ 입니다.

01 예 / $\frac{1}{10}$

02 (1) $\frac{5}{4}$, $\frac{1}{2}$ (2) $\frac{4}{9}$, $\frac{1}{3}$ **03** ㉢, ㉣, ㉠, ㉡

04 15, 15, 5

05 (1) $\frac{7}{80}$ (2) $2\frac{3}{10}\left(=\frac{23}{10}\right)$

06 서우   **07** $2\frac{2}{11}\left(=\frac{24}{11}\right)$, $\frac{24}{55}$

08

09 $\frac{4}{7}$ m

10 방법 1 예 $2\frac{4}{5} \div 4 = \frac{14}{5} \div 4 = \frac{56}{20} \div 4$

$= \frac{56 \div 4}{20} = \frac{14}{20} = \frac{7}{10}$

방법 2 예 $2\frac{4}{5} \div 4 = \frac{14}{5} \div 4 = \frac{14}{5} \times \frac{1}{4} = \frac{7}{10}$

11 (1) 6

(2) 6, 3, 1, $1\frac{1}{2}\left(=\frac{3}{2}\right)$, $3\frac{1}{2}\left(=\frac{7}{2}\right)$

(3) $3\frac{1}{2}\left(=\frac{7}{2}\right)$, $\frac{1}{2}$ / $\frac{1}{2}$ m

12 ④   **13** $<$

14 $\frac{2}{135}$ **15** $1\frac{3}{14}\left(=\frac{17}{14}\right)$

16 $\frac{37}{80}$ kg   **17** $29\frac{1}{4}\left(=\frac{117}{4}\right)$ cm^2

18 $\frac{13}{15}$

19 (1) $1\frac{2}{5}\left(=\frac{7}{5}\right)$ (2) $4\frac{2}{7}\left(=\frac{30}{7}\right)$

20 연필

01 1을 똑같이 10으로 나눈 것 중의 하나는 $\frac{1}{10}$ 입니다.

02 (1) $\frac{5}{4} \div 2$ 는 $\frac{5}{4}$ 를 2로 나눈 것 중의 하나입니다.

(2) $\frac{4}{9} \div 3$ 은 $\frac{4}{9}$ 를 3으로 나눈 것 중의 하나입니다.

03 ㉠ $2 \div 3 = \frac{2}{3} = \frac{10}{15}$

$$\text{ⓛ } 1 \div 5 = \frac{1}{5} = \frac{3}{15}$$

$$\text{ⓒ } 7 \div 4 = \frac{7}{4} = 1\frac{3}{4} = 1\frac{6}{8}$$

$$\text{ⓔ } 9 \div 8 = \frac{9}{8} = 1\frac{1}{8}$$

몫이 큰 것부터 순서대로 기호를 쓰면 ⓒ, ⓔ, ㉠, ⓛ입니다.

04 $\dfrac{5}{8} \div 3 = \dfrac{15}{24} \div 3 = \dfrac{15 \div 3}{24} = \dfrac{5}{24}$

05 (1) $\dfrac{7}{10} \div 8 = \dfrac{7}{10} \times \dfrac{1}{8} = \dfrac{7}{80}$

(2) $6\dfrac{9}{10} \div 3 = \dfrac{69}{10} \div 3 = \dfrac{69 \div 3}{10} = \dfrac{23}{10} = 2\dfrac{3}{10}$

06 서우: $\dfrac{11}{18} \div 2 = \dfrac{11}{18} \times \dfrac{1}{2} = \dfrac{11}{36}$

07 $\dfrac{48}{11} \div 2 = \dfrac{48 \div 2}{11} = \dfrac{24}{11} = 2\dfrac{2}{11}$

$2\dfrac{2}{11} \div 5 = \dfrac{24}{11} \div 5 = \dfrac{24}{11} \times \dfrac{1}{5} = \dfrac{24}{55}$

08 $\dfrac{16}{3} \div 2 = \dfrac{16 \div 2}{3} = \dfrac{8}{3} = 2\dfrac{2}{3}$

$2\dfrac{2}{9} \div 10 = \dfrac{20}{9} \div 10 = \dfrac{20 \div 10}{9} = \dfrac{2}{9}$

$5\dfrac{3}{8} \div 4 = \dfrac{43}{8} \div 4 = \dfrac{43}{8} \times \dfrac{1}{4} = \dfrac{43}{32} = 1\dfrac{11}{32}$

09 정삼각형은 세 변의 길이가 모두 같으므로 철사 $1\dfrac{5}{7}$ m 를 겹치지 않게 모두 사용하여 만들 수 있는 정삼각형의 한 변의 길이는 $1\dfrac{5}{7} \div 3 = \dfrac{12}{7} \div 3 = \dfrac{12 \div 3}{7} = \dfrac{4}{7}$ (m) 입니다.

10 (대분수)÷(자연수)의 계산은 대분수를 가분수로 바꾸어 계산합니다.

분자가 자연수로 나누어떨어지지 않으면 분자가 자연수의 배수가 되도록 바꾼 후에 계산할 수 있습니다.

또는 (자연수)를 $\dfrac{1}{(자연수)}$ 로 나타내어 곱셈으로 계산할 수 있습니다.

11 액자 7개를 나란히 붙였을 때, 액자의 간격은 6군데이므로 액자의 간격의 길이의 합은 $\dfrac{1}{4} \times 6 = \dfrac{3}{2} = 1\dfrac{1}{2}$ (m) 입니다. 벽의 길이 5 m에서 액자의 간격의 길이의 합을 빼면 $5 - 1\dfrac{1}{2} = 4\dfrac{2}{2} - 1\dfrac{1}{2} = 3\dfrac{1}{2}$ (m)이고, 액자 한 개의 한 변의 길이는

$$3\dfrac{1}{2} \div 7 = \dfrac{7}{2} \div 7 = \dfrac{7 \div 7}{2} = \dfrac{1}{2} \text{ (m)입니다.}$$

채점 기준

액자의 간격이 몇 군데인지 구한 경우	20 %
액자 7개의 가로의 길이의 합을 구한 경우	40 %
액자 한 개의 한 변의 길이를 구한 경우	40 %

12 ① $\dfrac{1}{8} \div 3 = \dfrac{1}{8} \times \dfrac{1}{3} = \dfrac{1}{24} = \dfrac{2}{48}$

② $3\dfrac{1}{4} \div 13 = \dfrac{13}{4} \div 13 = \dfrac{13 \div 13}{4} = \dfrac{1}{4} = \dfrac{12}{48}$

③ $\dfrac{35}{48} \div 7 = \dfrac{35 \div 7}{48} = \dfrac{5}{48}$

④ $5\dfrac{2}{3} \div 8 = \dfrac{17}{3} \div 8 = \dfrac{17}{3} \times \dfrac{1}{8} = \dfrac{17}{24} = \dfrac{34}{48}$

⑤ $2\dfrac{5}{12} \div 4 = \dfrac{29}{12} \div 4 = \dfrac{29}{12} \times \dfrac{1}{4} = \dfrac{29}{48}$

따라서 몫이 가장 큰 것은 ④입니다.

13 $\dfrac{25}{3} \div 15 = \dfrac{25}{3} \times \dfrac{1}{15} = \dfrac{5}{9}$

$2\dfrac{5}{11} \div 3 = \dfrac{27}{11} \div 3 = \dfrac{27 \div 3}{11} = \dfrac{9}{11}$

➡ $\dfrac{5}{9}\left(=\dfrac{55}{99}\right) < \dfrac{9}{11}\left(=\dfrac{81}{99}\right)$

14 어떤 분수에 9를 곱하였더니 $\dfrac{8}{15}$이 되었으므로 어떤 분수는 $\dfrac{8}{15} \div 9 = \dfrac{8}{15} \times \dfrac{1}{9} = \dfrac{8}{135}$입니다. 어떤 분수를 4로 나눈 몫은 $\dfrac{8}{135} \div 4 = \dfrac{8 \div 4}{135} = \dfrac{2}{135}$입니다.

15 수 카드 3장을 모두 한 번씩만 사용하여 만들 수 있는 가장 작은 대분수는 $2\dfrac{3}{7}$입니다.

➡ $2\dfrac{3}{7} \div 2 = \dfrac{17}{7} \div 2 = \dfrac{17}{7} \times \dfrac{1}{2} = \dfrac{17}{14} = 1\dfrac{3}{14}$

16 무게가 똑같은 공 4개의 무게가 $\frac{37}{20}$ kg이므로 공 한 개
의 무게는 $\frac{37}{20} \div 4 = \frac{37}{20} \times \frac{1}{4} = \frac{37}{80}$ (kg)입니다.

17 (마름모의 넓이)

$=$(한 대각선의 길이)$\times$(다른 대각선의 길이)$\div 2$이므로
주어진 마름모의 넓이는

$9 \times 6\frac{1}{2} \div 2 = 9 \times \frac{13}{2} \times \frac{1}{2} = \frac{117}{4} = 29\frac{1}{4}$ (cm^2)

입니다.

18 $\bigcirc \times 3 = 3\frac{2}{5}$ 에서

$\bigcirc = 3\frac{2}{5} \div 3 = \frac{17}{5} \div 3 = \frac{17}{5} \times \frac{1}{3} = \frac{17}{15} = 1\frac{2}{15}$ 이고,

$\bigcirc = \frac{4}{5} \div 3 = \frac{4}{5} \times \frac{1}{3} = \frac{4}{15}$ 입니다.

➡ $\bigcirc - \bigcirc = 1\frac{2}{15} - \frac{4}{15} = \frac{17}{15} - \frac{4}{15} = \frac{13}{15}$

19 (1) $5\frac{3}{5}$이 4보다 크므로

$5\frac{3}{5} \div 4 = \frac{28}{5} \div 4 = \frac{28 \div 4}{5} = \frac{7}{5} = 1\frac{2}{5}$ 입니다.

(2) $\frac{90}{7}$이 3보다 크므로

$\frac{90}{7} \div 3 = \frac{90 \div 3}{7} = \frac{30}{7} = 4\frac{2}{7}$ 입니다.

20 연필 8자루의 무게가 $45\frac{3}{4}$ g이므로

연필 한 자루의 무게는

$45\frac{3}{4} \div 8 = \frac{183}{4} \div 8 = \frac{183}{4} \times \frac{1}{8}$

$= \frac{183}{32} = 5\frac{23}{32}$ (g)입니다.

색연필 10자루의 무게가 $53\frac{1}{2}$ g이므로

색연필 한 자루의 무게는

$53\frac{1}{2} \div 10 = \frac{107}{2} \div 10 = \frac{107}{2} \times \frac{1}{10}$

$= \frac{107}{20} = 5\frac{7}{20}$ (g)입니다.

따라서 한 자루의 무게가 더 무거운 것은 연필입니다.

2 ## 각기둥과 각뿔

문제를 풀며 이해해요   29쪽

01 (1) 나, 바 (2) 가, 다, 라, 마 (3) 다, 라, 마 (4) 다, 라
     (5) 각기둥

02 (1) 밑면 (2) 옆면

교과서 문제 해결하기   30~31쪽

01 가, 다, 라, 마, 바   **02** 가, 마, 바

03 ②, ⑤

04

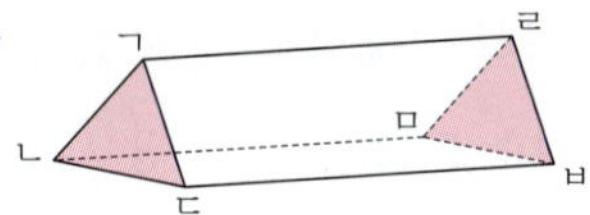

05 면 ㄱㄴㄹㅁ, 면 ㄴㄷㅂㅁ, 면 ㄱㄷㅂㄹ

06 민지   **07** ③

08 2개, 6개   **09** 직사각형

10 예 서로 평행한 두 면이 합동이 아니므로 각기둥이 아닙
니다.

문제해결 접근하기

11 풀이 참조

01 서로 평행한 두 면이 있는 입체도형은 가, 다, 라, 마,
바입니다.

02 나는 서로 평행한 면이 없습니다.
다는 서로 평행하고 합동인 두 면이 다각형이 아닙니다.
라는 서로 평행한 두 면이 합동이 아닙니다.

03 ①, ④는 서로 평행한 면이 없습니다.
③은 서로 평행하고 합동인 두 면이 다각형이 아닙니다.

04 각기둥에서 서로 평행하고 합동인 두 면을 밑면이라고
합니다.

05 각기둥에서 두 밑면과 만나는 면을 옆면이라고 합니다.

06 각기둥의 옆면은 밑면과 수직으로 만납니다. 각기둥의
옆면은 서로 수직으로 만나지 않을 수도 있습니다.

07 면 ㅁㅂㅅㅇ과 서로 평행하고 합동인 면을 찾습니다.

08 각기둥에서 밑면은 항상 2개입니다.
각기둥에서 옆면의 수는 한 밑면의 변의 수와 같으므로 옆면은 6개입니다.

09 각기둥에서 옆면의 모양은 직사각형입니다.

10 각기둥은 두 면이 서로 평행하고 합동인 다각형으로 이루어져야 합니다.

11 **이해하기|** ⑩ 주어진 입체도형 중에서 각기둥의 옆면의 수의 합
계획 세우기| ⑩ 주어진 입체도형 중에서 각기둥을 모두 찾은 다음 옆면의 수를 각각 구해서 더해 보겠습니다.
해결하기| 나, 라, 마 / 나, 5, 라, 6, 마, 3 / 5, 6, 3, 14
되돌아보기| ⑩ 주어진 입체도형 중 각기둥은 나, 라, 마입니다. 나, 라, 마의 밑면은 각각 2개씩이므로 밑면의 수의 합은 2＋2＋2＝6(개)입니다.

<table>
<tr><th style="background:#f5c6cb">문제를 풀며 이해해요</th><th style="text-align:right">33쪽</th></tr>
</table>

01

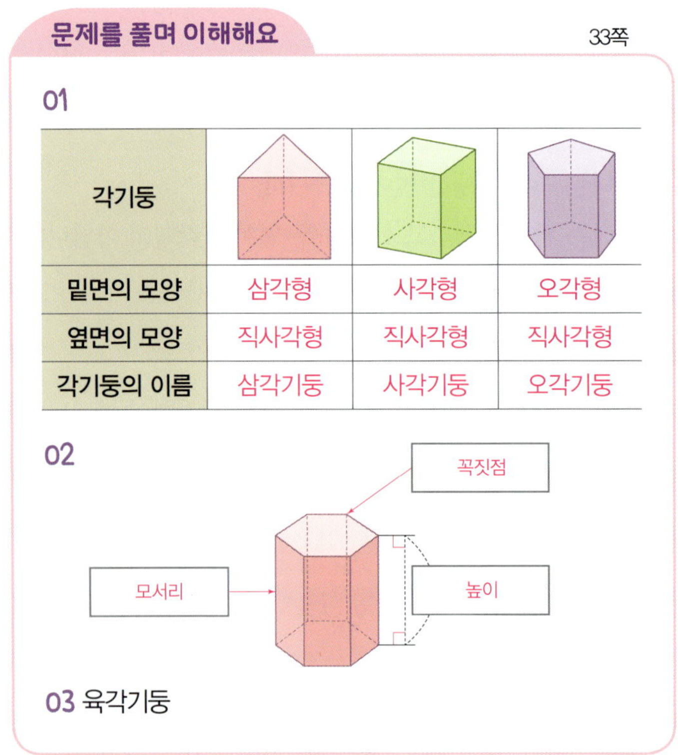

각기둥			
밑면의 모양	삼각형	사각형	오각형
옆면의 모양	직사각형	직사각형	직사각형
각기둥의 이름	삼각기둥	사각기둥	오각기둥

02

03 육각기둥

---

01 육각형　　　　**02** ㉡, ㉣
03 십각기둥　　　**04** 2 cm
05 ⑤　　　　　　**06** 16개
07 24개
08

도형	가	나	다
한 밑면의 변의 수(개)	3	4	5
면의 수(개)	5	6	7
모서리의 수(개)	9	12	15
꼭짓점의 수(개)	6	8	10

09 (1) ◯　(2) ×　(3) ×　　**10** 80 cm

문제해결 접근하기

11 풀이 참조

---

01 각기둥의 밑면은 육각형입니다.

02 각기둥에서 면과 면이 만나는 선분을 모서리라 하고, 모서리와 모서리가 만나는 점을 꼭짓점이라고 합니다.

03 밑면의 모양이 십각형이므로 각기둥의 이름은 십각기둥입니다.

04 각기둥의 높이는 두 밑면 사이의 거리를 말합니다.

05 각기둥에서 면과 면이 만나는 선분을 모서리라고 합니다.

06 팔각기둥에서 모서리와 모서리가 만나는 꼭짓점은 8×2＝16(개)입니다.

07 팔각기둥에서 면과 면이 만나는 모서리는 8×3＝24(개)입니다.

08 (각기둥의 면의 수)＝(한 밑면의 변의 수)＋2
(각기둥의 모서리의 수)＝(한 밑면의 변의 수)×3
(각기둥의 꼭짓점의 수)＝(한 밑면의 변의 수)×2

09 (2) 구각기둥의 꼭짓점은 9×2＝18(개)입니다.
(3) 십이각기둥의 모서리는 12×3＝36(개)입니다.

---

10 밑면의 둘레는 $4 \times 5 = 20$ (cm)이고, 밑면이 2개이므로 밑면에 있는 모든 모서리의 길이의 합은 $20 \times 2 = 40$ (cm)입니다. 8 cm인 모서리는 5개이므로 $8 \times 5 = 40$ (cm)입니다.

따라서 모든 모서리의 길이의 합은 $40 + 40 = 80$ (cm)입니다.

11 **이해하기 |** 예 면이 11개인 각기둥의 모서리의 수와 꼭짓점의 수의 합

계획 세우기 | 예 면이 11개인 각기둥의 한 밑면의 변의 수를 구한 다음 모서리의 수와 꼭짓점의 수를 구하여 더해 보겠습니다.

해결하기 | 구각기둥 / 9, 3, 27, 9, 2, 18 / 27, 18, 45

되돌아보기 | 예 꼭짓점이 14개인 각기둥은 칠각기둥입니다. 칠각기둥의 면의 수는 9개, 칠각기둥의 모서리의 수는 21개이므로 면의 수와 모서리의 수의 합은 $9 + 21 = 30$ (개)입니다.

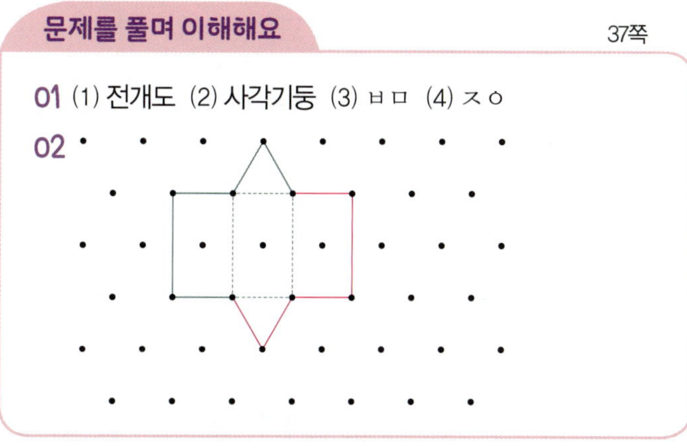

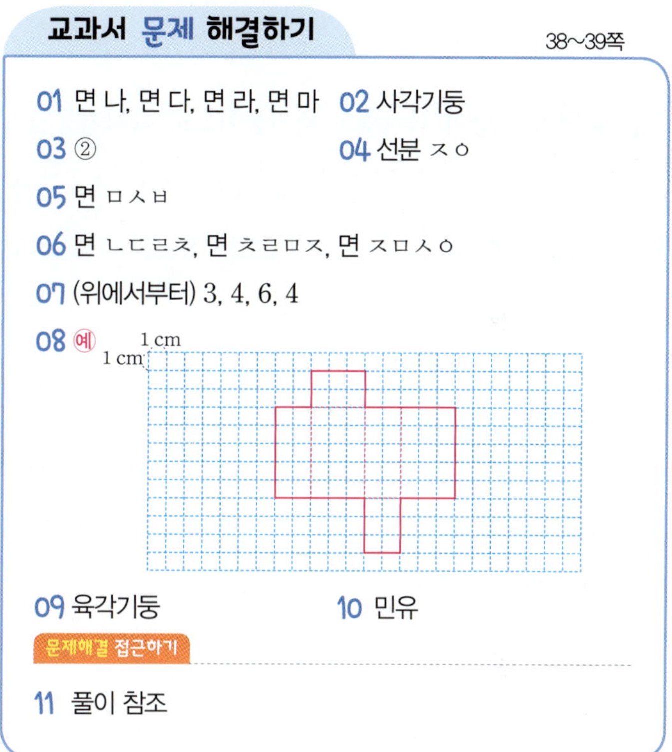

01 면 가를 밑면이라고 했을 때 면 가와 만나는 면은 옆면입니다.

02 밑면의 모양이 사각형인 각기둥이므로 사각기둥입니다.

03 전개도를 접었을 때 맞닿는 선분의 길이는 같아야 합니다.

②는 맞닿은 선분의 길이가 같지 않은 부분이 있으므로 사각기둥의 전개도가 될 수 없습니다.

04 전개도를 접었을 때 점 ㄱ은 점 ㅈ과 만나고, 점 ㄴ은 점 ㅇ과 만납니다.

05 면 ㄱㄴㅊ과 마주 보는 면은 면 ㅁㅅㅂ입니다.

06 면 ㅅㅁㅂ이 밑면이므로 밑면과 만나는 면은 옆면입니다. 옆면이 되는 면을 찾으면 면 ㄴㄷㄹㅊ, 면 ㅊㄹㅁㅅ, 면 ㅈㅁㅅㅇ입니다.

07 전개도를 접었을 때 맞닿는 선분의 길이는 같아야 합니다.

08 잘린 모서리는 실선으로, 잘리지 않은 모서리는 점선으로 그리고, 전개도를 접었을 때 맞닿는 선분의 길이는 같게 그립니다.

09 밑면의 모양이 육각형인 각기둥이므로 육각기둥입니다.

10 민유: 전개도를 그릴 때는 전개도를 접었을 때 서로 겹치는 면이 없어야 합니다.

11 **이해하기 |** 예 전개도를 접어서 만든 각기둥의 밑면인 정오각형의 한 변의 길이
계획 세우기 | 예 모든 모서리의 길이의 합에서 높이의 5배를 뺀 후에 정오각형 2개의 변의 수로 나누어 한 변의 길이를 구해 보겠습니다.
해결하기 | 8 / 60 / 6
되돌아보기 | 예 (모든 모서리의 길이의 합)
＝(정육각형의 둘레)×2＋(높이)×6이므로
102＝(정육각형의 둘레)×2＋9×6입니다.
(정육각형의 둘레)＝(102−54)÷2＝24 (cm)이므로 정육각형의 한 변의 길이는 24÷6＝4 (cm)입니다.

교과서 문제 해결하기   42~43쪽

01 가, 다, 라, 마, 바   **02** 다, 마, 바
03 각뿔   **04**

05 면 ㄴㄷㄹㅁㅂ   **06** 5개
07 면 ㄱㄴㄷ, 면 ㄱㄷㄹ, 면 ㄱㄹㅁ, 면 ㄱㅁㅂ, 면 ㄱㅂㄴ
08 ①, ④   **09** 1개, 8개
10 삼각형
문제해결 접근하기
11 풀이 참조

01 밑면이 다각형인 입체도형은 가, 다, 라, 마, 바입니다.

02 한 면이 다각형이고 다른 면이 모두 삼각형인 입체도형은 다, 마, 바입니다.

03 한 면이 다각형이고 다른 면이 모두 삼각형인 입체도형을 각뿔이라고 합니다.

05 밑면은 면 ㄴㄷㄹㅁㅂ입니다.

06 각뿔에서 밑면과 만나는 면을 옆면이라고 합니다. 옆면은 모두 5개입니다.

07 옆면은 삼각형 모양의 면으로 5개입니다.

08 ① 가의 밑면의 모양은 오각형입니다.
④ 나는 가보다 밑면의 수가 더 적습니다.

09 주어진 각뿔은 밑면이 팔각형이므로 밑면이 1개, 옆면이 8개입니다.

10 면의 수가 가장 적은 각뿔은 면의 수가 4개인 삼각뿔이고, 밑면의 모양은 삼각형입니다.

11 **이해하기 |** 예 입체도형 중 각뿔의 개수
계획 세우기 | 예 각뿔의 뜻을 생각하며 각뿔에 해당하는 도형의 개수를 구해 보겠습니다.
해결하기 | 다각형, 삼각형 / 나, 라, 마, 3

문제를 풀며 이해해요   41쪽

01 (1) 나, 다, 라, 마, 바 (2) 마, 바 (3) 마, 바 (4) 각뿔
02 (1) 밑면 (2) 옆면

되돌아보기 | 예 입체도형 중 각뿔은 나, 라, 마이고, 나의 옆면의 수는 8개, 라의 옆면의 수는 3개, 마의 옆면의 수는 6개입니다. 따라서 각뿔의 옆면의 수의 합은 $8+3+6=17$(개)입니다.

01

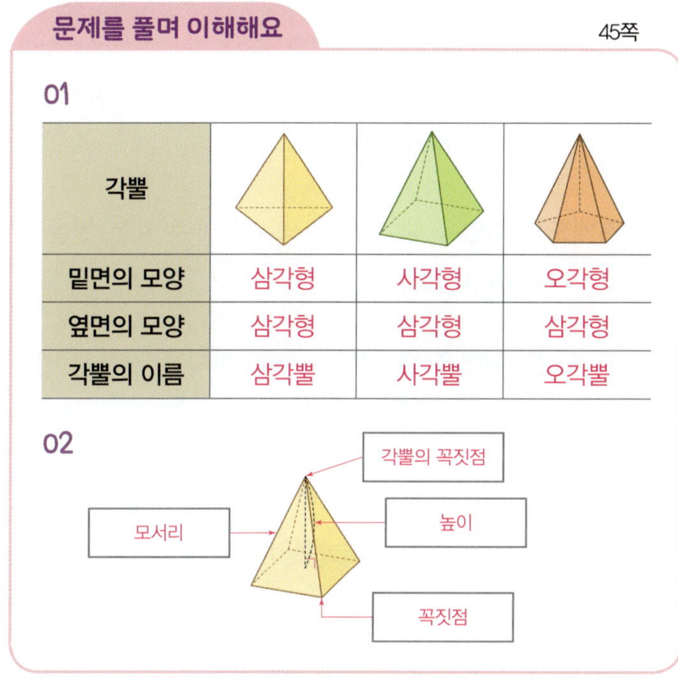

각뿔			
밑면의 모양	삼각형	사각형	오각형
옆면의 모양	삼각형	삼각형	삼각형
각뿔의 이름	삼각뿔	사각뿔	오각뿔

02

교과서 문제 해결하기   46~47쪽

01 팔각뿔   **02** 칠각뿔
03 ㉠, ㉣   **04** 6개
05 10개   **06** 6개
07 ④
08

도형	가	나	다
밑면의 변의 수(개)	3	4	5
면의 수(개)	4	5	6
모서리의 수(개)	6	8	10
꼭짓점의 수(개)	4	5	6

09 8 cm   **10** 팔각뿔

문제해결 접근하기

11 풀이 참조

01 밑면의 모양이 팔각형인 각뿔이므로 팔각뿔입니다.

02 밑면의 모양이 칠각형인 각뿔이므로 칠각뿔입니다.

03 ㉡ 육각기둥의 옆면의 모양은 직사각형, 육각뿔의 옆면의 모양은 삼각형입니다.
㉣ 육각기둥의 밑면의 수는 2개, 육각뿔의 밑면의 수는 1개입니다.

04 오각뿔의 면은 6개입니다.

05 오각뿔에서 면과 면이 만나는 모서리는 10개입니다.

06 오각뿔에서 모서리와 모서리가 만나는 꼭짓점은 6개입니다.

07 ④ 각뿔의 모서리의 수는 밑면의 변의 수의 2배와 같습니다.

08 (각뿔의 면의 수)=(밑면의 변의 수)+1
(각뿔의 모서리의 수)=(밑면의 변의 수)$\times$2
(각뿔의 꼭짓점의 수)=(밑면의 변의 수)+1

09 각뿔의 꼭짓점에서 밑면에 수직으로 그은 선분의 길이가 높이이므로 8 cm입니다.

10 (각뿔의 면의 수)=(밑면의 변의 수)+1,
(각뿔의 모서리의 수)=(밑면의 변의 수)$\times$2입니다.
$8+1=9$, $8\times2=16$에서 밑면의 변의 수는 8개이므로 밑면의 모양은 팔각형입니다.
따라서 설명에 알맞은 각뿔의 이름은 팔각뿔입니다.

11 **이해하기 |** 예 각뿔의 모든 모서리의 길이의 합
계획 세우기 | 예 길이가 같은 모서리를 찾아 모서리의 길이의 합을 구해 보겠습니다.
해결하기 | 5, 20 / 9, 36 / 20, 36, 56
되돌아보기 | 예 밑면의 둘레는 $5\times3=15$ (cm)입니다. 옆면이 모두 이등변삼각형이므로 7 cm인 모서리가 3개이고, 이 모서리의 길이의 합은
$7\times3=21$ (cm)입니다.
따라서 각뿔의 모든 모서리의 길이의 합은
$15+21=36$ (cm)입니다.

01 나, 라, 바 02 다, 마

03 팔각기둥 04 오각뿔

05 면 ㄱㄴㄷ, 면 ㄹㅁㅂ

06 면 ㄱㄴㅁㄹ, 면 ㄴㄷㅁㅂ, 면 ㄱㄹㅂㄷ

07 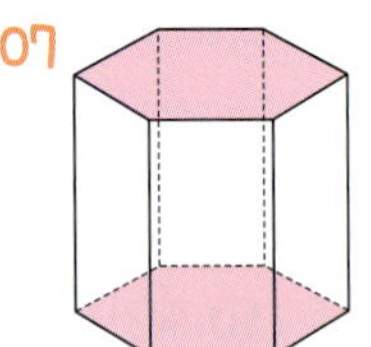

08 면 나, 면 다, 면 라, 면 마, 면 바, 면 사

09 면 가, 면 아 10 12 cm

11 칠각기둥 12 면 ㅍㄴㄱㅎ

13 선분 ㅎㄱ 14 ②

15 (1) 3, 8 (2) 2, 8, 2, 16 / 16개

16 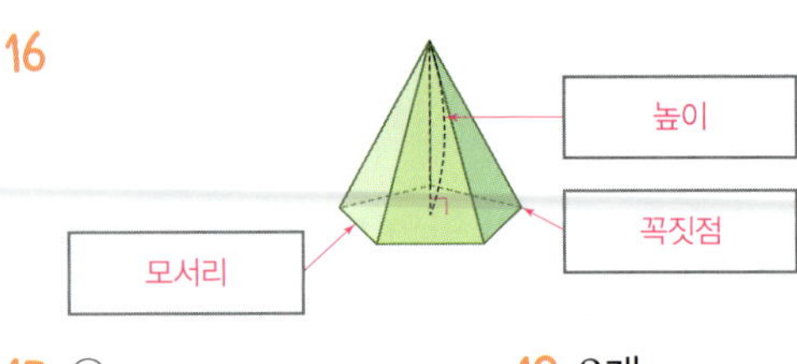

17 ③ 18 2개

19 ③, ④ 20 ㄹ, ㄱ, ㄷ, ㄴ

---

01 각기둥은 두 면이 평행하고 합동인 다각형으로 이루어진 기둥 모양의 입체도형을 말합니다.

02 각뿔은 밑면이 다각형이고 옆면이 삼각형으로 이루어진 입체도형을 말합니다.

03 밑면의 모양이 팔각형인 각기둥이므로 팔각기둥입니다.

04 밑면의 모양이 오각형인 각뿔이므로 오각뿔입니다.

05 서로 평행하고 합동인 두 면은 면 ㄱㄴㄷ과 면 ㄹㅁㅂ입니다.

06 밑면에 수직인 면은 옆면으로 면 ㄱㄴㅁㄹ, 면 ㄴㄷㅁㅂ, 면 ㄱㄹㅂㄷ입니다.

07 각기둥의 밑면은 서로 평행하고 합동인 두 면으로 옆면과 수직으로 만납니다.

08 면 가와 만나는 면은 옆면이므로 직사각형 모양인 면 6개입니다.

09 각기둥의 밑면은 서로 평행하고 합동인 두 면이므로 면 가와 면 아입니다.

10 각기둥의 높이는 두 밑면 사이의 거리이므로 12 cm입니다.

11 각기둥에서 밑면에 수직인 면은 옆면이고, 옆면이 7개인 각기둥은 칠각기둥입니다.

12 전개도를 접었을 때 면 ㄹㅁㅂㅅ과 마주 보는 면은 면 ㅍㄴㄱㅎ입니다.

13 전개도를 접었을 때 선분 ㅌㅋ과 맞닿는 선분은 선분 ㅎㄱ입니다.

14 각기둥의 전개도를 접었을 때 겹치는 면이 없어야 하는데 ①, ③, ④, ⑤는 겹치는 면이 있습니다.

15 **채점 기준**

각기둥의 한 밑면의 변의 수를 구한 경우	40 %
각기둥의 꼭짓점의 수를 구한 경우	60 %

16 각뿔의 꼭짓점에서 밑면에 수직으로 그은 선분의 길이를 높이라고 합니다. 각뿔에서 면과 면이 만나는 선분을 모서리라 하고, 모서리와 모서리가 만나는 점을 꼭짓점이라고 합니다.

17 밑면의 모양이 십각형인 각뿔은 십각뿔입니다.
③ 십각뿔의 꼭짓점의 수는 $10+1=11$(개)입니다.

18 구각뿔에서
(면의 수)=(밑면의 변의 수)$+1=9+1=10$(개),
(꼭짓점의 수)=(밑면의 변의 수)$+1=9+1=10$(개),
(모서리의 수)=(밑면의 변의 수)$\times 2=9\times 2=18$(개)
이므로
(면의 수)$+$(꼭짓점의 수)$-$(모서리의 수)
$=10+10-18=2$(개)입니다.

19 ③ 오각기둥의 옆면의 수는 오각뿔의 옆면의 수와 같습
니다.

④ 오각기둥의 모서리의 수보다 오각뿔의 모서리의 수
가 5개 더 적습니다.

20 ㉠ $6 \times 3 = 18$(개)

㉡ $7 + 1 = 8$(개)

㉢ $8 \times 2 = 16$(개)

㉣ $10 \times 2 = 20$(개)

수가 많은 것부터 순서대로 기호를 쓰면 ㉣, ㉠, ㉢, ㉡
입니다.

3 소수의 나눗셈

문제를 풀며 이해해요
57쪽

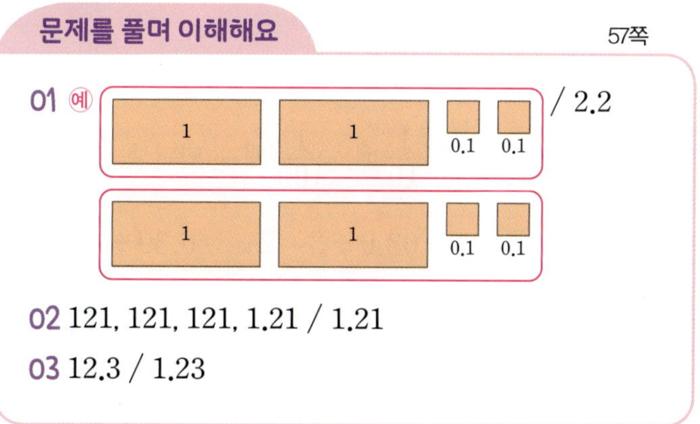

02 121, 121, 121, 1.21 / 1.21

03 12.3 / 1.23

교과서 문제 해결하기
58~59쪽

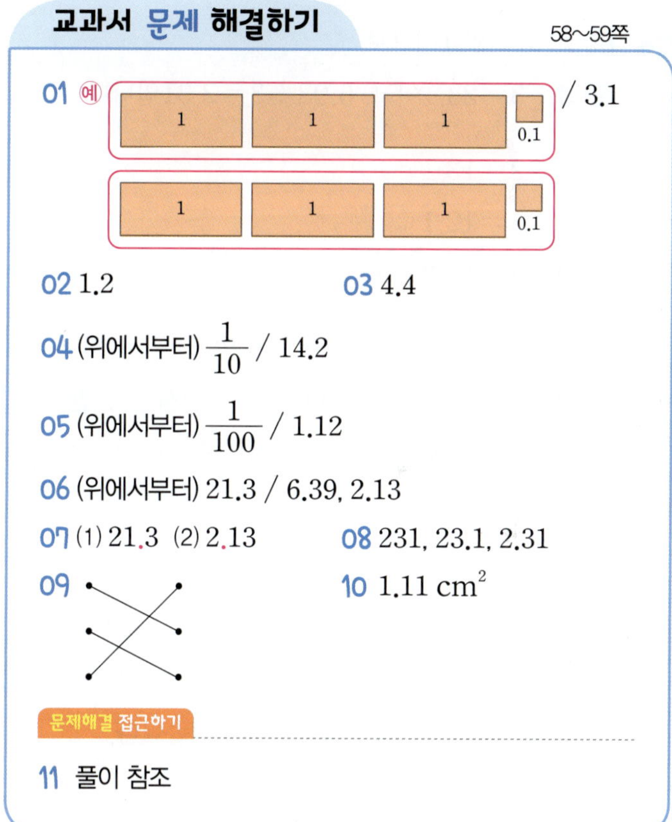

02 1.2

03 4.4

04 (위에서부터) $\dfrac{1}{10}$ / 14.2

05 (위에서부터) $\dfrac{1}{100}$ / 1.12

06 (위에서부터) 21.3 / 6.39, 2.13

07 (1) 21.3　(2) 2.13

08 231, 23.1, 2.31

09

10 1.11 cm^2

문제해결 접근하기

11 풀이 참조

01 $6.2 \div 2 = 3.1$

02 $2.4 \div 2 = 1.2$

03 44 mm는 4.4 cm와 같습니다.

➡ $8.8 \div 2 = 4.4$

04 나누어지는 수가 $\dfrac{1}{10}$배가 되면 몫도 $\dfrac{1}{10}$배가 됩니다.

➡ $28.4 \div 2 = 14.2$

05 나누어지는 수가 $\dfrac{1}{100}$배가 되면 몫도 $\dfrac{1}{100}$배가 됩니다.

➡ $3.36 \div 3 = 1.12$

06 639의 $\dfrac{1}{100}$배는 6.39입니다.

나누어지는 수가 $\dfrac{1}{10}$배, $\dfrac{1}{100}$배가 되면 몫도 $\dfrac{1}{10}$배, $\dfrac{1}{100}$배가 되므로 $63.9 \div 3 = 21.3$, $6.39 \div 3 = 2.13$ 입니다.

07 $426 \div 2 = 213$이므로 $42.6 \div 2 = 21.3$이고, $4.26 \div 2 = 2.13$입니다.

08 $693 \div 3 = 231$이므로 $69.3 \div 3 = 23.1$이고, $6.93 \div 3 = 2.31$입니다.

09 $26.2 \div 2 = 13.1$
$36.3 \div 3 = 12.1$
$48.8 \div 4 = 12.2$

10 색칠한 부분의 넓이는 8.88 cm^2이고, 작은 정사각형의 개수가 8개입니다. 따라서 작은 정사각형 한 개의 넓이는 $8.88 \div 8 = 1.11 \,(\text{cm}^2)$입니다.

11 이해하기 | 예 수 카드 세 장을 골라서 가장 큰 소수 두 자리 수를 만들고, 남은 수 카드의 수로 나눈 몫

계획 세우기 | 예 가장 큰 소수 두 자리 수를 만들고, 그 수를 남은 수로 나누어 몫을 구해 보겠습니다.

해결하기 | 8.64 / 2 / 8.64, 2, 4.32

되돌아보기 | 예 몫 4.32와 나누는 수 2를 곱하면 8.64 입니다. 계산 결과가 나누어지는 수이므로 바르게 계산 하였습니다.

➡ $4.32 \times 2 = 8.64$

문제를 풀며 이해해요

01 132, 132, 66, 6.6 　　**02** 141, 1.41
03 (위에서부터) 4, 4, 7 / 1, 2 / 1, 2 / 2, 1

교과서 문제 해결하기

01 254, 254, 127, 12.7 　　**02** 432, 432, 144, 1.44
03 (1) 22.7 (2) 2.27 　　**04** 1.7⬚4
05 128, 12.8, 1.28 　　**06** (1) 1.49 (2) 6.89
07 7.63 cm 　　**08** >
09 ㉠, ㉢ 　　**10** 4개

11 풀이 참조

01 $25.4 \div 2 = \dfrac{254}{10} \div 2 = \dfrac{254 \div 2}{10} = \dfrac{127}{10} = 12.7$

02 $4.32 \div 3 = \dfrac{432}{100} \div 3 = \dfrac{432 \div 3}{100} = \dfrac{144}{100} = 1.44$

03 (1) 나누는 수가 같을 때, 나누어지는 수가 $\dfrac{1}{10}$배가 되면 몫도 $\dfrac{1}{10}$배가 됩니다. ➡ $45.4 \div 2 = 22.7$

(2) 나누는 수가 같을 때, 나누어지는 수가 $\dfrac{1}{100}$배가 되면 몫도 $\dfrac{1}{100}$배가 됩니다. ➡ $4.54 \div 2 = 2.27$

04 몫의 소수점은 나누어지는 수의 소수점의 위치에 맞추어 올려 찍습니다.
➡ $5.22 \div 3 = 1.74$

05 $512 \div 4 = 128$이고 나누는 수가 같을 때 나누어지는 수가 $\dfrac{1}{10}$배, $\dfrac{1}{100}$배가 되면 몫도 $\dfrac{1}{10}$배, $\dfrac{1}{100}$배가 되므로 $51.2 \div 4 = 12.8$, $5.12 \div 4 = 1.28$입니다.

06 (1)

$$
\begin{array}{r}
1.49 \\
3\overline{)4.47} \\
3 \\
\hline
14 \\
12 \\
\hline
27 \\
27 \\
\hline
0
\end{array}
$$

(2)

$$
\begin{array}{r}
6.89 \\
4\overline{)27.56} \\
24 \\
\hline
35 \\
32 \\
\hline
36 \\
36 \\
\hline
0
\end{array}
$$

07 38.15를 5로 나누어 한 조각의 길이를 구할 수 있습니다.

➡ $38.15 \div 5 = 7.63\,(\text{cm})$

08 $31.6 \div 4 = 7.9$, $43.32 \div 6 = 7.22$

➡ $7.9 > 7.22$

09 ㉠ $7.35 \div 3 = 2.45$

㉡ $13.2 \div 4 = 3.3$

㉢ $14.25 \div 5 = 2.85$

따라서 몫이 3 이하인 계산식은 ㉠, ㉢입니다.

10 $9.24 \div 6 = 1.54$

1.54와 1.□4는 자연수 부분과 소수 둘째 자리 수가 같습니다. 따라서 1.54보다 1.□4가 크려면 □가 5보다 커야 합니다.

따라서 □ 안에 들어갈 수 있는 한 자리 자연수는 6, 7, 8, 9로 모두 4개입니다.

11 **이해하기 |** 예 삼각형의 높이

계획 세우기 | 예 삼각형의 넓이를 2배 하여 밑변의 길이로 나누어 구해 보겠습니다.

해결하기 | 4.48, 8.96 / 8.96, 2.24

되돌아보기 |

밑변		높이		넓이
4	×	2.24	÷2=	4.48

(cm^2)

65쪽

01 178, 178, 89, 0.89   **02** 71, 0.71

03 (1) (위에서부터) 0, 7, 4 / 2, 8 / 1, 6 / 1, 6

(2) (위에서부터) 0, 2, 7 / 1, 0 / 3, 5 / 3, 5

66~67쪽

01 252, 252, 84, 0.84   **02** 156, 156, 39, 0.39

03 2.76   **04** 53, 0.53

05
$$\begin{array}{r} 0.2\,2 \\ 7\overline{)1.5\,4} \\ \underline{1\,4} \\ 1\,4 \\ \underline{1\,4} \\ 0 \end{array}$$

06 (1) 0.9   (2) 0.16

07 0.23   **08** ㉡, ㉠, ㉢

09 0.39 kg   **10** 1.92 cm^2

11 풀이 참조

01 $2.52 \div 3 = \dfrac{252}{100} \div 3 = \dfrac{252 \div 3}{100} = \dfrac{84}{100} = 0.84$

02 $1.56 \div 4 = \dfrac{156}{100} \div 4 = \dfrac{156 \div 4}{100} = \dfrac{39}{100} = 0.39$

03 나누는 수는 같고 몫이 $\dfrac{1}{100}$배가 되었으므로 나누어지는 수도 $\dfrac{1}{100}$배가 됩니다.

$276 \div 6 = 46$ ➡ $2.76 \div 6 = 0.46$

04 나누는 수가 같을 때, 나누어지는 수가 $\dfrac{1}{100}$배가 되면 몫도 $\dfrac{1}{100}$배가 됩니다.

$265 \div 5 = 53$ ➡ $2.65 \div 5 = 0.53$

05 잘못된 계산을 살펴보면 몫의 소수점을 잘못 찍었습니다. 나누어지는 수가 나누는 수보다 작으면 몫의 자연수 자리에 0을 써야 합니다. 그리고 몫의 소수점은 나누어지는 수의 소수점의 위치에 맞추어 올려 찍어야 합니다.

06 (1)
$$\begin{array}{r} 0.9 \\ 3\overline{)2.7} \\ \underline{2\,7} \\ 0 \end{array}$$

(2)
$$\begin{array}{r} 0.1\,6 \\ 8\overline{)1.2\,8} \\ \underline{8} \\ 4\,8 \\ \underline{4\,8} \\ 0 \end{array}$$

07 (어떤 수)×6＝8.28이므로

(어떤 수)＝8.28÷6＝1.38입니다.

따라서 바르게 계산하면 1.38÷6＝0.23입니다.

08 ㉠ 2.28÷4＝0.57

㉡ 3.43÷7＝0.49

㉢ 3.84÷6＝0.64

따라서 몫이 작은 것부터 순서대로 기호를 쓰면

㉡, ㉠, ㉢입니다.

09 화분 8개의 무게를 8로 나누면 화분 한 개의 무게를 구

할 수 있습니다.

➡ 3.12÷8＝0.39 (kg)

10 (나누어진 한 부분의 넓이)＝2.88÷3＝0.96 (cm^2)

➡ (색칠한 부분의 넓이)＝0.96×2＝1.92 (cm^2)

11 **이해하기** | 예 빨간색으로 표시한 부분의 전체 길이

계획 세우기 | 예 빨간색으로 표시한 부분은 정삼각형의

한 변의 길이의 5배이므로 정삼각형의 한 변의 길이를

구한 값에 5를 곱하여 구해 보겠습니다.

해결하기 | 3, 0.64 / 5 / 0.64, 5, 3.2

되돌아보기 | 예 정삼각형의 한 변의 길이:

2.46÷3＝0.82 (m)

빨간색으로 표시한 부분의 전체 길이:

0.82×5＝4.1 (m)

01 (1) 18, 180, 180, 45, 0.45

(2) 61, 610, 610, 305, 3.05

02 (1) 28, 0.28   (2) 105, 1.05

03 (1) (위에서부터) 0, 9, 5 / 3, 6 / 2, 0 / 2, 0

(2) (위에서부터) 1, 0, 2 / 7 / 1, 4 / 1, 4

01 57, 570, 570, 285, 2.85

02 1.09

03 (위에서부터) 2, 6, 5 / 8 / 2, 6 / 2, 4 / 2, 0 / 2, 0

04 (위에서부터) 1, 0, 8 / 5 / 4, 0 / 4, 0

05 (1) 0.52   (2) 1.05   **06** (1) 0.65   (2) 12.05

07 2.34   **08** (   )(○)

09 2.35 kg   **10** ㉡

11 풀이 참조

01 $5.7 \div 2 = \dfrac{57}{10} \div 2$

$$= \dfrac{570}{100} \div 2 = \dfrac{570 \div 2}{100}$$

$$= \dfrac{285}{100} = 2.85$$

02 나누는 수가 같을 때, 나누어지는 수가 $\dfrac{1}{100}$배가 되면

몫도 $\dfrac{1}{100}$배가 됩니다.

$327 \div 3 = 109$ ➡ $3.27 \div 3 = 1.09$

04
$$\begin{array}{r} 1.0\,8 \\ 5\overline{)5.4} \\ \underline{5} \\ 4\,0 \\ \underline{4\,0} \\ 0 \end{array}$$

05 (1)
$$\begin{array}{r} 0.5\,2 \\ 5\overline{)2.6} \\ \underline{2\,5} \\ 1\,0 \\ \underline{1\,0} \\ 0 \end{array}$$
(2)
$$\begin{array}{r} 1.0\,5 \\ 7\overline{)7.3\,5} \\ \underline{7} \\ 3\,5 \\ \underline{3\,5} \\ 0 \end{array}$$

06 (1) $3.9 \div 6 = 0.65$

(2) $72.3 \div 6 = 12.05$

07 ㉠ $7.5 \div 6 = 1.25$ ㉡ $7.63 \div 7 = 1.09$

따라서 ㉠과 ㉡의 몫의 합은 $1.25+1.09=2.34$입니다.

08 $24.3÷6=4.05$, $12.12÷3=4.04$
$4.05>4.04$이므로 몫이 더 작은 계산식은 $12.12÷3$입니다.

09 멜론 한 개의 무게는 수박 한 개의 무게를 4로 나누어 구할 수 있습니다.
➡ $9.4÷4=2.35 (kg)$

10 ㉠ $5.8÷4=1.45$
㉡ $2.3÷5=0.46$
㉢ $9.81÷9=1.09$
몫의 소수 첫째 자리 숫자와 소수 둘째 자리 숫자를 더하면 각각 ㉠ $4+5=9$, ㉡ $4+6=10$, ㉢ $0+9=9$입니다.
따라서 예지가 고른 계산식은 ㉡입니다.

11 **이해하기 |** 예 수호가 만든 사각뿔의 한 모서리의 길이
계획 세우기 | 예 수호가 가진 막대의 길이를 구하여 사각뿔의 모서리의 개수로 나누어 구해 보겠습니다.
해결하기 | 2, 47.6 / 8 / 47.6, 8, 5.95
되돌아보기 | 예 수호가 가진 막대의 길이:
$98.4÷2=49.2 (cm)$
사각뿔의 한 모서리의 길이: $49.2÷8=6.15 (cm)$

문제를 풀며 이해해요   73쪽

01 (1) 9, 9, 45, 4.5 (2) 300, 300, 75, 0.75
02 (1) 65, 6.5 (2) 28, 2.8
03 (위에서부터) 2, 5 / 8 / 2, 0 / 2, 0
04 6, 2 / 2 . 0 8

교과서 문제 해결하기   74~75쪽

01 17, 17, 85, 8.5   **02** 1.75
03 (위에서부터) 1, 6 / 5 / 3, 0 / 3, 0
04 (1) 3.25 (2) 3.6   **05** 예 24, 8 / 7 . 8 4
06 ·
07 ㉡, ㉣
08 ㉢
09 (왼쪽에서부터) 3.4, 3.5, 1.25
10 0.5 cm

11 풀이 참조

01 $17÷2=\dfrac{17}{2}=\dfrac{17×5}{2×5}$
$=\dfrac{85}{10}=8.5$

02 나누는 수가 같을 때, 나누어지는 수가 $\dfrac{1}{100}$배가 되면 몫도 $\dfrac{1}{100}$배가 됩니다.
$700÷4=175$ ➡ $7÷4=1.75$

03
$$
\begin{array}{r}
1.6 \\
5\overline{)8} \\
5 \\
\hline
3\ 0 \\
3\ 0 \\
\hline
0
\end{array}
$$

04 (1)
$$
\begin{array}{r}
3.2\ 5 \\
4\overline{)1\ 3} \\
1\ 2 \\
\hline
1\ 0 \\
8 \\
\hline
2\ 0 \\
2\ 0 \\
\hline
0
\end{array}
$$
(2)
$$
\begin{array}{r}
3.6 \\
5\overline{)1\ 8} \\
1\ 5 \\
\hline
3\ 0 \\
3\ 0 \\
\hline
0
\end{array}
$$

05 23.52를 반올림하여 일의 자리까지 나타내면 약 24이고, $24÷3$은 8입니다.

따라서 소수점은 7과 8 사이에 찍어야 합니다.

06 33.12를 반올림하여 일의 자리까지 나타내면 약 33입니다. 33을 4로 나눈 값은 약 8이므로 나눗셈의 몫으로 알맞은 것은 8.28입니다.

07 ㉠ $23.6 \div 4$
→ $6 \times 4 = 24$이고, 23.6은 24보다 작으므로 몫이 6보다 작습니다.
㉡ $24.4 \div 4$
→ $6 \times 4 = 24$이고, 24.4는 24보다 크므로 몫이 6보다 큽니다.
㉢ $32.4 \div 6$
→ $6 \times 6 = 36$이고, 32.4는 36보다 작으므로 몫이 6보다 작습니다.
㉣ $38.4 \div 6$
→ $6 \times 6 = 36$이고, 38.4는 36보다 크므로 몫이 6보다 큽니다.
따라서 몫이 6보다 큰 계산식은 ㉡, ㉣입니다.

08 (어떤 수)$\times 4 = 15$이므로
(어떤 수)$= 15 \div 4 = 3.75$입니다.

09 $5 \div 4 = 1.25$
$7 \div 2 = 3.5$
$17 \div 5 = 3.4$

10 원 3개의 지름의 합은 직사각형의 가로와 같습니다. 따라서 원 한 개의 지름은 $3 \div 3 = 1$(cm)이고, 반지름은 $1 \div 2 = 0.5$(cm)입니다.

문제해결 접근하기

11 **이해하기 |** 예 사진 사이의 간격
계획 세우기 | 예 게시판의 가로에서 사진 5장의 가로의 합을 뺀 다음 간격의 수로 나누어 구해 보겠습니다.
해결하기 | 23.4, 117 / 192, 117, 75 / 6, 75, 6, 12.5
되돌아보기 | 예 (게시판의 가로)−(사진 5장의 가로의 합)
$= 204 - 117 = 87$(cm)
(사진 사이의 간격)$= 87 \div 6 = 14.5$(cm)

---

01 412, 41.2, 4.12
02 987, 987, 329, 3.29
03 (위에서부터) 0, 3, 7 / 2, 1 / 4, 9 / 4, 9
04 (1) 2.35　(2) 2.03
05 (1) 0.9　(2) 0.97
06 2.72, 0.68
07

$16.18 \div 2$	$15.24 \div 3$
$2.6 \div 4$	$4.35 \div 5$
$18.3 \div 6$	$17.5 \div 7$

08 4, 5　　　　　　**09** 0.75 m
10 2, 3　　　　　　**11** (○)(　)
12 15　　　　　　**13** 7.06 cm
14 (위에서부터) 2, 5 / 3 / 5 / 2 / 3, 0 / 3, 0
15 3.2 cm
16 가
17 ㉢
18 4.205
19 36, 6 / 6⎕.0⎕5
20 (1) 1.4　(2) 22, 4　(3) 1.4, 4, 0.35 / 0.35 kg

01 나누는 수가 같을 때, 나누어지는 수가 $\frac{1}{10}$배, $\frac{1}{100}$배가 되면 몫도 $\frac{1}{10}$배, $\frac{1}{100}$배가 됩니다.

$824 \div 2 = 412$ → $82.4 \div 2 = 41.2$,
$8.24 \div 2 = 4.12$

02 $9.87 \div 3 = \frac{987}{100} \div 3 = \frac{987 \div 3}{100}$
$= \frac{329}{100} = 3.29$

03
$$\begin{array}{r} 0.37 \\ 7\overline{)2.59} \\ 2\ 1 \\ \hline 4\ 9 \\ 4\ 9 \\ \hline 0 \end{array}$$

04 (1)
$$\begin{array}{r} 2.35 \\ 2\overline{)4.7} \\ \underline{4} \\ 7 \\ \underline{6} \\ 10 \\ \underline{10} \\ 0 \end{array}$$

(2)
$$\begin{array}{r} 2.03 \\ 4\overline{)8.12} \\ \underline{8} \\ 12 \\ \underline{12} \\ 0 \end{array}$$

05 (1) $4.5\div5=0.9$ (2) $5.82\div6=0.97$

06 $8.16\div3=2.72,\ 2.72\div4=0.68$

07 $16.18\div2=8.09,\ 15.24\div3=5.08,$
$2.6\div4=0.65,\ 4.35\div5=0.87,$
$18.3\div6=3.05,\ 17.5\div7=2.5$
따라서 몫의 소수 첫째 자리 숫자가 0인 계산식은
$16.18\div2,\ 15.24\div3,\ 18.3\div6$입니다.

08 4와 5로 만들 수 있는 $\square\div\square$는 $5\div4$와 $4\div5$입니다.
$5\div4=1.25$이고, $4\div5=0.8$이므로
$\square$ 안에 알맞은 수는 순서대로 4, 5입니다.

09 직사각형의 넓이는 (가로)$\times$(세로)이므로
$2\times$(세로)$=1.5$에서 (세로)$=1.5\div2=0.75$(m)입
니다.

10 $2.84\div2=1.42$이므로 ㉠의 몫은 1.42입니다.
$9.39\div3=3.13$이므로 ㉡의 몫은 3.13입니다.
따라서 1.42보다 크고 3.13보다 작은 자연수는 2, 3
입니다.

11 $40\div4=10$이므로 나누는 수가 4일 때, 나누어지는
수가 40보다 크면 몫이 10보다 크고, 40보다 작으면
몫이 10보다 작습니다. 39.4와 41.4 중에서 40보다
작은 수는 39.4이므로 몫의 자연수 부분이 한 자리 수
인 계산식은 $39.4\div4$입니다.

12 ㉠ $19\div5=3.8$, ㉡ $75.2\div4=18.8$
따라서 ㉠과 ㉡의 몫의 차는 $18.8-3.8=15$입니다.

13 정오각형은 모든 변의 길이가 같고, 변의 개수는 5개입

니다. 따라서 정오각형의 한 변의 길이는
$35.3\div5=7.06$(cm)입니다.

14 $1\square-12=1$이므로 나누어지는 수의 $\square$는 3입니다.
$$\begin{array}{r} 2.25 \\ 6\overline{)13.5} \\ \underline{12} \\ 15 \\ \underline{12} \\ 30 \\ \underline{30} \\ 0 \end{array}$$

15 정사각형의 넓이는 $4\times4=16$ (cm^2)이므로 평행사변
형의 넓이도 16 cm^{2}입니다. $5\times$(높이)$=16$이므로
(높이)$=16\div5=3.2$(cm)입니다.

16 연료 1 L로 달린 거리를 각각 구해 보면 다음과 같습니다.
가: $92.6\div4=23.15$(km)
나: $92.5\div5=18.5$(km)
다: $152.4\div8=19.05$(km)
연료 1 L로 가장 먼 거리를 달린 자동차는 가입니다.

17 ㉠ $3\div12=0.25$, ㉡ $5\div20=0.25$,
㉢ $6\div25=0.24$, ㉣ $7\div28=0.25$
따라서 몫이 다른 계산식은 ㉢입니다.

18 1, 2, 4, 8 중 세 수를 골라 만들 수 있는 가장 큰 소수
두 자리 수는 8.42이고, 두 번째로 큰 소수 두 자리 수
는 8.41입니다. 남은 수는 2이므로 $8.41\div2=4.205$
입니다.

19 36.3을 반올림하여 일의 자리까지 나타내면 약 36입
니다. $36\div6=6$이므로 소수점은 6과 0 사이에 찍어
야 합니다.

20 채점 기준

우유가 모두 담긴 바구니의 무게의 차를 구한 경우	20 %
우유가 모두 담긴 바구니의 무게의 차가 우유 몇 개의 무게인지 구한 경우	40 %
우유 한 개의 무게를 구한 경우	40 %

4 비와 비율

문제를 풀며 이해해요

01 6, 3, 3
02 6, 3, 2, 2
03 (1) 예 1, 2 (2) 예 1, 2 (3) 예 2, 1

교과서 문제 해결하기

01 (1) 4 (2) 2
02 (1) 4, 6 (2) 6, 8
03 예

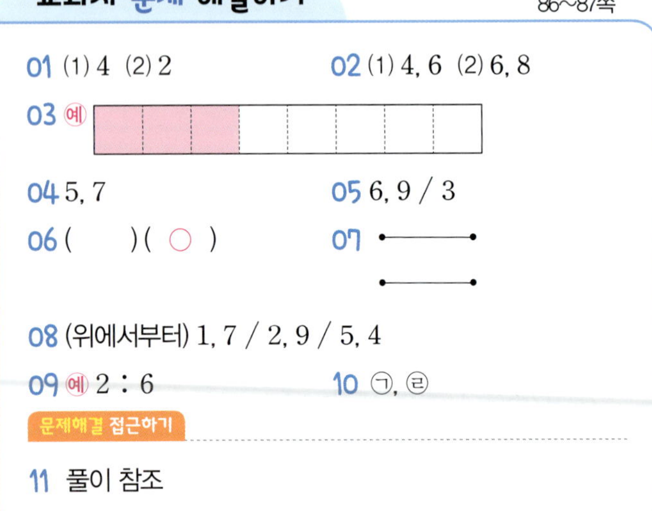

04 5, 7
05 6, 9 / 3
06 (　)(○)
07
08 (위에서부터) 1, 7 / 2, 9 / 5, 4
09 예 2 : 6
10 ㉠, ㉣

문제해결 접근하기

11 풀이 참조

---

01 (1) 8−4＝4이므로 고추 모종은 방울토마토 모종보다
4개 더 많습니다.
(2) 8÷4＝2이므로 고추 모종의 수는 방울토마토 모
종의 수의 2배입니다.

02 (1) 4와 6의 비는 4 : 6입니다.
(2) 6의 8에 대한 비는 6 : 8입니다.

03 전체에 대한 색칠한 부분의 비가 3 : 8이므로 전체 8칸
중에서 3칸을 색칠합니다.

04 치약의 수에 대한 칫솔의 수의 비는
(칫솔의 수) : (치약의 수)＝5 : 7입니다.

05 필통마다 볼펜 1자루, 연필 3자루가 들어 있으므로
필통 2개에는 볼펜 2자루와 연필 6자루가 있고,
필통 3개에는 볼펜 3자루와 연필 9자루가 있습니다.
3÷1＝3이므로 연필의 수는 볼펜의 수의 3배입니다.

06 7에 대한 9의 비는 9 : 7입니다.
주어진 7 : 9는 9에 대한 7의 비입니다.

07 2와 3의 비는 2 : 3이고, 2에 대한 3의 비는 3 : 2입니다.

08 1 대 7 ➡ 1 : 7
비교하는 양은 1이고 기준량은 7입니다.
2의 9에 대한 비 ➡ 2 : 9
비교하는 양은 2, 기준량은 9입니다.
4에 대한 5의 비 ➡ 5 : 4
비교하는 양은 5, 기준량은 4입니다.

09 전체 6칸 중에 색칠한 부분은 2칸이므로 전체에 대한
색칠한 부분의 비는 2 : 6입니다.

10 ㉠ 3 : 10 ➡ 기준량이 10입니다.
㉡ 5에 대한 10의 비 ➡ 10 : 5
　기준량이 5입니다.
㉢ 10의 12에 대한 비 ➡ 10 : 12
　기준량이 12입니다.
㉣ 6과 10의 비 ➡ 6 : 10
　기준량이 10입니다.

11 **이해하기 |** 예 식사 후 냉장고에 남아 있는 탄산음료의
수와 이온음료의 수의 비
계획 세우기 | 예 남아 있는 탄산음료의 수와 이온음료의
수를 구한 후 탄산음료의 수와 이온음료의 수의 비를
구해 보겠습니다.
해결하기 | 5 / 9 / 5, 9
되돌아보기 | (1) 비교하는 양인 탄산 음료의 수를 기호
: 앞에 썼습니다.
(2) 기준량인 이온 음료의 수를 기호 : 뒤에 썼습니다.

문제를 풀며 이해해요

01 (1) 2, 5 (2) $\dfrac{2}{5}$ (3) 0.4　**02** (1) 0.4, 0.5 (2) 지수
03 12명

01 (1) $\dfrac{7}{10}$ (2) 0.7　　02

03 ㉡　　04 ㉠

05 >　　06 민준

07 우리초등학교　　08 10

09 나　　10 100쪽

문제해결 접근하기

11 풀이 참조

01　7 : 10의 비율 ➡ $\dfrac{7}{10}=0.7$

02　1 : 5의 비율 ➡ $\dfrac{1}{5}=\dfrac{2}{10}=0.2$

　　4의 10에 대한 비 ➡ 4 : 10 ➡ $\dfrac{4}{10}=0.4$

　　4에 대한 3의 비 ➡ 3 : 4 ➡ $\dfrac{3}{4}$

03　11에 대한 9의 비 ➡ 9 : 11

　　9 : 11의 비율 ➡ $\dfrac{9}{11}$

04　㉠ 2 : 8의 비율 ➡ $\dfrac{2}{8}=\dfrac{10}{40}$

　　㉡ 2 : 1의 비율 ➡ 2

　　㉢ 8 : 10의 비율 ➡ $\dfrac{8}{10}=\dfrac{32}{40}$

　　따라서 비율이 가장 작은 것은 ㉠입니다.

05　㉠ 8 : 5의 비율 ➡ $\dfrac{8}{5}=\dfrac{24}{15}$

　　㉡ 10 : 15의 비율 ➡ $\dfrac{10}{15}$

　　따라서 ㉠이 ㉡보다 큽니다.

06　4 : 5는 5에 대한 4의 비입니다.

　　4 : 5의 비율은 $\dfrac{4}{5}=0.8$입니다.

07　우리초등학교의 (학생 수) : (학급 수)의 비율

　　➡ $\dfrac{110}{5}=22$

나라초등학교의 (학생 수) : (학급 수)의 비율

➡ $\dfrac{120}{6}=20$

따라서 한 학급의 학생 수가 더 많은 학교는 우리초등학교입니다.

08　1 : □의 비율이 0.1이므로 $\dfrac{1}{□}=0.1$입니다.

　　0.1은 $\dfrac{1}{10}$이므로 □=10입니다.

09　우유의 양에 대한 초코시럽의 양의 비율을 구합니다.

　　가 ➡ 50 : 200 ➡ $\dfrac{50}{200}=\dfrac{25}{100}=0.25$

　　나 ➡ 90 : 300 ➡ $\dfrac{90}{300}=\dfrac{30}{100}=0.3$

　　따라서 나 초코우유가 초코 맛이 더 진합니다.

10　비교하는 양은 (기준량)×(비율)로 구할 수 있습니다.

　　$120×\dfrac{5}{6}=100$이므로 나윤이가 읽은 쪽수는 100쪽입니다.

11　**이해하기 |** ㉖ 슛을 성공한 비율이 더 높은 사람

　　계획 세우기 | ㉖ 유나와 소미의 슛 시도 횟수에 대한 슛 성공 횟수의 비율을 각각 구하여 크기를 비교해 보겠습니다.

　　해결하기 | 0.8 / 0.7 / 유나

　　되돌아보기 | ㉖ 유나가 슛을 성공한 비율

　　➡ $\dfrac{32}{40}=\dfrac{8}{10}$

　　소미가 슛을 성공한 비율 ➡ $\dfrac{35}{50}=\dfrac{7}{10}$

　　$\dfrac{8}{10}>\dfrac{7}{10}$이므로 슛을 성공한 비율이 더 높은 사람은 유나입니다.

문제를 풀며 이해해요

01 (1) 11 퍼센트 (2) 27 퍼센트 (3) 49 % (4) 67 %

02 (1) 23, 23 (2) 61, 61

03 (1) 100, 25, 25 (2) 100, 19, 19

BOOK 1 개념책

01 $\dfrac{16}{20}$, 80, 80 02 $\dfrac{16}{20}$, 80, 80

03 80 04 ㉢

05 (1) 예 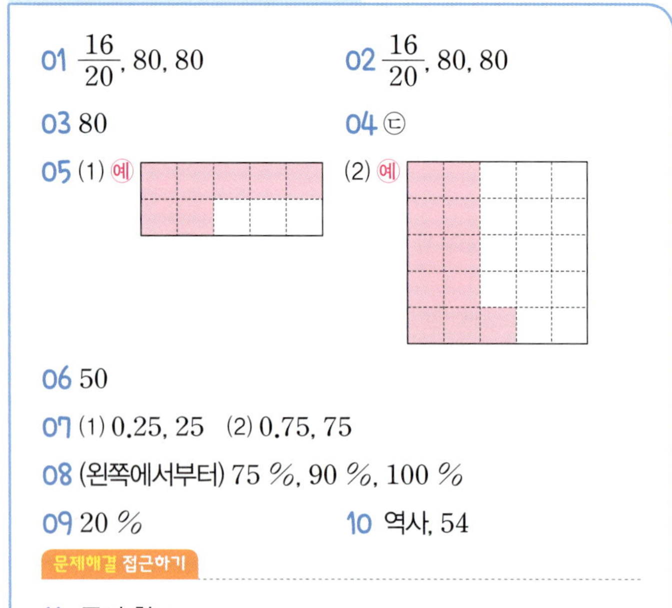 (2) 예

06 50

07 (1) 0.25, 25 (2) 0.75, 75

08 (왼쪽에서부터) 75 %, 90 %, 100 %

09 20 % 10 역사, 54

문제해결 접근하기

11 풀이 참조

---

01 전체 문제 수에 대한 맞힌 문제 수의 비는 16 : 20입니다.

$$\Rightarrow \frac{16}{20}=\frac{16\times5}{20\times5}=\frac{80}{100}=80\ \%$$

02 $\dfrac{16}{20}\times100=80 \Rightarrow 80\ \%$

03 $16\times5=80 \Rightarrow 80\ \%$

04 백분율로 나타내어 비교합니다.

㉠ $2:10 \Rightarrow \dfrac{2}{10}\times100=20 \Rightarrow 20\ \%$

㉡ 20 %

㉢ $0.1 \Rightarrow 0.1\times100=10 \Rightarrow 10\ \%$

따라서 비율이 다른 하나는 ㉢입니다.

05 (1) 전체 10칸 중에 1칸의 백분율은

$$\frac{1}{10}\times100=10 \Rightarrow 10\ \%입니다.$$

따라서 70 %는 7칸을 색칠해야 합니다.

(2) 전체 25칸 중에 1칸의 백분율은

$$\frac{1}{25}\times100=4 \Rightarrow 4\ \%입니다.$$

따라서 44 %는 11칸을 색칠해야 합니다.

06 전체 8칸 중에 색칠한 부분은 4칸입니다. 전체에 대한

색칠한 부분의 비율은 $\dfrac{4}{8}$이므로 백분율을 구하면

$$\frac{4}{8}\times100=50 \Rightarrow 50\ \%입니다.$$

07 (1) 3 : 12의 비율은 $3\div12=0.25$이므로

백분율은 $0.25\times100=25 \Rightarrow 25\ \%$입니다.

(2) 6 : 8의 비율은 $6\div8=0.75$이므로

백분율은 $0.75\times100=75 \Rightarrow 75\ \%$입니다.

08 9 : 10의 비율은 $\dfrac{9}{10}$이고, 백분율은

$$\frac{9}{10}\times100=90 \Rightarrow 90\ \%입니다.$$

9 : 12의 비율은 $\dfrac{9}{12}$이고, 백분율은

$$\frac{9}{12}\times100=75 \Rightarrow 75\ \%입니다.$$

8 : 8의 비율은 1이고, 백분율은

$$1\times100=100 \Rightarrow 100\ \%입니다.$$

09 지역 예선의 독창 부문 참가자 수에 대한 전국 대회 본선 진출 학생 수의 비는 3 : 15이고, 비율은 $3\div15=0.2$입니다.

따라서 백분율은 $0.2\times100=20 \Rightarrow 20\ \%$입니다.

10 전체 책의 수는 $9+27+14=50$(권)입니다.

동화책, 역사책, 소설책 중 가장 많은 것은 역사책입니다.

전체 책의 수에 대한 역사책의 수의 백분율을 구하면

$$\frac{27}{50}\times100=54 \Rightarrow 54\ \%입니다.$$

11 **이해하기 |** 예 정사각형의 넓이에 대한 직각삼각형의 넓이의 백분율

계획 세우기 | 예 정사각형의 한 변의 길이를 구하여 정사각형의 넓이를 구하고, 직각삼각형의 넓이를 구하여 백분율을 구해 보겠습니다.

해결하기 | 5, 25 / 5, 15 / $\dfrac{15}{25}$, 60, 60

되돌아보기 | 예 비율에 100을 곱하여 백분율을 구하면

$$\frac{15}{25}\times100=60 \Rightarrow 60\ \%입니다.$$

문제를 풀며 이해해요

01 14, 12

02 (1) 154500, 150000, 4500 (2) 예 $\dfrac{4500}{150000}$ (3) 3

03 예 $\dfrac{14}{140}$, 10

교과서 문제 해결하기 98~99쪽

01 42, 21, 21

02 (1) 7000 (2) 예 $\dfrac{7000}{200000}$, 3.5, 3.5

03 150원 **04** ㉡

05 87.5 % **06** 960원

07 240명 **08** 34개

09 황석찬, 41 **10** 김밥

문제해결 접근하기

11 풀이 참조

01 200명에 대한 42명의 비율은 $\dfrac{42}{200}$이고, 백분율을 구하면 $\dfrac{42}{200} \times 100 = 21 \Rightarrow 21$ %입니다.

02 (1) 1년 뒤에 받은 이자는
$207000 - 200000 = 7000$(원)입니다.
(2) 예금한 금액에 대한 이자의 비율은
$\dfrac{7000}{200000} \times 100 = 3.5 \Rightarrow 3.5$ %입니다.

03 3000원의 5 %는 3000원의 $\dfrac{5}{100}$와 같으므로
$3000 \times \dfrac{5}{100} = 150$(원)입니다.

04 32일 중 24일의 비율은 $\dfrac{24}{32}$입니다.
백분율로 나타내면 $\dfrac{24}{32} \times 100 = 75 \Rightarrow 75$ %입니다.

05 24명 중 3명을 빼면 21명이 생존 수영 체험 수업에 참여하였습니다. 따라서 24명 중 생존 수영 체험 수업에 참여한 학생 수의 비율은 $\dfrac{21}{24}$이고, 백분율로 나타내면 $\dfrac{21}{24} \times 100 = 87.5 \Rightarrow 87.5$ %입니다.

06 1200원에서 20 % 할인된 금액은 1200원의 80 %와 같으므로 $1200 \times \dfrac{80}{100} = 960$(원)입니다.

07 6학년 전체 학생의 45 %인 여학생이 108명이므로 6학년 전체 학생의 5 %는 $108 \div 9 = 12$(명)입니다. 100 %는 5 %의 20배이므로 100 %에 해당하는 전체 학생은 $12 \times 20 = 240$(명)입니다.

08 세아가 맞힌 문제는 전체 문제 수인 40개의 85 %이므로 $40 \times \dfrac{85}{100} = 34$(개)입니다.

09 가장 많은 표를 얻은 학생은 황석찬 후보입니다.
전체 투표수는 $123 + 72 + 105 = 300$(표)이므로 황석찬 후보의 득표율은
$\dfrac{123}{300} \times 100 = 41 \Rightarrow 41$ %입니다.

10 김밥의 할인 가격은 $2500 - 1800 = 700$(원)이므로
김밥의 할인율은 $\dfrac{700}{2500} \times 100 = 28 \Rightarrow 28$ %입니다.
라면의 할인 가격은 $3000 - 2400 = 600$(원)이므로
라면의 할인율은 $\dfrac{600}{3000} \times 100 = 20 \Rightarrow 20$ %입니다.
떡볶이의 할인 가격은 $4000 - 3000 = 1000$(원)이므로
떡볶이의 할인율은 $\dfrac{1000}{4000} \times 100 = 25 \Rightarrow 25$ %입니다.
따라서 할인율이 가장 큰 음식은 김밥입니다.

11 **이해하기** | 예 새로운 직사각형의 넓이
계획 세우기 | 예 가로와 세로를 각각 120 %로 확대한 길이를 구한 다음 새로운 가로와 세로의 길이를 곱하여 넓이를 구해 보겠습니다.
해결하기 | 15, 18 / 8, 9.6 / 18, 9.6, 172.8
되돌아보기 | 예 가로 15 cm를 80 %로 축소하면
$15 \times \dfrac{80}{100} = 12$ (cm)이고,
세로 8 cm를 80 %로 축소하면
$8 \times \dfrac{80}{100} = 6.4$ (cm)입니다. 따라서 새로운 직사각형의 넓이는 $12 \times 6.4 = 76.8$ (cm^2)입니다.

BOOK **1**

개념책

01 (1) 6 (2) 3

02 2

03 (1) ⓒ, ⓛ (2) ㄱ

04 (1) 1, 8 (2) 3, 9 (3) 2, 7

05 ㄹ

06 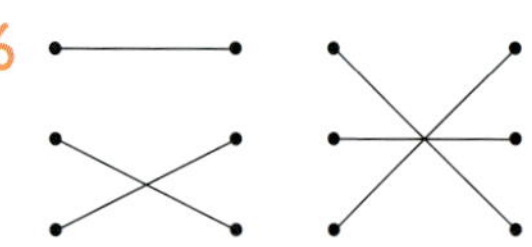

07 $\dfrac{9}{16}$

08 (1) < (2) >

09 (1) $\dfrac{25000}{20}$, 1250 (2) $\dfrac{23200}{16}$, 1450 (3) 나, 가

10 (1) $\dfrac{1}{8}$, $\dfrac{1}{10}$ (2) 지우

11 $\dfrac{4000}{12500}$, 32, 32

12 $\dfrac{18000}{500000}$, 3.6, 3.6

13 37.5 %

14 이하늘

15 수학

16 58명

17 윤서

18 (위에서부터) 85, 60 / 34, 37

19 35대

20 (1) 6, 12, 60, 60 (2) 25, 45 (3) 예 $\dfrac{60}{100}$, 27 / 27경기

01 (1) $9-3=6\,(\text{cm})$이므로 가로는 세로보다 6 cm 더 깁니다.

(2) $9\div3=3$이므로 가로의 길이는 세로의 길이의 3배입니다.

02 표를 보면 빵의 수는 치즈의 수의 2배입니다.

03 (1) 5 : 8에서 5는 비교하는 양이고, 8은 기준량입니다.

(2) 기준량에 대한 비교하는 양의 크기를 비율이라고 합니다.

04 (1) 1의 8에 대한 비 ➡ 1 : 8

(2) 3과 9의 비 ➡ 3 : 9

(3) 7에 대한 2의 비 ➡ 2 : 7

05 ㄹ 4에 대한 9의 비 ➡ 9 : 4

06 5 : 10 ➡ $\dfrac{5}{10}=\dfrac{1}{2}=0.5$

2 : 5 ➡ $\dfrac{2}{5}=0.4$

5 : 2 ➡ $\dfrac{5}{2}=2.5$

07 전체는 작은 삼각형이 16개입니다.

색칠한 삼각형은 9개입니다.

따라서 전체에 대한 색칠한 부분의 비율은 $\dfrac{9}{16}$입니다.

08 (1) $\dfrac{19}{25}=\dfrac{76}{100}=76\,\%$ ➡ $\dfrac{19}{25}<80\,\%$

(2) $\dfrac{43}{50}=\dfrac{86}{100}=86\,\%$ ➡ $\dfrac{43}{50}>85\,\%$

09 (1) 가 지역의 넓이에 대한 인구수의 비율

➡ $\dfrac{25000}{20}=1250$

(2) 나 지역의 넓이에 대한 인구수의 비율

➡ $\dfrac{23200}{16}=1450$

(3) 나 지역이 가 지역보다 같은 넓이에 사는 인구수가 더 많습니다.

10 (1) 걸린 시간(분)에 대한 이동 거리(km)의 비율이 지우는 $\dfrac{4}{32}=\dfrac{1}{8}$, 성주는 $\dfrac{3}{30}=\dfrac{1}{10}$입니다.

(2) $\dfrac{1}{8}>\dfrac{1}{10}$이므로 같은 거리를 더 빠르게 달린 사람은 지우입니다.

11 할인한 금액은 $12500-8500=4000\,(원)$이므로 할인율은 $\dfrac{4000}{12500}\times100=32$ ➡ 32 %입니다.

12 이자는 $518000-500000=18000\,(원)$이므로 예금한 금액에 대한 이자의 백분율은 $\dfrac{18000}{500000}\times100=3.6$ ➡ 3.6 %입니다.

13 전체 24명 중 신라를 조사한 학생이 9명이므로 전체 학생 수에 대한 신라를 조사한 학생 수의 백분율은 $\dfrac{9}{24}\times100=37.5$ ➡ 37.5 %입니다.

14 김바다 선수의 전체 타수에 대한 안타 수의 비율은 $\dfrac{3}{12}$이고, 이하늘 선수의 전체 타수에 대한 안타 수의 비율

은 $\dfrac{5}{18}$입니다. 두 비율의 크기를 비교하면

$\dfrac{3}{12}\left(=\dfrac{9}{36}\right)<\dfrac{5}{18}\left(=\dfrac{10}{36}\right)$이므로 전체 타수에 대한 안타 수의 비율이 더 높은 선수는 이하늘입니다.

15 전체 문제 수에 대한 맞힌 문제 수의 비율을 구하면 국어는 $\dfrac{21}{25}$, 수학은 $\dfrac{18}{20}$, 영어는 $\dfrac{24}{30}$입니다.

비율을 소수로 나타내면 국어는 0.84, 수학은 0.9, 영어는 0.8입니다.

따라서 전체 문제 수에 대한 맞힌 문제 수의 비율이 가장 높은 과목은 수학입니다.

16 돈가스를 먹은 선수는 200명의 32 %이므로

$200\times\dfrac{32}{100}=64$(명)입니다.

따라서 비빔밥을 먹은 선수는 $200-78-64=58$(명)입니다.

17 주원이가 만든 자몽 주스의 양에 대한 자몽청의 비율은

$\dfrac{150}{500}=0.3$이고, 윤서가 만든 자몽 주스의 양에 대한 자몽청의 비율은 $\dfrac{105}{300}=0.35$입니다.

따라서 더 진한 자몽주스를 만든 사람은 윤서입니다.

18 가의 득표율: $\dfrac{170}{500}\times100=34$ ➡ 34 %

나의 득표수: $500\times\dfrac{17}{100}=85$(표)

다의 득표율: $\dfrac{185}{500}\times100=37$ ➡ 37 %

라의 득표수: $500\times\dfrac{12}{100}=60$(표)

19 700대의 5 %는 $700\times\dfrac{5}{100}=35$(대)입니다.

20 **채점 기준**

2024년 한 해 동안의 전체 승률을 구한 경우	30 %
2024년의 모든 경기 수를 구한 경우	30 %
2024년에 승리한 경기 수를 구한 경우	40 %

5 여러 가지 그래프

109쪽

문제를 풀며 이해해요

01 띠그래프 **02** 딸기

03 25 % **04** 25, 20, 20, 100

05 (예)

0 10 20 30 40 50 60 70 80 90 100 (%)

30분 미만 (35 %)	30분 이상 60분 미만 (25 %)	60분 이상 90분 미만 (20 %)	90분 이상 (20 %)

교과서 문제 해결하기

110~111쪽

01 분리배출 **02** 음식물 쓰레기 줄이기

03 2배 **04** ㉢

05 80명

06 (위에서부터) 80 / 20, 30, 50

07 20, 30, 50 **08** 45

09 (예)

0 10 20 30 40 50 60 70 80 90 100 (%)

줄넘기 (45 %)	달리기 (35 %)	축구 (15 %)	기타 (5 %)

10 36명

문제해결 접근하기

11 풀이 참조

01 띠그래프에서 각 비율을 비교하면 분리배출이 35 %로 가장 높습니다.

03 일회용품 줄이기는 30 %, 물 절약은 15 %이므로 $30\div15=2$(배)입니다.

04 띠그래프는 전체에 대한 각 항목의 비율을 한눈에 알 수 있습니다.

05 $16+24+40=80$(명)

06 1시간 미만: $\dfrac{16}{80}\times100=20$ ➡ 20 %

1시간 이상 2시간 미만: $\dfrac{24}{80}\times100=30$ ➡ 30 %

2시간 이상: $\dfrac{40}{80}\times100=50$ ➡ 50 %

08 ㉠$=15\times3=45$

09 달리기를 좋아하는 학생 수의 백분율은
$100-(45+15+5)=35 \Rightarrow 35\,\%$입니다.

10 $240\times\dfrac{15}{100}=36$(명)

11 **이해하기 |** 예 캠핑을 한 학생 수

계획 세우기 | 예 캠핑을 한 학생 수의 백분율을 구한 후
학생 수를 구해 보겠습니다.

해결하기 | 10, 28 / 28, 42

되돌아보기 | 예 가장 많은 학생이 한 활동은 산책이고,
산책을 한 학생은 $150\times\dfrac{42}{100}=63$(명)입니다.

01 간식　　　　**02** 15 %

03 40, 30, 20, 100　　**04** 예

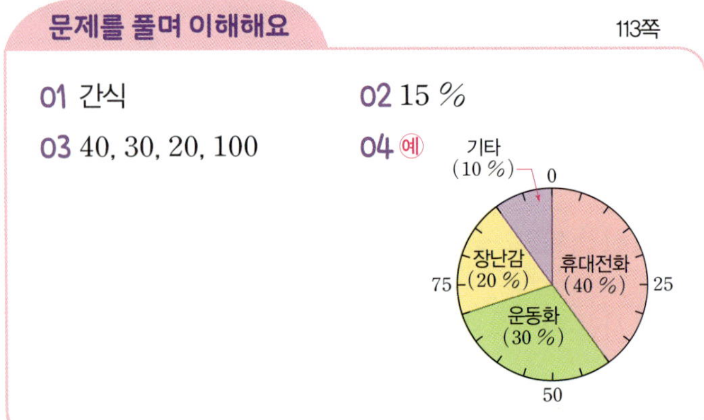

01 A형　　　　**02** B형

03 3배　　　　**04** ㉢, ㉠, ㉡, ㉣

05 360명

06 (위에서부터) 360 / 45, 30, 25

07

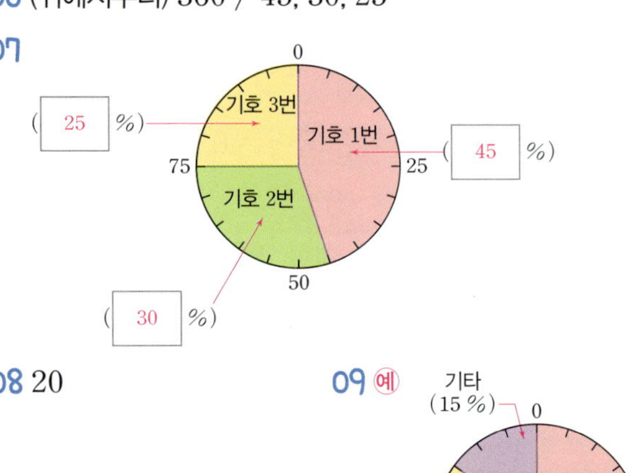

08 20　　　　**09** 예

10 40명

문제해결 접근하기

11 풀이 참조

01 원그래프의 각 비율을 비교해 보면 A형이 36 %로 가장 높습니다.

02 전체 학생 수의 28 %를 차지하는 혈액형은 B형입니다.

03 O형은 27 %, AB형은 9 %이므로 O형인 학생 수는 AB형인 학생 수의 $27\div9=3$(배)입니다.

04 자료를 보고 각 항목의 백분율을 구한 후 백분율의 합계가 100 %가 되는지 확인합니다. 그후 원을 나누어 항목의 내용과 백분율을 씁니다.

05 $162+108+90=360$(명)

06 기호 1번: $\dfrac{162}{360}\times100=45 \Rightarrow 45\,\%$

기호 2번: $\dfrac{108}{360}\times100=30 \Rightarrow 30\,\%$

기호 3번: $\dfrac{90}{360}\times100=25 \Rightarrow 25\,\%$

08 ㉠＝$40÷2=20$

09 유관순을 존경하는 학생 수의 백분율은
$100-(40+20+15)=25$ ➡ 25 %입니다.

10 $160 \times \dfrac{25}{100}=40$(명)

11 **이해하기 |** 〔예〕 조사에 참여한 전체 학생 수
계획 세우기 | 〔예〕 만화를 자주 보는 학생 수의 비율을 구한 후 조사에 참여한 학생 수를 구해 보겠습니다.
해결하기 | 25 / 25, 4, 4, 200
되돌아보기 | 〔예〕 백분율이 가장 높은 것은 예능이고, 예능을 자주 보는 학생은 $200 \times \dfrac{30}{100}=60$(명)입니다.

문제를 풀며 이해해요
117쪽

01 30 %, 20 % **02** 돈가스, 닭강정
03 3배 **04** 돈가스, 불고기, 떡볶이
05

교과서 문제 해결하기
118~119쪽

01 상추, 토마토 **02** 토마토, 오이, 깻잎
03 상추, 파 **04** 26 %
05 31 % **06** 수학
07 72명
08 (위에서부터) 56, 49, 21 / 40, 35, 15
09 〔예〕

	0 10 20 30 40 50 60 70 80 90 100 (%)

1시간 이상 2시간 미만 (40 %) / 2시간 이상 3시간 미만 (35 %) / 3시간 이상 (15 %)
1시간 미만 (10 %)

10 ㉢

문제해결 접근하기

11 풀이 참조

---

01 각각의 띠그래프에서 백분율을 비교해 보면 작년에는 상추가 35 %로 가장 높고, 올해는 토마토가 35 %로 가장 높습니다.

02 올해 재배 넓이의 비율이 높아진 채소는 토마토, 오이, 깻잎입니다.

03 올해 재배 넓이의 비율이 낮아진 채소는 상추, 파입니다.

04 $100-(32+24+12+6)=26$ ➡ 26 %

05 $100-(28+26+10+5)=31$ ➡ 31 %

06 5학년 학생보다 6학년 학생이 좋아하는 비율이 더 높은 과목은 수학입니다.

07 수학은 24 %, 사회는 12 %이므로 수학을 좋아하는 학생 수는 사회를 좋아하는 학생 수의 $24÷12=2$(배)입니다. 따라서 수학을 좋아하는 학생은 $36 \times 2=72$(명)입니다.

08 1시간 이상 2시간 미만은 😊이 5개, 😊이 6개이므로 56명이고, 전체의 $\dfrac{56}{140} \times 100=40$ ➡ 40 %입니다.
2시간 이상 3시간 미만은 😊이 4개, 😊이 9개이므로 49명이고, 전체의 $\dfrac{49}{140} \times 100=35$ ➡ 35 %입니다.
3시간 이상은 😊이 2개, 😊이 1개이므로 21명이고, 전체의 $\dfrac{21}{140} \times 100=15$ ➡ 15 %입니다.

10 월별 달리기 기록의 변화는 시간에 따른 자료의 변화이므로 꺾은선그래프로 나타내는 것이 알맞습니다.

11 **이해하기 |** 〔예〕 길이가 40 cm인 띠그래프에서 4시간 이상 운동한 학생의 길이
계획 세우기 | 〔예〕 4시간 이상 운동한 학생의 백분율을 구한 후 길이를 구해 보겠습니다.
해결하기 | 5 / 5, 2
되돌아보기 | 〔예〕 $40 \times \dfrac{40}{100}=16$ (cm)

01 35 % 　　**02** 돼지

03 4배　　**04** 108마리

05 ㄷ, ㄹ, ㄴ, ㄱ　　**06** 120명

07 30 %, 10 %

08 예
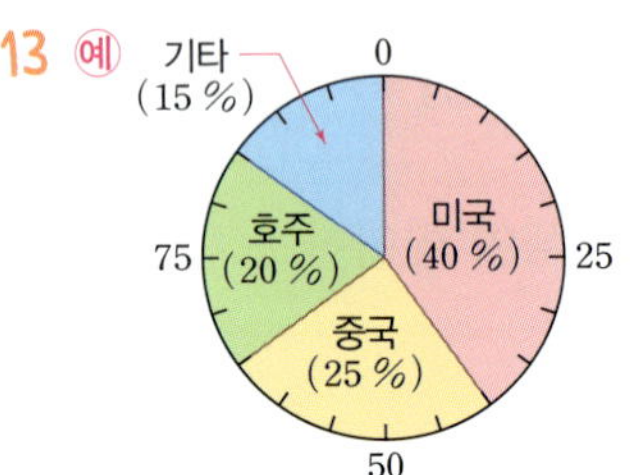

09 2배　　**10** 54명

11 52명　　**12** 65명, 25 %

13 예
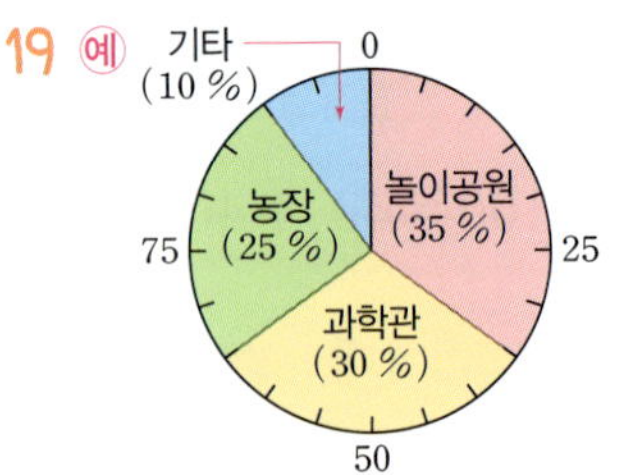

14 25 %, 31 %　　**15** B 라면, C 라면

16 ㄴ, ㄹ

17 (1) 18, 25, 25　(2) 4　(3) 4, 300 / 300명

18 (위에서부터) 36, 30, 120 / 30, 10, 100

19 예

20 21 cm, 15 cm

---

01 $100-(40+15+10)=35$ ➡ 35 %

02 띠그래프의 각 비율을 비교해 보면 돼지의 비율이 40 %로 가장 높습니다.

03 돼지는 40 %, 닭은 10 %이므로 $40\div10=4$(배)입니다.

04 $720\times\dfrac{15}{100}=108$(마리)

06 $42+36+30+12=120$(명)

07 단팥빵: $\dfrac{36}{120}\times100=30$ ➡ 30 %

기타: $\dfrac{12}{120}\times100=10$ ➡ 10 %

09 역사책은 20 %, 동화책은 10 %이므로 $20\div10=2$(배)입니다.

10 학습 만화를 즐겨 읽는 학생은 $360\times\dfrac{40}{100}=144$(명)이고, 위인전을 즐겨 읽는 학생은 $360\times\dfrac{25}{100}=90$(명)입니다.
따라서 학습 만화를 즐겨 읽는 학생 수와 위인전을 즐겨 읽는 학생 수의 차는 $144-90=54$(명)입니다.

11 호주를 여행하고 싶어 하는 학생은 전체의 20 %이므로 $260\times\dfrac{20}{100}=52$(명)입니다.

12 중국을 여행하고 싶어 하는 학생은 $260-(104+52+39)=65$(명)이므로 전체의 $\dfrac{65}{260}\times100=25$ ➡ 25 %입니다.

14 2020년 B 라면의 백분율:
$100-(36+22+17)=25$ ➡ 25 %
2025년 B 라면의 백분율:
$100-(27+29+13)=31$ ➡ 31 %

15 2020년보다 2025년에 생산량의 비율이 높아진 라면은 B 라면과 C 라면입니다.

16 ㉠ 전체 자료의 합계를 한눈에 알 수 있는 것은 표입니다.
㉢ 시간에 따라 연속적으로 변하는 양을 나타내는 데 편리한 것은 꺾은선그래프입니다.

17 채점 기준

수면 시간이 8시간 미만인 학생 수의 비율을 구한 경우	40 %
100 %가 25 %의 몇 배인지 구한 경우	30 %
조사에 참여한 학생 수를 구한 경우	30 %

18 막대그래프의 눈금을 읽으면 과학관을 가고 싶어 하는 학생은 36명, 농장을 가고 싶어 하는 학생은 30명이고, 합계는 $42+36+30+12=120$(명)입니다.

과학관을 가고 싶어 하는 학생 수의 백분율은

$$\frac{36}{120}\times100=30 \Rightarrow 30\,\%\text{이고,}$$

기타의 백분율은 $\frac{12}{120}\times100=10 \Rightarrow 10\,\%$입니다.

20 놀이공원: $60\times\dfrac{35}{100}=21\,(\text{cm})$

농장: $60\times\dfrac{25}{100}=15\,(\text{cm})$

6 직육면체의 부피와 겉넓이

문제를 풀며 이해해요
129쪽

01 (1) 다 (2) 가　　**02** 나

03 $1\,\text{cm}^3$, 1 세제곱센티미터

04 $12\,\text{cm}^3$

교과서 문제 해결하기
130~131쪽

01 가　　　　　**02** (○) (　　)

03 (　　)　　　**04** 가
(　　)
(○)

05 영우　　　　**06** 나, 다

07 가, 나, 6　　**08**

09 $24\,\text{cm}^3$　　**10** $864\,\text{cm}^3$

문제해결 접근하기

11 풀이 참조

01 두 직육면체의 세로와 높이는 같으므로 가로를 비교합니다. 가의 가로가 나의 가로보다 더 길므로 가의 부피가 더 큽니다.

02 공 모양은 직육면체를 빈틈없이 채울 수 없으므로 부피의 단위로 알맞지 않습니다.

03 $4\,\text{cm}^3$는 4 세제곱센티미터라고 읽습니다.

04 부피가 $1\,\text{cm}^3$와 가장 비슷한 물건은 각설탕입니다.

06 나와 다는 모양과 크기가 같은 블록을 사용하였으므로 부피를 비교할 수 있습니다.

07 가 직육면체는 블록 18개, 나 직육면체는 블록 12개를 사용하여 만들었습니다. 따라서 가 직육면체의 부피가 나 직육면체의 부피보다 블록 $18-12=6$(개)만큼 더 큽니다.

09 부피가 $1\,cm^3$인 쌓기나무가 24개이므로 직육면체의 부피는 $24\,cm^3$입니다.

10 가의 부피는 부피가 $1\,cm^3$인 쌓기나무 27개의 부피와 같으므로 $27\,cm^3$입니다. 나 상자에 가 상자가 32개 들어가므로 나 상자의 부피는 $27 \times 32 = 864\,(cm^3)$입니다.

11 **이해하기 |** 예 어느 상자의 부피가 몇 cm^3 더 큰지 구하기

계획 세우기 | 예 두 직육면체 모양의 상자의 부피를 구해 비교해 보겠습니다.

해결하기 | 24, 20 / 가, 4

되돌아보기 | 예 상자에 쌓기나무를 36개 채울 수 있으므로 상자의 부피는 $36\,cm^3$입니다.

<table>
<tr><td colspan="2">문제를 풀며 이해해요</td><td align="right">133쪽</td></tr>
</table>

01 (1) $150\,cm^3$ (2) $140\,cm^3$
02 (1) $216\,cm^3$ (2) $512\,cm^3$

교과서 문제 해결하기   134~135쪽

01 $60\,cm^3$	**02** $729\,cm^3$
03 $150\,cm^3$	**04** $64\,cm^3$
05 $840\,cm^3$	**06** $1650\,cm^3$
07 $5\,cm$	**08** 4
09 ㉡	**10** $343\,cm^3$

문제해결 접근하기

11 풀이 참조

01 (직육면체의 부피)$=$(가로)$\times$(세로)$\times$(높이)
$$=5 \times 3 \times 4 = 60\,(cm^3)$$

02 (정육면체의 부피)
$=$(한 모서리의 길이)$\times$(한 모서리의 길이)
$\times$(한 모서리의 길이)
$$=9 \times 9 \times 9 = 729\,(cm^3)$$

03 (직육면체의 부피)$=$(밑면의 넓이)$\times$(높이)
$$=30 \times 5 = 150\,(cm^3)$$

04 $16 \times 4 = 64\,(cm^3)$

05 $10 \times 12 \times 7 = 840\,(cm^3)$

06 가의 부피: $30 \times 9 \times 5 = 1350\,(cm^3)$
나의 부피: $20 \times 15 \times 10 = 3000\,(cm^3)$
두 직육면체 부피의 차: $3000 - 1350 = 1650\,(cm^3)$

07 직육면체의 높이를 $\square\,cm$라 하면 $9 \times 12 \times \square = 540$이므로 $108 \times \square = 540$에서 $\square = 540 \div 108 = 5$입니다.

08 정육면체 가의 부피: $6 \times 6 \times 6 = 216\,(cm^3)$
직육면체 나에서
$6 \times 9 \times \square = 216$이므로 $54 \times \square = 216$에서
$\square = 216 \div 54 = 4$입니다.

09 ㉠ 밑면의 가로를 2배로 늘이면 직육면체의 부피는 2배가 됩니다.
㉡ 가로, 세로, 높이를 모두 각각 2배로 늘이면 직육면체의 부피는 8배가 됩니다.

10 정육면체의 모서리는 12개이므로 모든 모서리의 길이의 합이 $84\,cm$인 정육면체의 한 모서리의 길이는 $84 \div 12 = 7\,(cm)$입니다. 따라서 정육면체의 부피는 $7 \times 7 \times 7 = 343\,(cm^3)$입니다.

11 **이해하기 |** 예 부피가 $6000\,cm^3$가 되는 직육면체를 만들기 위해 쌓아야 할 과자 상자의 층 수

계획 세우기 | 예 과자 상자 한 개의 부피를 구한 후 $6000\,cm^3$를 만들기 위한 과자 상자의 수를 구해 보겠습니다.

해결하기 | 6, 300 / 300, 1200 / 1200, 5

되돌아보기 | 예 과자 상자를 가로에 3개, 세로에 4개, 높이에 2개 놓으면 모두 $3 \times 4 \times 2 = 24\,(개)$입니다. 따라서 직육면체의 부피는 $300 \times 24 = 7200\,(cm^3)$입니다.

문제를 풀며 이해해요

01 1 m^3, 1 세제곱미터

02 (1) 1000000 (2) 3000000 (3) 5

03 (1) 168 m^3 (2) 729 m^3

교과서 문제 해결하기

01 1000000 cm^3

02 (○) ( )

03 (1) 5000000 (2) 700000 (3) 8 (4) 0.4

04 8

05 20 m^3

06 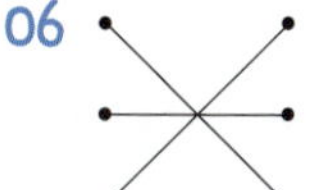

07 냉장고

08 ㉠, ㉢, ㉡

09

10 1.728 m^3

문제해결 접근하기

11 풀이 참조

01 한 모서리의 길이가 100 cm인 정육면체의 부피는
$100 \times 100 \times 100 = 1000000 \text{ (cm}^3)$입니다.
따라서 1 m^3는 1000000 cm^3입니다.

02 왼쪽 정육면체의 부피는 $5 \times 5 \times 5 = 125 \text{ (m}^3)$이고,
오른쪽 직육면체의 부피는 $3 \times 5 \times 7 = 105 \text{ (m}^3)$입니다.
따라서 왼쪽 정육면체의 부피가 더 큽니다.

04 직육면체 가의 부피는 $6 \times 4 \times 15 = 360 \text{ (m}^3)$입니다.
직육면체 가와 나의 부피가 같으므로
$9 \times \square \times 5 = 360$에서 $45 \times \square = 360$,
$\square = 360 \div 45 = 8$입니다.

05 $100 \text{ cm} = 1 \text{ m}$이므로 지아의 방의 가로는 4 m, 세로는 2.5 m, 높이는 2 m입니다.
따라서 지아의 방의 부피는 $4 \times 2.5 \times 2 = 20 \text{ (m}^3)$입니다.

06 $1 \text{ m}^3 = 1000000 \text{ cm}^3$이므로
$20 \text{ m}^3 = 20000000 \text{ cm}^3$, $2 \text{ m}^3 = 2000000 \text{ cm}^3$,
$0.2 \text{ m}^3 = 200000 \text{ cm}^3$입니다.

07 부피를 m^3로 나타내기에 알맞은 물건은 모서리의 길이가 1 m가 넘는 물건입니다. 냉장고의 가로와 세로는 약 1 m, 높이는 약 2 m이므로 부피를 m^3로 나타내기에 알맞습니다.

08 ㉠ $8.2 \text{ m}^3 = 8200000 \text{ cm}^3$
㉡ 7900000 cm^3
㉢ $200 \times 200 \times 200 = 8000000 \text{ (cm}^3)$
따라서 부피가 큰 것부터 순서대로 기호를 쓰면 ㉠, ㉢, ㉡입니다.

10 주어진 직육면체로 만들 수 있는 가장 큰 정육면체는 한 모서리의 길이가 120 cm입니다.
$120 \text{ cm} = 1.2 \text{ m}$이므로 정육면체의 부피는
$1.2 \times 1.2 \times 1.2 = 1.728 \text{ (m}^3)$입니다.

11 **이해하기 |** 예 상자 안에 쌓을 수 있는 쌓기나무의 수
계획 세우기 | 예 직육면체 모양의 상자의 가로, 세로, 높이에 쌓기나무를 몇 개씩 쌓을 수 있는지 찾아 전체 수를 구해 보겠습니다.
해결하기 | 15, 400, 20, 200, 10 / 15, 20, 10, 3000
되돌아보기 | 예 한 모서리의 길이가 50 cm인 쌓기나무는 가로에 $300 \div 50 = 6$(개), 세로에 $400 \div 50 = 8$(개), 높이에 $200 \div 50 = 4$(개) 쌓을 수 있으므로 최대 $6 \times 8 \times 4 = 192$(개)까지 쌓을 수 있습니다.

문제를 풀며 이해해요

01 (1) 24, 30, 20, 148 (2) 24, 30, 148
(3) 20, 4, 5, 6, 148

02 4, 4, 96

BOOK 1 개념책

01 188 cm²   **02** 294 cm²

03 214 cm²   **04** 216 cm²

05 122 cm²   **06** 384 cm²

07 16 cm²   **08** 864 cm²

09 5   **10** 480 cm²

문제해결 접근하기

11 풀이 참조

---

01 직육면체는 합동인 면이 3쌍이므로 직육면체의 겉넓이는
$$(6\times7+7\times4+6\times4)\times2=(42+28+24)\times2$$
$$=188\,(cm^2)입니다.$$

02 (정육면체의 겉넓이)=(한 면의 넓이)×6
$$=7\times7\times6=294\,(cm^2)$$

03 $(30+42+35)\times2=214\,(cm^2)$

04 $36\times6=216\,(cm^2)$

05 $3\times4\times2+(3+4+3+4)\times7=122\,(cm^2)$

06 모든 모서리의 길이의 합이 96 cm인 정육면체의 한 모서리의 길이는 $96\div12=8\,(cm)$입니다. 한 모서리의 길이가 8 cm인 정육면체의 겉넓이는 $8\times8\times6=384\,(cm^2)$입니다.

07 왼쪽 직육면체의 겉넓이:
$$(3\times5+5\times4+3\times4)\times2$$
$$=(15+20+12)\times2=94\,(cm^2)$$
오른쪽 직육면체의 겉넓이:
$$(5\times5+5\times3+5\times3)\times2$$
$$=(25+15+15)\times2=110\,(cm^2)$$
따라서 두 직육면체의 겉넓이의 차는 $110-94=16\,(cm^2)$입니다.

08 세 모서리의 길이의 합이 36 cm이므로 한 모서리의 길이는 $36\div3=12\,(cm)$입니다. 전개도를 접어서 만들 수 있는 정육면체의 겉넓이는 $12\times12\times6=864\,(cm^2)$입니다.

09 직육면체의 두 밑면의 넓이의 합이 $4\times4\times2=32\,(cm^2)$이므로 옆면의 넓이의 합은 $112-32=80\,(cm^2)$입니다. 전개도에서 옆면의 넓이의 합은 $(4+4+4+4)\times\square=80$이므로 $16\times\square=80$에서 $\square=80\div16=5$입니다.

10 두부를 잘랐을 때 생긴 한 면의 넓이는 $15\times8=120\,(cm^2)$입니다. 두부를 3조각으로 잘랐을 때 생긴 면은 모두 4개이므로 처음 두부의 겉넓이보다 $120\times4=480\,(cm^2)$ 늘어났습니다.

11 **이해하기 |** 예 정육면체 나의 한 모서리의 길이

계획 세우기 | 예 직육면체 가의 겉넓이를 구한 후 정육면체 나의 한 모서리의 길이를 구해 보겠습니다.

해결하기 | 36, 12, 27, 36, 12, 27, 150 / 150, 25 / 5

되돌아보기 | 예 겉넓이가 96 cm²인 정육면체의 한 면의 넓이는 $96\div6=16\,(cm^2)$입니다. $4\times4=16$이므로 정육면체의 한 모서리의 길이는 4 cm입니다.

단원평가로 완성하기   144~147쪽

01 나, 가, 다   **02** ④

03 가, 다   **04** <

05 36개, 36 cm³

06 (1) 2000000   (2) 4500000   (3) 6.8

07 105 cm³   **08** 100 cm³, 130 cm²

09 864 cm²   **10** 가

11 5층

12 (1) 90, 30, 27, 90, 30, 27, 294
    (2) 294, 6, 49   (3) 7 / 7 cm

13 8000 cm³   **14** ㉢, ㉠, ㉡

15 7   **16** 576 cm³

17 12   **18** 도영, 2 cm²

19 10   **20** 3 cm

---

01 세 직육면체의 세로, 높이는 모두 같으므로 가로의 길이를 비교하면 나, 가, 다 순서대로 깁니다.

따라서 부피가 큰 순서대로 기호를 쓰면 나, 가, 다입니다.

02 ①, ② cm와 km는 길이의 단위입니다.
③, ⑤ cm^2와 m^2는 넓이의 단위입니다.

03 크기와 모양이 같은 블록을 사용한 것은 가, 다이므로 두 상자의 부피를 비교할 수 있습니다.

04 왼쪽의 직육면체는 쌓기나무를 $3 \times 2 \times 5 = 30$(개), 오른쪽 직육면체는 쌓기나무를 $4 \times 4 \times 2 = 32$(개) 사용했으므로 오른쪽 직육면체의 부피가 더 큽니다.

05 부피가 $1 \ cm^3$인 쌓기나무가 36개이므로 만든 직육면체의 부피는 $36 \ cm^3$입니다.

07 가로가 $3 \ cm$, 세로가 $5 \ cm$, 높이가 $7 \ cm$인 직육면체 모양의 지우개의 부피는 $3 \times 5 \times 7 = 105 \ (cm^3)$입니다.

08 부피: $5 \times 5 \times 4 = 100 \ (cm^3)$
겉넓이: $(25 + 20 + 20) \times 2 = 130 \ (cm^2)$

09 한 면의 넓이가 $144 \ cm^2$인 정육면체의 겉넓이는 $144 \times 6 = 864 \ (cm^2)$입니다.

10 가 상자에 담을 수 있는 블록은 $3 \times 5 \times 3 = 45$(개)이고, 나 상자에 담을 수 있는 블록은 $7 \times 2 \times 3 = 42$(개)입니다.
따라서 부피가 더 큰 상자는 가입니다.

11 부피가 $60 \ cm^3$인 직육면체를 만들기 위해서는 쌓기나무를 60개 쌓아야 합니다. 한 층에 쌓기나무가 12개 있으므로 $60 \div 12 = 5$(층)으로 쌓아야 합니다.

12 채점 기준

직육면체 가의 겉넓이를 구한 경우	40 %
정육면체 나의 한 면의 넓이를 구한 경우	30 %
정육면체 나의 한 모서리의 길이를 구한 경우	30 %

13 만들 수 있는 가장 큰 정육면체는 한 모서리의 길이가 $20 \ cm$인 정육면체입니다.
따라서 가장 큰 정육면체의 부피는 $20 \times 20 \times 20 = 8000 \ (cm^3)$입니다.

14 ㉠ $4.1 \ m^3 = 4100000 \ cm^3$
㉡ $2900000 \ cm^3$
㉢ $300 \times 300 \times 300 = 27000000 \ (cm^3)$
따라서 부피가 큰 순서대로 기호를 쓰면 ㉢, ㉠, ㉡입니다.

15 직육면체의 부피는 $224 \ m^3$이므로 $8 \times 4 \times \square = 224$에서 $32 \times \square = 224$, $\square = 224 \div 32 = 7$입니다.

16 한 모서리의 길이가 $2 \ cm$인 정육면체의 부피는 $2 \times 2 \times 2 = 8 \ (cm^3)$입니다. 쌓기나무를 가로에 4개, 세로에 6개, 높이를 3층으로 쌓았으므로 쌓기나무는 모두 $4 \times 6 \times 3 = 72$(개)입니다.
따라서 쌓은 직육면체의 부피는 $8 \times 72 = 576 \ (cm^3)$입니다.

17 직육면체 나의 부피는 $6 \times 4 \times 9 = 216 \ (cm^3)$이므로 $\square \times 3 \times 6 = 216$에서 $\square \times 18 = 216$, $\square = 216 \div 18 = 12$입니다.

18 재이가 만든 상자의 겉넓이는
$(4 \times 4 + 4 \times 8 + 4 \times 8) \times 2$
$= (16 + 32 + 32) \times 2 = 160 \ (cm^2)$이고,
도영이가 만든 상자의 겉넓이는
$(7 \times 3 + 3 \times 6 + 7 \times 6) \times 2$
$= (21 + 18 + 42) \times 2 = 162 \ (cm^2)$입니다.
따라서 도영이가 만든 상자의 겉넓이가 $162 - 160 = 2 \ (cm^2)$만큼 더 큽니다.

19 직육면체의 두 밑면의 넓이의 합이 $5 \times 2 \times 2 = 20 \ (cm^2)$이므로 옆면의 넓이의 합은 $160 - 20 = 140 \ (cm^2)$입니다. 옆면의 넓이의 합은 $(2 + 5 + 2 + 5) \times \square = 140$이므로 $14 \times \square = 140$, $\square = 140 \div 14 = 10$입니다.

20 사용한 쌓기나무는 $4 \times 2 \times 5 = 40$(개)이므로 쌓기나무의 부피는 $1080 \div 40 = 27 \ (cm^3)$입니다.
$3 \times 3 \times 3 = 27$이므로 쌓기나무의 한 모서리의 길이는 $3 \ cm$입니다.

1 분수의 나눗셈

05쪽

1단원 쪽지 시험 1. 분수의 나눗셈

01 예 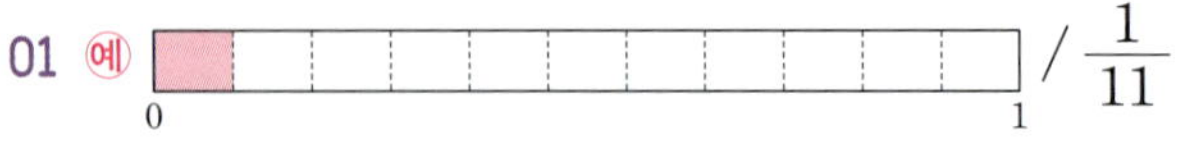 / $\dfrac{1}{11}$

02 예 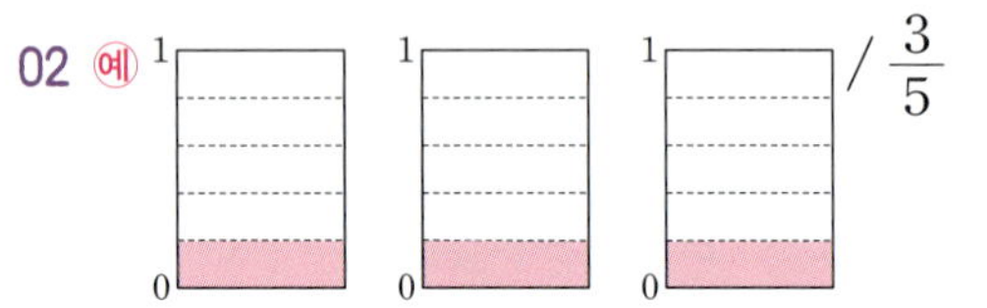 / $\dfrac{3}{5}$

03 $\dfrac{1}{7}$ / 10 / $\dfrac{10}{7}$, $1\dfrac{3}{7}$

04 $1\dfrac{5}{7}\left(=\dfrac{12}{7}\right)$, $1\dfrac{5}{8}\left(=\dfrac{13}{8}\right)$

05 2, 3   **06** 15, 15, 5

07 5, $\dfrac{3}{20}$ **08** <

09 28, 28, 7   **10** 27, 9, 3

01 $1\div11$의 몫은 1을 11로 똑같이 나눈 것 중의 하나이므로 $\dfrac{1}{11}$입니다.

02 $3\div5$는 $\dfrac{1}{5}$이 3개이므로 $\dfrac{3}{5}$입니다.

03 $10\div7$은 $\dfrac{1}{7}$이 10개이므로 $\dfrac{10}{7}=1\dfrac{3}{7}$입니다.

04 $12\div7=\dfrac{12}{7}=1\dfrac{5}{7}$

$13\div8=\dfrac{13}{8}=1\dfrac{5}{8}$

05 (분수)÷(자연수)에서 분자가 자연수의 배수일 때는 분자를 자연수로 나누어 계산합니다.

06 (분수)÷(자연수)에서 분자가 자연수의 배수가 아닐 때는 크기가 같은 분수 중에 분자가 자연수의 배수가 되는 수로 바꾸어 계산합니다.

07 $\dfrac{3}{4}\div5$는 $\dfrac{3}{4}$을 5로 나눈 것 중의 하나입니다.

08 $\dfrac{14}{9}\div7=\dfrac{14\div7}{9}=\dfrac{2}{9}$, $\dfrac{15}{8}\div5=\dfrac{15\div5}{8}=\dfrac{3}{8}$

➡ $\dfrac{2}{9}\left(=\dfrac{16}{72}\right)<\dfrac{3}{8}\left(=\dfrac{27}{72}\right)$

09 $3\dfrac{1}{9}\div4=\dfrac{28}{9}\div4=\dfrac{28\div4}{9}=\dfrac{7}{9}$

10 $3\dfrac{3}{8}\div9=\dfrac{\overset{3}{\cancel{27}}}{8}\times\dfrac{1}{\underset{1}{\cancel{9}}}=\dfrac{3}{8}$

06~08쪽

학교 시험 만점왕 1회 1. 분수의 나눗셈

01 예 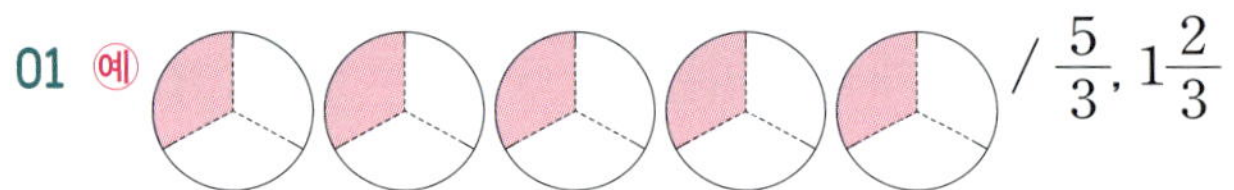 / $\dfrac{5}{3}$, $1\dfrac{2}{3}$

02 7   **03** $\dfrac{5}{8}$ L

04 (1) 2, 4 (2) 5, $\dfrac{13}{15}$ **05** ②

06 ㉠   **07** 2

08 3   **09** $1\dfrac{1}{5}\div6=\dfrac{1}{5}$, $\dfrac{1}{5}$ L

10 풀이 참조, 7개

11 (1) $1\dfrac{2}{9}\left(=\dfrac{11}{9}\right)$ (2) $\dfrac{2}{15}$

12 $\dfrac{5}{12}\div7=\dfrac{5\times7}{12\times7}\div7=\dfrac{35}{84}\div7$

$\quad=\dfrac{35\div7}{84}=\dfrac{5}{84}$

13 ㉣, ㉠, ㉢, ㉡   **14** 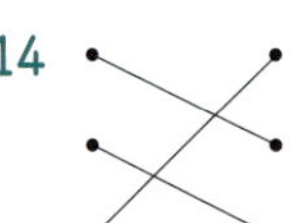

15 <

16 $40\dfrac{1}{2}\left(=\dfrac{81}{2}\right)$ cm^2

17 풀이 참조, $\dfrac{3}{20}$ kg   **18** $\dfrac{15}{8}\div5=\dfrac{3}{8}$, $\dfrac{3}{8}$ m

19 $\dfrac{5}{8}$ **20** $\dfrac{1}{5}$ m

01 $5 \div 3$은 $\dfrac{1}{3}$이 5개이므로 $\dfrac{5}{3}$입니다.

02 (자연수)$\div$(자연수)의 몫은 나누어지는 수를 분자, 나누는 수를 분모로 하는 분수로 나타낼 수 있습니다.

03 페인트 $5\,\mathrm{L}$를 페인트통 8개에 똑같이 나누어 담아야 하므로 페인트통 한 개에 $5 \div 8 = \dfrac{5}{8}\,(\mathrm{L})$씩 담아야 합니다.

04 (1) 8이 2의 배수이므로 분자를 자연수로 나누어 계산합니다.

(2) 5를 $\dfrac{1}{5}$로 바꾼 뒤 $\dfrac{13}{3}$에 곱하여 계산합니다.

05 삼각형의 넓이는 (밑변의 길이)$\times$(높이)$\div 2$이므로 주어진 삼각형의 넓이는

$$15 \times 7 \div 2 = 105 \div 2 = \frac{105}{2} = 52\frac{1}{2}\,(\mathrm{cm}^2)\text{입니다.}$$

06 ㉠ $6\dfrac{1}{4} \div 5 = \dfrac{25}{4} \div 5 = \dfrac{25 \div 5}{4} = \dfrac{5}{4} = 1\dfrac{1}{4}$

07 $\dfrac{11}{3} \div 3 = \dfrac{11}{3} \times \dfrac{1}{3} = \dfrac{11}{9}$

따라서 ㉠$=11$, ㉡$=9$이므로 ㉠$-$㉡$=11-9=2$입니다.

08 수직선을 보면 $2\dfrac{1}{4} \div 3$의 몫은 $\dfrac{1}{4}$이 3개인 수이므로 $2\dfrac{1}{4} \div 3 = \dfrac{3}{4}$입니다.

09 전체 소금물이 $1\dfrac{1}{5}\,\mathrm{L}$이므로 한 모둠에 나누어 줄 소금물의 양은 $1\dfrac{1}{5} \div 6 = \dfrac{6}{5} \div 6 = \dfrac{6 \div 6}{5} = \dfrac{1}{5}\,(\mathrm{L})$입니다.

10 ⑩ $14\dfrac{2}{5} \div 9 = \dfrac{72}{5} \div 9 = \dfrac{72 \div 9}{5} = \dfrac{8}{5}$이므로

$\dfrac{8}{5} > \dfrac{\square}{5}$에서 $8 > \square$입니다.

따라서 □ 안에 들어갈 수 있는 자연수는 1, 2, 3, 4, 5, 6, 7로 모두 7개입니다.

$14\dfrac{2}{5} \div 9$의 값을 구한 경우	50 %
□ 안에 들어갈 수 있는 자연수의 개수를 구한 경우	50 %

11 (1) $11 \div 9 = \dfrac{11}{9} = 1\dfrac{2}{9}$

(2) $\dfrac{2}{5} \div 3 = \dfrac{2}{5} \times \dfrac{1}{3} = \dfrac{2}{15}$

12 보기 는 나누어지는 수의 분모와 분자에 같은 수를 곱해서 분자를 자연수의 배수로 만든 후 분자를 자연수로 나누는 방법입니다.

13 ㉠ $\dfrac{7}{2} \div 3 = \dfrac{7}{2} \times \dfrac{1}{3} = \dfrac{7}{6} = 1\dfrac{1}{6}$

㉡ $\dfrac{14}{11} \div 2 = \dfrac{14 \div 2}{11} = \dfrac{7}{11}$

㉢ $9\dfrac{5}{6} \div 9 = \dfrac{59}{6} \times \dfrac{1}{9} = \dfrac{59}{54} = 1\dfrac{5}{54}$

㉣ $4\dfrac{2}{9} \div 3 = \dfrac{38}{9} \div 3 = \dfrac{38}{9} \times \dfrac{1}{3} = \dfrac{38}{27} = 1\dfrac{11}{27}$

$1\dfrac{1}{6} = 1\dfrac{9}{54}$, $1\dfrac{11}{27} = 1\dfrac{22}{54}$이므로

$1\dfrac{11}{27} > 1\dfrac{1}{6} > 1\dfrac{5}{54} > \dfrac{7}{11}$입니다.

14 $5 \div 13 = \dfrac{5}{13}$, $\dfrac{10}{11} \div 2 = \dfrac{10 \div 2}{11} = \dfrac{5}{11}$,

$2\dfrac{11}{12} \div 7 = \dfrac{35}{12} \div 7 = \dfrac{35 \div 7}{12} = \dfrac{5}{12}$

15 $2\dfrac{4}{5} \div 3 = \dfrac{14}{5} \div 3 = \dfrac{14}{5} \times \dfrac{1}{3} = \dfrac{14}{15}$,

$\dfrac{23}{12} \div 2 = \dfrac{23}{12} \times \dfrac{1}{2} = \dfrac{23}{24}$

➡ $\dfrac{14}{15}\left(=\dfrac{112}{120}\right) < \dfrac{23}{24}\left(=\dfrac{115}{120}\right)$

16 정사각형은 두 대각선의 길이가 같은 마름모이므로 한 대각선의 길이가 $9\,\mathrm{cm}$인 정사각형의 넓이는

$9 \times 9 \div 2 = 81 \div 2 = \dfrac{81}{2} = 40\dfrac{1}{2}\,(\mathrm{cm}^2)$입니다.

17 ⑩ 무게가 똑같은 사과 7개의 무게가 $\dfrac{21}{10}\,\mathrm{kg}$이므로

사과 1개의 무게는 $\dfrac{21}{10} \div 7 = \dfrac{21 \div 7}{10} = \dfrac{3}{10}\,(\mathrm{kg})$입

니다. 무게가 똑같은 복숭아 8개의 무게가 $1\dfrac{1}{5}$ kg이

므로 복숭아 1개의 무게는

$$1\dfrac{1}{5}\div 8=\dfrac{6}{5}\div 8=\dfrac{\overset{3}{\cancel{6}}}{5}\times\dfrac{1}{\underset{4}{\cancel{8}}}=\dfrac{3}{20}\,(kg)입니다.$$

따라서 $\dfrac{3}{10}>\dfrac{3}{20}$ 이므로 복숭아 1개의 무게가 더 가

볍고 그 무게는 $\dfrac{3}{20}$ kg입니다.

채점 기준

사과 1개의 무게를 구한 경우	30 %
복숭아 1개의 무게를 구한 경우	30 %
더 가벼운 것의 무게를 쓴 경우	40 %

18 철사 $\dfrac{15}{8}$ m를 겹치지 않게 모두 사용하여 정오각형을

만들었으므로 정오각형의 한 변의 길이는

$$\dfrac{15}{8}\div 5=\dfrac{15\div 5}{8}=\dfrac{3}{8}\,(m)입니다.$$

19 $㉠=2\dfrac{1}{12}\div 4=\dfrac{25}{12}\div 4=\dfrac{25}{12}\times\dfrac{1}{4}=\dfrac{25}{48}$

$㉡=\dfrac{5}{8}\div 6=\dfrac{5}{8}\times\dfrac{1}{6}=\dfrac{5}{48}$

➡ $㉠+㉡=\dfrac{25}{48}+\dfrac{5}{48}=\dfrac{30}{48}=\dfrac{5}{8}$

20 액자 5개를 붙였으므로 액자 사이의 간격은 $\dfrac{3}{4}$ m씩

4군데입니다. $\dfrac{3}{\underset{1}{\cancel{4}}}\times\overset{1}{\cancel{4}}=3\,(m)이므로$ 벽의 길이 4 m

에서 3 m를 빼면 액자 가로의 길이의 합이 됩니다. 액

자 5개의 가로의 길이의 합은 $4-3=1\,(m)이므로$ 액

자의 한 변의 길이는 $1\div 5=\dfrac{1}{5}\,(m)입니다.$

01 예 $/\ \dfrac{3}{7}$

02 $\dfrac{25}{27},\ \dfrac{5}{27}$　　　　**03** ㉠, ㉣, ㉡, ㉢

04 $1\dfrac{1}{4}\left(=\dfrac{5}{4}\right)$ kg

05 (위에서부터) $\dfrac{5}{9},\ \dfrac{11}{14},\ \dfrac{5}{11},\ \dfrac{9}{14}$

06 $5\dfrac{5}{8}\left(=\dfrac{45}{8}\right)$ cm^2

07 $\dfrac{15}{16}\div 4$ 에 ○표, 예 $\dfrac{15}{16}\div 4=\dfrac{15}{16}\times\dfrac{1}{4}=\dfrac{15}{64}$

08 풀이 참조, $\dfrac{1}{54}$　　　**09** $\dfrac{2}{5},\ 7\left(또는\ \dfrac{2}{7},\ 5\right)/\ \dfrac{2}{35}$

10 7

11 예 방법 1 $2\dfrac{2}{9}\div 10=\dfrac{20}{9}\div 10=\dfrac{20\div 10}{9}=\dfrac{2}{9}$

　　방법 2 $2\dfrac{2}{9}\div 10=\dfrac{20}{9}\div 10=\dfrac{\overset{2}{\cancel{20}}}{9}\times\dfrac{1}{\underset{1}{\cancel{10}}}=\dfrac{2}{9}$

12 ②, ③　　　　　**13** $5\dfrac{3}{4}$ cm

14 $2\dfrac{1}{45}\left(=\dfrac{91}{45}\right)$　　　**15** 풀이 참조, $\dfrac{13}{50}$ kg

16 　　　　　**17** $\dfrac{7}{25}$ L

18 $\dfrac{8}{63}$　　　　**19** $3\dfrac{7}{15}\left(=\dfrac{52}{15}\right)$ cm

20 $\dfrac{18}{35}$ km

01 $3\div 7$ 은 $\dfrac{1}{7}$ 이 3개이므로 $\dfrac{3}{7}$ 입니다.

02 $2\dfrac{7}{9}\div 3=\dfrac{25}{9}\div 3=\dfrac{25}{9}\times\dfrac{1}{3}=\dfrac{25}{27}$

　　$\dfrac{25}{27}\div 5=\dfrac{25\div 5}{27}=\dfrac{5}{27}$

03 ㉠ $\dfrac{1}{2}\div 9=\dfrac{1}{2}\times\dfrac{1}{9}=\dfrac{1}{18}\left(=\dfrac{4}{72}\right)$

　　㉡ $\dfrac{7}{12}\div 3=\dfrac{7}{12}\times\dfrac{1}{3}=\dfrac{7}{36}\left(=\dfrac{14}{72}\right)$

$\textcircled{\tiny ㉢}\ \dfrac{4}{3}\div 3=\dfrac{4}{3}\times\dfrac{1}{3}=\dfrac{4}{9}\left(=\dfrac{32}{72}\right)$

$\textcircled{\tiny ㉣}\ \dfrac{7}{9}\div 8=\dfrac{7}{9}\times\dfrac{1}{8}=\dfrac{7}{72}$

➡ $\dfrac{1}{18}<\dfrac{7}{72}<\dfrac{7}{36}<\dfrac{4}{9}$

04 쌀 10 kg을 통 8개에 똑같이 나누어 담아야 하므로 한 통에 $10\div 8=\dfrac{10}{8}=\dfrac{5}{4}=1\dfrac{1}{4}$ (kg)씩 담아야 합니다.

05 (자연수)÷(자연수)는 나누어지는 수를 분자, 나누는 수를 분모로 하는 분수로 나타낼 수 있습니다.

06 마름모의 넓이는 (한 대각선의 길이)×(다른 대각선의 길이)÷2이므로 마름모 ㄱㄴㄷㄹ의 넓이는 $9\times 5\div 2=45\div 2=\dfrac{45}{2}=22\dfrac{1}{2}$ (cm²)입니다. 색칠한 부분의 넓이는 (마름모 ㄱㄴㄷㄹ의 넓이)÷4이므로

$$22\dfrac{1}{2}\div 4=\dfrac{45}{2}\div 4$$
$$=\dfrac{45}{2}\times\dfrac{1}{4}=\dfrac{45}{8}=5\dfrac{5}{8}\ (\text{cm}^2)$$입니다.

07 (분수)÷(자연수)는 (자연수)를 $\dfrac{1}{(\text{자연수})}$로 바꾼 다음 곱하여 계산할 수 있습니다.

08 예 어떤 수에 12를 곱하여 $2\dfrac{2}{3}$가 되었으므로 어떤 수는 $2\dfrac{2}{3}\div 12=\dfrac{8}{3}\div 12=\dfrac{\overset{2}{\cancel{8}}}{3}\times\dfrac{1}{\underset{3}{\cancel{12}}}=\dfrac{2}{9}$입니다.

따라서 바르게 계산하면 $\dfrac{2}{9}\div 12=\dfrac{\overset{1}{\cancel{2}}}{9}\times\dfrac{1}{\underset{6}{\cancel{12}}}=\dfrac{1}{54}$입니다.

채점 기준

어떤 수를 구한 경우	50 %
바르게 계산한 결과를 구한 경우	50 %

09 계산 결과가 가장 작은 나눗셈은 분자는 작게, 분모와 나누는 수는 크게 하여 만들 수 있습니다.

10 $2\dfrac{2}{3}\div 2=\dfrac{8}{3}\div 2=\dfrac{8}{3}\times\dfrac{1}{2}=\dfrac{8}{6}$이므로 $\dfrac{\square}{6}<\dfrac{8}{6}$에서 $\square<8$입니다. 따라서 □ 안에 들어갈 수 있는 자연

수 중에서 가장 큰 수는 7입니다.

11 (대분수)÷(자연수)는 대분수를 가분수로 바꾸고 분자를 자연수로 나누어 계산할 수 있습니다. 또한 대분수를 가분수로 바꾸고 나눗셈을 곱셈으로 나타내어 계산할 수도 있습니다.

12 ① $\dfrac{9}{5}\div 7=\dfrac{9}{5}\times\dfrac{1}{7}=\dfrac{9}{35}$

② $4\dfrac{1}{5}\div 3=\dfrac{21}{5}\div 3=\dfrac{21\div 3}{5}=\dfrac{7}{5}=1\dfrac{2}{5}$

③ $\dfrac{21}{2}\div 10=\dfrac{21}{2}\times\dfrac{1}{10}=\dfrac{21}{20}=1\dfrac{1}{20}$

④ $3\dfrac{2}{7}\div 4=\dfrac{23}{7}\div 4=\dfrac{23}{7}\times\dfrac{1}{4}=\dfrac{23}{28}$

⑤ $1\dfrac{11}{12}\div 2=\dfrac{23}{12}\div 2=\dfrac{23}{12}\times\dfrac{1}{2}=\dfrac{23}{24}$

따라서 몫이 1보다 큰 것은 ②, ③입니다.

참고 나누어지는 수가 나누는 수보다 크면 몫이 1보다 큽니다.

13 (평행사변형의 넓이)=(밑변의 길이)×(높이)이므로 (높이)=(평행사변형의 넓이)÷(밑변의 길이)입니다. 따라서 평행사변형의 높이는

$$46\div 8=\dfrac{46}{8}=\dfrac{23}{4}=5\dfrac{3}{4}\ (\text{cm})$$입니다.

14 ㉠$=10\dfrac{2}{5}\div 4=\dfrac{52}{5}\div 4=\dfrac{52\div 4}{5}=\dfrac{13}{5}=2\dfrac{3}{5}$

㉡$=\dfrac{14}{9}\div 2=\dfrac{14\div 2}{9}=\dfrac{7}{9}$

➡ ㉠×㉡$=2\dfrac{3}{5}\times\dfrac{7}{9}=\dfrac{13}{5}\times\dfrac{7}{9}=\dfrac{91}{45}=2\dfrac{1}{45}$

15 예 빈 쟁반의 무게가 $\dfrac{3}{5}$ kg이므로 사과 10개의 무게는 $3\dfrac{1}{5}-\dfrac{3}{5}=2\dfrac{3}{5}$ (kg)입니다. 사과 10개의 무게가 $2\dfrac{3}{5}$ kg이므로 사과 한 개의 무게는

$2\dfrac{3}{5}\div 10=\dfrac{13}{5}\div 10=\dfrac{13}{5}\times\dfrac{1}{10}=\dfrac{13}{50}$ (kg)입니다.

채점 기준

사과 10개의 무게를 구한 경우	50 %
사과 한 개의 무게를 구한 경우	50 %

16 $\dfrac{18}{11} \div 9 = \dfrac{18 \div 9}{11} = \dfrac{2}{11}$

$13\dfrac{2}{5} \div 10 = \dfrac{67}{5} \div 10 = \dfrac{67}{5} \times \dfrac{1}{10} = \dfrac{67}{50} = 1\dfrac{17}{50}$

$12\dfrac{3}{5} \div 3 = \dfrac{63}{5} \div 3 = \dfrac{63 \div 3}{5} = \dfrac{21}{5} = 4\dfrac{1}{5}$

17 한 병에 $1\dfrac{2}{5}$ L씩 들어 있는 주스가 2병 있으므로 주스는 모두 $1\dfrac{2}{5} \times 2 = \dfrac{7}{5} \times 2 = \dfrac{14}{5} = 2\dfrac{4}{5}$ (L)입니다.

이 주스를 10명이 똑같이 나누어 마시려면 한 명이 마실 수 있는 주스는

$2\dfrac{4}{5} \div 10 = \dfrac{14}{5} \div 10 = \dfrac{\overset{7}{14}}{5} \times \dfrac{1}{\underset{5}{10}} = \dfrac{7}{25}$ (L)입니다.

18 $\square \times 7 = \dfrac{8}{9}$ 이므로 $\square = \dfrac{8}{9} \div 7$ 입니다.

$\dfrac{8}{9} \div 7 = \dfrac{8}{9} \times \dfrac{1}{7} = \dfrac{8}{63}$ 이므로

$\square$ 안에 알맞은 수는 $\dfrac{8}{63}$ 입니다.

19 (사다리꼴의 넓이)

$= ((윗변의 길이) + (아랫변의 길이)) \times (높이) \div 2$

$= \left(2\dfrac{2}{3} + 3\dfrac{1}{3}\right) \times (높이) \div 2 = 10\dfrac{2}{5}$ 에서

$6 \times (높이) \div 2 = 10\dfrac{2}{5}$ 이므로

$6 \times (높이) = 10\dfrac{2}{5} \times 2 = \dfrac{52}{5} \times 2 = \dfrac{104}{5}$,

$(높이) = \dfrac{104}{5} \div 6 = \dfrac{\overset{52}{104}}{5} \times \dfrac{1}{\underset{3}{6}}$

$= \dfrac{52}{15} = 3\dfrac{7}{15}$ (cm)입니다.

20 20분 동안 $10\dfrac{2}{7}$ km를 갈 수 있으므로 1분 동안 갈 수 있는 거리는

$10\dfrac{2}{7} \div 20 = \dfrac{72}{7} \div 20 = \dfrac{\overset{18}{72}}{7} \times \dfrac{1}{\underset{5}{20}} = \dfrac{18}{35}$ (km)입니다.

1단원 서술형·논술형 평가 12~13쪽

01 풀이 참조, $\dfrac{1}{4}$ m

02 풀이 참조, $\dfrac{3}{14}$ m

03 풀이 참조, 2개

04 풀이 참조, $\dfrac{7}{50}$ L

05 풀이 참조, $5\dfrac{1}{15}\left(=\dfrac{76}{15}\right)$ cm

06 풀이 참조, $\dfrac{19}{180}$

07 풀이 참조, 2, 3, 4, 5, 6

08 풀이 참조, $\dfrac{31}{45}$ m

09 풀이 참조, $1\dfrac{3}{10}\left(=\dfrac{13}{10}\right)$ g

10 풀이 참조, $1\dfrac{7}{24}\left(=\dfrac{31}{24}\right)$ 배

01 예 1 m짜리 끈을 4명이 똑같이 나누어 사용하려고 하므로 한 명이 사용할 끈은 $1 \div 4$를 하여 구할 수 있습니다. 따라서 한 명이 사용할 끈은 $1 \div 4 = \dfrac{1}{4}$ (m)입니다.

채점 기준

한 명이 사용할 끈의 길이를 구하는 식을 바르게 쓴 경우	50 %
한 명이 사용할 끈의 길이를 구한 경우	50 %

02 예 길이가 $1\dfrac{2}{7}$ m인 철사를 겹치지 않게 모두 사용하여 정육각형모양을 만들었으므로 $1\dfrac{2}{7}$ m는 정육각형의 여섯 변의 길이의 합과 같습니다. 따라서 정육각형의 한 변의 길이는 $1\dfrac{2}{7} \div 6 = \dfrac{9}{7} \div 6 = \dfrac{\overset{3}{9}}{7} \times \dfrac{1}{\underset{2}{6}} = \dfrac{3}{14}$ (m)입니다.

채점 기준

정육각형의 한 변의 길이를 구하는 식을 바르게 쓴 경우	50 %
정육각형의 한 변의 길이를 구한 경우	50 %

03 예 $2\dfrac{1}{7} \div 4 = \dfrac{15}{7} \div 4 = \dfrac{15}{7} \times \dfrac{1}{4} = \dfrac{15}{28}$ 이므로

$\dfrac{15}{28} > \dfrac{\square}{28}$ 입니다.

따라서 □ 안에 들어갈 수 있는 수는 15보다 작은 수이므로 들어갈 수 없는 수는 16, 20으로 모두 2개입니다.

$2\frac{1}{7} \div 4$의 몫을 구한 경우	40 %
□ 안에 들어갈 수 있는 수의 조건을 바르게 설명한 경우	30 %
□ 안에 들어갈 수 없는 수의 개수를 구한 경우	30 %

04 〔예〕 우유 $\frac{7}{10}$ L를 5명이 똑같이 나누어 마시려고 하므로 한 명이 마실 수 있는 우유의 양은

$$\frac{7}{10} \div 5 = \frac{7}{10} \times \frac{1}{5} = \frac{7}{50} \text{(L)입니다.}$$

한 명이 마실 수 있는 우유의 양을 구하는 식을 바르게 쓴 경우	50 %
한 명이 마실 수 있는 우유의 양을 구한 경우	50 %

05 〔예〕 (삼각형의 넓이)=(밑변의 길이)×(높이)÷2이므로 $5 \times$ (높이) $\div 2 = 12\frac{2}{3}$ (cm²)입니다.

$$5 \times \text{(높이)} = 12\frac{2}{3} \times 2 = \frac{38}{3} \times 2 = \frac{76}{3} \text{이므로}$$

$$\text{(높이)} = \frac{76}{3} \div 5 = \frac{76}{3} \times \frac{1}{5} = \frac{76}{15} = 5\frac{1}{15} \text{(cm)입니다.}$$

삼각형의 넓이를 구하는 식을 이용하여 높이를 구하는 식을 바르게 쓴 경우	50 %
삼각형의 높이를 구한 경우	50 %

06 〔예〕 어떤 수에 4를 곱하였더니 $2\frac{1}{9}$이 되었으므로 어떤 수는 $2\frac{1}{9} \div 4 = \frac{19}{9} \div 4 = \frac{19}{9} \times \frac{1}{4} = \frac{19}{36}$입니다.

따라서 어떤 수를 5로 나눈 몫은

$$\frac{19}{36} \div 5 = \frac{19}{36} \times \frac{1}{5} = \frac{19}{180} \text{입니다.}$$

어떤 수를 구한 경우	50 %
어떤 수를 5로 나눈 몫을 구한 경우	50 %

07 〔예〕 ㉠$=12\frac{3}{5} \div 7 = \frac{63}{5} \div 7 = \frac{63 \div 7}{5} = \frac{9}{5} = 1\frac{4}{5}$

㉡$=32\frac{1}{2} \div 5 = \frac{65}{2} \div 5 = \frac{65 \div 5}{2} = \frac{13}{2} = 6\frac{1}{2}$

㉠ 초과 ㉡ 미만인 수의 범위는 $1\frac{4}{5}$ 초과 $6\frac{1}{2}$ 미만인 수이므로 이 수의 범위에 있는 자연수는 2, 3, 4, 5, 6 입니다.

㉠을 구한 경우	40 %
㉡을 구한 경우	40 %
㉠ 초과 ㉡ 미만인 수의 범위에 있는 자연수를 모두 구한 경우	20 %

08 〔예〕 똑같은 정삼각형 모양을 3개 만들었으므로 정삼각형 한 개의 변의 길이의 합은

$$6\frac{1}{5} \div 3 = \frac{31}{5} \div 3 = \frac{31}{5} \times \frac{1}{3} = \frac{31}{15} = 2\frac{1}{15} \text{(m)입}$$

니다. 정삼각형은 세 변의 길이가 모두 같으므로 정삼각형의 한 변의 길이는

$$2\frac{1}{15} \div 3 = \frac{31}{15} \div 3 = \frac{31}{15} \times \frac{1}{3} = \frac{31}{45} \text{(m)입니다.}$$

정삼각형 한 개의 변의 길이의 합을 구한 경우	50 %
정삼각형의 한 변의 길이를 구한 경우	50 %

09 〔예〕 연필 9자루의 무게가 $49\frac{1}{2}$ g이므로

연필 1자루의 무게는

$$49\frac{1}{2} \div 9 = \frac{99}{2} \div 9 = \frac{99 \div 9}{2} = \frac{11}{2} = 5\frac{1}{2} \text{(g)입}$$

니다.

볼펜 8자루의 무게가 $54\frac{2}{5}$ g이므로

볼펜 1자루의 무게는

$$54\frac{2}{5} \div 8 = \frac{272}{5} \div 8 = \frac{272 \div 8}{5} = \frac{34}{5} = 6\frac{4}{5} \text{(g)입}$$

니다.

따라서 연필 1자루와 볼펜 1자루의 무게의 차는

$$6\frac{4}{5} - 5\frac{1}{2} = 6\frac{8}{10} - 5\frac{5}{10} = 1\frac{3}{10} \text{(g)입니다.}$$

채점 기준

연필 1자루의 무게를 구한 경우	40 %
볼펜 1자루의 무게를 구한 경우	40 %
연필 1자루와 볼펜 1자루의 무게의 차를 구한 경우	20 %

10 예 직사각형의 가로는

$$46\frac{1}{2}\div6=\frac{93}{2}\div6=\frac{\overset{31}{93}}{2}\times\frac{1}{\underset{2}{6}}=\frac{31}{4}=7\frac{3}{4}\,(\text{cm})$$

입니다.

따라서 가로는 세로의

$$7\frac{3}{4}\div6=\frac{31}{4}\div6=\frac{31}{4}\times\frac{1}{6}=\frac{31}{24}=1\frac{7}{24}\,(\text{배})$$입니다.

직사각형의 가로를 구한 경우	50 %
직사각형의 가로는 세로의 몇 배인지 구한 경우	50 %

2 각기둥과 각뿔

2단원 쪽지 시험 2. 각기둥과 각뿔

01 나	**02** 2개
03 3개	**04** 삼각기둥
05 15개, 10개	**06** 선분 ㅌㅍ
07 4개	**08** 나
09 1개, 8개	**10** 16개, 9개

01 각기둥은 두 면이 서로 평행하고 합동인 다각형으로 이루어진 기둥 모양의 입체도형입니다.

02 각기둥의 밑면은 2개입니다.

03 각기둥의 옆면은 밑면과 만나는 면이므로 주어진 각기둥의 옆면은 3개입니다.

04 주어진 각기둥은 밑면의 모양이 삼각형인 삼각기둥입니다.

05 주어진 각기둥은 밑면이 오각형인 오각기둥이므로 모서리의 수는 $5\times3=15$(개), 꼭짓점의 수는 $5\times2=10$(개)입니다.

06 전개도를 접었을 때 점 ㅊ과 점 ㅌ, 점 ㅈ과 점 ㅍ이 만나므로 선분 ㅊㅈ과 맞닿는 선분은 선분 ㅌㅍ입니다.

07 전개도를 접었을 때 면 ㄹㅁㅂㅅ과 수직으로 만나는 면은 면 ㄱㄴㄷㅎ, 면 ㅎㄷㄹㅋ, 면 ㅋㄹㅅㅊ, 면 ㅊㅅㅇㅈ입니다.

08 가는 각기둥입니다.
다는 밑면이 다각형이 아닌 뿔 모양입니다.

09 주어진 각뿔의 밑면은 1개, 옆면은 8개입니다.

10 밑면이 팔각형인 팔각뿔이므로 모서리의 수는 $8\times2=16$(개), 꼭짓점의 수는 $8+1=9$(개)입니다.

학교 시험 만점왕 1회 2. 각기둥과 각뿔

01 ①, ③, ④

02 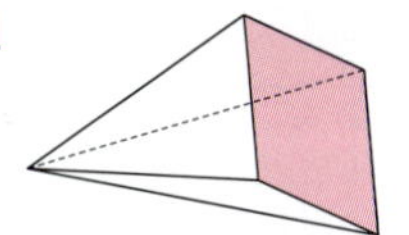

03 7개

04 칠각기둥

05 (위에서부터) 모서리, 높이, 꼭짓점

06 예
(1 cm × 1 cm 모눈종이에 그린 전개도)

07 공통점 예 밑면의 모양이 같습니다.

차이점 예 각기둥은 밑면이 2개, 각뿔은 밑면이 1개입니다.

08 육각뿔

09 8 cm

10 삼각형, 직사각형, 삼각기둥

11 (삼각뿔 그림)

12 ②, ©, ㉠, ㉡

13 (1) ○ (2) ○ (3) ×

14 풀이 참조, 3 cm

15 1개, 7개

16 5개

17 25개

18 ㉠, ②, ㉡, ©

19 9개

20 (위에서부터) 4, 4, 6

---

01 ②, ⑤는 각뿔입니다.

02 각기둥의 밑면은 각기둥에서 서로 평행하고 합동인 두 면입니다.

04 주어진 각기둥은 밑면이 칠각형이므로 칠각기둥입니다.

05 각기둥에서 면과 면이 만나는 선분을 모서리라 하고, 모서리와 모서리가 만나는 점을 꼭짓점이라 하며, 두 밑면 사이의 거리를 높이라고 합니다.

06 각기둥의 전개도를 그릴 때에는 잘린 모서리는 실선으로, 잘리지 않은 모서리는 점선으로 그립니다. 또 전개도를 접었을 때 맞닿는 선분의 길이는 같게 그리고, 서

로 겹치는 면이 없게 그립니다.

07
채점 기준	
공통점을 바르게 쓴 경우	50 %
차이점을 바르게 쓴 경우	50 %

08 밑면의 모양이 육각형인 각뿔은 육각뿔입니다.

09 각기둥의 높이는 두 밑면 사이의 거리입니다.

10 옆면의 모양이 직사각형이므로 각기둥이고, 밑면의 모양이 삼각형이므로 삼각기둥입니다.

12 ㉠ 육각기둥의 면의 수: $6+2=8$(개)
㉡ 육각뿔의 면의 수: $6+1=7$(개)
© 팔각기둥의 면의 수: $8+2=10$(개)
② 십각뿔의 면의 수: $10+1=11$(개)
따라서 면의 수가 많은 것부터 순서대로 기호를 쓰면
②, ©, ㉠, ㉡입니다.

13 (3) (각기둥의 모서리의 수)=(한 밑면의 변의 수)×3

14 예 (팔각기둥의 모서리의 길이의 합)
=(정팔각형의 둘레)×2+(높이)×8
모든 모서리의 길이의 합이 112 cm이므로
(정팔각형의 둘레)×2
=$112-8×8=112-64=48$ (cm)입니다.
따라서 정팔각형의 둘레가 $48÷2=24$ (cm)이므로
한 변의 길이는 $24÷8=3$ (cm)입니다.

채점 기준	
정팔각형의 둘레를 구한 경우	50 %
정팔각형의 한 변의 길이를 구한 경우	50 %

15 밑면의 모양이 칠각형이므로 칠각뿔입니다.
칠각뿔의 밑면의 수는 1개, 옆면의 수는 7개입니다.

16 각기둥이 되려면 적어도 옆면이 3개가 되어야 합니다.
옆면이 3개인 기둥은 삼각기둥이고, 삼각기둥은 면이 5개입니다.

17 전개도를 접었을 때 만들어지는 입체도형은 오각기둥입니다. 오각기둥의 모서리의 수는 $5×3=15$(개), 꼭짓점의 수는 $5×2=10$(개)이므로 모서리의 수와 꼭

짓점의 수의 합은 15＋10＝25(개)입니다.

18 ㉠ 구각뿔의 모서리의 수: 9×2＝18(개)

㉡ 육각기둥의 꼭짓점의 수: 6×2＝12(개)

㉢ 칠각기둥의 면의 수: 7＋2＝9(개)

㉣ 팔각뿔의 모서리의 수: 8×2＝16(개)

따라서 수가 많은 것부터 순서대로 기호를 쓰면
㉠, ㉣, ㉡, ㉢입니다.

19 밑면은 다각형 한 개이고, 옆면은 모양과 크기가 같은
삼각형 10개로 이루어진 입체도형은 십각뿔입니다. 십
각뿔의 모서리의 수는 10×2＝20(개)이고, 꼭짓점의
수는 10＋1＝11(개)이므로 모서리의 수와 꼭짓점의
수의 차는 20－11＝9(개)입니다.

20 전개도를 접었을 때 맞닿는 변은 길이가 같아야 합니
다.

01 각기둥　　　　　　　**02** 육각기둥

03 면 ㄱㄴㄷㄹㅁ, 면 ㅂㅅㅇㅈㅊ

04 면 ㄴㅅㅇㄷ, 면 ㄷㅇㅈㄹ, 면 ㄹㅈㅊㅁ, 면 ㄱㅂㅊㅁ,
면 ㄴㅅㅂㄱ

05 8, 10, 24, 16　　　　**06** 십이각뿔

07 ㉢, 예 각뿔의 모서리의 수는 (밑면의 변의 수)×2와 같습
니다.

08 5개　　　　　　　　　**09** ㉢

10 ㉠　　　　　　　　　　**11** 2.5 cm

12 없습니다에 ○표, 예 각기둥은 두 밑면이 서로 합동이어
야 하는데 두 밑면이 합동이 아니므로 각기둥의 전개도가
될 수 없습니다.

13 60 cm　　　　　　　**14** 팔각기둥

15 12개　　　　　　　　**16** 윤규

17 예

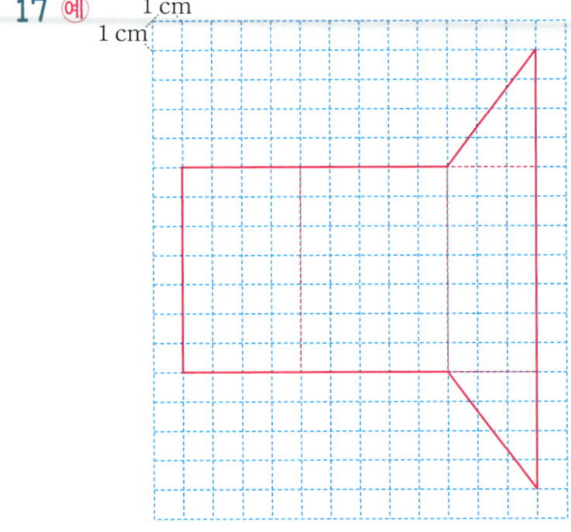

18 7 cm　　　　　　　**19** 16개

20 면 ㅈㄱㅊ

01 두 면이 서로 평행하고 합동인 다각형으로 이루어진 기
둥 모양의 입체도형을 각기둥이라고 합니다.

02 주어진 각기둥은 밑면의 모양이 육각형이므로 육각기
둥입니다.

03 각기둥에서 밑면은 서로 평행하고 합동인 두 면입니다.

04 각기둥에서 옆면은 두 밑면과 만나는 면입니다.

05 (각기둥의 면의 수)＝(한 밑면의 변의 수)＋2,
(각기둥의 모서리의 수)＝(한 밑면의 변의 수)×3,
(각기둥의 꼭짓점의 수)＝(한 밑면의 변의 수)×2입니다.

06 밑면의 모양이 십이각형이므로 십이각뿔입니다.

07

채점 기준	
설명 중 옳지 않은 것을 찾은 경우	50 %
옳지 않은 것을 바르게 고친 경우	50 %

08 밑면의 모양이 사각형이고, 옆면의 모양이 삼각형이므로 사각뿔입니다. 사각뿔의 면의 수는
(밑면의 변의 수)$+1=4+1=5$(개)입니다.

09 각뿔의 높이는 각뿔의 꼭짓점에서 밑면에 수직으로 그은 선분의 길이입니다.

10 모든 옆면이 만나는 꼭짓점은 ㉠으로 각뿔의 꼭짓점이라고 합니다.

11 각기둥의 높이는 두 밑면 사이의 거리를 재면 됩니다.

12

채점 기준	
각기둥의 전개도가 될 수 없다고 표시한 경우	50 %
각기둥의 전개도가 될 수 없는 이유를 바르게 설명한 경우	50 %

13 각기둥의 한 밑면의 둘레는 $5+4+5+4=18$ (cm)이고, 밑면이 2개이므로 두 밑면의 둘레의 합은 $18\times2=36$ (cm)입니다. 각기둥의 높이는 6 cm이고, 길이가 같은 모서리가 4개 있으므로
$6\times4=24$ (cm)입니다.
따라서 모든 모서리의 길이의 합은
$36+24=60$ (cm)입니다.

14 두 밑면의 변의 수의 합이 16개이면 한 밑면의 변의 수는 $16\div2=8$(개)입니다. 한 밑면의 변의 수가 8개인 각기둥은 팔각기둥입니다.

15 오각뿔의 옆면의 수는 5개입니다. 칠각기둥의 옆면의 수는 7개입니다. 따라서 두 입체도형의 옆면의 수의 합은 $5+7=12$(개)입니다.

16 윤규: 각뿔은 밑면이 1개입니다.

17 각기둥의 전개도를 그릴 때는 잘린 모서리는 실선으로, 잘리지 않은 모서리는 점선으로 그립니다. 전개도를 접었을 때 맞닿는 선분의 길이는 같게 그리고, 전개도를 접었을 때 서로 겹치는 면이 없게 그립니다.

18 (오각기둥의 모서리의 길이의 합)
$=$(정오각형의 둘레)$\times2+$(높이)$\times5$
오각기둥의 모든 모서리의 길이의 합이 115 cm이므로
(정오각형의 둘레)$\times2$
$=115-9\times5=115-45=70$ (cm)입니다.
따라서 정오각형의 둘레가 $70\div2=35$ (cm)이므로
한 변의 길이는 $35\div5=7$ (cm)입니다.

19 밑면이 1개이고 옆면이 모두 삼각형이므로 이 입체도형은 각뿔이고, 꼭짓점이 9개이므로 밑면의 모양이 팔각형인 팔각뿔입니다. 팔각뿔의 모서리의 수는
$8\times2=16$(개)입니다.

20 전개도를 접었을 때 면 ㅁㅂㅅ과 만나지 않는 면은 서로 평행한 면이므로 면 ㅈㄱㅊ입니다.

2단원 서술형·논술형 평가 (22~23쪽)

01 풀이 참조
02 풀이 참조
03 풀이 참조, 14개
04 풀이 참조, 70 cm
05 ㉡, 풀이 참조
06 풀이 참조, 십이각기둥
07 풀이 참조, 4 cm
08 풀이 참조, 47개
09 풀이 참조, 440 cm^2
10 풀이 참조, 십이각뿔

01 **예** 각뿔은 한 면이 다각형이고 다른 면이 모두 삼각형인 입체도형입니다. 주어진 도형은 밑면이 다각형이 아니므로 각뿔이 아닙니다.

채점 기준	
각뿔이 아닌 이유를 바르게 설명한 경우	100 %

02 **공통점** **예** 밑면이 육각형입니다.
차이점 **예** 각기둥은 밑면이 2개이고 각뿔은 밑면이 1개입니다.

채점 기준	
육각기둥과 육각뿔의 공통점을 바르게 쓴 경우	50 %
육각기둥과 육각뿔의 차이점을 바르게 쓴 경우	50 %

03 **예** 모서리의 수가 21개이므로 각기둥의 한 밑면의 변의 수는 $21\div3=7$(개)입니다. 밑면의 변의 수가 7개인 각기둥은 칠각기둥이고, 칠각기둥의 꼭짓점의 수는 $7\times2=14$(개)입니다.

채점 기준	
각기둥의 모서리의 수를 이용해 각기둥의 한 밑면의 변의 수를 구한 경우	50 %
각기둥의 꼭짓점의 수를 구한 경우	50 %

04 ㉐ 밑면이 정오각형이므로 밑면의 둘레는
$4 \times 5 = 20 \,(cm)$입니다. 옆면이 이등변삼각형이고,
$10 \,cm$와 길이가 같은 변이 5개이므로 밑면이 아닌 모서리의 길이의 합은 $10 \times 5 = 50 \,(cm)$입니다.
따라서 각뿔의 모든 모서리의 길이의 합은
$20 + 50 = 70 \,(cm)$입니다.

채점 기준	
밑면의 둘레를 구한 경우	30 %
밑면이 아닌 모서리의 길이의 합을 구한 경우	30 %
각뿔의 모든 모서리의 길이의 합을 구한 경우	40 %

05 ㉐ 각기둥의 옆면은 직사각형입니다.

채점 기준	
설명 중 옳지 않은 것을 찾은 경우	50 %
옳지 않은 것을 바르게 고친 경우	50 %

06 ㉐ 서로 평행한 두 면이 합동인 다각형이고, 옆면이 직사각형이므로 주어진 입체도형은 각기둥입니다. 옆면이 직사각형 12개로 이루어져 있으므로 밑면의 모양이 십이각형이고 입체도형의 이름은 십이각기둥입니다.

채점 기준	
입체도형이 각기둥임을 찾은 경우	50 %
입체도형의 이름을 쓴 경우	50 %

07 ㉐ (구각기둥의 모든 모서리의 길이의 합)
$=$ (한 밑면의 둘레) $\times 2 +$ (높이) $\times 9$이고,
모든 모서리의 길이의 합이 $135 \,cm$이므로
$135 =$ (한 밑면의 둘레) $\times 2 + 7 \times 9$입니다.
(한 밑면의 둘레) $\times 2 = 72 \,(cm)$이므로
한 밑면의 둘레는 $72 \div 2 = 36 \,(cm)$이고, 정구각형은
9개의 변의 길이가 모두 같으므로 한 변의 길이는
$36 \div 9 = 4 \,(cm)$입니다.

채점 기준	
한 밑면의 둘레를 구한 경우	50 %
정구각형의 한 변의 길이를 구한 경우	50 %

08 ㉐ 각기둥의 꼭짓점의 수는 한 밑면의 변의 수의 2배이므로 꼭짓점의 수가 14개인 각기둥은 칠각기둥입니다.
각뿔의 꼭짓점의 수는 (밑면의 변의 수) $+1$과 같으므로 꼭짓점의 수가 14개인 각뿔은 십삼각뿔입니다.
칠각기둥의 모서리의 수는
(한 밑면의 변의 수) $\times 3 = 7 \times 3 = 21 \,(개)$입니다.
십삼각뿔의 모서리의 수는
(밑면의 변의 수) $\times 2 = 13 \times 2 = 26 \,(개)$입니다.
따라서 칠각기둥과 십삼각뿔의 모서리의 수의 합은
$21 + 26 = 47 \,(개)$입니다.

채점 기준	
꼭짓점의 수가 14개인 각기둥의 모서리의 수를 구한 경우	40 %
꼭짓점의 수가 14개인 각뿔의 모서리의 수를 구한 경우	40 %
각기둥과 각뿔의 모서리의 수의 합을 구한 경우	20 %

09 ㉐ 정팔각형의 한 변의 길이가 $5 \,cm$이므로 전개도에서 한 옆면의 가로는 $5 \,cm$입니다.
각기둥의 높이가 $11 \,cm$이므로 전개도에서 옆면의 세로는 $11 \,cm$입니다. 따라서 한 옆면의 넓이는
$5 \times 11 = 55 \,(cm^2)$이므로 모든 옆면의 넓이의 합은
(한 옆면의 넓이) $\times 8 = 55 \times 8 = 440 \,(cm^2)$입니다.

채점 기준	
한 옆면의 넓이를 구한 경우	40 %
모든 옆면의 넓이의 합을 구한 경우	60 %

10 ㉐ 각뿔의 모든 모서리의 길이의 합은 밑면의 둘레와 옆면의 모서리의 길이의 합으로 구할 수 있습니다. 밑면의 변의 수와 옆면의 모서리의 수가 같으므로 각뿔의 모든 모서리의 길이의 합은 $(3 + 7) \times$ (밑면의 변의 수)로 구할 수 있습니다. $10 \times$ (밑면의 변의 수) $= 120$이므로 밑면의 변의 수는 $120 \div 10 = 12 \,(개)$입니다. 따라서 십이각뿔입니다.

채점 기준	
각뿔의 밑면의 모양 또는 변의 수를 구한 경우	80 %
각뿔의 이름을 구한 경우	20 %

3 소수의 나눗셈

3단원 쪽지 시험 3. 소수의 나눗셈

01 (위에서부터) 33.1 / 9.93, 3.31

02 865, 865, 173, 1.73

03 (위에서부터) 3, 4, 5 / 1, 2 / 1, 8 / 1, 6 / 2, 0 / 2, 0

04 1.04

05 (　　)(○)

06 (1) 1.29 (2) 0.31

07 1.65, 9.06

08 >

09

10 (1) 4□2.3 (2) 3.9□5

01 나누는 수가 같을 때, 나누어지는 수가 $\frac{1}{10}$배, $\frac{1}{100}$배

가 되면 몫도 $\frac{1}{10}$배, $\frac{1}{100}$배가 됩니다.

➡ $99.3÷3=33.1$, $9.93÷3=3.31$

02 $8.65÷5=\dfrac{865}{100}÷5=\dfrac{865÷5}{100}=\dfrac{173}{100}=1.73$

04 $7.28÷7=1.04$

05 나누어지는 수가 나누는 수보다 작으면 몫이 1보다 작습니다. $3÷2$와 $4.8÷6$ 중에서 나누어지는 수가 나누는 수보다 작은 계산식은 $4.8÷6$입니다.

06 (1)
```
    1.2 9
5)6.4 5
    5
    1 4
    1 0
      4 5
      4 5
        0
```
(2)
```
    0.3 1
7)2.1 7
    2 1
      7
      7
      0
```

07 $6.6÷4=1.65$
$45.3÷5=9.06$

08 $88.8÷4=22.2$, $97.5÷5=19.5$
➡ $22.2>19.5$

09 $9÷4=2.25$, $11÷4=2.75$

10 (1) $211.5÷5$는 약 $200÷5$ ➡ 약 40으로 어림할 수 있으므로 몫의 2와 3 사이에 소수점을 찍습니다.
(2) $15.8÷4$는 약 $16÷4$ ➡ 약 4로 어림할 수 있으므로 몫의 3과 9 사이에 소수점을 찍습니다.

학교 시험 만점왕 1회 3. 소수의 나눗셈

01 1.1

02 2.58, 1.29

03 2□8.1, 2.8□1

04 (1) 0.35 (2) 0.86

05 (위에서부터) 5.25, 4.2

06 6.04

07 2, 3, 1

08 <

09 ㉡

10 2.15

11 1.5배

12 풀이 참조, 1.32 m^2

13 ㉡

14 5, 4, 3, 1.8

15 5.75

16 13.9 cm

17 6, 7, 8, 9

18 0, 3, 2

19 5.74 cm

20 풀이 참조, 21.05 m

01 $3.3÷3=1.1$

02 258 cm는 2.58 m이고, 129 cm는 1.29 m입니다. $258÷2=129$에서 나누는 수가 2로 같고 나누어지는 수가 2.58로 $\frac{1}{100}$배가 되면 몫도 1.29로 $\frac{1}{100}$배가 됩니다.

03 $843÷3=281$에서
나누는 수가 3으로 같을 때 나누어지는 수가 84.3으로 $\frac{1}{10}$배가 되면 몫도 28.1로 $\frac{1}{10}$배가 됩니다.
나누어지는 수가 8.43으로 $\frac{1}{100}$배가 되면 몫도 2.81로 $\frac{1}{100}$배가 됩니다.

04 (1)
$$
\begin{array}{r}
0.3\,5 \\
8\,)\overline{2.8} \\
\underline{2\,4} \\
4\,0 \\
\underline{4\,0} \\
0
\end{array}
$$

(2)
$$
\begin{array}{r}
0.8\,6 \\
4\,)\overline{3.4\,4} \\
\underline{3\,2} \\
2\,4 \\
\underline{2\,4} \\
0
\end{array}
$$

05 $21 \div 4 = 5.25$
$21 \div 5 = 4.2$

06 10이 2개, 1이 4개, 0.1이 1개, 0.01이 6개인 수는 24.16입니다.
➡ $24.16 \div 4 = 6.04$

07 $50.7 \div 6 = 8.45$, $64.4 \div 8 = 8.05$, $78.3 \div 9 = 8.7$
따라서 몫이 큰 순서대로 쓰면
$78.3 \div 9$, $50.7 \div 6$, $64.4 \div 8$입니다.

08 $5.58 \div 9 = 0.62$, $4.69 \div 7 = 0.67$
➡ $0.62 < 0.67$

09 36.63에서 소수점 이하를 버림하면 약 36입니다. $36 \div 9$의 몫은 약 4이므로 몫의 소수점은 4와 0 사이에 찍어야 합니다.

10 어떤 수에 8을 곱하여 17.2가 되었으므로 어떤 수는 $17.2 \div 8$로 구할 수 있습니다.
➡ $17.2 \div 8 = 2.15$

11 4.5 kg을 3 kg으로 나누어 무게가 몇 배인지 구할 수 있습니다.
➡ $4.5 \div 3 = 1.5$(배)

12 예 직사각형의 넓이: $2.4 \times 2.2 = 5.28 \,(\text{m}^2)$
학생 한 명이 색칠한 부분의 넓이는 직사각형의 넓이를 4로 나누어 구할 수 있습니다.
➡ $5.28 \div 4 = 1.32 \,(\text{m}^2)$

채점 기준

직사각형의 넓이를 구한 경우	40 %
학생 한 명이 색칠한 부분의 넓이를 구한 경우	60 %

13 ㉠은 나누어지는 수가 $6 \times 8 = 48$보다 크므로 몫이 8보다 큽니다.

㉡은 나누어지는 수가 $9 \times 8 = 72$보다 작으므로 몫이 8보다 작습니다.
따라서 형기가 계산한 나눗셈은 ㉡입니다.

14 (소수 한 자리 수)÷(자연수)의 몫이 가장 크려면 나누어지는 수가 가장 크고, 나누는 수가 가장 작아야 합니다. 따라서 나눗셈식은 $5.4 \div 3$입니다.
➡ $5.4 \div 3 = 1.8$

15 (어떤 수)$\times 4 = 92$이므로 (어떤 수)$= 92 \div 4 = 23$입니다.
따라서 바르게 계산하면 $23 \div 4 = 5.75$입니다.

16 (벽돌 한 개의 높이)$\times 8 = 111.2$이므로
(벽돌 한 개의 높이)$= 111.2 \div 8 = 13.9 \,(\text{cm})$입니다.

17 $9.3 \div 6 = 1.55$
$1.55 < 1.\square5$에서 비교하는 두 수의 자연수 부분과 소수 둘째 자리 숫자가 같으므로 $5 < \square$가 되어야 합니다.
따라서 5보다 큰 한 자리 자연수는 6, 7, 8, 9입니다.

18 ㉠, ㉡, ㉢은 한 자리 수이고 이 나눗셈은 나누어떨어집니다. 9단 곱셈구구에서 일의 자리 수가 7인 경우는 $9 \times 3 = 27$ 하나 뿐입니다. 따라서 ㉡$=3$이고, ㉢$=2$입니다. ㉢의 값이 2로 9보다 작기 때문에 ㉠에 알맞은 수는 0입니다.

$$
\begin{array}{r}
1.\;\boxed{0}\;\boxed{3} \\
9\,)\overline{9\,.\;\boxed{2}\;7} \\
\underline{9} \\
\boxed{2}\;\;7 \\
\underline{\boxed{2}\;\;7} \\
0
\end{array}
$$

19 마름모는 네 변의 길이가 같으므로 마름모의 둘레는 $8.61 \times 4 = 34.44 \,(\text{cm})$입니다. 마름모의 둘레와 정육각형의 둘레가 같으므로 정육각형의 둘레도 34.44 cm입니다. 정육각형은 여섯 개의 변의 길이가 모두 같으므로 정육각형의 한 변의 길이는 $34.44 \div 6 = 5.74 \,(\text{cm})$입니다.

20 예 시작과 끝 지점에도 꽃 모종을 심고, 모두 7개의 꽃 모종을 심어야 하므로 126.3 m를 6개의 간격으로 나

누어야 합니다. 따라서 꽃 모종 사이의 간격은
$126.3 \div 6 = 21.05 \, (\text{m})$입니다.

채점 기준

꽃 모종 사이의 간격의 수를 구한 경우	40 %
꽃 모종 사이의 간격을 구한 경우	60 %

학교 시험 만점왕 2회 3. 소수의 나눗셈

01 22.1, 2.21 **02** 26, 26, 52, 5.2
03 0.28 **04** (1) 1.95 (2) 4.15
05 2.45, 0.35
06 (위에서부터) 1.25, 0.8, 2.5, 1.6
07 ( )(○) **08** 4.02
09 (왼쪽 위에서부터 시계 방향으로) 1.35, 1.08, 0.9
10 0.32 **11** 14.05 cm
12

$$
\begin{array}{r}
5.4\,5 \\
6{\overline{\smash{)}\,3\,2.7}} \\
\underline{3\,0} \\
2\,7 \\
\underline{2\,4} \\
3\,0 \\
\underline{3\,0} \\
0
\end{array}
$$

13 5
14 풀이 참조, 30.5 g **15** 2.5 km
16 6.41 **17** 풀이 참조, 7.05 cm
18 2.7 **19** 0.22 L
20 3개

01 $884 \div 4 = 221$에서
나누는 수가 4로 같을 때 나누어지는 수가 88.4로 $\dfrac{1}{10}$ 배가 되면 몫도 22.1로 $\dfrac{1}{10}$배가 됩니다.
나누어지는 수가 8.84로 $\dfrac{1}{100}$배가 되면 몫도 2.21로 $\dfrac{1}{100}$배가 됩니다.

02 $26 \div 5 = \dfrac{26}{5} = \dfrac{26 \times 2}{5 \times 2}$
$ = \dfrac{52}{10} = 5.2$

03 $2.52 \div 9 = 0.28$

04 (1)

$$
\begin{array}{r}
1.9\,5 \\
6{\overline{\smash{)}\,1\,1.7}} \\
\underline{6} \\
5\,7 \\
\underline{5\,4} \\
3\,0 \\
\underline{3\,0} \\
0
\end{array}
$$

(2)

$$
\begin{array}{r}
4.1\,5 \\
8{\overline{\smash{)}\,3\,3.2}} \\
\underline{3\,2} \\
1\,2 \\
\underline{8} \\
4\,0 \\
\underline{4\,0} \\
0
\end{array}
$$

05 $14.7 \div 6 = 2.45$
$2.45 \div 7 = 0.35$

06 $10 \div 8 = 1.25$, $4 \div 5 = 0.8$
$10 \div 4 = 2.5$, $8 \div 5 = 1.6$

07 $12.2 \div 5 \Rightarrow$ 약 $12 \div 5 \Rightarrow$ 약 2이므로
24.4는 소수점을 잘못 찍은 것입니다.
$57.2 \div 8 \Rightarrow$ 약 $57 \div 8 \Rightarrow$ 약 7이므로
7.15는 소수점을 바르게 찍은 것입니다.

08 45.54, 54.72, 36.18 중에서 가장 작은 수는 36.18입니다.
$\Rightarrow 36.18 \div 9 = 4.02$

09 $5.4 \div 4 = 1.35$
$5.4 \div 5 = 1.08$
$5.4 \div 6 = 0.9$

10 $8 \div \square = 25$에서 $\square$는 8을 25로 나누어 구할 수 있습니다. $\Rightarrow \square = 8 \div 25 = 0.32$

11 빨간색 선의 길이는 정육면체의 한 모서리의 길이의 8배입니다. 따라서 정육면체의 한 모서리의 길이는 $112.4 \div 8 = 14.05 \, (\text{cm})$입니다.

12 $32.7 \div 6$은 약 $33 \div 6$이므로 몫의 자연수 부분은 한 자리 수여야 합니다. 잘못된 계산을 살펴보면 몫의 일의 자리에 써야 할 수인 5를 십의 자리에 쓰고, 몫을 54.5로 잘못 구했습니다.

13 $35 \div 7 = 5$이고, $42 \div 7 = 6$입니다. 35.42가 35보다 크고 42보다 작으므로 몫은 자연수 부분이 5인 소수라고 어림할 수 있습니다.

따라서 자연수 부분이 5인 소수보다 작은 수 중에서 가장 큰 자연수는 5입니다.

14 세 상자의 무게가 $550.5\,\text{g}$이므로 한 상자의 무게는 $550.5 \div 3 = 183.5\,(\text{g})$입니다. 여기서 빈 상자의 무게를 빼면 지우개만의 무게는 $183.5 - 0.5 = 183\,(\text{g})$입니다.

한 상자에 무게가 같은 지우개가 6개 들어 있으므로 지우개 한 개의 무게는 $183 \div 6 = 30.5\,(\text{g})$입니다.

채점 기준	
한 상자의 무게를 구한 경우	40 %
한 상자에 들어 있는 지우개만의 무게를 구한 경우	40 %
지우개 한 개의 무게를 구한 경우	20 %

15 $12\,\text{km}\ 500\,\text{m}$는 $12.5\,\text{km}$입니다.
$12.5 \div 5 = 2.5$이므로 지호가 하루에 달린 거리는 $2.5\,\text{km}$입니다.

16 $25 \bigstar 4 = 25 \div 4 + 4 \div 25$
$25 \div 4 = 6.25$, $4 \div 25 = 0.16$이므로
$25 \bigstar 4 = 6.25 + 0.16 = 6.41$입니다.

17 예 마름모의 한 변의 길이는 $18.8 \div 4 = 4.7\,(\text{cm})$입니다. 마름모의 한 변의 길이는 정삼각형의 한 변의 길이의 두 배이므로 정삼각형의 한 변의 길이는 $4.7 \div 2 = 2.35\,(\text{cm})$입니다. 따라서 정삼각형의 둘레는 $2.35 \times 3 = 7.05\,(\text{cm})$입니다.

채점 기준	
마름모의 한 변의 길이를 구한 경우	30 %
정삼각형의 한 변의 길이를 구한 경우	30 %
정삼각형의 둘레를 구한 경우	40 %

18 몫이 가장 큰 (소수 한 자리 수)÷(자연수)를 만들기 위해서는 (소수 한 자리 수)는 가장 큰 수가 되도록, (자연수)는 가장 작은 수가 되도록 합니다.

따라서 2, 4, 5 중에서 두 개의 수로 만들 수 있는 가장 큰 소수 한 자리 수는 5.4이므로 $5.4 \div 2 = 2.7$입니다.

19 $1.76 \div 8 = 0.22\,(\text{L})$

20 $2.8 \div 8 = 0.35$이므로 ㉠의 몫은 0.35입니다.
$4.96 \div 8 = 0.62$이므로 ㉡의 몫은 0.62입니다.
0.35보다 크고 0.62보다 작은 소수 한 자리 수는 0.4, 0.5, 0.6으로 모두 3개입니다.

3단원 서술형·논술형 평가 32~33쪽

01 풀이 참조, 1.25 km	02 풀이 참조, 0.76 L
03 풀이 참조, 0.45	04 풀이 참조, 1.38 km
05 풀이 참조, 강태호	06 풀이 참조, 1번 버스
07 풀이 참조, 2.2 cm	08 풀이 참조, 3.7
09 풀이 참조, 60 cm	10 풀이 참조, 1.52 m

01 $10\,\text{km}$를 로봇 4대가 똑같이 나누어 달릴 때 로봇 한 대가 달린 거리는 $10 \div 4 = 2.5\,(\text{km})$입니다.
$10\,\text{km}$를 로봇 8대가 똑같이 나누어 달릴 때 로봇 한 대가 달린 거리는 $10 \div 8 = 1.25\,(\text{km})$입니다.
따라서 두 거리의 차는 $2.5 - 1.25 = 1.25\,(\text{km})$입니다.

채점 기준	
로봇 4대가 달렸을 때 로봇 한 대가 달린 거리를 구한 경우	40 %
로봇 8대가 달렸을 때 로봇 한 대가 달린 거리를 구한 경우	40 %
로봇 한 대가 달린 거리의 차를 구한 경우	20 %

02 예 한 사람이 받은 딸기시럽의 양은 $1.92 \div 8 = 0.24\,(\text{L})$이고, 한 사람이 받은 우유의 양은 $4.16 \div 8 = 0.52\,(\text{L})$입니다.
따라서 한 사람이 만든 딸기우유의 양은 $0.24 + 0.52 = 0.76\,(\text{L})$입니다.

채점 기준	
한 사람이 받은 딸기시럽의 양을 구한 경우	40 %
한 사람이 받은 우유의 양을 구한 경우	40 %
한 사람이 만든 딸기우유의 양을 구한 경우	20 %

03 ⓐ 4, 5 두 개의 수로 만들 수 있는 나눗셈은 $4 \div 5$와 $5 \div 4$입니다.

$4 \div 5 = 0.8$, $5 \div 4 = 1.25$이므로

두 몫의 차는 $1.25 - 0.8 = 0.45$입니다.

두 가지 나눗셈식을 만든 경우	20 %
두 가지 나눗셈의 몫을 각각 구한 경우	40 %
두 몫의 차를 구한 경우	40 %

04 ⓐ (화요일부터 토요일까지 5일 동안 달린 거리)

$\qquad$ =(월요일부터 토요일까지 6일 동안 달린 거리)

$\qquad\qquad$ −(월요일에 달린 거리)

$\qquad$ $= 8 - 1.1 = 6.9 \, (km)$

화요일부터 토요일까지 5일 동안은 날마다 같은 거리를 달렸으므로 화요일에 달린 거리는

$6.9 \div 5 = 1.38 \, (km)$입니다.

화요일부터 토요일까지 달린 거리를 구한 경우	40 %
화요일에 달린 거리를 구한 경우	60 %

05 ⓐ 신지섭 선수는 6경기 이상 참가하지 않았으므로 득점왕 후보는 윤우성, 강태호 두 선수입니다.

윤우성 선수의 평균 득점: $98 \div 8 = 12.25$(점)

강태호 선수의 평균 득점: $93 \div 6 = 15.5$(점)

따라서 득점왕은 강태호 선수입니다.

득점왕 후보 중 신지섭 선수를 제외한 경우	30 %
두 선수의 평균 득점을 각각 구한 경우	40 %
득점왕이 누구인지 구한 경우	30 %

06 ⓐ 1시간 동안 이동한 평균 거리를 구하면

1번 버스는 $114.6 \div 4 = 28.65 \, (km)$,

2번 버스는 $130.6 \div 5 = 26.12 \, (km)$입니다.

따라서 더 빠르게 달린 버스는 1시간 동안 이동한 평균 거리가 더 긴 1번 버스입니다.

1시간 동안 이동한 평균 거리를 각각 구한 경우	60 %
더 빠르게 달린 버스를 구한 경우	40 %

07 ⓐ 온유가 조사한 버스 노선에 포함되는 정거장의 수를 먼저 구합니다.

펭수초등학교와 펭수상가 사이에 4개의 정거장이 있으므로 정거장의 수는 모두 8개입니다.

정거장의 수는 모두 8개이고, 시작과 끝에도 정거장을 표시했으므로 정거장 사이의 간격은 모두 7군데입니다.

따라서 선분의 길이를 정거장 사이의 간격의 수로 나누면 정거장 사이의 간격은 $15.4 \div 7 = 2.2 \, (cm)$입니다.

정거장의 수를 구한 경우	20 %
선분에서 정거장 사이의 간격의 수를 구한 경우	40 %
정거장 사이의 간격을 구한 경우	40 %

08 ⓐ 양념치킨을 좋아하는 학생 수는 간장치킨을 좋아하는 학생 수의 $30 \div 12 = 2.5$(배)입니다.

양념치킨을 좋아하는 학생 수는 후라이드치킨을 좋아하는 학생 수의 $30 \div 25 = 1.2$(배)입니다.

따라서 □와 △에 알맞은 수의 합은 $2.5 + 1.2 = 3.7$입니다.

□에 알맞은 수를 구한 경우	40 %
△에 알맞은 수를 구한 경우	40 %
□와 △에 알맞은 수의 합을 구한 경우	20 %

09 ⓐ 밑면인 정육각형의 한 모서리의 길이:

$15 \div 6 = 2.5 \, (cm)$

육각기둥의 높이: $2.5 \times 2 = 5 \, (cm)$

밑면 2개의 모서리의 길이의 합은 $15 \times 2 = 30 \, (cm)$이고, 높이에 해당하는 모서리 6개의 길이의 합은

$5 \times 6 = 30 \, (cm)$이므로 육각기둥의 모든 모서리의 길이의 합은 $30 + 30 = 60 \, (cm)$입니다.

밑면의 한 모서리의 길이를 구한 경우	40 %
높이를 구한 경우	20 %
모든 모서리의 길이의 합을 구한 경우	40 %

10 ⓐ 나연이가 잰 거리 중 분리선만의 길이는

$1 \, m$짜리 10개이므로 $10 \, m$입니다.

분리선을 제외한 거리의 길이는

$23.68-10=13.68\,(\text{m})$입니다.

분리선이 10개이므로 분리선 사이의 간격은 9군데입니다. 따라서 분리선 사이의 간격은

$13.68\div9=1.52\,(\text{m})$입니다.

채점 기준

분리선만의 길이를 구한 경우	20 %
분리선을 제외한 거리의 길이를 구한 경우	40 %
분리선 사이의 간격을 구한 경우	40 %

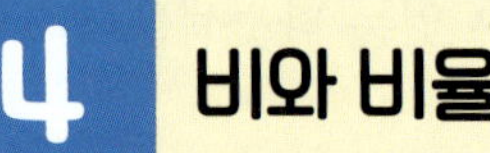

4단원 쪽지 시험 4. 비와 비율

01 4	02 (1) 1, 9 (2) 3, 7
03	04 $\dfrac{18}{25}$, 0.72
05 0.5	06 700
07 52 %	
08 (1) 3, 60, 60 (2) 100, 54, 54	
09 12.5, 17.5	10 17 %

---

01 탁자 1개에 의자가 4개씩 놓여 있으므로 의자의 수는 탁자의 수의 $4\div1=4$(배)입니다.

02 (1) 1의 9에 대한 비 ➡ $1:9$

(2) 7에 대한 3의 비 ➡ $3:7$

03 $4:7$에서 4는 비교하는 양이고 7은 기준량입니다.

04 분수 ➡ $\dfrac{54}{75}=\dfrac{54\div3}{75\div3}=\dfrac{18}{25}$

소수 ➡ $\dfrac{18}{25}=\dfrac{18\times4}{25\times4}=\dfrac{72}{100}=0.72$

05 전체는 작은 삼각형 12개로 이루어져 있고, 색칠한 부분은 작은 삼각형 6개입니다.

따라서 전체에 대한 색칠한 부분의 비율은 $\dfrac{6}{12}$이고 소수로 나타내면 $\dfrac{6}{12}=\dfrac{1}{2}=\dfrac{5}{10}=0.5$입니다.

06 아이스크림 수에 대한 가격의 비율을 구하면

$$\dfrac{(\text{가격})}{(\text{아이스크림 수})}=\dfrac{7000}{10}=700$$입니다.

07 전체는 작은 사각형 25개로 이루어져 있고, 색칠한 부분은 작은 사각형 13개입니다.

따라서 전체에서 색칠한 부분이 차지하는 백분율은

$$\dfrac{13}{25}\times100=52 ➡ 52\ \%$$입니다.

08 (1) $\dfrac{9}{15}=\dfrac{9\div3}{15\div3}=\dfrac{3}{5}=\dfrac{3\times20}{5\times20}=\dfrac{60}{100}=60\ \%$

(2) $0.54 \times 100 = 54$ ➡ 54 %

09 아이스티의 할인한 금액: $3200 - 2800 = 400$(원)

할인율: $\dfrac{(\text{할인한 금액})}{(\text{원래 가격})} \times 100$

$\qquad = \dfrac{400}{3200} \times 100 = 12.5$ ➡ 12.5 %

망고 주스의 할인한 금액: $4000 - 3300 = 700$(원)

할인율: $\dfrac{(\text{할인한 금액})}{(\text{원래 가격})} \times 100$

$\qquad = \dfrac{700}{4000} \times 100 = 17.5$ ➡ 17.5 %

10 소금물 전체 무게에서 소금이 차지하는 비율은 $\dfrac{51}{300}$

입니다. 비율을 백분율로 나타내면

$\dfrac{51}{300} \times 100 = 17$ ➡ 17 %입니다.

36~38쪽

학교 시험 만점왕 1회   4. 비와 비율

01 2	**02** (1) 4, 11 (2) 6, 9
03 (1) 7, 8 (2) 8, 7	**04** ㉡, ㉢
05 (1) $\dfrac{3}{5}$, 0.6 (2) $\dfrac{4}{5}$, 0.8	**06** $\dfrac{11}{14}$
07 $\dfrac{5}{8}$	**08** 84, 84
09 (◯)( )	**10** ㉠
11 <	**12** 78 %
13 18800원	**14** 풀이 참조, 0.8 cm
15 가 자동차	**16** 사랑, 행복
17 65 %	**18** 3680원
19 65 %	**20** 풀이 참조, 36 %

01 배드민턴 라켓 4개에 셔틀콕이 2개이므로 배드민턴 라켓의 수는 셔틀콕의 수의 $4 \div 2 = 2$(배)입니다.

02 (1) 4와 11의 비 ➡ $4 : 11$

(2) 9에 대한 6의 비 ➡ $6 : 9$

03 토마토 수는 8개, 가지 수는 7개입니다.

(1) 토마토 수에 대한 가지 수의 비 ➡ $7 : 8$

(2) 토마토 수의 가지 수에 대한 비 ➡ $8 : 7$

04 ㉠ $9 : 11$ ➡ 비교하는 양(9) < 기준량(11)

㉡ 7과 3의 비 ➡ 비교하는 양(7) > 기준량(3)

㉢ 8의 6에 대한 비 ➡ 비교하는 양(8) > 기준량(6)

㉣ 5에 대한 2의 비 ➡ 비교하는 양(2) < 기준량(5)

따라서 비교하는 양이 기준량보다 큰 비는 ㉡, ㉢입니다.

05 (1) $9 : 15$의 비율

기약분수 ➡ $\dfrac{9}{15} = \dfrac{9 \div 3}{15 \div 3} = \dfrac{3}{5}$

소수 ➡ $\dfrac{3}{5} = \dfrac{6}{10} = 0.6$

(2) 25에 대한 20의 비 ➡ $20 : 25$

기약분수 ➡ $\dfrac{20}{25} = \dfrac{20 \div 5}{25 \div 5} = \dfrac{4}{5}$

소수 ➡ $\dfrac{4}{5} = \dfrac{8}{10} = 0.8$

06 전체는 작은 사각형 14개로 이루어져 있고, 색칠한 부분은 작은 사각형 11개입니다. 따라서 전체에 대한 색칠한 부분의 비율을 분수로 나타내면 $\dfrac{11}{14}$입니다.

07 그림의 세로는 32 cm이고, 가로는 20 cm입니다. 세로에 대한 가로의 비는 $20 : 32$이고, 비율을 구하면 $\dfrac{20}{32} = \dfrac{5}{8}$입니다.

08 전체는 작은 사각형 100개로 이루어져 있고, 색칠한 부분은 작은 사각형 84개로 이루어져 있습니다.

전체에 대한 색칠한 부분의 비율을 구하면 $\dfrac{84}{100}$이므로 백분율로 나타내면 84 %입니다.

09 $18 : 48$의 비율은 $\dfrac{18}{48}$이므로 백분율로 나타내면

$\dfrac{18}{48} \times 100 = 37.5$ ➡ 37.5 %입니다.

10 비율을 백분율로 나타내어 비교합니다.

㉠ $\dfrac{1}{25} = \dfrac{4}{100} = 4$ %

㉡ 6.4 %

㉢ 0.05 ➡ $0.05 \times 100 = 5$ ➡ 5 %

따라서 비율이 가장 작은 것은 ㉠입니다.

11 비율을 백분율로 나타내어 비교합니다.

$\dfrac{7}{28} \times 100 = 25 \Rightarrow 25\,\%$이므로 $20\,\% < 25\,\%$입니다.

12 전체 좌석 수는 250석, 관객 수는 195명이므로 전체 좌석 수에 대한 관객 수의 비율을 백분율로 나타내면

$\dfrac{195}{250} \times 100 = 78 \Rightarrow 78\,\%$입니다.

13 23500원을 $20\,\%$ 할인받아 주문하였으므로 낸 돈은 23500원의 $80\,\%$입니다.

$\Rightarrow 23500 \times \dfrac{80}{100} = 18800(원)$

14 ⑩ (원래 직사각형의 넓이)$= 4 \times 3 = 12\,(\text{cm}^2)$

(새로운 직사각형의 넓이)$= 12 \times \dfrac{120}{100} = 14.4\,(\text{cm}^2)$

(새로운 가로의 길이)$\times 3 = 14.4$이므로

(새로운 가로의 길이)$= 14.4 \div 3 = 4.8\,(\text{cm})$입니다.

따라서 가로의 길이를 4 cm에서 4.8 cm로 0.8 cm 늘인 것입니다.

<table>
<tr><td colspan="2">채점 기준</td></tr>
<tr><td>원래 직사각형의 넓이를 구한 경우</td><td>20 %</td></tr>
<tr><td>새로운 직사각형의 넓이를 구한 경우</td><td>40 %</td></tr>
<tr><td>가로의 길이를 몇 cm 늘인 것인지 구한 경우</td><td>40 %</td></tr>
</table>

15 걸린 시간에 대한 이동 거리의 비율을 구하여 비교합니다.

가 자동차 $\Rightarrow \dfrac{216}{3} = 72$

나 자동차 $\Rightarrow \dfrac{345}{5} = 69$

가 자동차가 시간당 이동한 거리가 더 깁니다.
따라서 가 자동차가 더 빠르게 달렸습니다.

16 넓이에 대한 인구수의 비율을 구하여 비교합니다.

사랑 도시 $\Rightarrow \dfrac{588000}{210} = 2800$

행복 도시 $\Rightarrow \dfrac{798000}{380} = 2100$

따라서 사랑 도시가 행복 도시보다 같은 넓이에 사는 인구수가 더 많습니다.

17 (주황색 물감 전체의 양)$= 1.3 + 0.7 = 2\,(\text{L})$

(빨간색 물감의 양)$= 1.3\,\text{L}$

주황색 물감 전체 양에 대한 빨간색 물감의 양의 비율을 구하면 $1.3 \div 2 = 0.65$입니다.

따라서 비율을 백분율로 나타내면

$0.65 \times 100 = 65 \Rightarrow 65\,\%$입니다.

18 이번 달에 오른 금액은 3200원의 $15\,\%$이므로

$3200 \times \dfrac{15}{100} = 480(원)$입니다.

따라서 이번 달 배추 한 포기의 가격은

$3200 + 480 = 3680(원)$입니다.

19 승리한 경기 수는 전체 경기 수에서 비기거나 진 경기 수를 빼서 구할 수 있습니다.

승리한 경기 수: $40 - 6 - 8 = 26(경기)$

따라서 전체 경기 수에 대한 승리한 경기 수의 백분율은

$\dfrac{26}{40} \times 100 = 65 \Rightarrow 65\,\%$입니다.

20 ⑩ 50명 중 2번 보기를 선택한 학생은

$50 \times \dfrac{24}{100} = 12(명)$입니다.

3번 보기를 선택한 학생 수는 전체 학생 수에서 1번과 2번 보기를 선택한 학생 수를 빼서 구합니다.

$\Rightarrow 50 - (20 + 12) = 50 - 32 = 18(명)$

따라서 정답률을 구하면

$\dfrac{(정답자\ 수)}{(전체\ 학생\ 수)} \times 100 = \dfrac{18}{50} \times 100 = 36 \Rightarrow 36\,\%$입니다.

<table>
<tr><td colspan="2">채점 기준</td></tr>
<tr><td>2번 보기를 선택한 학생 수를 구한 경우</td><td>20 %</td></tr>
<tr><td>3번 보기를 선택한 학생 수를 구한 경우</td><td>20 %</td></tr>
<tr><td>정답률을 구한 경우</td><td>60 %</td></tr>
</table>

학교 시험 만점왕 2회 4. 비와 비율

01 (1) 4 (2) 3

02 (선으로 잇기)

03 ㉠, ㉣

04 30

05 60

06 예)

07 (1) 5 (2) 10

08 (1) 100, 35, 35 (2) 100, 38, 38

09 13.6

10 64 %

11 25, 45, 30

12 ㉡

13 64 %

14 $\dfrac{2}{3}$

15 나 가게

16 $\dfrac{1}{6}$

17 풀이 참조, 80 %

18 3반

19 0.75

20 풀이 참조, 나 은행

---

01 딸기의 수는 6개, 귤의 수는 2개입니다.

(1) $6-2=4$ ➡ 딸기가 귤보다 4개 더 많습니다.

(2) $6÷2=3$ ➡ 딸기의 수는 귤의 수의 3배입니다.

02 $2:11$에서 비교하는 양은 2이고, 기준량은 11입니다.

03 ㉠ 4와 12의 비 ➡ $4:12$

㉡ 12의 4에 대한 비 ➡ $12:4$

㉢ 4에 대한 12의 비 ➡ $12:4$

㉣ 12에 대한 4의 비 ➡ $4:12$

따라서 $4:12$를 바르게 읽은 것은 ㉠, ㉣입니다.

04 태극기의 가로와 세로의 비는 $30:20$입니다.

05 25번 던져서 15번을 넣었으므로 성공률은

$\dfrac{15}{25}×100=60$ ➡ 60 %입니다.

06 전체가 똑같이 8부분으로 나누어져 있습니다.

전체에 대한 색칠한 부분의 비율이 $\dfrac{5}{8}$가 되려면

8부분 중에서 5부분을 색칠해야 합니다.

07 (1) 비율 $\dfrac{5}{11}$를 비로 나타내면 $5:11$입니다.

(2) $8:\square$의 비율은 $\dfrac{8}{\square}$입니다.

➡ $\dfrac{8}{\square}=0.8=\dfrac{8}{10}$ ➡ $\square=10$

08 (1) $\dfrac{7}{20}×100=35$ ➡ 35 %

(2) $0.38×100=38$ ➡ 38 %

09 연료의 양에 대한 이동 거리의 비율을 소수로 나타내면

$\dfrac{68}{5}=\dfrac{136}{10}=13.6$입니다.

10 물은 $125-45=80\,(\text{g})$입니다.

유자차에서 물이 차지하는 비율은 $\dfrac{80}{125}$입니다.

백분율로 나타내면

$\dfrac{80}{125}×100=64$ ➡ 64 %입니다.

11 전체 학생 수는 $5+9+6=20$(명)입니다.

가위를 낸 학생의 백분율: $\dfrac{5}{20}×100=25$ ➡ 25 %

바위를 낸 학생의 백분율: $\dfrac{9}{20}×100=45$ ➡ 45 %

보를 낸 학생의 백분율: $\dfrac{6}{20}×100=30$ ➡ 30 %

12 ㉠ $6:10$의 비율은 $\dfrac{6}{10}=\dfrac{3}{5}$이고, $9:15$의 비율은

$\dfrac{9}{15}=\dfrac{3}{5}$이므로 비율이 같습니다.

㉡ $6:10$의 백분율은

$\dfrac{6}{10}×100=60$ ➡ 60 %입니다.

㉢ $6:10$의 비율을 분수로 나타내면 $\dfrac{6}{10}=\dfrac{3}{5}$입니다.

13 짜장면을 먹고 간 사람은 $50-18=32$(명)입니다.

따라서 전체 손님 중 짜장면을 먹고 간 사람의 백분율

은 $\dfrac{32}{50}×100=64$ ➡ 64 %입니다.

14 (2반이 모은 이면지의 양) : (1반이 모은 이면지의 양)

$=2:3$

따라서 $2:3$의 비율을 분수로 나타내면 $\dfrac{2}{3}$입니다.

15 가 가게의 할인한 가격은 28000원의 12 %이므로

$28000 \times \dfrac{12}{100} = 3360$(원)입니다.

가 가게의 가방 판매 가격: $28000 - 3360 = 24640$(원)

나 가게의 가방 판매 가격: 24600원

따라서 가방을 더 저렴하게 구입할 수 있는 가게는 나 가게입니다.

16 비교하는 양은 미숫가루의 양이고, 기준량은 물의 양이므로 비율은 $\dfrac{(\text{미숫가루의 양})}{(\text{물의 양})} = \dfrac{1}{6}$ 입니다.

17 예) 조각 한 개는 정사각형 4개입니다.

유은이가 그림에서 채운 부분은 6개의 퍼즐 조각이므로 정사각형 $4 \times 6 = 24$(개)입니다.

유은이가 추가로 채운 부분은 4개의 퍼즐 조각이므로 정사각형 $4 \times 4 = 16$(개)입니다.

따라서 유은이가 채운 부분은 정사각형 $24 + 16 = 40$(개)입니다.

전체 직사각형은 정사각형 50개이므로 전체에 대한 유은이가 채운 부분의 비율은 $\dfrac{40}{50}$이고,

백분율로 나타내면 $\dfrac{40}{50} \times 100 = 80$ ➡ 80 %입니다.

채점 기준

유은이가 채운 부분의 정사각형의 개수를 구한 경우	40 %
전체에 대한 유은이가 채운 부분의 백분율을 구한 경우	60 %

18 1반의 찬성률: $\dfrac{21}{28} \times 100 = 75$ ➡ 75 %

2반의 찬성률: $\dfrac{13}{26} \times 100 = 50$ ➡ 50 %

3반의 찬성률: $\dfrac{19}{25} \times 100 = 76$ ➡ 76 %

따라서 찬성률이 가장 높은 반은 3반입니다.

19 (정삼각형의 둘레) $= 1.5 \times 3 = 4.5$ (cm)

(마름모의 둘레) $= 1.5 \times 4 = 6$ (cm)

따라서 마름모의 둘레에 대한 정삼각형의 둘레의 비율은 $4.5 \div 6 = 0.75$입니다.

20 예) 가 은행의 이자율: $\dfrac{10000}{250000} \times 100 = 4$ ➡ 4 %

나 은행의 이자율: $\dfrac{9000}{200000} \times 100 = 4.5$ ➡ 4.5 %

따라서 이자율이 더 높은 은행은 나 은행입니다.

채점 기준

가 은행의 이자율을 구한 경우	40 %
나 은행의 이자율을 구한 경우	40 %
이자율이 더 높은 은행을 구한 경우	20 %

4단원 서술형·논술형 평가 42~43쪽

01 풀이 참조, 5000원　　**02** 풀이 참조, 2100 m

03 풀이 참조, 6잔　　**04** 풀이 참조, 거북 로봇

05 풀이 참조, 4명　　**06** 풀이 참조, 49 %

07 풀이 참조, 1800원　　**08** 풀이 참조, 25 %, 20 %

09 풀이 참조, 나 상점　　**10** 풀이 참조, 156000원

01 예) 물건값(100 %)에 10 %를 추가한 금액이 5500원이므로 물건값의 110 %가 5500원입니다.

따라서 물건값에 대한 5500원의 비율은 $\dfrac{110}{100}$입니다.

$\dfrac{110}{100} = \dfrac{110 \times 50}{100 \times 50} = \dfrac{5500}{5000}$이므로 물건값은 5000원입니다.

채점 기준

물건값에 대한 5500원의 비율을 구한 경우	40 %
물건값을 구한 경우	60 %

02 (지도에서의 거리) $\times 35000 = $ (실제 거리)이므로

지도에서 6 cm인 거리는 실제로 $6 \times 35000 = 210000$ (cm)입니다.

100 cm는 1 m이므로 210000 cm는 2100 m입니다.

채점 기준

실제 거리를 cm로 구한 경우	60 %
실제 거리를 m로 나타낸 경우	40 %

03 예 수혁이가 마시는 음료 한 잔에 대한 적립금을 구하면

$2300 \times \dfrac{10}{100} = 230$(원)입니다.

적립금만으로 2300원이 되려면 적어도

$2300 - 920 = 1380$(원)이 더 필요합니다.

앞으로 마실 음료를 □잔이라고 하면

$230 \times □ = 1380$이므로 □$=6$입니다.

따라서 앞으로 적어도 6잔을 더 마셔야 합니다.

음료 한 잔의 적립금을 구한 경우	40 %
적어도 몇 잔을 더 마셔야 하는지 구한 경우	60 %

04 예 걸린 시간(초)에 대한 이동 길이(cm)의 비율을 구하

면 토끼 로봇은 $\dfrac{10}{5} = 2$이고, 거북 로봇은

$\dfrac{15}{6} = \dfrac{5}{2} = 2.5$입니다.

따라서 같은 시간에 더 빠르게 이동한 로봇은 거북 로

봇입니다.

토끼 로봇의 걸린 시간에 대한 이동 길이의 비율을 구한 경우	40 %
거북 로봇의 걸린 시간에 대한 이동 길이의 비율을 구한 경우	40 %
같은 시간에 더 빠르게 이동한 로봇을 구한 경우	20 %

05 예 어제 관객 수: $200 \times \dfrac{85}{100} = 170$(명)

오늘 관객 수: $200 \times \dfrac{87}{100} = 174$(명)

따라서 어제와 오늘의 관객 수의 차는

$174 - 170 = 4$(명)입니다.

어제 관객 수를 구한 경우	40 %
오늘 관객 수를 구한 경우	40 %
관객 수의 차를 구한 경우	20 %

06 한 변의 길이가 7 cm인 정사각형의 넓이:

$7 \times 7 = 49 (\text{cm}^2)$

한 변의 길이가 10 cm인 정사각형의 넓이:

$10 \times 10 = 100 (\text{cm}^2)$

따라서 한 변의 길이가 7 cm인 정사각형의 넓이는 한

변의 길이가 10 cm인 정사각형의 넓이의

$\dfrac{49}{100} = 49$ %입니다.

두 정사각형의 넓이를 각각 구한 경우	50 %
넓이의 백분율을 구한 경우	50 %

07 예 중 · 고등학생 입장료는 성인 입장료의 80 %이므로

$4500 \times \dfrac{80}{100} = 3600$(원)입니다.

따라서 초등학생 입장료는 중 · 고등학생 입장료의 50 %

이므로 $3600 \times \dfrac{50}{100} = 1800$(원)입니다.

중 · 고등학생 입장료를 구한 경우	50 %
초등학생 입장료를 구한 경우	50 %

08 예 3월 대비 4월 매출 증가액은 200000원이고,

3월 매출액은 800000원이므로

3월 대비 4월 매출 증가율은

$\dfrac{200000}{800000} \times 100 = 25 \Rightarrow 25$ %입니다.

4월 대비 5월 매출 증가액은 200000원이고,

4월 매출액은 1000000원이므로

4월 대비 5월 매출 증가율은

$\dfrac{200000}{1000000} \times 100 = 20 \Rightarrow 20$ %입니다.

3월 대비 4월 매출 증가율을 구한 경우	50 %
4월 대비 5월 매출 증가율을 구한 경우	50 %

09 예 가 상점에서 구입할 경우

① 신발 구입 가격: $38400 \times \dfrac{80}{100} = 30720$(원)

② 실내화 구입 가격: $4500 \times \dfrac{90}{100} = 4050$(원)

➡ 두 물건을 사는 가격: $30720 + 4050 = 34770$(원)

나 상점에서 구입할 경우

① 신발 구입 가격: $40000 \times \dfrac{75}{100} = 30000$(원)

② 실내화 구입 가격: $5000 \times \dfrac{85}{100} = 4250$(원)

➡ 두 물건을 사는 가격: $30000+4250=34250$(원)

따라서 $34770>34250$이므로 가 상점보다 나 상점에서 구입하는 것이 더 저렴합니다.

가 상점에서 두 물건을 구입하는 금액을 구한 경우	40 %
나 상점에서 두 물건을 구입하는 금액을 구한 경우	40 %
더 저렴한 상점을 찾은 경우	20 %

10 〈예〉 예금한 금액은 100000원이고, 이자는

$104000-100000=4000$(원)이므로

은행의 이자율은

$$\frac{4000}{100000}\times100=4 \Rightarrow 4\,\%$$입니다.

예금한 금액이 150000원일 때 이자를 계산하면

$$150000\times\frac{4}{100}=6000$$(원)이므로 1년 후 이자를 포함하여 받을 수 있는 금액은

$150000+6000=156000$(원)입니다.

은행의 이자율을 구한 경우	40 %
1년 후 이자를 포함하여 받을 수 있는 금액을 구한 경우	60 %

5 여러 가지 그래프

45쪽

5단원 쪽지 시험 5. 여러 가지 그래프

01 띠그래프 **02** 25 %
03 2배 **04** 원그래프
05 15 % **06** 35명
07 56, 35, 35 **08** 48, 30, 30
09 〈예〉

봄 (20 %)	여름 (35 %)	가을 (15 %)	겨울 (30 %)

10 ㉡

03 $40\div20=2$(배)

05 $100-(30+25+20+10)=15 \Rightarrow 15\,\%$

06 $140\times\dfrac{25}{100}=35$(명)

07 $\dfrac{56}{160}\times100=35 \Rightarrow 35\,\%$

08 $\dfrac{48}{160}\times100=30 \Rightarrow 30\,\%$

10 ㉠은 그림그래프 또는 막대그래프, ㉡은 꺾은선그래프로 나타내는 것이 알맞습니다.

학교 시험 만점왕 1회 5. 여러 가지 그래프

01 원그래프

02 역사책

03 3배

04 ㉡

05 22 %

06 일본어

07 80명

08 140명

09 (위에서부터) 140 / 25, 20, 15, 5

10 (예)

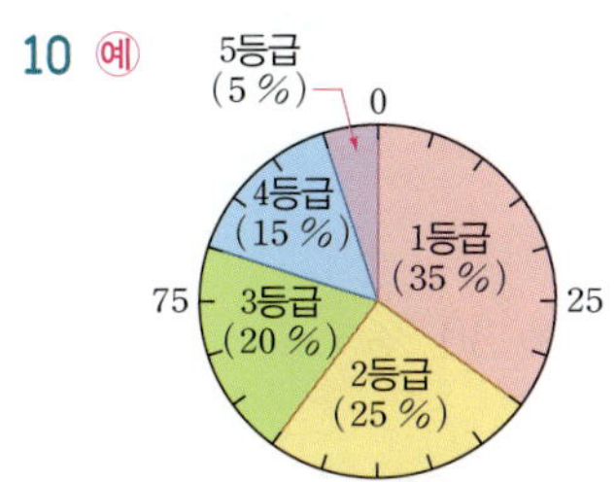

11

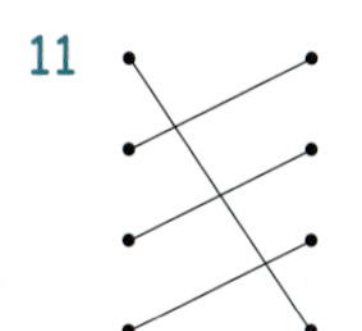

12 15

13 35

14 (예)
| 0 10 20 30 40 50 60 70 80 90 100 (%) |
종이류 (45 %) / 플라스틱류 (35 %) / 병류 (15 %) / 기타 (5 %)

15 21 %, 21 %

16 22 %, 11 %

17 풀이 참조, 85명

18 40대, 10대 이하

19 10대 이하

20 ㉡, 풀이 참조

03 $30 \div 10 = 3$(배)

04 ㉠ 수량의 변화하는 모습과 정도를 쉽게 알 수 있는 것은 꺾은선그래프입니다.
㉡ 그림의 크기와 수량으로 많고 적음을 나타내는 것은 그림그래프입니다.

05 $100 - (36 + 32 + 8 + 2) = 22 \Rightarrow 22 \%$

07 중국어를 배우고 싶어 하는 학생 수는 스페인어를 배우고 싶어 하는 학생 수의 $32 \div 8 = 4$(배)이므로 중국어를 배우고 싶어 하는 학생은 $20 \times 4 = 80$(명)입니다.

08 $49 + 35 + 28 + 21 + 7 = 140$(명)

09 2등급: $\dfrac{35}{140} \times 100 = 25 \Rightarrow 25 \%$

3등급: $\dfrac{28}{140} \times 100 = 20 \Rightarrow 20 \%$

4등급: $\dfrac{21}{140} \times 100 = 15 \Rightarrow 15 \%$

5등급: $\dfrac{7}{140} \times 100 = 5 \Rightarrow 5 \%$

12 그림그래프에서 병류는 작은 그림 6개이므로 60 kg입니다.

$\Rightarrow ㉡ = \dfrac{60}{400} \times 100 = 15$

13 $100 - (45 + 15 + 5) = 35 \Rightarrow 35 \%$

15 운동을 하고 싶은 학생과 독서를 하고 싶은 학생은 $100 - (50 + 8) = 42$에서 전체의 42 %이고, 운동을 하고 싶은 학생 수와 독서를 하고 싶은 학생 수가 같으므로 각각의 백분율은 $42 \div 2 = 21 \Rightarrow 21 \%$입니다.

16 여행 가고 싶은 학생 수에 대하여 부산을 가고 싶어 하는 학생과 강릉을 가고 싶어 하는 학생은 $100 - (31 + 25 + 8 + 3) = 33$에서 전체의 33 %입니다.
부산을 가고 싶어 하는 학생 수는 강릉을 가고 싶어 하는 학생 수의 2배이므로 각각 22 %, 11 %입니다.

17 (예) 전체 학생이 680명이므로 여행을 가고 싶은 학생은 $680 \times \dfrac{50}{100} = 340$(명)이고, 이 중 제주로 여행을 가고 싶어 하는 학생은 $340 \times \dfrac{25}{100} = 85$(명)입니다.

채점 기준

여행을 가고 싶은 학생 수를 구한 경우	50 %
제주로 여행을 가고 싶어 하는 학생 수를 구한 경우	50 %

19 11월에 비율이 높아진 관객의 연령대는 10대 이하입니다.

20 (예) 10월에 영화관을 찾은 20대의 비율과 11월에 영화관을 찾은 20대의 비율은 같습니다. 그러나 10월과 11월에 영화관을 찾은 전체 관객의 수는 다를 수 있으므로 관객 수를 같다고 할 수 없습니다.

채점 기준

옳지 않은 설명을 찾은 경우	50 %
옳지 않은 이유를 바르게 쓴 경우	50 %

BOOK 2 실전책

01 20 %

02 3배

03 48명

04 ⓛ, ㉠, ㉢, ㉣

05 35 %

06 가을, 여름, 봄, 겨울

07 160명

08 200그루

09 (위에서부터) 200 / 15, 10, 25, 100

10 예

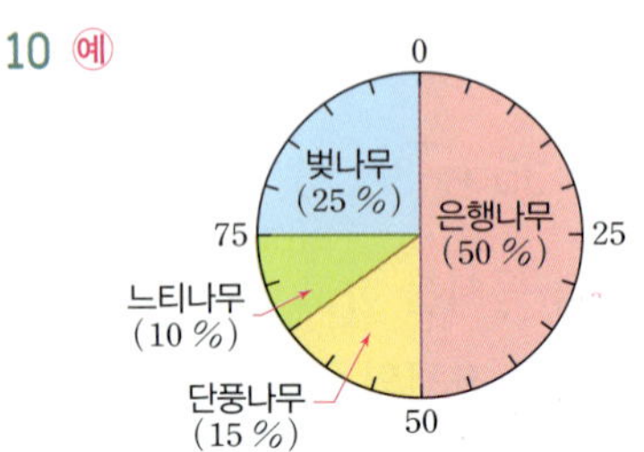

11

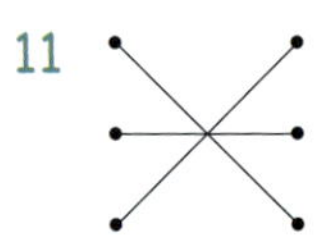

12 (위에서부터) 360, 240, 180, 1200 / 30, 20, 15, 100

13 파충류, 양서류, 절지 동물

14 예

15 오이, 파

16 상추, 토마토

17 풀이 참조, 선우, 2 m²

18 48

19 40, 30

20 풀이 참조, 12 cm, 8 cm

---

01 $100 - (36 + 32 + 12) = 20 \Rightarrow 20\,\%$

02 $36 \div 12 = 3(배)$

03 $150 \times \dfrac{32}{100} = 48(명)$

05 $100 - (25 + 30 + 10) = 35 \Rightarrow 35\,\%$

06 $35 > 30 > 25 > 10$이므로 많은 학생들이 태어난 계절부터 순서대로 쓰면 가을, 여름, 봄, 겨울입니다.

07 봄에 태어난 학생 수는 전체의 25 %이므로 조사에 참여한 학생 수는 봄에 태어난 학생 수의 $100 \div 25 = 4(배)$입니다. 따라서 봄에 태어난 학생이 40명이므로 조사에 참여한 학생은 모두 $40 \times 4 = 160(명)$입니다.

08 $800 - (400 + 120 + 80) = 200(그루)$

09 단풍나무: $\dfrac{120}{800} \times 100 = 15 \Rightarrow 15\,\%$

느티나무: $\dfrac{80}{800} \times 100 = 10 \Rightarrow 10\,\%$

벗나무: $\dfrac{200}{800} \times 100 = 25 \Rightarrow 25\,\%$

12 (기타) = (파충류) + (양서류) + (절지 동물)
$= 120 + 24 + 36$
$= 180(마리)$

조류: $\dfrac{360}{1200} \times 100 = 30 \Rightarrow 30\,\%$

포유류: $\dfrac{240}{1200} \times 100 = 20 \Rightarrow 20\,\%$

기타: $\dfrac{180}{1200} \times 100 = 15 \Rightarrow 15\,\%$

15 선우네 텃밭이 다나네 텃밭보다 재배 넓이의 비율이 더 높은 채소는 오이, 파입니다.

16 다나네 텃밭이 선우네 텃밭보다 재배 넓이의 비율이 더 높은 채소는 상추, 토마토입니다.

17 예 선우네 텃밭에서 상추를 심은 넓이는
$120 \times \dfrac{35}{100} = 42\,(\mathrm{m}^2)$이고, 다나네 텃밭에서 상추를
심은 넓이는 $100 \times \dfrac{40}{100} = 40\,(\mathrm{m}^2)$입니다.
따라서 상추를 심은 넓이는 선우네 텃밭이
$42 - 40 = 2\,(\mathrm{m}^2)$ 더 넓습니다.

채점 기준

선우네 상추 텃밭의 넓이를 구한 경우	40 %
다나네 상추 텃밭의 넓이를 구한 경우	40 %
누구네 텃밭이 상추를 몇 m² 더 넓게 심었는지 구한 경우	20 %

18 우유를 좋아하는 학생 수의 비율은 기타의 비율의 2배이므로 우유를 좋아하는 학생은 $24 \times 2 = 48(명)$입니다.

19 탄산음료: $\dfrac{96}{240} \times 100 = 40 \Rightarrow 40\,\%$

주스: $100 - (40 + 20 + 10) = 30 \Rightarrow 30\,\%$

20 예 주스를 좋아하는 학생 수의 백분율은 30 %이므로 띠그래프에 $40 \times \dfrac{30}{100} = 12 \, (\text{cm})$로 나타냅니다.

우유를 좋아하는 학생 수의 백분율은 20 %이므로 띠그래프에 $40 \times \dfrac{20}{100} = 8 \, (\text{cm})$로 나타냅니다.

채점 기준

주스를 좋아하는 학생 수의 비율을 나타낼 수 있는 띠그래프의 길이를 구한 경우	50 %
우유를 좋아하는 학생 수의 비율을 나타낼 수 있는 띠그래프의 길이를 구한 경우	50 %

5단원 서술형·논술형 평가 52~53쪽

01 풀이 참조, 28 % **02** 풀이 참조, 18명

03 풀이 참조, 20000원 **04** 풀이 참조, 20 %

05 풀이 참조

06 (위에서부터) 132, 60, 48, 240 / 55, 25, 20, 100

07 예

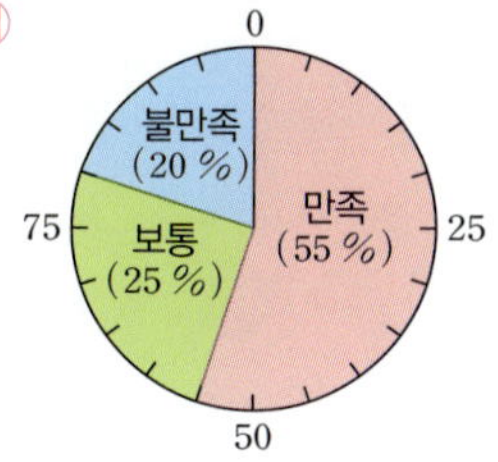

08 ⓒ, 풀이 참조

09 풀이 참조, 10대 이하, 30대

10 풀이 참조, 80명

---

01 예 아시아와 북아메리카를 가고 싶어 하는 학생은 $100 - (20 + 16 + 8) = 56$에서 전체의 56 %이고, 아시아를 가고 싶어 하는 학생 수와 북아메리카를 가고 싶어 하는 학생 수가 같으므로 아시아를 가고 싶어 하는 학생 수는 전체의 $56 \div 2 = 28$ ➡ 28 %입니다.

채점 기준

아시아와 북아메리카를 가고 싶어 하는 학생 수의 백분율을 구한 경우	50 %
아시아를 가고 싶어 하는 학생 수의 백분율을 구한 경우	50 %

02 예 유럽을 가고 싶어 하는 학생 수의 백분율이 20 %이므로 유럽을 가고 싶어 하는 학생은 $300 \times \dfrac{20}{100} = 60$(명)입니다. 이 중 프랑스를 가고 싶어 하는 학생은 30 %이므로 프랑스를 가고 싶어 하는 학생은 $60 \times \dfrac{30}{100} = 18$(명)입니다.

채점 기준

유럽을 가고 싶어 하는 학생 수를 구한 경우	50 %
프랑스를 가고 싶어 하는 학생 수를 구한 경우	50 %

03 예 저금을 한 금액은 전체의 25 %이므로 한 달 용돈은 저금을 한 금액의 4배입니다. 따라서 한 달 용돈은 $5000 \times 4 = 20000$(원)입니다.

채점 기준

한 달 용돈은 저금을 한 금액의 4배임을 구한 경우	50 %
한 달 용돈이 얼마인지 구한 경우	50 %

04 예 각 항목의 백분율의 합계는 100 %이므로 장난감 판매량은 $100 - (30 + 25 + 15 + 10) = 20$에서 전체의 20 %입니다.

채점 기준

장난감 판매량의 백분율을 구하는 식을 세운 경우	30 %
장난감 판매량의 백분율을 구한 경우	70 %

05 예 **내용 1** 알뜰장터에서 학용품 판매량의 비율이 가장 높습니다.

내용 2 학용품 판매량은 간식 판매량의 2배입니다.

채점 기준

내용 1 을 바르게 쓴 경우	50 %
내용 2 를 바르게 쓴 경우	50 %

06 예 (합계) $= 132 + 60 + 48 = 240$(명)

만족: $\dfrac{132}{240} \times 100 = 55$ ➡ 55 %

보통: $\dfrac{60}{240} \times 100 = 25$ ➡ 25 %

불만족: $\dfrac{48}{240} \times 100 = 20$ ➡ 20 %

만족이라고 답한 학생 수의 백분율을 구한 경우	35 %
보통이라고 답한 학생 수의 백분율을 구한 경우	35 %
불만족이라고 답한 학생 수의 백분율을 구한 경우	30 %

07

채점 기준	
원그래프로 바르게 나타낸 경우	100 %

08 예 동아리 활동별 학생 수의 비율을 나타내기에 알맞은 그래프는 띠그래프 또는 원그래프입니다.

채점 기준	
옳지 않은 설명을 찾은 경우	30 %
옳지 않은 설명을 바르게 고친 경우	70 %

09 예 7월에 비해 8월에 방문자 수의 비율이 높아진 연령대는 10대 이하와 30대입니다.

채점 기준	
방문자 수의 비율이 높아진 연령대를 하나만 구한 경우	50 %
방문자 수의 비율이 높아진 연령대를 하나 더 구한 경우	50 %

10 예 7월의 20대 방문자는 $1500 \times \dfrac{32}{100} = 480$(명)이고,

8월의 20대 방문자는 $1600 \times \dfrac{25}{100} = 400$(명)입니다.

따라서 7월과 8월의 20대 방문자 수의 차는 $480 - 400 = 80$(명)입니다.

채점 기준	
7월의 20대 방문자 수를 구한 경우	40 %
8월의 20대 방문자 수를 구한 경우	40 %
7월과 8월의 20대 방문자 수의 차를 구한 경우	20 %

6 직육면체의 부피와 겉넓이

55쪽

6단원 쪽지 시험 6. 직육면체의 부피와 겉넓이

01 가	**02** =
03 cm^3, m^3	**04** 24개, 24 cm^3
05 64 cm^3	**06** 125 cm^3
07 (1) 1000000 (2) 7000000 (3) 2	
08 320 m^3	**09** 88 cm^2
10 600 cm^2	

01 밑면의 넓이가 같으므로 높이가 더 높은 가 직육면체의 부피가 더 큽니다.

02 가 직육면체에 쌓기나무가 12개 있고, 나 직육면체에 쌓기나무가 12개 있으므로 두 직육면체의 부피는 같습니다.

04 부피가 1 cm^3인 쌓기나무가 24개이므로 부피는 24 cm^3입니다.

05 $8 \times 4 \times 2 = 64\,(cm^3)$

06 $5 \times 5 \times 5 = 125\,(cm^3)$

08 $10 \times 4 \times 8 = 320\,(m^3)$

09 $(12 + 8 + 24) \times 2 = 88\,(cm^2)$

10 $10 \times 10 \times 6 = 600\,(cm^2)$

학교 시험 만점왕 1회   **6. 직육면체의 부피와 겉넓이**

01 나, 가, 다	**02** 10개, 12개
03 2, 작습니다에 ◯표	**04** 나, 라
05 ⑤	**06** 144 cm³
07 216 m³	**08** (1) 300000 (2) 5.2
09 21, 35, 142 (또는 35, 21, 142)	
10 262 cm²	**11** 486 cm²
12 132 cm²	**13** ㉡, ㉠, ㉣, ㉢
14 5 cm	**15** 4배
16 8	**17** 풀이 참조, 64개
18 343 cm³	**19** 214 cm²
20 풀이 참조, 410 cm²	

01 밑면의 넓이가 모두 같으므로 높이가 낮을수록 부피가 작습니다. 따라서 부피가 작은 순서대로 기호를 쓰면 나, 가, 다입니다.

02 가 상자에 담을 수 있는 블록은 $2 \times 5 = 10$(개)이고, 나 상자에 담을 수 있는 블록은 $2 \times 2 \times 3 = 12$(개)입니다.

03 가 상자는 나 상자보다 블록 $12 - 10 = 2$(개)만큼 부피가 더 작습니다.

04 쌓기나무의 수를 세어 보면 가는 50개, 나는 36개, 다는 32개, 라는 36개입니다. 따라서 부피가 같은 직육면체는 나와 라입니다.

06 $8 \times 3 \times 6 = 144 \, (\text{cm}^3)$

07 100 cm = 1 m이므로 한 모서리의 길이는 6 m입니다. 따라서 정육면체의 부피는 $6 \times 6 \times 6 = 216 \, (\text{m}^3)$입니다.

08 (1) $1 \, \text{m}^3 = 1000000 \, \text{cm}^3$이므로 $0.3 \, \text{m}^3 = 300000 \, \text{cm}^3$입니다.
(2) $1000000 \, \text{cm}^3 = 1 \, \text{m}^3$이므로 $5200000 \, \text{cm}^3 = 5.2 \, \text{m}^3$입니다.

09 (직육면체의 겉넓이)
$= (5 \times 3 + 3 \times 7 + 5 \times 7) \times 2$
$= (15 + 21 + 35) \times 2$
$= 71 \times 2 = 142 \, (\text{cm}^2)$

10 직육면체의 높이를 □cm라 하면 $5 \times 8 \times □ = 280$이므로 $40 \times □ = 280$, $□ = 7$입니다.
➡ (직육면체의 겉넓이)
$= (5 \times 8 + 8 \times 7 + 5 \times 7) \times 2$
$= (40 + 56 + 35) \times 2$
$= 262 \, (\text{cm}^2)$

11 $81 \times 6 = 486 \, (\text{cm}^2)$

12 $5 \times 2 \times 2 + (5 + 2 + 5 + 2) \times 8$
$= 20 + 112 = 132 \, (\text{cm}^2)$

13 ㉠ 50 m³
㉡ $7000000 \, \text{cm}^3 = 7 \, \text{m}^3$
㉢ 400 cm = 4 m이므로 부피는 $4 \times 4 \times 4 = 64 \, (\text{m}^3)$입니다.
㉣ 가로가 3 m, 세로가 4 m, 높이가 5 m인 직육면체의 부피는 $3 \times 4 \times 5 = 60 \, (\text{m}^3)$입니다.
따라서 부피가 작은 순서대로 기호를 쓰면 ㉡, ㉠, ㉣, ㉢입니다.

14 나의 겉넓이는
$(11 \times 3 + 3 \times 3 + 11 \times 3) \times 2$
$= (33 + 9 + 33) \times 2 = 150 \, (\text{cm}^2)$입니다.
가와 나의 겉넓이가 같으므로 가의 겉넓이는 150 cm²이고, 한 면의 넓이는 $150 \div 6 = 25 \, (\text{cm}^2)$입니다.
$5 \times 5 = 25$이므로 가의 한 모서리의 길이는 5 cm입니다.

15 가로와 세로를 각각 2배 하면 부피는 4배가 됩니다.

16 직육면체의 두 밑면의 넓이의 합은
$6 \times 4 \times 2 = 48 \, (\text{cm}^2)$이므로 직육면체의 옆면의 넓이의 합은 $208 - 48 = 160 \, (\text{cm}^2)$입니다.
$(6 + 4 + 6 + 4) \times □ = 160$이므로 $20 \times □ = 160$, $□ = 8$입니다.

17 예 한 면의 넓이가 64 cm²이고, $8 \times 8 = 64$이므로 정육면체의 한 모서리의 길이는 8 cm입니다. 한 모서리의 길이가 2 cm인 정육면체로 자른다면 한 모서리가 4개씩 똑같이 나누어집니다.

BOOK **2**

실전책

따라서 만들어진 치즈 조각은 모두 $4 \times 4 \times 4 = 64$(개)입니다.

정육면체의 한 모서리의 길이를 구한 경우	30 %
한 모서리가 4개로 똑같이 나누어진다는 것을 구한 경우	30 %
자른 치즈 조각의 수를 구한 경우	40 %

18 정육면체의 겉넓이가 $294\ \mathrm{cm}^2$이므로 한 면의 넓이는 $294 \div 6 = 49\,(\mathrm{cm}^2)$입니다. $7 \times 7 = 49$이므로 한 모서리의 길이는 $7\ \mathrm{cm}$입니다.

따라서 정육면체의 부피는 $7 \times 7 \times 7 = 343\,(\mathrm{cm}^3)$입니다.

19 밑면의 넓이가 $42\ \mathrm{cm}^2$이고 세로가 $6\ \mathrm{cm}$이므로 가로는 $42 \div 6 = 7\,(\mathrm{cm})$입니다.

따라서 직육면체의 겉넓이는

$(42 + 30 + 35) \times 2 = 214\,(\mathrm{cm}^2)$입니다.

20 예 빵을 잘랐을 때 새로 생긴 면은 앞에서 본 면 2개와 옆에서 본 면 4개입니다. 따라서 늘어난 넓이는

$(21 \times 5) \times 2 + (10 \times 5) \times 4 = 410\,(\mathrm{cm}^2)$입니다.

새로 생긴 면을 찾은 경우	50 %
더 늘어난 넓이를 구한 경우	50 %

학교 시험 만점왕 2회   6. 직육면체의 부피와 겉넓이

01 나, 다	**02** 16개, 18개
03 가	**04** 나, 가, 11
05 ⑤	**06** 168 cm³
07 (1) 7900000 (2) 0.5	**08** 2400 cm³
09 4, 2, 2, 4, 3, 52	**10** 4 cm³
11 864 cm²	
12 (1) ... (2) ...	
13 8	**14** 110 cm²
15 480 cm²	**16** 6 cm
17 4000 cm³	**18** 풀이 참조, 96 cm³
19 ㉢, ㉡, ㉠, ㉣	**20** 풀이 참조, 4000개

01 모양과 크기가 같은 블록을 사용한 직육면체는 나와 다입니다.

02 가 상자에 담을 수 있는 작은 상자는 $4 \times 4 = 16$(개)이고, 나 상자에 담을 수 있는 작은 상자는 $3 \times 2 \times 3 = 18$(개)입니다.

03 $16 < 18$이므로 부피가 더 작은 상자는 가입니다.

04 가는 쌓기나무가 $2 \times 2 \times 4 = 16$(개)이고, 나는 쌓기나무가 $3 \times 3 \times 3 = 27$(개)이므로 나가 가보다 쌓기나무 $27 - 16 = 11$(개)만큼 부피가 더 큽니다.

06 $4 \times 7 \times 6 = 168\,(\mathrm{cm}^3)$

07 (1) $1\ \mathrm{m}^3 = 1000000\ \mathrm{cm}^3$이므로 $7.9\ \mathrm{m}^3 = 7900000\ \mathrm{cm}^3$입니다.

(2) $1000000\ \mathrm{cm}^3 = 1\ \mathrm{m}^3$이므로 $500000\ \mathrm{cm}^3 = 0.5\ \mathrm{m}^3$입니다.

08 $15 \times 20 \times 8 = 2400\,(\mathrm{cm}^3)$

10 왼쪽 직육면체의 부피는 $7 \times 4 \times 5 = 140\,(\mathrm{cm}^3)$이고, 오른쪽 직육면체의 부피는 $3 \times 6 \times 8 = 144\,(\mathrm{cm}^3)$입니다.

따라서 두 직육면체의 부피의 차는

$144-140=4\,(\mathrm{cm}^3)$입니다.

11 정육면체의 한 모서리의 길이는 $36\div3=12\,(\mathrm{cm})$입니다. 따라서 정육면체의 겉넓이는 $12\times12\times6=864\,(\mathrm{cm}^2)$입니다.

13 가의 부피는 $6\times6\times6=216\,(\mathrm{cm}^3)$입니다.
가와 나의 부피는 같으므로 $9\times3\times\square=216$에서 $27\times\square=216$, $\square=8$입니다.

14 두 직육면체는 밑면의 넓이가 같으므로 겉넓이의 차는 옆면의 넓이의 차와 같습니다. 왼쪽 직육면체의 옆면의 넓이는 $(5+6+5+6)\times4=88\,(\mathrm{cm}^2)$이고, 오른쪽 직육면체의 옆면의 넓이는 $(5+6+5+6)\times9=198\,(\mathrm{cm}^2)$입니다.
따라서 두 직육면체의 겉넓이의 차는 $198-88=110\,(\mathrm{cm}^2)$입니다.

15 (쌓은 입체도형의 겉넓이)
$=$(가로가 10 cm, 세로가 10 cm, 높이가 8 cm인 직육면체의 겉넓이)$-$(가로가 5 cm, 세로가 4 cm 인 직사각형의 넓이)$\times2$
$=(100+80+80)\times2-5\times4\times2=480\,(\mathrm{cm}^2)$

16 가의 겉넓이는 $(18+30+60)\times2=216\,(\mathrm{cm}^2)$입니다. 나의 겉넓이도 $216\,\mathrm{cm}^2$이므로 나의 한 면의 넓이는 $216\div6=36\,(\mathrm{cm}^2)$이고, $6\times6=36$이므로 나의 한 모서리의 길이는 6 cm입니다.

17 (돌의 부피)$=$(높아진 물의 높이만큼의 부피)
$$=25\times20\times(18-10)=4000\,(\mathrm{cm}^3)$$

18 예 위에서 찍은 모양에 따라 직육면체의 가로는 8 cm, 세로는 4 cm이고, 앞에서 찍은 모양에 따라 높이는 3 cm입니다. 따라서 직육면체의 부피는 $8\times4\times3=96\,(\mathrm{cm}^3)$입니다.

채점 기준

직육면체의 가로, 세로, 높이를 각각 구한 경우	50 %
직육면체의 부피를 구한 경우	50 %

19 ㉠ $55\,\mathrm{m}^2$
㉡ $700000\,\mathrm{cm}^2=70\,\mathrm{m}^2$
㉢ $100\,\mathrm{cm}=1\,\mathrm{m}$ ➡ $4\times4\times6=96\,(\mathrm{m}^2)$
㉣ $(8+6+12)\times2=52\,(\mathrm{m}^2)$
따라서 넓이가 큰 순서대로 기호를 쓰면 ㉢, ㉡, ㉠, ㉣ 입니다.

20 예 $1\,\mathrm{m}=100\,\mathrm{cm}$이므로 직육면체 모양의 상자를 가로에 $500\div25=20$(개), 세로에 $300\div30=10$(개), 높이에 $400\div20=20$(개) 놓을 수 있습니다. 따라서 쌓을 수 있는 상자는 모두 $20\times10\times20=4000$(개) 입니다.

채점 기준

창고의 가로, 세로, 높이에 상자를 각각 몇 개씩 놓을 수 있는지 구한 경우	50 %
쌓을 수 있는 전체 상자의 수를 구한 경우	50 %

6단원 서술형·논술형 평가 62~63쪽

01 다, 나, 가, 풀이 참조   **02** 풀이 참조, 나
03 풀이 참조, 가, $2\,\mathrm{cm}^3$ **04** 풀이 참조, $60\,\mathrm{cm}^3$
05 풀이 참조, 12   **06** 풀이 참조, $512\,\mathrm{cm}^2$
07 풀이 참조, 10   **08** 풀이 참조, 6 cm
09 풀이 참조, 6000개   **10** 풀이 참조, $1200\,\mathrm{cm}^3$

01 예 가와 나는 가로와 세로가 같으므로 높이를 비교하고, 나와 다는 세로와 높이가 같으므로 가로를 비교합니다.

채점 기준

가와 나를 비교한 방법을 바르게 설명한 경우	50 %
나와 다를 비교한 방법을 바르게 설명한 경우	50 %

02 예 가에 담을 수 있는 쌓기나무는 $3\times5\times2=30$(개)이고, 나에 담을 수 있는 쌓기나무는 $4\times3\times3=36$(개) 입니다. 따라서 쌓기나무를 더 많이 담을 수 있는 상자는 나입니다.

채점 기준	
가에 담을 수 있는 쌓기나무의 수를 구한 경우	40 %
나에 담을 수 있는 쌓기나무의 수를 구한 경우	40 %
쌓기나무를 더 많이 담을 수 있는 상자를 찾은 경우	20 %

03 ⟮예⟯ 가의 쌓기나무는 $4 \times 4 \times 2 = 32$(개)이므로 가의 부피는 $32\,\mathrm{cm}^3$이고, 나의 쌓기나무는 $5 \times 2 \times 3 = 30$(개)이므로 나의 부피는 $30\,\mathrm{cm}^3$입니다. 따라서 가의 부피가 나의 부피보다 $32 - 30 = 2\,(\mathrm{cm}^3)$만큼 더 큽니다.

채점 기준	
가의 부피를 구한 경우	40 %
나의 부피를 구한 경우	40 %
가와 나의 부피를 비교한 경우	20 %

04 ⟮예⟯ 가의 부피는 $6 \times 8 \times 5 = 240\,(\mathrm{cm}^3)$이고, 나의 부피는 $9 \times 5 \times 4 = 180\,(\mathrm{cm}^3)$입니다. 두 직육면체의 부피의 차는 $240 - 180 = 60\,(\mathrm{cm}^3)$입니다.

채점 기준	
가의 부피를 구한 경우	40 %
나의 부피를 구한 경우	40 %
두 직육면체의 부피의 차를 구한 경우	20 %

05 ⟮예⟯ 가의 부피는 $12 \times 12 \times 12 = 1728\,(\mathrm{cm}^3)$입니다. 가와 나의 부피가 같으므로 $9 \times \square \times 16 = 1728$에서 $\square = 1728 \div 144 = 12$입니다.

채점 기준	
정육면체 가의 부피를 구한 경우	50 %
$\square$ 안에 알맞은 수를 구한 경우	50 %

06 ⟮예⟯ 가 종이는 직육면체의 밑면이 되고 나 종이는 직육면체의 옆면이 됩니다. 직육면체의 겉넓이는 (가의 넓이)$\times 2 +$(나의 넓이)$\times 4$로 구할 수 있습니다.
따라서 직육면체의 겉넓이는
$8 \times 8 \times 2 + 12 \times 8 \times 4 = 512\,(\mathrm{cm}^2)$입니다.

채점 기준	
직육면체의 겉넓이를 구하는 식을 바르게 쓴 경우	50 %
직육면체의 겉넓이를 구한 경우	50 %

07 ⟮예⟯ 직육면체의 두 밑면의 넓이의 합은 $8 \times 5 \times 2 = 80\,(\mathrm{cm}^2)$이므로 옆면의 넓이의 합은 $340 - 80 = 260\,(\mathrm{cm}^2)$입니다. $(5 + 8 + 5 + 8) \times \square = 260$이므로 $26 \times \square = 260$에서 $\square = 260 \div 26 = 10$입니다.

채점 기준	
옆면의 넓이의 합을 구한 경우	50 %
$\square$ 안에 알맞은 수를 구한 경우	50 %

08 ⟮예⟯ 가의 겉넓이는 $(72 + 12 + 24) \times 2 = 216\,(\mathrm{cm}^2)$입니다. 가와 나의 겉넓이는 같으므로 나의 한 면의 넓이는 $216 \div 6 = 36\,(\mathrm{cm}^2)$입니다. $6 \times 6 = 36$이므로 정육면체의 한 모서리의 길이는 $6\,\mathrm{cm}$입니다.

채점 기준	
직육면체 가의 겉넓이를 구한 경우	50 %
정육면체 나의 한 모서리의 길이를 구한 경우	50 %

09 ⟮예⟯ $1\,\mathrm{m} = 100\,\mathrm{cm}$이므로 정육면체 모양의 상자를 가로에 $600 \div 30 = 20$(개), 세로에 $900 \div 30 = 30$(개), 높이에 $300 \div 30 = 10$(개) 놓을 수 있습니다.
따라서 쌓을 수 있는 상자는 모두 $20 \times 30 \times 10 = 6000$(개)입니다.

채점 기준	
창고의 가로, 세로, 높이에 상자를 각각 몇 개씩 놓을 수 있는지 구한 경우	50 %
전체 쌓을 수 있는 상자의 수를 구한 경우	50 %

10 ⟮예⟯ 벽돌의 부피는 높아진 물의 높이만큼의 부피와 같습니다. 따라서 물이 $21 - 15 = 6\,(\mathrm{cm})$만큼 높아졌으므로 벽돌의 부피는 $20 \times 10 \times 6 = 1200\,(\mathrm{cm}^3)$입니다.

채점 기준	
높아진 물의 높이를 구한 경우	50 %
벽돌의 부피를 구한 경우	50 %

문해력은 어휘에서 시작된다!
EBS 초등 어맛! 어휘 맛집

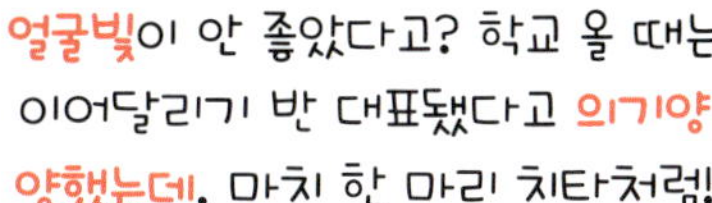

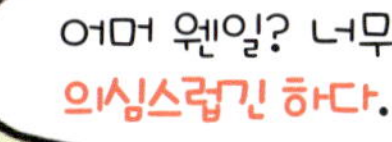

EBS 초등 필수 어휘 수록!
생활밀착형 만화로 신나고 재밌는 어휘 공부!

어휘와 문법, 맞춤법의 다양한 소개! 자연스러운 어휘 활용 문장 소개!
다양한 퀴즈를 통해 한 단계 실력 UP!

어휘 맛집 | 속담 맛집 | 한국사 어휘 맛집 | 사자성어 맛집 | 관용구 맛집 |
뉴스 어휘 맛집 | 어휘 맛집 2호점 | 과학 탐구 어휘 맛집 | 맞춤법 맛집 | 신화 역사 어휘 맛집

EBS와 함께하는 자기주도 학습 초등·중학 교재 로드맵

		예비 초등	1학년	2학년	3학년	4학년	5학년	6학년

전 과목 기본서/평가

BEST 만점왕 국어/수학/사회/과학
교과서 중심 초등 기본서

만점왕 통합본 3~6학년 학기별(8책) **HOT**
바쁜 초등학생을 위한 국어·사회·과학 압축본

만점왕 단원평가 3~6학년 학기별(8책)
한 권으로 학교 단원평가 대비

기초학력 진단평가 초2~중2 **HOT**
초2부터 중2까지 기초학력 진단평가 대비

국어

어휘 — **BEST** 어휘가 독해다! 초등 국어 어휘 1~6단계
어휘로 시작해서 독해로 완성하는 초등 필수 어휘 학습

독해 — 4주 완성 독해력 1~6단계
학년군별 교과 연계 단기 독해 학습

문학

문법 — 헷갈리지 않는 만능 맞춤법+받아쓰기
평생 만점 받는 능력, 맞춤법 실력 다지기

한자 — 참 쉬운 급수 한자 8급/7급 II/7급
한자능력검정시험 대비 급수별 학습
어휘가 독해i! 초등 한자 어휘 1~4단계
교과서에 자주 나오는 한자 어휘로 키우는 어휘 추론력

문해력 — **BEST** 어휘/쓰기/ERI독해/배경지식/디지털독해가 문해력이다
평생을 살아가는 힘, 문해력을 키우는 학기별·단계별 종합 학습
문해력 등급 평가 초1~중1
내 문해력 수준을 확인하는 등급 평가

영어

EBS ELT 시리즈 | 권장 학년 : 유아 ~ 중1

EBS Big Cat — Collins BIG CAT
다양한 스토리를 통한 영어 리딩 실력 향상

EBS Big Cat — Shinoy and the Chaos Crew
흥미롭고 몰입감 있는 스토리를 통한 풍부한 영어 독서

EBS easy learning — easy learning / First letters
저연령 학습자를 위한 기초 영어 프로그램

문법 — 만점왕 영어 따라 쓰는 영문법 1~3
따라 쓰며 배우는 쉬운 영문법 학습
EBS랑 홈스쿨 초등 영문법 1~2
다양한 부가 자료가 있는 단계별 영문법 학습
기초 영문법 1~2 **HOT**
중학 영어 내신 만점을 위한 첫 영문법

독해 — EBS랑 홈스쿨 초등 영독해 LEVEL 1~3
다양한 부가 자료가 있는 단계별 영독해 학습
Step by Step 초등 영문법/영구문, 독해의 힘! 영문법 LEVEL 1~4 / 영구문 LEVEL 1~3
기초 문장 학습으로 문법/구문과 독해를 한 번에 학습
기초 영독해
중학 영어 내신 만점을 위한 첫 영독해

어휘 — EBS랑 홈스쿨 초등 필수 영단어 LEVEL 1~2 **HOT**
다양한 부가 자료가 있는 단계별 영단어 테마 연상 종합 학습

듣기 — 초등 영어듣기평가 완벽대비 3~6학년 학기별(8책)
듣기 + 받아쓰기 + 말하기 All in One 학습서

수학

연산 — 만점왕 연산 Pre 1~2단계, 1~12단계
과학적 연산 방법을 통한 계산력 훈련
실수하지 않는 만능 구구단
평생 만점 받는 능력, 구구단 실력 다지기

개념

응용 — 만점왕 수학 플러스 1~6학년 학기별(12책)
교과서 중심 기본 + 응용 문제

심화

특화 — 초등 수해력 영역별 P단계, 1~6단계(14책)
다음 학년 수학이 쉬워지는 영역별 초등 수학 특화 학습서

사회

사회/역사 — 초등학생을 위한 多담은 한국사 연표
연표로 흐름을 잡는 한국사 학습
매일 쉬운 스토리 한국사 1~2 / 스토리 한국사 1~2
하루 한 주제를 이야기로 배우는 한국사/ 고학년 사회 학습 입문서

과학

과학

기타

창체 — 여름·겨울 방학생활 1~4학년 학기별(8책)
재미와 공부를 동시에 잡는 완벽한 방학생활
창의체험 탐구생활 1~12권
창의력을 키우는 창의체험활동·탐구

AI — 쉽게 배우는 초등 AI 1(1~2학년)
초등 교과와 융합한 초등 1~2학년 인공지능 입문서
쉽게 배우는 초등 AI 2(3~4학년)
초등 교과와 융합한 초등 3~4학년 인공지능 입문서
쉽게 배우는 초등 AI 3(5~6학년)
초등 교과와 융합한 초등 5~6학년 인공지능 입문서